Chemische Produkte und Prozesse

Springer-Verlag Berlin Heidelberg GmbH

K. Hungerbühler, J. Ranke, T. Mettier

Chemische Produkte und Prozesse

Grundkonzepte zum umweltorientierten Design

Mit 77 Abbildungen und 53 Tabellen

Springer

Professor Dr. Konrad Hungerbühler
Eidgenössische Technische Hochschule Zürich
Laboratorium für Technische Chemie
Umwelt- und Sicherheitstechnologie in der Chemie
Universitätsstraße 31
CH - 8092 Zürich

Dipl. Natw. Johannes Ranke
Zentrum für Umweltforschung und Umwelttechnologie (UFT)
Löbener Straße
D - 28359 Bremen

Dipl. Natw. Thomas Mettier
Eidgenössiche Technische Hochschule Zürich
Umweltnatur- und Umweltsozialwissenschaften (UNS)
Haldenbachstraße 44
CH - 8092 Zürich

ISBN 978-3-540-64854-3

Die Deutsche Bibliothek - CIP-Einheitsaufnahme
Hungerbühler, Konrad: Chemische Produkte und Prozesse : Grundkonzepte zum umwelt-
orientierten Design / Konrad Hungerbühler ; Johannes Ranke ; Thomas Mettier. Mit Beitr. von
E. Heinzle ; P. Flückinger. - Berlin; Heidelberg; New York; Barcelona; Budapest; Hongkong;
London; Mailand; Paris; Singapur; Tokio: Springer, 1998
   ISBN 978-3-540-64854-3   ISBN 978-3-642-58597-5 (eBook)
   DOI 10.1007/978-3-642-58597-5

Satz: Satzerstellung durch Autoren
Einband: design & production, Heidelberg
SPIN: 10516809   02/3020 - 5 4 3 2 1 0 - Gedruckt auf säurefreiem Papier

Vorwort

Dieses Buch arbeitet mit einer Motivation, die für viele Menschen zur Selbstverständlichkeit geworden ist und die beispielsweise durch den Satz zum Ausdruck kommt: "Ich will auch etwas für die Umwelt tun". Es soll aber auch eine Hilfe zur Praxisorientierung sein, die heute für Akademiker mehr und mehr notwendig erscheint. Wer sich an der Praxis orientieren will, muss sich mit deren Erfordernissen auseinandersetzen. In der chemischen Industrie, die vom globalen Wettbewerb entscheidend geprägt ist, erfordert die Praxis vor allem eine hohe Effizienz bei Entwicklung, Umsetzung und Vermarktung von Produkten. Gleichzeitig ist aber auch die Orientierung an der übrigen Gesellschaft ein wichtiges Anliegen, da die chemische Industrie in komplexer Weise in diese eingebettet ist. Die Anliegen der Gesellschaft als Ganzes sind dabei nicht nur in den gesetzlichen Regelwerken präsent, sondern drücken sich auch durch das "Image" der chemischen Industrie in der Bevölkerung aus. Je deutlicher die Gesellschaft im Allgemeinen spürt, dass ihre Interessen berücksichtigt werden, desto besser ist dieses Image. Aus Sicht der ebenfalls mehr und mehr globalisierten menschlichen Gesellschaft sind die Anliegen Arbeitssicherheit, Konsumentensicherheit und intakte Umwelt zweifellos von zentraler Bedeutung.

Die integrierte Entwicklung von chemischen Produkten und Prozessen soll hier als Ausdruck einer umfassenden Verantwortung und als intellektuelle Herausforderung im Umgang mit chemischer Technologie dargestellt werden. Da die Problemstellungen im Bereich der Produkt- und Prozessrisiken sich weder an staatlichen noch an disziplinären Grenzen orientieren, sind dabei immer wieder auch neue Denkansätze gefordert, wie sie zum Beispiel in dem noch jungen Instrument der Ökobilanz zum Ausdruck kommen.

Aufgrund der weiten Perspektive des Buches lassen sich gewisse Unzulänglichkeiten, gemessen an den Erfordernissen der einzelnen Disziplinen, kaum vermeiden. Hierfür möchten wir im Voraus um Nachsicht bitten. Wir hoffen, dass solche Mängel durch die Breite des Blickfeldes und den Versuch der Herstellung von Querbezügen in manch anderer Hinsicht kompensiert werden.

Ein herzlicher Dank richtet sich an den Kreis der Personen, die durch die Durchsicht der einzelnen Kapitel und durch wertvolle Anregungen und Kritik Wesentliches zur Entstehung des vorliegenden Buches beigetragen haben: Herr Dr. Guido Bertoli, Herr Dr. Rolf Bretz, Herr Dr. Beat Bruttel, Herr Dr. Hans Martin, Herr Prof. Willy Regenass und Herr Dr. Athanassios Tzikas, Ciba Spezialitätenchemie AG, Herr Dr. Georg Suter, Clariant, Herr Dr. Norbert Adams, Dow Chemicals, Herr Dr. Hans Künzi und Herr Dr. Walter Jezler, F. Hoffmann-LaRoche LTD, Herr Dr. Kaspar Eigenmann, Herr Dr. Urs Gujer, Herr Dr. Franz

Schmalz und Herr Dr. Franzis Stoessel, Novartis International, Herr Dr. Richard Gamma und Herr Dr. Paul Vesel, Schweizerische Gesellschaft für Chemische Industrie, Herr Dr. Uwe Wölcke, Bundesanstalt für Arbeitsschutz und Arbeitsmedizin, Herr Dr. Arno Lange, Umweltbundesamt, Herr Prof. Werner Klein, Fraunhofer-Institut Umweltchemie und Toxikologie in Schmallenberg, Herr Prof. Elmar Heinzle, Technische Biochemie an der Universität des Saarlandes, Herr PD Dr. Othmar Käppeli, Fachstelle Biosicherheitsforschung und Abschätzung von Technikfolgen des Schwerpunktprogramms Biotechnologie Basel, Frau Dr. Barbara Skorupinski, Institut für Sozialethik Zürich, Herr Prof. Matthias Haller, Institut für Versicherungswirtschaft der Universität St. Gallen, Frau Prof. Renate Schubert, Institut für Wirtschaftsforschung der ETH Zürich, Herr Prof. Alexander Ruch, Professur für öffentliches Recht der ETH Zürich und Herr Prof. Ortwin Renn, Akademie für Technikfolgenabschätzung in Baden-Württemberg.

Weitere Diskussionspartner, deren Kenntnisse und Arbeiten durch viele Gespräche in dieses Buch eingeflossen sind, sind Herr Dr. Hans-Norbert Adams, Dow Europe S.A., Frau Dr. Pamela Alean-Kirkpatrick vom Didaktikzentrum der ETHZ, Frau Prof. Gudela Grote, Institut für Arbeitspsychologie der ETHZ, Herr Prof. Wolfgang Kröger, Institut für Energietechnik der ETHZ, Herr Dr. Oemer Kut, Laboratorium für Technische Chemie der ETHZ, Herr Prof. Gregory J. McRae, Chemical Engineering Department MIT, Frau Prof. Helga Nowotny und Herr Prof. Hans-Peter Schreiber, Departement für Humanwissenschaften der ETHZ, Herr Prof. Philipp Rudolf von Rohr, Institut für Verfahrenstechnik der ETHZ, Herr Prof. em. Christian Schlatter, Institut für Toxikologie der ETHZ, Herr Prof. René Schwarzenbach und Herr Dr. Hans-Rudolf Wasmer, Institut für Gewässerschutz und Wassertechnologie der ETHZ, Herr Dr. André Weidenhaupt, Centre de Ressources des Technologies pour l'Environment und Herr Prof. Rainer Züst, Betriebswirtschaftliches Institut der ETHZ.

Für die Erstellung und Bearbeitung der Grafiken sei Frau Michelle Graedel besonders gedankt. Ein besonderer Dank für die Unterstützung und das positive Arbeitsklima geht auch an die ganze Gruppe für Sicherheit und Umweltschutz am Labor für technische Chemie der ETH.

Zürich, Juli 1998   K. Hungerbühler
                                                          J. Ranke
                                                          T. Mettier

Zu diesem Buch

Vor rund fünf Jahren hat sich die Schweizerische Gesellschaft für Chemische Industrie (SGCI) dazu entschlossen, an der Abteilung für Chemie der Eidgenössischen Technischen Hochschule Zürich eine Professur für Sicherheit und Umweltschutz zu stiften. Einerseits sind Sicherheit und Umweltschutz in der industriellen Praxis in den letzten 25 Jahren so wichtig geworden, daß ein Chemiker bereits bei seinem Eintritt Grundkenntnisse dazu besitzen sollte. Andererseits ist aber auch das Fachgebiet komplexer und sehr multidisziplinär geworden. Schließlich hat sich in der Industrie schon seit Jahren die Erkenntnis durchgesetzt, daß Sicherheit und Umweltschutz nicht einfach den Fachspezialisten übertragen werden kann, sondern klar in der Gesamtverantwortung jedes Chemikers liegt.

Seit 1994 unterrichtet nun Professor Konrad Hungerbühler an der ETH in Zürich. Er hat in Unterricht und Forschung zusammen mit seinen wissenschaftlichen Mitarbeitern Erfahrungen gesammelt und ausgewertet. Dieses Buch, das auch als Skriptum zu seinen Vorlesungen betrachtet werden kann, zeigt, daß die damalige Investition in diese Professur in vielfältiger Weise Früchte getragen hat.

Den Autoren ist es gelungen, das Fachwissen in den größeren Zusammenhang zu stellen: Die moderne Darstellung der naturwissenschaftlichen Grundlagen ist konsequent eingebettet in das gesellschaftliche und wirtschaftliche Umfeld, in welchem Sicherheit und Umweltschutz erreicht werden sollen. Damit können auch die echten und vermeintlichen Zielkonflikte angesprochen werden, mit denen sich der Praktiker immer wieder konfrontiert sieht, allen voran die Frage des richtigen Maßes: Wieviel Sicherheit oder Umweltschutz sind gut genug? Was sind die Ziele der Gesetzgebung, und wo stellt sich darüber hinaus die Frage nach der gesellschaftlichen Akzeptanz? Welche Rolle spielen Glaubwürdigkeit und Vertrauenswürdigkeit für die Kommunikation?

In sehr gelungener Weise schlägt der Text eine Brücke von der Wissenschaft zur Praxis, indem die Grundprinzipien durch Fallstudien untermauert werden. Darin erhält auch der heute zunehmend wichtiger werdende Aspekt der Produktesicherheit und Produktökologie den nötigen Raum. Dies ist deshalb wichtig, weil Sicherheit und Umweltschutz vermehrt auch als Chancen betrachtet werden können, Produkte noch besser auf die Bedürfnisse der Kunden auszurichten, was durchaus auch zu kompetitiven Vorteilen führen kann.

Es ist außerordentlich begrüßenswert, daß dieser Text auch für den Außenstehenden, der sich nicht mit Sicherheit und Umweltschutz "vollamtlich" beschäftigt, einen gut verständlichen Überblick gibt, der Anstöße sowohl zum Mitdenken, wie zum Hinterfragen eigener Aktivitäten gibt. Gerade diese Eigenschaften erwarten wir ja auch von den bei uns eintretenden Absolventen technischer Lehranstalten.

Dieses Buch ist Zeugnis dafür, daß die Hochschulen Sicherheit und Umweltschutz ernst nehmen und darüber hinaus mit dem Wissen auch Verantwortungsbewußtsein vermitteln.

Wir wünschen Professor Hungerbühler und seinem Team auch in den kommenden Jahren Enthusiasmus und Zielstrebigkeit bei Lehre und Forschung.

Zürich, Juli 1998

Kaspar Eigenmann
Leiter Konzernfunktion Gesundheit,
Sicherheit und Umwelt
Novartis International AG,
CH-4002 Basel, Schweiz

Abkürzungsverzeichnis

ADI	Acceptable Daily Intake
AICHE	American Institute of Chemical Engineers
ALURA	Abluftreinigungsanlage (CH)
ARA	Abwasserreinigungsanlage (CH)
BAT	Best Available Technology
BATNEEC	Best Available Technology not entailing excessive cost
BAuA	Bundesanstalt für Arbeitsschutz und Arbeitsmedizin
BGCI	Berufsgenossenschaft der chemischen Industrie (D)
BgVV	Bundesinstitut für gesundheitlichen Verbraucherschutz und Veterinärmedizin
BSB_5	Biologischer Sauerstoffbedarf nach 5 Tagen
BUA	Beratergremium für umweltrelevante Altstoffe
BUWAL	Bundesamt für Umwelt, Wald und Landschaft (CH)
CEFIC	Europäischer Verband der Chemischen Industrie
CH	Schweiz (Confoederatio Helvetica)
ChemG	Gesetz zum Schutz vor gefährlichen Stoffen (Chemikaliengesetz) (D)
CML	Centrum voor Milieukunde Leiden
COMAH	Control of Major Accident Hazards
CSB	Chemischer Sauerstoffbedarf
D	Deutschland
DECHEMA	Deutsche Gesellschaft für Chemisches Apparatewesen, Chemische Technik und Biotechnologie e.V.
DIN	Deutsches Institut für Normung
DOC	Gelöster organischer Kohlenstoff
DSC	Differential Scanning Calorimetry
EC	European Community (EG)
EC_{50}	Konzentration im Wasser, bei der ein bestimmter Effekt bei 50% der Testorganismen auftritt.
ECB	European Chemicals Bureau (Ispra, Italien)
ECETOC	European Centre for Ecotoxicology and Toxicology of Chemicals
EE	Eco-Efficiency (Ökoeffizienz)
EINECS	European Inventory of Existing commercial Chemical Substances
ELINCS	European List of Notified Chemical Substances

EMAS	Environmental Management and Audit System (Verordnung Nr. 1836/93/EG)
EPA	Environmental Protection Agency (USA)
ESCIS	Expertenkommission für Sicherheit in der chemischen Industrie der Schweiz
EU	Europäische Union (früher EG bzw. EWG)
EUSES	European Union System for the Evaluation of Substances
FCKW	Fluorchlorkohlenwasserstoffe
FDA	Food and Drug Administration
GDCh	Gesellschaft Deutscher Chemiker
GefStoffV	Verordnung zum Schutz vor gefährlichen Stoffen (Gefahrstoffverordnung)
GMP	Good Manufacturing Practice
GWP	Global Warming Potential
I Chem E	Institution of Chemical Engineering
IC_{50}	Konzentration, bei der bei 50 % der Testorganismen eine bestimmte Hemmung (Inhibition) des Algenwachstums auftritt.
IFCS	Intergovernmental Forum on Chemical Safety
IPCC	Intergovernmental Panel on Climate Change
IPCS	International Program on Chemical Safety (WHO)
IPPC	Integrated Pollution Prevention and Control
ISO	International Standards Organization
ISSA	International Social Security Association
KVA	Kehrrichtverbrennungsanlage (CH)
KWL	Kohlenwasserstofflösungsmittel
LC_{50}	Inhalationskonzentration, bei der 50 % der Testorganismen sterben in ppm oder mg/L
LCA	Life Cycle Assessment
LCI	Life Cycle Inventory
LCIA	Life Cycle Impact Assessment
LD_{50}	Orale Dosis, bei der 50 % der Testorganismen sterben
LM	Lösungsmittel
LOAEL	Lowest Observed Adverse Effect Level
MAK	Maximale Arbeitsplatzkonzentration (TA Luft, TRGS 900)
MOS	Margin of Safety
MSRT	Mess-, Steuer-, und Regelungstechnik
NEL_{man}	No Effect Level in Man
NL	Niederlande
NMVOC	Flüchtige organische Verbindungen außer Methan
NOAEL	No Observed Adverse Effect Level
NOEC	No Observed Effect Concentration
NPV	Net Present Value
ODP	Ozone Depletion Potential

OECD	Organisation für wirtschaftliche Zusammenarbeit und Entwicklung
PAH	Polyaromatic Hydrocarbons (polyaromatische Kohlenwasserstoffe)
PDI	Predicted Daily Intake (vorhergesagte tägliche Aufnahme)
PEC	Predicted Environmental Concentration
PER	Tetrachlorethen
PNEC	Predicted No Effect Concentration
RA	Risikoanalyse
RIVM	National Institute for Public Health and the Environment (NL)
RVO	Reichsversicherungsverordnung (D)
S&U	Sicherheit und Umweltschutz unter Einbezug des Gesundheitsschutzes
SATW	Schweizerische Akademie der Technischen Wissenschaften
SGCI	Schweizerische Gesellschaft für Chemische Industrie
SPOLD	Society for the Promotion of Life Cycle Assessment Development
SUVA	Schweizerische Unfallversicherungsanstalt
TA	Technische Anleitung
TMR_{ad}	Time to Maximum Rate for adiabatic conditions
TOC	Totaler organischer Kohlenstoff
TRGS	Technische Regel Gefahrstoffe
TRK	Technische Richtkonzentration
TWA	Time-Weighted-Average
UGB	Umweltgesetzbuch (D)
UNEP	United Nations Environment Program
USG	Umweltschutzgesetz (CH)
VCI	Verband der Chemischen Industrie (D)
VOC	Flüchtige organische Verbindungen
WHG	Wasserhaushaltsgesetz (D)
WHO	World Health Organisation

Inhalt

1 Einführung und Überblick

1.1
Die Herausforderung von Wettbewerb, Ökologie und Sicherheit für die chemische Industrie

Seit der Frühzeit der industriellen Chemie am Ende des 18. Jh. spielt die Kontrolle der potentiellen Gefahren chemischer Prozesse und Produkte für die menschliche Gesundheit - später dann auch für die natürliche Umwelt - eine Rolle. Die im Zuge des großen Erfolgs der industriellen Chemie steigenden Produktionsmengen, der verbesserte Wissensstand um Gefahrenpotentiale sowie eine allgemeine Sensibilisierung für Umweltprobleme bewirken seit den 60er Jahren dieses Jahrhunderts eine Intensivierung von Sicherheits- und Umweltschutzbetrachtungen in der Chemie. Wirkliche Bedeutung gegenüber anderen Zielen wie Wirtschaftlichkeit und Qualität erhalten Sicherheit und Umweltschutz aber erst mit der Einführung einer umfassenden Umwelt- und Chemikaliengesetzgebung in den 70er und 80er Jahren. Heute hat sich der Gedanke durchgesetzt, daß für langfristige Erfolge Produkte notwendig sind, die eine hohe Wertschöpfung erbringen und gleichzeitig sicher und umweltverträglich hergestellt, verwendet und entsorgt werden können. Sicherheit und Umweltschutz werden dadurch zu bedeutenden Kriterien für die Entwicklung von chemischen Produkten und Prozessen.

Der einsetzende allgemeine *ökologische Strukturwandel* bringt den Unternehmen der industriellen Chemie nicht nur Nachteile in Form von kostspieligen Umweltauflagen und wachsenden Anforderungen an Sicherheit und Umweltschutz im Produktelebenszyklus, sondern auch Chancen, sich auf dem Markt positiv zu differenzieren. Die Suche nach sicheren und umweltfreundlichen Produkten kann die Umstrukturierung der Produktionspalette in Richtung Energieeffizienz, verbesserte Nutzung der Rohstoffe und Abfallminimierung katalysieren, womit auch der Kosteneffizienz Rechnung getragen wird.

Die Herausforderung für die industrielle Chemie besteht in den kommenden Jahren darin, einen Pfad zu gehen, der im dreifachen Sinne zukunftsfähig ist: (1) Die *globale Wettbewerbsfähigkeit* ist zur essentiellen Bedingung für das Überleben wirtschaftlicher Einheiten geworden und muss deshalb gegeben sein. (2) Die *Einbettung* der chemischen Industrie *in die Gesellschaft* mit den wechselseitigen Abhängigkeiten erfordert dabei eine Orientierung der Industrie nicht nur an den unmittelbaren Kundenwünschen, sondern auch an der Akzeptanz in der Gesellschaft. (3) Die *natürliche Umwelt,* beherbergt einen Reichtum, dessen langfristige Erhaltung jedem Entscheidungsträger ein Anliegen sein muss. Die natürlichen Stoff- und Energiekreisläufe geben einen Rahmen für wirtschaftliche Tätigkeiten vor, dessen Wichtigkeit zunimmt, je mehr er überschritten wird.

Dieses Buch hat zum Ziel, die Grundelemente von Sicherheit und Umweltschutz in der Chemie in einer ersten systematischen Übersicht darzustellen. Mehr als um eine abschließende Behandlung des Themenkomplexes geht es hier darum, umsetzungsorientierte Sicherheits- und Umweltschutzkonzepte zu diskutieren und deren Möglichkeiten und Grenzen an einigen Beispielen darzustellen.

1.2
Grundkonzept der integrierten Entwicklung

Als eine der zentralen Aufgaben der wissenschaftlichen Behandlung von Sicherheit und Umweltschutz in der chemischen Industrie erweist sich die Erarbeitung von Konzepten zur integrierten Entwicklung neuer chemischer Produkte und Prozesse. Das spezifische der *integrierten* Entwicklung ergibt sich durch den Umstand, daß bei der Entwicklung eines Produktes bzw. des dazugehörigen Produktionsprozesses signifikante Risiken und Umweltbelastungen des gesamten Lebenszyklus schon ab dem Entwicklungsbeginn in die Betrachtung einbezogen und durch gezieltes Design nicht nachsorgend, sondern ursächlich berücksichtigt werden (vgl. Abb. 1.1).

Auf jeder Entwicklungsstufe gilt es, von dem geplanten technischen System ein Modell zu bilden. Für dieses Modell muss in der Folge ein minimaler Satz von relevanten Daten identifiziert und bereitgestellt werden. Das Resultat der Modellbildung sind insbesondere Stoff- und Energieflüsse, die während des ganzen Lebenszyklus des betrachteten Systems die Wechselwirkungen mit der Umwelt charakterisieren. Der nächste Schritt, die Beschreibung der Auswirkungen, stützt sich auf Abschätzungen der Beeinträchtigungen der Schutzgüter für den Normalfall und für Störfallszenarien sowie auf Abschätzungen des zu erwartenden Nutzens. Die anschließende Bewertung von erwarteten Nutzen, Schäden und Risiken erfolgt auf der Grundlage von ökonomischen Zielsetzungen, gesetzlichen Rahmenbedingungen, gesellschaftlichen Werten und dem angestrebten Unternehmensprofil. Diese modellgestützte Bewertung liefert ein Stärken-/Schwächenprofil. Um einen Optimierungsprozess zu bewirken, muss dabei ein möglichst breites Spektrum von Varianten (Produkte, Syntheseverfahren, Anwendungsverfahren, Rezyklierungs-, Verwertungs- und Entsorgungswege) betrachtet werden. In der nächsten Entwicklungsstufe kann dann ein weiteres, verfeinertes Modell des technischen Systems gebildet werden. Dies erlaubt eine verbesserte Abschätzung der erwünschten und unerwünschten Wirkungen und demgemäß eine fundiertere Bewertung. Entscheidend ist die *Integration* der Leitgrößen Ökoeffizienz, inhärente Sicherheit und gesellschaftliche Akzeptanz bei Modellbildung, Analyse, Bewertung und Gestaltung des technischen Systems (siehe Kapitel 4.5.1).

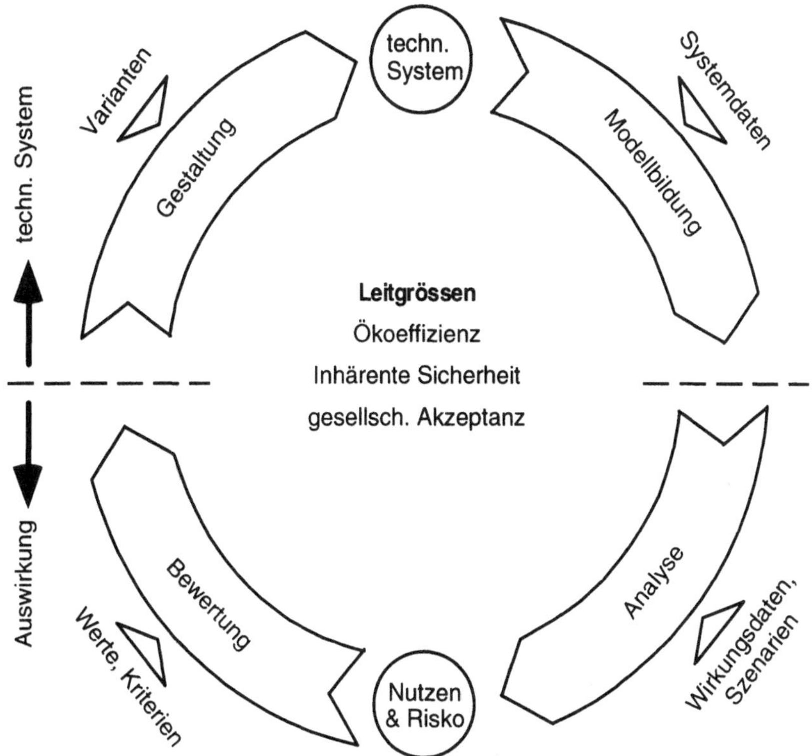

Abb. 1.1. Modell der integrierten Entwicklung als iterativer Prozess. Im Kontext der chemischen Industrie ist ein technisches System ein chemischer Produkt- oder Prozesslebenszyklus.

1.3
Lernziele

Das vorliegende Buch ist aus den Unterlagen zu der Vorlesung "Sicherheit und Umweltschutz in der Chemie" im Fachstudium für Chemiker, Chemieingenieure und Umweltnaturwissenschafter an der ETH Zürich entstanden. Die Vorlesung schließt an die Lehrveranstaltungen "Umweltchemie" und "Allgemeine Toxikologie" an und setzt einen soliden Grundstock an naturwissenschaftlich-technischen Kenntnissen voraus. Aufgrund der Brückenstellung von Sicherheit und Umweltschutz (Abb. 1.2) sind auch Grundkenntnisse in anderen Bereichen wie Wirtschaftswissenschaften oder Sozial- und Geisteswissenschaften von Nutzen.

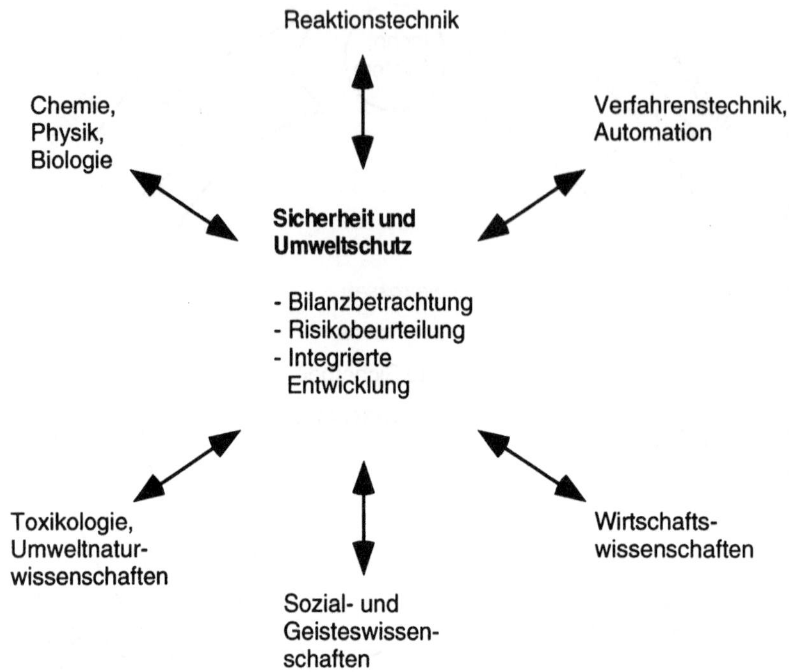

Abb. 1.2. Sicherheit und Umweltschutz als Brücke zwischen Naturwissenschaft, Technik und Humanwissenschaft

Inhaltlicher Schwerpunkt ist die Diskussion von umsetzungsorientierten S&U[1]-Konzepten zur Analyse, Bewertung und risikobewussten Gestaltung von chemischen Produkten und Prozessen. Bei der integrierten Entwicklung stehen aufgrund von Komplexität und Unsicherheit zwei Fragen im Vordergrund:

1. Mache ich das Richtige? (Effektivität)
2. Mache ich es Richtig? (Effizienz)

Trotz Unsicherheit, Zielkonflikten und Zeitdruck braucht es Entscheidungen und diese sollten möglichst gut wissenschaftlich abgestützt sein. Dieses Lehrbuch möchte Anregungen geben, wie begleitend zur Lösungssuche Sicherheit und Umweltschutz aus verschiedenen Blickwinkeln evaluiert werden können. Eine sorgfältige Zielausarbeitung und ein breit abgestütztes Sammeln und Integrieren von Informationen trägt dazu bei, daß relevante Daten frühzeitig beschafft werden und die wirklichen Problemdimensionen eher erkannt und verstanden werden können. Durch diese *modellgestützte Entscheidungsvorbereitung* können schließlich in einem breit angelegten Variantenfeld umfassende und langfristig tragbare Lösungen viel zielgerichteter und systematischer angegangen werden.

---

[1] S&U: Sicherheit und Umweltschutz unter Einbezug des Gesundheitsschutzes

Das Lernziel dieses Buches ist nicht zuletzt ein neuer Denkansatz, bei dem das unmittelbar lösungsorientierte Denken durch Problemorientierung erweitert wird. Orientierung an zu erwartenden Chancen und Problemen ist insbesondere bei Innovationsprozessen eine unabdingbare Voraussetzung, um die beschränkten Entwicklungsressourcen immer wieder gemäß den sich abzeichnenden Chancen und Risiken optimal zu fokussieren.

Die nachfolgende Aufstellung fasst die Lernziele nochmals zusammen:

- *Komplexe und vernetzte Probleme zielgerichtet und systematisch bearbeiten:* Dazu gehört ein problemorientierter (weder rein analytischer noch rein lösungsorientierter) Ansatz, das Denken in Alternativen und Szenarien und der Umgang mit wissenschaftlicher Unsicherheit und Zielkonflikten.
- *Kennenlernen von umsetzungsorientierten S&U-Konzepten zur Analyse, Bewertung und Optimierung der chemischen Technologie:* Dabei sollen begriffliche Schärfe, Kenntnis und Verständnis entsprechender Analyse- und Bewertungsmethoden und Einsicht in S&U - orientierte Gestaltungsprinzipien gefördert werden.
- Fördern der *Umsetzungsfähigkeit durch Praxisbeispiele*: Hierbei geht es um das Erkennen von Risiken in größeren Systemzusammenhängen und den Einbezug von ökonomischen und gesellschaftlichen Aspekten.

Ein weiteres Lernziel, nämlich die Fähigkeit zur problemorientierten *Teamarbeit* mit Personen unterschiedlicher Ausbildung kann parallel zur Arbeit mit diesem Buch in Fallstudien verfolgt werden.

1.4
Inhaltsübersicht

Eine rationale Analyse, Bewertung und Gestaltung von S&U verlangt sowohl Wissen um Ziele (Orientierungswissen) wie auch Wissen um Ursachen, Wirkungen und Mittel (Fachwissen).

Der *Orientierungsteil* (Teil A) ist im Hinblick auf eine Sicherheits- und Umweltschutzkultur Voraussetzung, um nach dem Prinzip der Verhältnismäßigkeit Masse und Normen für Sicherheit und Umweltschutz zu finden. Hier wird die normative Grundlage von Sicherheit und Umweltschutz jenseits der Technik auf einem gesellschaftlichen Hintergrund diskutiert. Angesprochen werden Fragen zur Verantwortung, zur Motivation für Lebenszyklusanalyse und integrierte Entwicklung, zum gesetzlichen Rahmen und zur unternehmerischen Perspektive von Sicherheit und Umweltschutz.

Der *Fachteil* (Teil B) konzentriert sich auf die methodischen Grundlagen für den frühzeitigen Einbezug von S&U als Entwicklungsleitgrößen. Für die systematische Berücksichtigung von S&U im Designprozess werden entsprechende Analysemethoden, Bewertungsindikatoren, Maßnahmen- und Kommunikationskonzepte vorgestellt.

Im *Umsetzungsteil* (Teil C) werden einige Grundgedanken zum S&U orientierten Prozess- und Produktdesign dargelegt. Dabei werden einfache

Hilfestellungen in Form von Checklisten und Orientierungspunkten gegeben, die eine vorausschauende Entwicklung begleiten sollen. Die Darstellung einer Fallstudie, die im Rahmen des Kurses "Sicherheit und Umweltschutz in der Chemie" durchgeführt wird, soll schließlich einen Anwendungsbezug schaffen.

Teil A:

Orientierungsteil

2 Technik und Verantwortung

2.1
Naturwissenschaft und Technik als Basis der industriellen Entwicklung

Die Entwicklung unserer Gesellschaft wird stark durch den Fortschritt von Naturwissenschaft und Technik geprägt. Die Leistungen von Naturwissenschaft und Technik der letzten 150 Jahre haben in den Industrienationen breiten Bevölkerungsschichten materiellen Wohlstand gebracht. Sie bilden im Rahmen der modernen Wirtschaft und der staatlichen Ordnung die zentrale Strategie zur Verringerung von Lebensrisiken und Knappheit.

Bei der heutigen Vielfalt an technischen Produkten, Prozessen und Dienstleistungen sind aber Technikfolgen wie Ressourcenbedarf, Emissionen und Störfallrisiken eine ernstzunehmende Bedrohung des wachsenden Wohlstandes.

Doch was ist eigentlich unter Naturwissenschaft und Technik zu verstehen und in welcher Beziehung stehen diese zueinander? In aller Kürze soll nachfolgend durch Betrachtung von Herkunft und Entwicklung der heutigen Technik auf diese Frage eingegangen werden.

Die *Technik* – ursprünglich geleitet von Intuition und Naturvorbild – dient seit jeher der Umgestaltung der Natur für die menschlichen Lebensbedürfnisse. Sie ist dazu da, über den Umweg des Einsatzes von Werkzeugen und Verfahren menschliche Bedürfnisse zu erfüllen.

Die heutige Stellung der Technik wäre ohne die Entwicklung der *Wissenschaft* nicht denkbar. Die Wissenschaften haben sich seit der Antike von einer betrachtenden Wissenschaft (theorein, *gr.* = anschauen) durch den Einbezug handwerklicher Elemente zu einer stark handlungsorientierten Wissenschaft gewandelt. Dabei spielte die Einführung des Experiments und die erstarkende geistige Emanzipation des Menschen von der Natur eine wesentliche Rolle. In der europäischen Renaissance (17. Jh.) entstand so ein mechanistisch-experimentelles Wissenschaftsprinzip, das als Grundstein der heutigen *Naturwissenschaft* angesehen werden kann. Die Idee der Beherrschung und Lenkung der Natur verdrängte eine durch übersinnliche Prinzipien bestimmte Naturforschung. Seither wird ein großer Teil der erkenntnisorientierten Wissenschaft systematisch in den Dienst der anwendungsorientierten Technik gestellt. Die Fähigkeit des Menschen, sich von der natürlichen Umgebung zu emanzipieren und sie zu verändern, hat dazu geführt, daß ein gewisser Gegensatz zwischen Mensch und Natur entstanden ist [1].

Die *Technologie* ist schließlich das wissenschaftliche Suchen nach Verfahren für die Technik. Mit der Technologie als weiterem Entwicklungsschritt wird der Umweg der Technik zur Deckung der menschlichen Bedürfnisse nochmals größer und in der Folge auch die Komplexität und Arbeitsteilung bei der Umsetzung. Beispiele von Technologien zur Herstellung von chemischen Produkten sind:

- die Chemische Technologie zur Produktherstellung durch Stoffumwandlung
- die Prozesstechnologie zur industriellen Produktion von Stoffen und Aufarbeitung durch technische Verfahren
- die Sicherheits- und Umwelttechnologie zur Risikoreduktion durch vorausschauende Maßnahmen.

2.2
Technikfolgen

2.2.1
Ambivalenz des technischen Fortschritts

Neben der Schaffung von Lebensqualität und materieller Sicherheit sind mit der Technisierung der Welt auch Probleme verbunden:

- Verlust an Übersicht
- Machtkonzentration mit globalen, ökonomischen, ökologischen und gesellschaftlichen Folgeproblemen
- Quelle für Ansprüche und Wünsche, ohne dabei Maß und Orientierung zu geben
- Schaffung neuer Gefahren und Risiken

Der technische Fortschritt ist also ambivalent. Der Vermehrung von Wohlstand stehen Schäden und Gefahren gegenüber. Das Ergebnis von industrieller Produktion beispielsweise ist nicht nur das Produkt mit der gewünschten Wirkung bzw. Funktion. Die Wertschöpfung ist immer auch mit Nebeneffekten verbunden. Diese Technikfolgen treten dabei über den ganzen Lebenszyklus eines Produktes auf (Abb. 2.1). Während das Auffinden und Erklären von gewünschten Effekten bereits schwierig ist, ist eine Übersicht bei Neben- und Folgewirkungen oft um ein Vielfaches komplexer: Hier wird die Linearität des Ursache-Wirkungs-Denkens in Richtung Mehrdeutigkeit, Vernetzung und Unsicherheit aufgebrochen[1].

Das Dilemma des technischen aber auch des gesellschaftlichen Fortschritts liegt darin, daß er im Bestreben, den materiellen Wohlstand und die Sicherheit der Zukunft zu gewähren, gleichzeitig Sicherheit und Wohlstand der jetzigen und der kommenden Generationen mit neuen technischen und ökologischen Risiken gefährdet. Von den Risiken, mit denen das ursprüngliche menschliche Leben

---

[1] Unsicherheiten bei der Beurteilung von Technikfolgen wurden beispielsweise von Skorupinski [2] thematisiert.

untrennbar verbunden war, unterscheiden sich neuzeitliche Risiken in räumlicher und zeitlicher, aber auch in psychologischer und sozialer Hinsicht:

- Sie sind global und betreffen z.T. die Biosphäre als ganzes
- Sie gefährden die heutige und die kommenden Generationen z.T. bis in unbestimmte Zeiten
- Ihre Komplexität verhindert oft eine Erfassung und Lokalisierung der Störorte
- Sie entziehen sich oft der direkten Wahrnehmung durch menschliche Sinne
- Sie überschreiten auch soziale Grenzen, da man sich nicht gegen alle Risiken effizient schützen kann

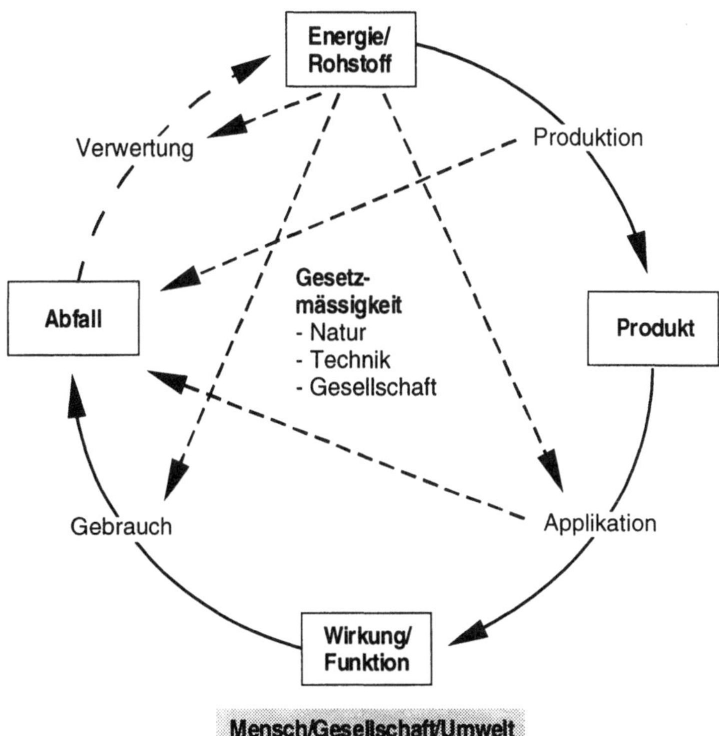

Abb. 2.1. Lebenszyklus eines chemischen Produktes

Das "Risiko" ist in Zusammenhang mit der Ambivalenz des technischen Fortschritts zu einer Schlüsselgröße geworden. Nachfolgend soll der Begriff kurz eingeführt werden.

2.2.2
Der Begriff des Risikos

Risiko wird in der Alltagssprache in verschiedenen Kontexten verwendet. So werden mit dem Begriff Risiko z. B. Gefahr, Glücksspiel oder Nervenkitzel verbunden, also sowohl positive als auch negative Attribute. Auch in der Ökonomie wird das Risiko als Varianz um einen Mittelwert verstanden, beinhaltet also positive und negative Effekte. Der *technische Risikobegriff* dagegen beschreibt ausschließlich mögliche zukünftige Ereignisse, die unerwünscht sind.

Demgemäß wird Risiko hier als Möglichkeit von zukünftigen Schäden verstanden. Das Risiko (R) eines möglichen Schadensereignisses lässt sich in den Dimensionen von Schadensausmaß oder Tragweite (T) und Eintrittswahrscheinlichkeit (W) ausdrücken:

$$R = f(W,T)$$

Wählt man für die Beschreibung des Risikos den Erwartungswert des Schadens gemäß den Grundsätzen der Wahrscheinlichkeitsrechnung, so gilt die Produktformel

$$R = W \cdot T,$$

die bei der Betrachtung von verschiedenen, voneinander unabhängigen möglichen Schadensereignissen i in eine Summe übergeht

$$R = \sum_i W_i \cdot T_i.$$

Die Wahrscheinlichkeit W wird dabei oft auf bestimmte Zeiträume bezogen, so daß sich beispielsweise eine Eintrittshäufigkeit H von 10^{-5} pro Jahr ergeben kann. Risiken werden dann als durchschnittliche Schadenserwartung pro Zeiteinheit verstanden.

Eine solche Darstellung von Risiken erfordert (1) die Definition eines Systems, dessen mögliche Schädigung betrachtet werden soll (Schutzziele). (2) Schadensszenarien, die quantitativ bewertbar und allenfalls aggregierbar sind und (3) die Abschätzung von Eintrittswahrscheinlichkeiten für diese Szenarien, wobei sowohl statistische Erfahrungswerte (relative Häufigkeiten von bestimmten Ereignissen in der Vergangenheit) als auch vorausblickende probabilistische Überlegungen aufgrund von logischen Überlegungen und gemäß den Gesetzen der Stochastik benutzt werden können.

Sowohl die Festlegung der Systemgrenzen als auch die konkrete Bewertung bestimmter Szenarien ist normativ und hängt stark davon ab, wer den Schaden definiert. Der Schaden des einen kann durchaus der Nutzen des anderen sein. Auch wenn dies nicht der Fall ist, so lässt sich mit der durchschnittlichen Schadenserwartung kein eigentlich objektiver Vergleich verschiedener Schadenskategorien wie Personenschäden, Sachschäden oder Umweltschäden erreichen. Die Gewichtung solcher Schäden muss sich auf ein Wertesystem abstützen, das in einer pluralistischen Gesellschaft durchaus unterschiedlich sein kann.

Beispiel 2.1. *Kollektive und individuelle Risiken*
Im Kontext einer spezifischen Gefährdung ist zwischen dem Individualrisiko, hier der individuellen Wahrscheinlichkeit eines Todesfalles pro Jahr, und dem Kollektivrisiko, der Gesamtzahl der zu erwartenden Todesfälle pro Jahr zu unterscheiden. Dies kann anhand einer sogenannten Risikomatrix am Beispiel von Todesfallrisiken verdeutlicht werden (Tabelle 2.1). Die Spalten stellen mögliche Schadensszenarien (S_j) mit den jeweiligen Eintrittshäufigkeiten (p_j) für ein ausgewähltes System dar. Die Zeilen beziehen sich auf verschiedene Personen oder Personengruppen (P_i). In den Schnittstellen der Matrix stehen die individuellen Todesfallwahrscheinlichkeiten von einzelnen Personen für die spezifischen Szenarien (t_{ij}). Das individuelle Risiko für eine Person (r_i) errechnet sich aus den Todesfallwahrscheinlichkeiten der verschiedenen Szenarien. Sind die Szenarien unabhängig voneinander, können zur Berechnung des individuellen Risikos die einzelnen Todesfallwahrscheinlichkeiten addiert werden. Analog lässt sich das kollektive Risiko eines Szenario (R_j) aus der Summe der Todesfallwahrscheinlichkeiten aller Personen bestimmen. Das Risiko für das Gesamtsystem (R) ergibt sich sowohl aus der Summe der individuellen Risiken $\sum r_i$ als auch aus der Summe der kollektiven Risiken $\sum R_j$. Aus der Perspektive eines Unternehmens steht das Kollektivrisiko, das sich z. B. für einen möglichen Unfall berechnet, im Vordergrund.

Tabelle 2.1. Risikomatrix für Todesfallrisiken, verändert nach [3]

Personen/-gruppen	Schadensszenarien						individuelles Risiko
	$S_1; p_1$	$S_2; p_2$	....	$S_j; p_j$	....	$S_m; p_n$	
P_1	t_{11}	t_{12}	...	t_{1j}	...	t_{1m}	r_1
P_2	t_{21}	t_{22}	...	t_{2j}	...	t_{2m}	r_2
...	...	...	...	...	...	...	...
P_i	t_{i1}	t_{i2}	...	t_{ij}	...	t_{im}	r_i
...	...	...	...	...	...	...	...
P_n	t_{n1}	t_{n2}	...	t_{nj}	...	t_{nm}	r_n
kollektives Risiko	R_1	R_2	...	R_j	...	R_m	R

S_j: Schadensszenarien für das beobachtete System; p_j: Eintrittswahrscheinlichkeiten der Szenarien; P_i: relevante Personen oder Personengruppen des beobachteten Systems; t_{ij}: individuelle Todesfallwahrscheinlichkeiten; r_i: individuelle Risiken der Person i; R_j: kollektives Risiko für das Szenario j; R: Gesamtrisiko des Systems

Die Abschätzung und Bewertung von Risiken als Prognose möglicher Schäden in der Zukunft ist mit Unschärfen verbunden. Diese Unschärfen lassen sich nicht endgültig ausräumen, da sie Bestandteil der Problemstellung sind, nämlich zukünftige Schäden zu modellieren, von denen niemand mit Sicherheit sagen kann, ob bzw. wann sie eintreten werden. Da diese Risikoberechnungen aber als Grundlage für Entscheide dienen sollen, müssen diese prinzipiellen Unschärfen in Kauf genommen werden.

In der Realität steht dem analytisch beschriebenen Risikokalkül der Experten häufig die subjektive Risikowahrnehmung der Bevölkerung gegenüber. Eine unmittelbare Korrelation der beiden Risikokategorien ist meist nicht gegeben. Dies liegt auch daran, daß bei der intuitiven Risikowahrnehmung andere Dimensionen

in die Bewertung einfließen als bei der Bildung von statistischen Erwartungs-
werten, so z. B. die Möglichkeit, das Risiko selbst zu beeinflussen oder der
persönliche Bezug zum Schutzziel.

So darf neben der technischen Bedeutung der gesellschaftliche Kontext von
Risiken nicht vergessen werden. Die Verteilung von Risiken schafft in der Bevölkerung Gewinner und Verlierer. Die ungleiche Verteilung von Kosten der präven-
tiven Sicherheit zwischen Branchen oder Unternehmen kann Märkte verändern.
Wo industrielle Risiken wahrgenommen und der Industrie zuerkannt werden,
schwindet die Akzeptanz bei der Bevölkerung. Risiken mit allen diesen Facetten
sind heute zu einem prägenden Moment unserer Gesellschaft geworden [4].

2.2.3
Abschätzung von Technikfolgen

Die Abschätzung von Technikfolgen verlangt die Integration von oft sehr
unterschiedlichen, disziplinären Wissenstypen und kann in drei Hauptschritten
erfolgen:

Erkennen – Begreifen – Bewerten

Grundlegend für die Wahrnehmung von Technikfolgen ist ein Weltbild mit
impliziten oder expliziten Schutz- und Entwicklungsanforderungen. Durch dieses
Weltbild entscheidet sich, welche Art von Technikfolgen überhaupt als solche
wahrgenommen werden. Eine derartige Referenzbasis erlaubt es, durch
Wahrnehmung von Veränderungen (reaktiv) bzw. durch Analyse von
Auswirkungsszenarien (proaktiv) mögliche Technikfolgen zu *erkennen*.

Zu dem Wahrnehmungsprozess müssen in einem zweiten Schritt die
Zusammenhänge und Problemdimensionen von Technikfolgen gesehen werden,
naturwissenschaftliche Kausalitäten und Interessenlagen untersucht und die
tatsächlichen und möglichen Folgewirkungen auf Mensch und Umwelt analysiert
werden. Aus diesem Schritt resultiert die Verknüpfung von Technik- und
Handlungsoptionen mit entsprechenden Auswirkungsszenarien. *Begreifen* heißt
hier, adäquate Modellvorstellungen zu entwickeln. Verbleibende Unsicherheiten
und offene Fragen erfordern gegebenenfalls eine weitere Vertiefung des
Problemverständnisses.

Drittens gilt es Chancen und Risiken gegeneinander abzuwägen. Klar erkenn-
bare Handlungsmöglichkeiten, sichtbare Wertmaßstäbe[2] und daraus abgeleitet,
möglichst objektiv kalkulierbare Entscheidungsgrundlagen sind beim *Bewerten*
schließlich Voraussetzungen dafür, daß die den technischen Fortschritt begleiten-
den Güterabwägungen auch in der Öffentlichkeit breite Akzeptanz finden können.

Nicht jeder, der von den Folgen der Technik betroffen ist, wird diese in der
gleichen Weise bewerten. Aus der Tatsache, daß die Gruppe der Handelnden und
die Gruppe der Betroffenen bei technischen Risiken oft nur zum Teil zusammen-

---

[2] Gängige Anforderungen der Ethik an solche Wertmaßstäbe sind Plausibilität,
Vermittelbarkeit und rationale Begründbarkeit.

fallen, ist heute eine breite gesellschaftliche Verständigung über das Eingehen von Risiken vordringlich.

2.3
Das Prinzip Verantwortung

Verantwortung von Menschen - für ihre Mitmenschen wie für sich selber - hat eine lange *Tradition*. Traditionell wird die Verantwortung vor allem als individuelle Verantwortung für die unmittelbar voraussehbaren Folgen individueller Handlungen verstanden. Dieser Verantwortungsbegriff war den früheren technischen Gestaltungsmöglichkeiten in einer überschaubaren Gesellschaft durchaus angemessen. Die Zunahme der Handlungsmöglichkeiten und die Zunahme von kollektivem, arbeitsteiligen Handeln erfordert eine radikale Erweiterung des Verantwortungsbegriffs.

Nach Hans Jonas umfasst diese erweiterte Verantwortung alles heutige und künftige menschliche Leben. Auch die Natur ist mit einbezogen, da der Mensch heute die Macht besitzt, sie in ihren Grundzügen zu verändern. Jonas schlug eine neue Norm für menschliches Handeln vor

> Handle so, daß die Wirkungen deiner Handlung verträglich sind mit der Permanenz echten menschlichen Lebens auf Erden [5].

Jonas gelangt also gewissermaßen zu einer Neuformulierung des kategorischen Imperativs von Kant. Der neue Verantwortungsrahmen ist zugleich ein neuer Maßstab für die Technik. In die gleiche Richtung weist schon die Verantwortungsethik von Max Weber [6], welche die Technik an ihrer Wirkung, d.h. an ihren absehbaren Folgen misst. Es ergibt sich die Forderung, daß unabhängig von jeder Eintrittswahrscheinlichkeit eine obere Schadensgrenze nicht überschritten werden darf.

Der kollektive Charakter technischen Handelns lässt eine rein individualistische Verantwortung beim Umgang mit Technik unzureichend erscheinen. Vielmehr gilt es, mehrere Ebenen zu betrachten [7]:

- Individuen: persönliche Verantwortung
- Institutionen: z. B. unternehmerische Verantwortung, Verantwortung von Behörden
- Gesellschaft: politische Verantwortung

Entscheidend für das Verständnis von Verantwortung ist auch die Frage, vor wem der Handelnde verantwortlich ist. Bei Individuen können das beispielsweise das eigene Gewissen, ein Gerichtshof, aber auch ein Vorgesetzter sein. Bei Institutionen oder gar Gesellschaften ist es hingegen oft weniger offensichtlich, vor wem sie sich zu verantworten haben.

2.4
Das Prinzip der Nachhaltigkeit

2.4.1
Der Begriff der Nachhaltigkeit

Das Prinzip der Verantwortung findet im Prinzip der Nachhaltigkeit seine Konkretisierung. Das Konzept einer nachhaltigen, dauerhaften oder zukunftsfähigen (engl. sustainable) Entwicklung wurde durch die Weltkommission für Umwelt und Entwicklung (Brundtland-Kommission) der UN geprägt:

> Dauerhafte Entwicklung ist Entwicklung, die den Bedürfnissen der heutigen Generation entspricht, ohne die Möglichkeiten künftiger Generationen zu gefährden, ihre eigenen Bedürfnisse zu befriedigen und ihren Lebensstil zu wählen. [8].

Analog zum Prinzip Verantwortung wird auch beim Prinzip der Nachhaltigkeit der Fortbestand der Menschheit als zentrale Norm eingeführt, wobei hier auf die zukünftige Befriedigung menschlicher Bedürfnisse fokussiert wird. Die Definition ist anthropozentrisch, die Natur hat für die Nachhaltigkeit als Grundlage für die Befriedigung menschlicher Bedürfnisse - vor allem der Grundbedürfnisse nach Nahrung, Wasser und Hygiene - ihre Bedeutung. In Anerkennung unserer Erde als Gesamtsystem verbindet das Prinzip der Nachhaltigkeit die Entwicklung von Wirtschaft und Gesellschaft mit den Auswirkungen auf deren Existenzgrundlage: Gesucht wird ein neuer Typ von Fortschritt, der gleichzeitig ökonomischen, sozialen und ökologischen Kriterien genügt.

Nachhaltigkeit bezeichnet ein Anforderungsprofil für die Entwicklung der gesellschaftlichen Naturnutzung und wird auf diese Weise zu einer Leitgröße auch für den technischen Fortschritt. Die Bestimmung von Bedingungen und Methoden einer nachhaltigen Entwicklung ist bis heute mit einem hohen Maß an wissenschaftlicher Unsicherheit verbunden.

Die Zielsetzungen der Nachhaltigkeit können durch die folgenden drei Grundbedingungen beschrieben werden:

1. Ökonomische Bedingung: Effizienter Einsatz der Ressourcen bei der Erschaffung von Werten zur Verbesserung der allgemeinen Lebensqualität
2. Soziale Bedingung: Orientierung an der Humanität als Leitgröße, also an Werten wie Chancengleichheit, Förderung des gesellschaftlichen Zusammenhalts und der kulturellen Identität sowie der Entwicklung demokratischer Institutionen
3. Ökologische Bedingung: Beachten der Tragfähigkeit des Ökosystems Erde, speziell von Boden, Wasser, Luft und Biosphäre in Bezug auf die Nutzung als Quelle von Ressourcen wie als Senke für Abfälle

Beim Versuch der Operationalisierung von Nachhaltigkeit durch *Nachhaltigkeitsindikatoren* wie Artenvielfalt, Flächenversiegelung, Rohstoffverbrauch, Schadstoffkonzentrationen etc. erkennt man, daß diese Indikatoren faktisch nur innerhalb eines räumlich und zeitlich begrenzten Rahmens beobachtet werden können. Dies widerspricht dem globalen Prinzip der Nachhaltigkeit um so mehr, je kleiner dieser Rahmen ausfällt. Die Frage, ob und wie konkrete Handlungen, Projekte und Entwicklungen auf Nachhaltigkeit zu überprüfen sind, ist demgemäß Gegenstand anhaltender Kontroversen.

Bei zukunftsbezogenen Entscheidungen ist es wichtig, die Funktionen der natürlichen Umwelt klar vor Augen zu haben. De Groot [9] unterscheidet in etwa zwischen

- Regulationsfunktionen (Klimaregulation, Wasser- und Grundwasserhaushalt, Bodenfruchtbarkeit, Stoffkreisläufe etc.)
- Trägerfunktionen (für menschliches Wohnen, Landwirtschaft, Erholung etc.)
- Produktionsfunktionen (Nahrungsmittel, genetische Ressourcen, Rohstoffe) und
- Informationsfunktionen (ästhetische, spirituelle/religiöse, historische und inspirierende Information).

In der Diskussion über die Bedingungen von nachhaltiger Entwicklung ist eine Kontroverse darüber entstanden, inwiefern die verschiedenen Ressourcen (natürliches und menschengemachtes Kapital) durch jeweils andere ersetzt werden können, also substituierbar sind. "Starke" Nachhaltigkeit zielt darauf ab, daß der Bestand des Umweltkapitals erhalten bleibt. Die sogenannte "schwache" Definition von Nachhaltigkeit geht davon aus, daß praktisch alle Ressourcen vom Menschen durch jeweils andere substituiert werden können. Demzufolge ist eine Abnahme einzelner Ressourcen vertretbar, wenn funktional gleichwertige Substitutionsmöglichkeiten vorhanden sind und der *Gesamt*kapitalbestand im Zeitablauf nicht abnimmt, wobei die jeweiligen Definitionen von Umwelt- und Gesamtkapital strittig sind.

Die Verwirklichung von starker Nachhaltigkeit ist beim heutigen Verbrauch von kaum nachgebildeten Rohstoffen und beim derzeitigen Artenschwund unrealistisch. Auf der anderen Seite liegt es auf der Hand, daß unterschiedliche Ressourcen zwar meist in Bezug auf einzelne Funktionalitäten substituierbar sind, (Brennstoffe), nicht aber bezüglich aller Funktionen, zum Teil sind diese ja nicht einmal bekannt. Pearce führt deshalb den Begriff der kritischen Naturgüter ein [10], die als so wesentlich erachtet werden, daß sie nicht abnehmen dürfen, während bei anderen Naturgütern (z. B. fossile Brennstoffe) Substitutionen vertretbar sind.

Um die Funktionen der Umwelt als Quelle von Ressourcen, als Absorptionsmedium von Emissionen und als Lebensgrundlage dauerhaft zu bewahren, lassen sich in Anlehnung an die Enquete-Kommission des deutschen Bundestages [11] und an den Interdepartementalen Ausschuss Rio [12] der Schweiz folgende Kriterien für nachhaltige Entwicklung aufstellen (für erneuerbare Ressourcen wird hier ein starkes Kriterium angewandt, für nicht erneuerbare Ressourcen ein schwaches)

- *Stabilitätskriterium für erneuerbare Ressourcen:*
  Verbrauchsrate < Regenerationsrate. Von einer erneuerbaren Ressource darf höchstens soviel gebraucht werden, wie in der gleichen Zeit entsteht. Der Bestand an erneuerbaren Ressourcen kann so nicht abnehmen.

- *Stabilitätskriterium für nicht erneuerbare Ressourcen:*
  Verbrauchsrate < Kompensationsrate. Von einer nicht erneuerbaren Ressource
  darf höchstens soviel abgebaut werden, wie in der gleichen Zeit durch
  äquivalente erneuerbare Ressourcen, eventuell auch durch den gezielten Einsatz
  von Wissen, substituiert werden kann. Der Ersatz muss sich auf alle
  wesentlichen Funktionen der Ressource beziehen.
- *Belastungskriterium für Emissionen:*
  Emissionsfracht < Belastungsschwelle. Unter Einbezug von Langfrist- und
  Kombinationswirkungen sowie von Akkumulations- und Abbauprozessen darf
  die Emissionsfracht die Belastungsschwelle des Gesamtsystems nicht
  überschreiten.
- *Stabilitätskriterium für Eingriffe in Ökosysteme:*
  Veränderungsrate < Anpassungsrate. Veränderungen der Lebensbedingungen
  von bedeutenden Ökosystemen sollen sich an deren Reaktionsfähigkeit
  orientieren.
- *Unsicherheitskriterium:*
  Vermeiden von großräumigen und langfristigen Gefährdungen

Seit der 1992 in Rio abgehaltenen UN-Konferenz für Umwelt und Entwicklung
(UNCED oder Erdgipfel von Rio) beginnen sich auch Politik und Wirtschaft mit
dem Prinzip der Nachhaltigkeit auseinanderzusetzen. Die in Rio verabschiedete
Agenda 21 [13, 14] weist z. B. Regierungen, Unternehmen und der Wissenschaft
ihre Rolle bei der Gestaltung einer nachhaltigen Zukunft zu. In
zukunftsorientierten Wirtschaftskreisen werden neue Entwicklungsrichtungen in
Richtung Sustainable Development gefördert (vgl. [15], Publikationen des World
Business Council for Sustainable Development). Neue gesellschaftliche,
wirtschaftliche und technische Leitbilder sind im Entstehen. Es entwickeln sich
verschiedene globale, mess- und vergleichbare Umweltnormen, die wiederum zur
Grundlage eines steten Lernprozesses werden (vgl. auch Kap. 4)[3].

2.4.2
Nachhaltigkeit und ökologische Wirtschaft

Die Ökonomie hat sich mit der Ökologie lange Zeit nur am Rande beschäftigt.
Freie Güter wie Luft, Wasser, biologische Artenvielfalt, an denen niemand
Eigentumsrechte besitzt, waren zwar nicht wert- jedoch aber kostenlos, da sie die
Natur praktisch in beliebiger Menge zur Verfügung stellen konnte. Sie waren nicht
Gegenstand der Ökonomie, da sie nicht als *knappe Güter* verstanden wurden. In
dieser Betrachtungsweise kann die Natur - auch für eine wachsende Menschheit
mit steigenden Ansprüchen - die benötigten Ressourcen stets liefern und die
resultierenden Abfälle wieder aufnehmen. Anfang der 70er Jahre wurden die
Begrenztheit der natürlichen Ressourcen und der Absorptionsfähigkeit der Öko-

---

[3] z. B. International Standards Organisation: Umfassende Qualitätsnorm unter Einbezug der
Sicherheits- und Umweltaspekte: ISO 9000 (Qualitätssicherung); ISO 14000 (Umweltmanagement).

systeme als limitierende Entwicklungsfaktoren in einer breiteren Öffentlichkeit diskutiert. Diese Diskussion begründete die systematische und breite Auseinandersetzung der Wirtschaftswissenschaften mit der Umweltproblematik (z. B. [16]). Heute werden Umweltgüter wie Rohstoffe, sauberes Wasser oder saubere Luft zweifellos als knappe Güter wahrgenommen, auch wenn zum Teil kein funktionierender Markt für sie besteht.

Die Nationalökonomie begann in den 70er Jahren darauf hinzuweisen, daß Privatunternehmen mit der Belastung der Umwelt soziale Kosten verursachen. Diese werden in der Betriebskalkulation nicht berücksichtigt, weil sie von der Allgemeinheit getragen werden. Man spricht von externen Kosten, genauer von externen Effekten. Damit ist gemeint, daß jemand einen Nutzen auf Kosten von anderen Individuen oder Kollektiven erzielt, ohne dafür zu bezahlen[4]. Auch heute sind Umweltkosten erst zu einem geringen Teil in den betrieblichen Kostenrechnungen enthalten. Wenn externe Kosten für die Beanspruchung von Umweltgütern bei der Produktion eines Gutes nicht eingerechnet werden, wird der Preis dieses Gutes aus der volkswirtschaftlichen Perspektive zu niedrig ausfallen. Die daraus resultierenden Entscheidungen der Marktteilnehmer führen zu Fehlallokationen von Ressourcen, was schließlich zu einem volkswirtschaftlichen Verlust führt. Wie aber können diese Differenzen zwischen einzelwirtschaftlichen und volkswirtschaftlichen Kosten korrigiert werden?

Zielsetzung einer ökologisch orientierten Volkswirtschaft ist es, dafür zu sorgen, daß externe Kosten und damit auch (mögliche) ökologische Schäden vollumfänglich bei der Preisbildung für Rohstoffe und Produkte berücksichtigt werden. Damit ist der marktwirtschaftliche Umweltschutz angesprochen.

Die Bewertung von Umweltbelastungen wird von den herrschenden Normen geprägt. Sollen sie vom Verursacher getragen werden, müssen sie zuerst - gemäß dem aktuellen Stand von Wissenschaft und Technik sowie gemäß den politischen Schutzzielen - identifiziert, quantifiziert und in Geldeinheiten erfasst werden (Monetarisierung). Die Monetarisierung von Umweltschäden kann bei reversiblen Schäden beispielsweise durch die Kosten für eine Wiedergutmachung erfolgen. Für irreversible Schäden müssen andere Ansätze zu Hilfe genommen werden, z. B. eine empirisch ermittelte Zahlungsbereitschaft für eine Schadensvermeidung. Die gesamten externen Kosten ergeben sich aus den monetarisierten Umweltschäden abzüglich des Anteils, welcher vom Verursacher selbst getragen wird.

Schließlich muss in einem politischen Prozess die Anlastung der externen Kosten nach dem Verursacherprinzip folgen. Die unter Einbezug des aktuellen Wissenstands ermittelten externen Kosten werden den Unternehmen angelastet und erscheinen so in den betrieblichen Kostenrechnungen. Dies kann mit Hilfe von marktwirtschaftlich orientierten Instrumenten erfolgen:

- *Handelbare Emissionszertifikate:* Zertifikate sind marktfähige Umweltnutzungsrechte, z. B. für bestimmte Schadstofffrachten. Voraussetzung für eine sinnvolle Zertifikatlösung sind: (1) eine gute räumliche Verteilung der

---

[4] Externe Effekte können auch positiv für die Allgemeinheit sein, z. B. die Erholungsfunktion eines landwirtschaftlich genutzten Gebietes.

Emissionen und (2) keine lokale Toxizität. Geeignet sind z.B atmosphärische Schadstoffe wie CO_2, NO_x, SO_2 oder flüchtige organische Kohlenwasserstoffe (VOC).

- *Lenkungsabgaben*: Denkbar sind Abgaben auf Rohstoffe, Energien bzw. Produkte, Abfälle und Emissionen gemäß Input- oder Outputmengen. Die resultierenden staatlichen Einnahmen können entweder zweckgebunden direkt für die Vermeidung und Wiedergutmachung von Umweltschäden verwendet (eigentliche Lenkungsabgabe) oder für ökologisch förderungswürdige Verhaltensweisen zurückerstattet werden (Bonus-Malus-System).

Bei den genannten Ansätzen müssen fiskalische und ökologische Überlegungen streng getrennt werden. Die erhobenen Mittel werden nicht notwendigerweise zur Vermeidung der Schäden, zum ökologischen Ausgleich oder zur Vorsorge verwendet. Es existieren aber auch Ansätze zur *Ökologisierung des Steuersystems*, bei denen die vermehrte Besteuerung von Umweltbeanspruchung mit einer gleichzeitigen Reduktion von Einkommens- oder Mehrwertsteuern einhergeht, so daß die Staatseinnahmen insgesamt nicht erhöht werden.

Die obigen Ausführungen zeigen, daß in einer Wirtschaftsordnung mit ökologischer Vollkostenrechnung Umweltschutz nicht primär ein mit Kosten verbundenes Erfüllen von gesetzlichen Vorgaben bedeutet. Vielmehr wird die Möglichkeit einer Nutzenoptimierung durch effizienten Umgang mit dem knappen Gut Umwelt geschaffen. Produzenten und Konsumenten erhalten auf diese Weise Anreize für entsprechende Innovationen und Verhaltensänderungen.

2.4.3
Die Umsetzung von Nachhaltigkeit

2.4.3.1
Verschiedene Ebenen der Umsetzung

Die konkrete Umsetzung des Gedankens der Nachhaltigkeit ist durch die Komplexität der zu lösenden ökonomischen, ökologischen und sozialen Probleme erschwert. Für unseren Betrachtungsrahmen können Ansätze zur konkreten Umsetzung auf zwei Ebenen gesucht werden.

Auf der *technischen Ebene* ist die chemische Industrie gefordert, Prozesse und Produkte im Hinblick auf Nachhaltigkeit zu entwickeln. Als zentrale Leitlinien können hohe Produktivität, geringer Verbrauch an möglichst erneuerbaren Ressourcen, die Vermeidung von Emissionen und Abfällen und die Minimierung von Störfall- und Produktrisiken dienen. Dieselben Leitlinien gelten für die Entwicklung von nachhaltigen Produktelebenszyklen. Aus der Sicht einer zukunftsfähigen Technikentwicklung geht es für die chemische Industrie darum, eine Regulation durch vorausschauende Risikoabschätzungen zu erreichen.

Auf der zweiten, *gesellschaftlichen Ebene* müssen die zur Umsetzung des Nachhaltigkeitsgedankens nötigen gesellschaftlichen Rahmenbedingungen geschaffen werden. Eine zentrale Rolle kommt dabei der Einführung des marktwirtschaftlichen Umweltschutzes zu. Ebenso wichtig ist das Erarbeiten einer fundierten Wissensbasis. Informierte politische Entscheide und ein differenziertes Verständnis von Fortschritt sind angewiesen auf Wissen über die langfristigen Folgen von verschiedenen Produktions-, Konsum- und Lebensformen.

2.4.3.2
Operationalisierung von Nachhaltigkeit

Die Umsetzung einer nachhaltigen Entwicklung erfordert aussagekräftige und möglichst quantifizierbare Messgrößen. Solche Nachhaltigkeitsindikatoren sind heute selbst für Teilbereiche, wie z. B. Produktelebenszyklen, noch kaum erforscht. In unserem Zusammenhang stellt sich etwa die Frage, wie in der Entwicklungsphase zwei Varianten eines chemischen Produkts bezüglich Nachhaltigkeit bewertet werden sollen. Die Operationalisierung des Prinzips der Nachhaltigkeit, d.h. die Reduktion auf einen Gesamtindikator kann grundsätzlich durch ein lineares System von gewichteten Nachhaltigkeitsindikatoren versucht werden:

$$\text{Gesamtindikator} = \begin{pmatrix} g_{\ddot{o}konomisch} \\ g_{\ddot{o}kologisch} \\ g_{gesellsch.} \end{pmatrix} \times \begin{pmatrix} n_{\ddot{o}konomisch} \\ n_{\ddot{o}kologisch} \\ n_{gesellsch.} \end{pmatrix} = \vec{G} \times \vec{N}$$

Ein Gesamtindikator ergibt sich in diesem Ansatz aus dem Produkt von Nachhaltigkeitsvektor $\vec{N}$ und Gewichtungsvektor $\vec{G}$. Die einzelnen Elemente im Nachhaltigkeitsvektor $\vec{N}$ sind ihrerseits bereits komplex aggregierte Größen. Der aggregierte ökonomische Indikator $n_{\ddot{o}konomisch}$ bereitet abgesehen von der Problematik der externen Kosten am wenigsten Schwierigkeiten. Hier ist eine Aggregation üblich und die Wertschöpfung in Geldeinheiten ausdrückbar. Auch beim ökologischen Indikator $n_{\ddot{o}kologisch}$ ist mit der Ökobilanzierung eine Methodik vorhanden, die die gesamten Umweltauswirkungen eines Produkts zu aggregieren sucht, auch wenn dies mit diversen Schwierigkeiten verbunden ist (vgl. Kap. 5). Die größte Unsicherheit besteht bei der Ermittlung eines gesellschaftlichen Indikators $n_{gesellsch.}$. Die Elemente im Gewichtungsvektor $\vec{G}$ bilden die gewählten Präferenzen ab und sind daher in hohem Maße vom herrschenden Wertsystem abhängig. Die Bildung eines Gesamtindikators für Nachhaltigkeit ist eine Idealvorstellung, während bei der konkreten Beurteilung pragmatisch vorgegangen werden muss.

Weitere Fortschritte in Richtung ganzheitliche Betrachtung setzen nicht zuletzt eine vermehrte Zusammenarbeit zwischen den Ingenieur-, Natur- und Humanwissenschaften jenseits ihrer disziplinären Grenzen voraus.

2.5
Folgerungen für die industrielle Chemie

Die für die chemische Technologie spezifischen unerwünschten Technikfolgen konzentrieren sich primär auf die Problemkreise Ressourcenverbrauch und Emissionen im Normalfall, Nebenwirkungen von Produkten sowie Störfallrisiken. Aus Vielzahl und Menge an chemischen Stoffen in Wechselwirkung mit der Umwelt ergeben sich spezifische Umweltrisiken, wie:

- Störung des Gleichgewichtes von natürlichen Kreisläufen
- Anreicherung naturfremder Stoffe mit schlechter Rückführbarkeit in natürlichen Lebenszyklen
- Überschreitung von unbekannten Wirkungs- und Belastungsschwellen für biologische und ökologische Systeme
- Unbekannte Langzeit- und Kombinationswirkungen

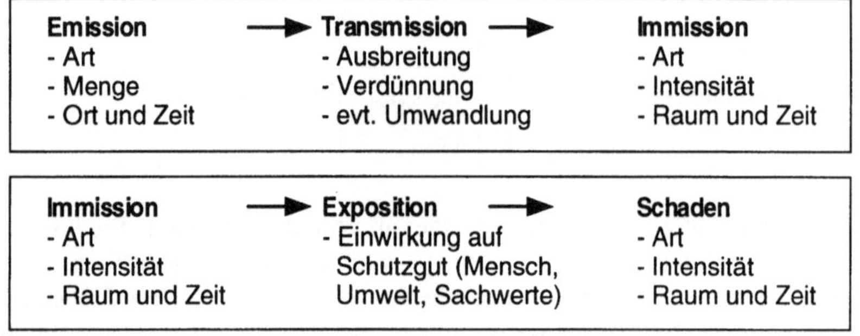

Abb. 2.2. Wirkungsweg von der Emission zum Schaden

Unerwünschte Technikfolgen sind im Normalfall wie im Störfall oft direkt oder indirekt mit einer Stoff- oder Energiefreisetzung verbunden. Der Weg der Einwirkung führt dabei von der Emission über Ausbreitungsprozesse – mit eventuellen Folgeereignissen – bis zu den entsprechenden Schäden (vgl. Abb.2.2, Definitionen in Tab. 2.2).

Tabelle 2.2. Begriffsdefinitionen

Begriff	Definition
Emission	Umwelteintrag von umgebungsfremden Stoffen, Energien oder Organismen, die als chemische, physikalische oder biologische Stressoren wirken
Transmission	Ausbreitung, Verdünnung und Umwandlung einer Emission
Immission	In die Umwelt verteilte und eventuell umgewandelte Emission am Ort des exponierten Schutzgutes
Exposition	Art, Intensität und Dauer einer Immissionseinwirkung auf ein Schutzgut
Schaden	Beeinträchtigung eines Schutzgutes

Technikfolgen der Chemie lassen sich im Intensitäts-Zeit-Feld einer Exposition in die Problembereiche Sicherheit, Gesundheitsschutz und Umweltschutz unterteilen (Abb. 2.3).

*Sicherheits*probleme betreffen *ereignisorientierte* Risiken und zeichnen sich durch eine ausgeprägte Dynamik (kurze Zeitkonstanten) und hohe aber meist lokale Expositionsintensitäten aus. Sie sind in hohem Maße orts- und im Ereignisfall zeitspezifisch. Diese sogenannten Störfallrisiken, worunter Brände, Explosionen und der Austritt giftiger Substanzen mit den entsprechenden akuten Wirkungen fallen, werden mit dem Instrument der Prozessrisikoanalyse untersucht (vgl. Kap. 7,8 und 9).

Die Probleme des *Gesundheitsschutzes* betreffen Einwirkungen auf Arbeiter und/oder Konsumenten (aber auch auf Ökosysteme). Sie sind oft durch eine größere Expositionsdauer und dementsprechend durch chronische Wirkungen gekennzeichnet. Wirkungen sind dabei meist orts- aber weniger zeitspezifisch. Das Spektrum möglicher Einwirkungen ist breit und kann Expositionen von Arbeitern in der Produktion, Nebenwirkungen von Produkten beim Konsumenten oder Anreicherung von Produkten in Umweltkompartimenten und Nahrungsketten betreffen. Diese Einwirkungen werden mit Hilfe der Produktrisikoanalyse abgeschätzt (vgl. Kap. 6).

Die spezifischen Probleme des *Umweltschutzes* sind *bilanzorientiert.*Sie betreffen Summeneffekte aus einer Vielzahl von inkrementellen Einwirkungen verteilt über Raum und Zeit. Entsprechende Wirkungen liegen bei tiefen und oft unbekannten Belastungsschwellen sowie bei langen Expositionszeiten (betrifft z.B Umweltverhalten und Schadwirkungen von produktspezifischem Abwasser, Abluft, Abfall etc. aus Punktquellen wie aus diffusen Quellen). Solche Langzeitauswirkungen werden in der Ökobilanz erfasst. Die Ökobilanz als statisches Instrument beurteilt Umweltschäden meist weder orts- noch zeitspezifisch (vgl. Kap. 5). Wie in Abb. 2.3. angedeutet, gibt es zwischen den Bereichen von Sicherheit, Gesundheits- und Umweltschutz eine Reihe von Überschneidungen.

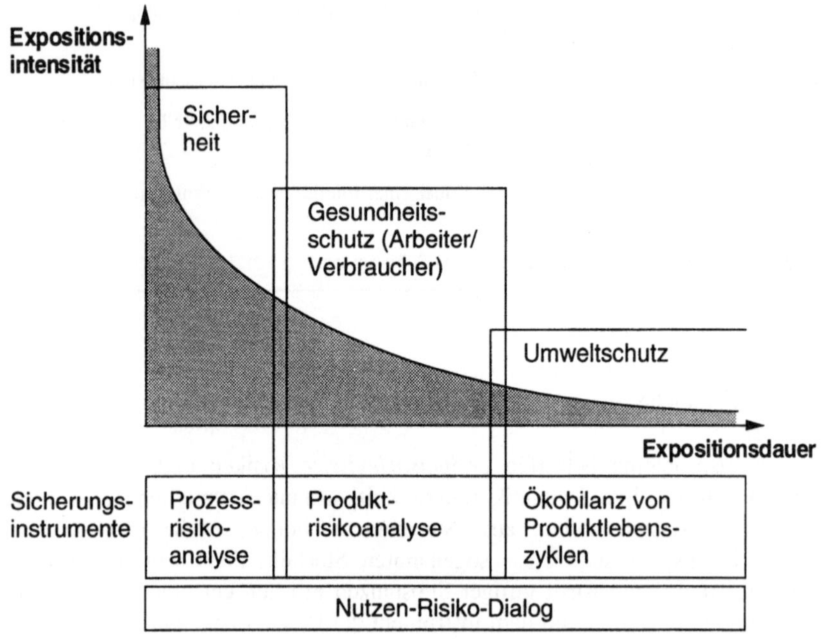

Abb. 2.3. Sicherheit, Gesundheits- und Umweltschutz in der Chemie: Einordnung im Intensitäts-Zeit-Feld einer Exposition nach [17][5] sowie Zuordnung von entsprechenden Sicherungs-instrumenten. Die Intensitäts-Zeit-Kurve verläuft gemäß der jeweiligen Wirk- bzw. Grenz-konzentration, d.h. abnehmend von akuter Toxizität über Langzeittoxizität bis zu sehr langfristig orientierten Umweltbelastungsschwellen.

In der integrierten Entwicklung muss das ganze Spektrum des Intensitäts-Zeit-Feldes möglicher Expositionen berücksichtigt werden. Dabei spielt schließlich auch die Ökonomie (vgl. Kap. 5.2 und 5.3) sowie die Kommunikation mit der Gesellschaft über die eingegangenen Risiken (vgl. Kap. 10) eine entscheidende Rolle. Vorerst sollen aber noch der gesetzliche Rahmen (Vgl. Kap. 3) und die Verankerung der integrierten Entwicklung in der Unternehmensstrategie (vgl. Kap. 4) aufgezeigt werden.

---

[5] Mit freundlicher Genehmigung des American Institute of Chemical Engineers.

Literatur zu Kapitel 2

[1]   Hösle V (1991) Philosophie der ökologischen Krise. Beck, München

[2]   Skorupinski B (1996) Gentechnik für die Schädlingsbekämpfung: Eine ethische Bewertung der Freisetzung gentechnisch veränderter Organismen in der Landwirtschaft. Enke, Stuttgart

[3]   Merz HA, Schneider T, Bohnenblust H (1995) Bewertung von technischen Risiken: Beiträge zur Strukturierung und zum Stand der Kenntnisse, Modelle zu Bewertung von Todesfallrisiken. vdf Hochschulverlag, Zürich (Dokumente Polyprojekt Risiko und Sicherheit, ETH Zürich, Band 3)

[4]   Beck U (1986) Risikogesellschaft - auf dem Weg in eine andere Moderne. Suhrkamp, Frankfurt am Main

[5]   Jonas H (1984) Das Prinzip Verantwortung. Suhrkamp, Frankfurt am Main

[6]   Weber M (1919) Politik als Beruf in: Winckelmann J (Hrsg) Soziologie, Universalgeschichtliche Analysen, Politik, Stuttgart

[7]   Ropohl G (1994) Das Risiko im Prinzip Verantwortung, Ethik und Sozialwissenschaften - Streitforum für Erwägungskultur 5:109

[8]   Hauff V (Hrsg) (1987) Unsere gemeinsame Zukunft. Eggenkamp Verlag, Greven

[9]   de Groot RS (1992) Functions of Nature: Evaluation of Nature in Environment, Planning Management and Decision Making. Wolters-Nordhoff, Amsterdam

[10] Pearce D, Barbier E, Markandya A (1990) Sustainable Development: Economics and Environment in the Third World. Edward Elgar, Aldershot

[11] Enquete-Kommission, "Schutz des Menschen und der Umwelt" des Deutschen Bundestages (1993) Verantwortung für die Zukunft - Wege zum nachhaltigen Umgang mit Stoff- und Materialströmen. Economia Verlag, Bonn

[12] Interdepartementaler Ausschuss Rio des schweizerischen Bundesrates (1995) Elemente für ein Konzept der nachhaltigen Entwicklung. Diskussionsgrundlage für die Operationalisierung. Bern

[13] Keating M (Hrsg) (1993) Agenda für eine nachhaltige Entwicklung: Eine allgemein verständliche Fassung der Agenda 21 und der anderen Abkommen von Rio. Center for Our Common Future, Geneva

[14] United Nations (1993) Agenda 21: Programme of Action for Sustainable Development. United Nations, Department of Public Information, New York

[15] Schmidheiny S (1992) Kurswechsel. Artemis&Winkler, München

[16] Frey BS (1991) Umweltökonomie. Vandenhoeck und Ruprecht, Göttingen (Kleine Vandenhoeck-Reihe)

[17] Lemkovitz SM (1992) Plant/Operations Progress 11:140

3 Gesetzgebung für Sicherheit und Umweltschutz

3.1
Vorbemerkung

Die Gewährleistung von Sicherheit und das Schützen der Umwelt sind gesellschaftliche Anliegen, die gesetzliche Regelungen erfordern. Voraussetzung für rationale Regelungen sind verlässliche Kausalitäten auf der Basis von klaren Zusammenhängen zwischen Schadenursachen und -wirkungen. In dieser Hinsicht sind die Bereiche Sicherheit und Umweltschutz sehr unterschiedlich.

Während Ursachen und Wirkungen bei Sicherheitsproblemen meist eng aufeinander bezogen sind, liegen diese bei Umweltproblemen zeitlich wie räumlich oft weit auseinander (Abb. 2.3). Eine Vielzahl von Verursachern bewirkt durch verschiedenste Umwelteinwirkungen eine Vielzahl von potentiellen, aber auch von offensichtlichen Schäden. Trotz vorsorglich orientierter Verhaltensvorschriften besteht eine Entschädigungsproblematik, die in Bezug auf Klagerecht, Schadensbemessung und Fragen der Verantwortung und der Wiedergutmachung äußerst komplex ist.

Im folgenden Überblick steht deshalb die noch junge Umweltgesetzgebung gegenüber der etablierteren Gesetzgebung im Bereich Sicherheit und Gesundheitsschutz im Vordergrund.

3.2
Maß- und Normenfindung

Die Gesetzgebung kann als Schaffung verbindlicher Normen für eine Gesellschaftsordnung im gemeinsamen Interesse verstanden werden. Die Gesetzgebung für Sicherheit und Umweltschutz befasst sich insbesondere mit der Entwicklung eines *normativen Regelsystems* für den Umgang mit Technik. Dies betrifft z.B. den Betrieb, die Technikgestaltung, Schutz- und Kontrollmaßnahmen sowie Fragen der Haftung. Dabei gilt es, Maße und Normen für den Schutz des Menschen und seiner natürlichen Umwelt vor den Ein- und Auswirkungen der Technik zu finden. Grundprinzipien sind hierbei das Vorsorgeprinzip, das Verursacherprinzip und das Kooperationsprinzip [1]

Die S&U Gesetzgebung hat zwei wichtige Motive:

- Reaktion auf gesellschaftlich relevante Ereignisse
- Vorausschauendes Ausrichten auf gesellschaftliche Schutzziele

3.2.1
Gesetzgebung als Reaktion auf gesellschaftlich relevante Ereignisse

Als Folge von ereignisbedingten Schäden, wie z. B. dem Chemieunfall von Schweizerhalle 1986, sind in jüngster Vergangenheit in einem politischen Prozess eine Vielzahl von Gesetzen und Verordnungen im Bereich Sicherheit und Umweltschutz entstanden (Abb.3.1). Beim Vollzug der entsprechenden Verordnungen zeigen sich heute neben Erfolgen auch Probleme:

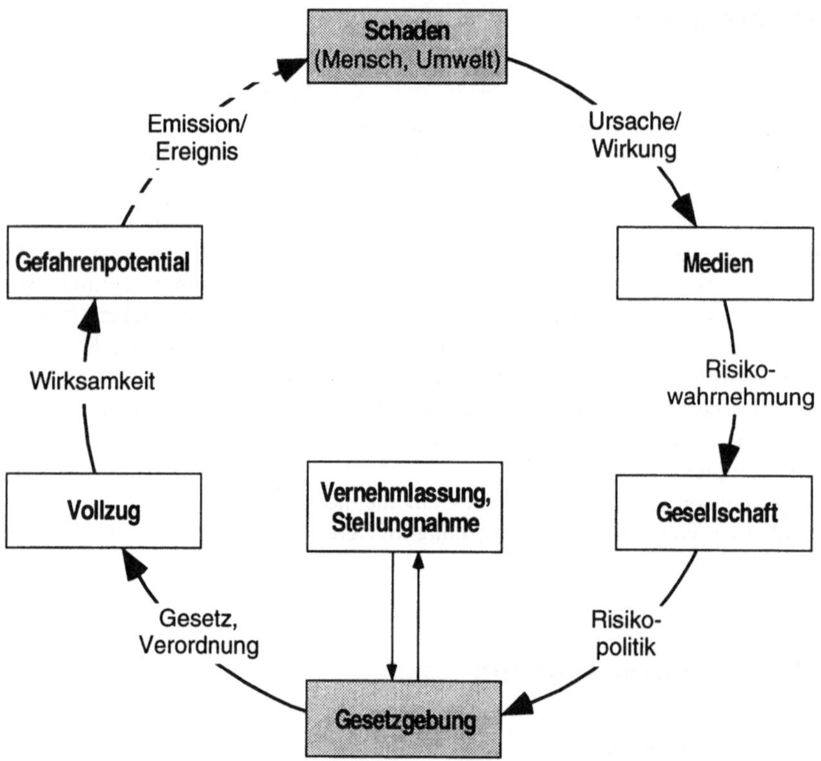

Abb. 3.1. Gesetzgebung als Reaktion auf Schäden

- Bei der Vielzahl an Umweltgesetzen ist die Vollzugswirkung einzelner Gesetze, etwa bezüglich Verbesserung der Umweltqualität, schwer überprüfbar, da der entsprechende Gesetzesrahmen immer wieder geändert wurde.

- Bei gewissen Gesetzesvorgaben ist der wirksame Vollzug schwer durchzusetzen (z. B. NO_x und O_3-Immissionsgrenzwerte der Luftreinhalte-Verordnung der Schweiz).
- Die Vorgaben bewirkten oft nur Symptombekämpfungen, wie etwa die teure und energieintensive Nachbehandlung von Emissionen.

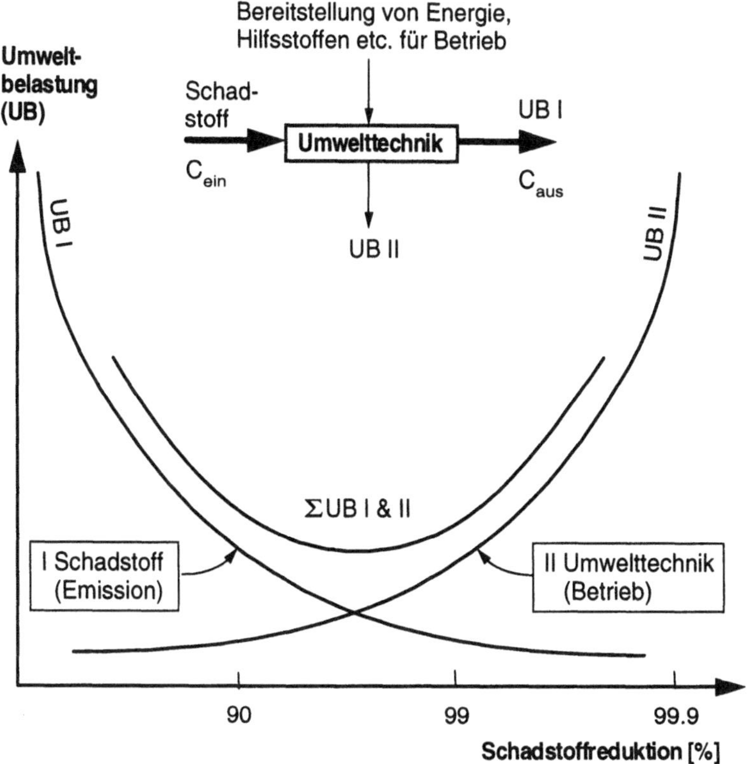

Abb. 3.2. Schematische Darstellung des ökologischen Nutzens von nachsorgender Umwelttechnik. Die Umweltbelastungen von emittiertem Schadstoff und Umwelttechnik können z.B. durch ökologische Bilanzierung veranschaulicht und einander gegenübergestellt werden (vgl. Kap. 5.1). Die Summenkurve zeigt oft eine Abnahme des ökologischen Grenznutzens mit steigender Schadstoffreduktion.

- Zu strenge gesetzliche Konzentrationsbegrenzungen bei Emissionen können insbesondere bei kleinen absoluten Frachten, z.B. durch Umweltbelastung aus der Energiebereitstellung für den Betrieb der Entsorgungssysteme, zu einer insgesamt negativen Umweltbilanz führen (Abb. 3.2).

Die Schwachstellen zeigen, daß die probleminduzierte S&U-Gesetzgebung immer mehr an Ihre Grenzen stößt. Auch wenn weder die ökologische noch die ökonomische Effizienz alleiniges Kriterium für die Gesetzgebung sein kann, so ist doch F. Söllners Bemerkung zutreffend: "Von der Notwendigkeit staatlicher Maßnahmen zur Gewährleistung der *Sustainability* kann nicht auf die *Umweltverträglichkeit* aller umweltrelevanten staatlichen Maßnahmen geschlossen werden" [2]. Beim heutigen Stand des Umweltrechts können weitere Fortschritte wohl effizienter durch die konsequente Ausrichtung auf Schutzziele erreicht werden. Wie eine derartige Neuausrichtung unter Nutzung der Marktkräfte aussehen könnte, wird unter Rückgriff auf Kapitel 2.4.2 nachfolgend kurz skizziert.

3.2.2
Gesetzgebung als vorausschauendes Ausrichten auf Schutzziele

Bei einer prospektiven Vorgehensweise bilden der wissenschaftliche Erkenntnisstand und ein gesellschaftlicher Konsens die Basis für die Zielvorgaben. Mittel und Wege zum Erreichen der Ziele sind den Akteuren auf dem Markt überlassen. Langfristige Zielvorgaben sollen die Berechenbarkeit der Rahmenbedingungen auch bei langfristigen unternehmerischen Entscheidungen, wie z.B. bei Investitionsprojekten, erlauben. Durch die internationale Abstimmung der Schutzziele wird eine *Harmonisierung* der Emissionsgrenzwerte erreicht und die *Wettbewerbsverzerrung* verhindert.

Die Strategien, die sich aus diesem Ansatz ergeben, werden zum Teil bereits von der EU durch Richtlinien und Verordnungen sowie durch die Aufnahme der Umweltpolitik in den EU-Vertrag, der am 1. November 1993 in Kraft getreten ist, verfolgt[1]:

- *Integration der Umweltaspekte* in wirtschaftliche und politische Gesamtbetrachtungen $\Rightarrow$ Vernetzung
- Schaffung von neuen *marktwirtschaftlichen Anreizen* statt bloßer polizeirechtlicher Zwänge
- *Kooperation zwischen Gesetzgeber, Wirtschaft und Wissenschaft* zur Erzielung eines maximalen Synergismus zwischen marktwirtschaftlichem und gesetzlich kontrolliertem Umweltschutz; Beispiel: Vereinbarung zwischen Industrie- bzw. Branchenvertretern und Behörden bezüglich freiwilliger Emissionsreduktion zur Vermeidung von weiteren staatlichen Vorschriften
- *Integrierte Emissionsbetrachtung* über die Kompartimente Boden, Wasser und Luft[2]; Basis sind Schutzziele mit abgeleiteten Umweltqualitätsnormen (Abb. 3.3)
- Die Vollzugseffizienz kann durch *Fracht- statt Konzentrationsbegrenzungen* verbessert werden. Das Bilanzgebiet sollte möglichst umfassend sein, also ein ganzes Chemiewerk an einem Standort, wenn nicht sogar alle Aktivitäten einer Firma berücksichtigen.

---

[1] Eine weitere Stärkung der vertraglichen Grundlagen des Umweltschutzes ist im Vertrag von Amsterdam erreicht worden, der am 2.10.1997 unterzeichnet wurde.

[2] Integrated Pollution Prevention and Control (IPPC; EU-Richtlinie siehe Tabelle 3.1).

- Vermehrte *Einzelstoffbegrenzung* neben den Summenparametern wie totaler organischer Kohlenstoff (TOC) im Abwasser oder totale flüchtige organischer Kohlenwasserstoffe (VOC) in der Abluft
- Vermehrte *Nachweispflicht*, daß eine ursächliche Vermeidung und Verminderung der Abfälle durch eine bessere Prozeßführung nicht möglich ist.

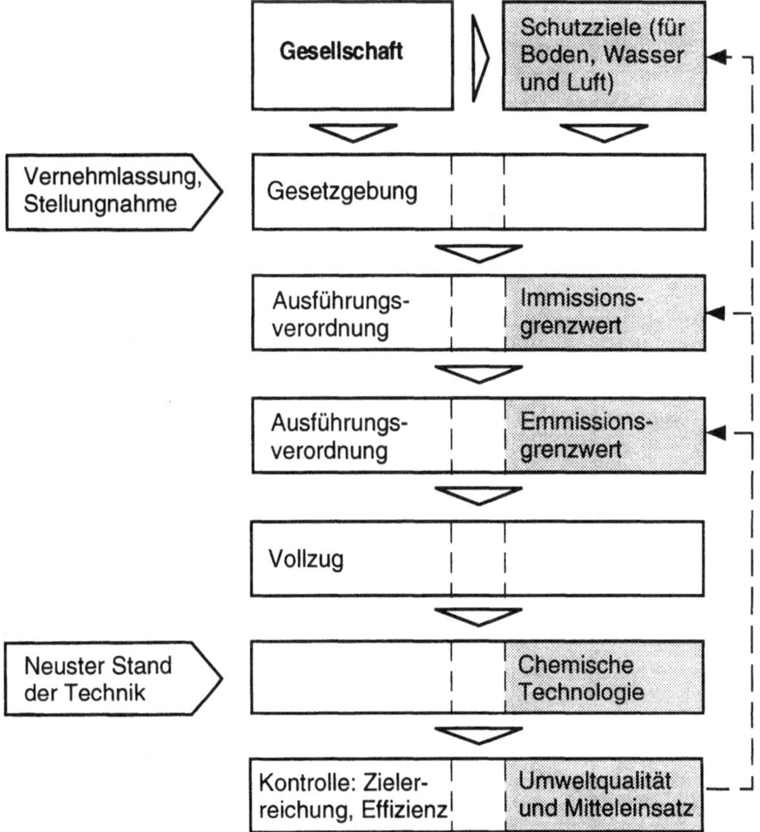

Abb. 3.3. Umsetzung von gesellschaftlich vereinbarten Schutzzielen (proaktive Umweltgesetzgebung). Der neueste Stand der Technik ist nur einzusetzen, wenn er zum Erreichen des Schutzzieles erforderlich ist.

Die Umsetzung dieser Strategien setzt allerdings voraus, daß einerseits ein *Mentalitätswechsel* bei allen Beteiligten (Gesetzgeber, Vollzugsbehörden, Firmen) stattfindet. Andererseits muss für Selbstverantwortung, Vorsorge und marktwirtschaftliche Optimierungen des Umweltschutzes auch ein *Handlungsspielraum* gegeben sein. Mit erhöhtem Einsatz der neuen Umweltschutzoptionen sollten bestehende Normen auch konsequent überdacht werden. Bei allen Effizienzüberlegungen ist aber zu beachten, daß für eine gute Gesetzgebung der Entstehungsprozess, also die politische Einigung der verschiedenen Interessengruppen, entscheidend ist. Nur so kann sichergestellt werden, daß eine effiziente Gesetzgebung auch eine breite gesellschaftliche Anerkennung findet.

3.3
Das geltende Recht im Überblick

Die heutigen Rechtsvorschriften bezüglich Sicherheit und Umweltschutz in der Chemie sind außerordentlich zahlreich und wenig übersichtlich. Deshalb kann in diesem Kapitel nur eine allgemeine Orientierung über vorhandene Rechtsquellen und nicht eine inhaltliche Abhandlung derselben gegeben werden. Neben der Rechtssetzung der Europäischen Union werden die geltenden Regelungen in der Bundesrepublik Deutschland behandelt. Beispiele für Regelungen in der Schweiz (v. a. Grenzwerte) finden sich in Anhang A2.

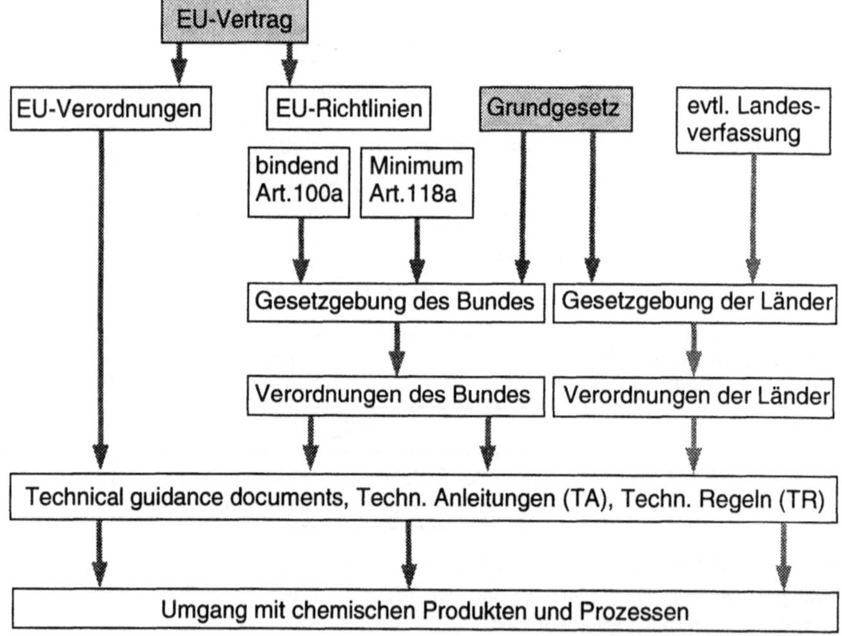

Abb. 3.4. Übersicht über die verschiedenen geltenden Rechtsvorschriften in der Bundesrepublik Deutschland. Die Technischen Anleitungen und Technischen Regeln haben den Status von Verwaltungsvorschriften.

Das geltende Recht besteht derzeit vor allem aus *Geboten und Verboten*. Eine Ausrichtung auf die genannten alternativen Strategien ist beispielsweise durch die Einführung eines Environmental Management System festzustellen. Aufgrund der fallweisen Harmonisierung bzw. Neuregelung von einzelnen Rechtsbereichen in der EU ist deren Umweltgesetzgebung im Vergleich zu der nationalen lückenhaft. Im Bereich der Produkte ist die Regelungsdichte entsprechend den Aufgaben und Interessen der EU wesentlich höher als etwa im Bereich der Produktionsanlagen. Eine Übersicht über verschiedene Typen von Rechtsvorschriften findet sich in Abb. 3.4.

Die Gliederung der Gesetzgebung in stoffbezogenes Recht, anlagenbezogenes Recht, Arbeitsschutzrecht, integrierendes Recht, Haftungs- und Strafrecht soll nicht darüber hinwegtäuschen, daß jedes Gesetz seinen spezifischen Hintergrund und Werdegang hat. In einem Gesetz können mehrere dieser Aspekte gemeinsam behandelt sein und die Regelungen können sich zum Teil sogar überlagern. Die Begriffe des stoffbezogenen und des anlagenbezogenen Rechts sind hier weiter gefasst als üblich. Insbesondere sind die Gesetzgebung über Luft, Boden und Wasser (medienbezogene Gesetzgebung) und die Abfallgesetzgebung unter das Recht bezüglich Umweltauswirkungen von Anlagen zusammengefasst.

Die Orientierung über die geltenden gesetzlichen Vorschriften wird künftig wohl erleichtert werden, wenn die Kodifizierung und Vereinheitlichung des Umweltrechts der Bundesrepublik Deutschland in einem Umweltgesetzbuch (UGB) rechtsgültig wird. Allerdings ist auch hier zu erwarten, daß die Gesetzgebung im Fluss bleibt, vor allem auch, da auf europäischer Ebene immer wieder Neuregelungen getroffen werden, die in nationale Gesetze umgesetzt werden müssen [3].

3.3.1
Der verfassungsrechtliche Rahmen

3.3.1.1
Der EU-Vertrag

Nachdem die Tätigkeiten der EG im Bereich der Umweltpolitik seit ihrer Gründung bis 1987 nicht im EG-Vertrag verankert waren, aber dennoch zunehmendes Gewicht bekamen, wurde bei der Vertragsänderung durch die Einheitliche Europäische Akte die umweltpolitsche Aufgabe der Gemeinschaft in einem eigenen Abschnitt „Umwelt" festgeschrieben. Dieser Abschnitt wurde durch den Vertrag über die Europäische Union von 1992 weiterentwickelt [4].

Durch diese Vereinbarungen hat die EU die Aufgabe, mit den ihr zur Verfügung stehenden Mitteln die EU-weite Harmonisierung der Umweltstandards zu fördern und damit auch Wettbewerbsverzerrungen im Binnenmarkt zu vermeiden.

Tabelle 3.1. Allgemeine und beispielhafte EU-Umweltregelungen für chemische Produkte und Prozesse. (Es wird kein Anspruch auf Vollständigkeit erhoben.)

EWG/EU-Zeichen	Zielbereich der Regelung	Neuerungen
	Stoffbezogene Regelungen:	
67/548	Einstufung, Verpackung und Kennzeichnung von Stoffen	7. Änderung 92/32 Anpassungen
88/379	Einstufung, Verpackung und Kennzeichnung von Zubereitungen	4. Anp. 96/65
Nr.793/93	Verordnung über die Evaluation und Kontrolle existierender Substanzen	Verordnungen über Prioritäten
76/769	Verbote und Beschränkungen der Vermarktung von Gefahrstoffen	Anpassungen
Nr.2455/92	Export und Import von gefährlichen Stoffen	Anpassungen
76/464	Verschmutzung infolge Ableitung bestimmter gefährlicher Stoffe in die Gewässer der Gemeinschaft - Liste der gefährlichen Stoffe	Anpassungen
73/404	Angleichung der Rechtsvorschriften der Mitgliedstaaten über Detergentien	Anpassungen
91/414	Inverkehrbringen von Pflanzenschutzmitteln	Anpassungen
80/68	Schutz des Grundwassers gegen Verschmutzung durch bestimmte gefährliche Stoffe	Anpassungen
Nr.3322/88	Verordnung über bestimmte FCKW und Halone	
	Anlagenbezogene Regelungen (im weiteren Sinn):	
96/61	Integrierte Vermeidung und Verminderung der Umweltverschmutzung (IPPC[a])	Reference Documents i.Vorb.
84/360	Bekämpfung der Luftverunreinigung durch Industrieanlagen	
80/779	Grenzwerte und Leitwerte der Luftqualität	
75/442	Abfälle	Anpassungen
78/319	Giftige und gefährliche Abfälle	Revision 91/689
90/219	Anwendung genetisch veränderter Mikroorganismen in geschlossenen Systemen	Änderung in Vorbereitung
90/679	Schutz von Arbeitnehmern vor Risiken durch biologische Agenzien am Arbeitsplatz	
82/501	Seveso-Richtlinen über die Gefahren schwerer Unfälle bei bestimmten Industrietätigkeiten	Revision 96/82 COMAH[b]
85/337	Umweltverträglichkeitsprüfung bei bestimmten öffentlichen und privaten Projekten	Ergänzung 97/11
Nr.1836/93	Verordnung über die freiwillige Beteiligung gewerblicher Unternehmen an einem Gemeinschaftssystem für das Umweltmanagement und die Umweltbetriebsprüfung	
90/313	Freier Zugang zu Informationen über die Umwelt	
	Haftungsregelungen	
85/374	Angleichung der Rechts- und Verwaltungsvorschriften über die Haftung für fehlerhafte Produkte	
92/59	Allgemeine Produktsicherheit	

[a]Integrated Pollution Prevention and Control; [b]Control of Major Accident Hazards

EU-Verordnungen sind in allen Teilen verbindliche, in jedem Mitgliedstaat unmittelbar gültige Gesetze. Sie haben Vorrang vor nationalem Recht. EU-Richtlinien sind für jeden Mitgliedsstaat hinsichtlich des zu erreichenden Ziels verbindlich. Form und Mittel der Umsetzung werden von jedem Mitgliedsstaat gewählt. Richtlinien sind das bevorzugte Instrument zur Rechtsangleichung innerhalb der EU. In Tabelle 3.1. werden einige der für die chemische Industrie wichtigen EU-Richtlinien aufgelistet. Verordnungen sind ebenfalls aufgeführt und als solche bezeichnet. Offizielle Informationsquellen zum Gemeinschaftsrecht mit aktuellen Neuerungen sind auch über Internet zugänglich[3].

Weitere Verpflichtungen für die nationale Gesetzgebungen, wie etwa das Rhein-Schutzabkommen können sich aus internationalen Konventionen, also z. B. im Rahmen des UNEP oder der ECE-Kommission, ergeben.

3.3.1.2
Die Bundesrepublik Deutschland

Im Grundgesetz ist kein Grundrecht auf eine saubere Umwelt festgeschrieben. In den Grundgesetzänderungen von 1971 und 1972 wurde aber dem Bund die konkurrierende Gesetzgebungszuständigkeit für die Abfallbeseitigung, die Luftreinhaltung und die Lärmbekämpfung eingeräumt (Art. 74 Nr. 20, 24 GG), so daß in diesem Bereich umfassende Regelungen durch Bundesgesetze existieren. Im Bereich der Landespflege und des Wasserhaushalts kann der Bund dagegen nur Rahmenvorschriften erlassen, die durch Landesgesetze umgesetzt werden müssen (Art. 75, Nr. 3,4 GG).

Als Rahmen für die Umweltgesetzgebung in Deutschland ist ebenfalls das Umweltprogramm der Bundesregierung vom 29.9.1971 interessant, in dem die Grundsätze der Umweltpolitik formuliert sind[4].

3.3.2
Das stoffbezogene Recht

Die Gesetzgebung für den Umgang mit gefährlichen Stoffen in Deutschland [5] hat sich aus verschiedenen punktuellen Regelungen (z. B. Arzneimittelgesetz oder Wasch- und Reinigungsmittelgesetz) zu einer allgemeineren Form entwickelt, die sich heute stark auf das EU-Recht stützt.

Für eine einheitliche, produkt-, medien- und schutzzielübergreifende Behandlung des Umgangs mit gefährlichen Stoffen wurden im *Chemikaliengesetz* (ChemG)

- die Anmeldung neuer Stoffe
- die Einstufung, Verpackung und Kennzeichnung von gefährlichen Stoffen, Zubereitungen und Erzeugnissen

---

[3] EU: http://www.europarl.eu.int, http://www.europa.eu.int/celex/celex-de.html, http://www.unimaas.nl/~egmilieu/; Deutschland: http://www.bmu.de, http://www.umwelt-online.de/

[4] Für eine Zusammenstellung des Umweltrechts von Deutschland siehe [1].

- die Mitteilungspflichten
- die Ermächtigungen zu Verboten und Beschränkungen sowie zu Maßnahmen zum Schutz von Beschäftigten und
- die Gute Laborpraxis

geregelt. Damit wird für die drei Schutzziele Umwelt-, Arbeits- und Gesundheitsschutz eine konzeptuell einheitliche Regelung für Stoffe und deren Zubereitungen getroffen. Die Bereiche, für die ähnliche Regelungen bereits existieren, sind aus dem Chemikaliengesetz ausdrücklich ausgenommen.

Die wichtigste Verordnung des Chemikaliengesetzes ist die *Gefahrstoffverordnung*. Sie bildet auch die Basis für eine Anzahl technischer Regeln, von denen hier die Technische Regel für Gefahrstoffe (TRGS) 905 erwähnt werden soll, in der die EU-Einstufung von Gefahrstoffen und nationale Abweichungen aufgeführt sind. Die EU-Gefahrensymbole und die R- und S-Sätze zur Beschreibung von Risiken und Sicherheitsmaßnahmen sind in Anhang A3 wiedergegeben.

Die Unterscheidung zwischen alten und neuen Stoffen stützt sich auf das EU-Altstoffinventar EINECS[5], in dem alle Stoffe aufgelistet sind, die vor dem 18. September 1981 in einem der EG-Mitgliedsstaaten in Verkehr gebracht wurden. Das EINECS ist über die Chemikalien-Altstoffverordnung (AltstoffV) vom 22.11.1990 in deutsches Recht umgesetzt worden.

Für die *Anmeldung neuer Stoffe* wendet sich der Anmelder an die Anmeldestelle beim Bundesamt für Arbeitsschutz und Arbeitsmedizin (BAuA) in Dortmund, die das Melde- und Bewertungsverfahren nach Chemikaliengesetz koordiniert (vgl. Kap. 6.2). Die seit Einführung der Anmeldepflicht angemeldeten Stoffe sind in dem Europäischen Neustoffinventar ELINCS[6] aufgelistet. Die Bewertung von Altstoffen wird auf der Basis des ChemG im Beratergremium für umweltrelevante Altstoffe der GDCh durchgeführt. Bislang sind über 200 Berichte zu etwa 250 Stoffen publiziert worden[7] [6].

Weitere Verordnungen zum Chemikaliengesetz sind die Chemikalienverbots-verordnung (ChemVerbotsV), die Giftinformationsverordnung (ChemGiftInfoV) und die FCKW-Halon-Verbotsverordnung.

Aus der Problematik der Lagerhaltung von Gefahrstoffen ist die Verordnung über brennbare Flüssigkeiten zum Gerätesicherheitsgesetz hervorgegangen, zu der die Technische Regel brennbarer Flüssigkeiten (TRbF) gehört.

Der Transport von gefährlichen Gütern, der zunehmend als wichtige Quelle von chemikalienbezogenen Risiken angesehen wird, ist im Gesetz zur Beförderung gefährlicher Güter geregelt. Zu den verschiedenen Verkehrswegen existieren jeweils Verordnungen, wie z.B. die Verordnung über die innerstaatliche und grenzüberschreitende Beförderung gefährlicher Güter auf Straßen (GGVS) und die Gefahrgutverordnung Eisenbahn (GGVE).

---

[5] European Inventory of Existing Commercial Chemical Substances
[6] European List of Notified Chemical Substances
[7] S. Hirzel, Wissenschaftliche Verlagsgesellschaft

3.3.3
Das anlagenbezogene Recht

Der Betrieb von chemischen Produktionsanlagen ist in einer unübersichtlichen Vielzahl von Rechtsvorschriften geregelt. Der vorliegende Versuch einer Gliederung steht in Analogie zu den Umweltdimensionen der ökologischen Belastungsmatrix, die am Institut für Wirtschaft und Ökologie der Universität St. Gallen entwickelt wurde [7]. Lediglich die zwei Dimensionen Energieverbrauch und Ressourcenverbrauch werden nicht aufgeführt. In Deutschland besteht zwar ein Energieeinsparungsgesetz (EnEG), dieses bezieht sich allerdings vor allem auf bautechnische Aspekte. Im Bereich der natürlichen Ressourcen besteht noch keine Regelung.

Im anlagenbezogenen Teil des *Bundesimmissionsschutzgesetzes* (BImSchG) gibt es Regelungen für die Emissionen von Luftverunreinigungen, Geräuschen, Erschütterungen etc. Die hier berücksichtigten Schutzgüter sind neben der Luft seit der Novelle von 1990 auch der Boden, das Wasser, die Atmosphäre und die Kulturgüter. Zum BImSchG existiert eine Reihe von Verordnungen, von denen hier die Verordnung über *genehmigungsbedürftige Anlagen* (4. BImSchV), die Verordnung über die Emissionsbegrenzung organischer Kraftstoffdämpfe (18. BImSchV) und die Wärmenutzungsverordnung (20. BImSchV) erwähnt werden sollen. Die meisten Anlagen, die in der chemischen Industrie verwendet werden, sind nach Anhang zur 4. BImSchV genehmigungsbedürftig.

Luftreinhaltung
Die Genehmigungskriterien für die Erfüllung der technischen Anforderungen in Bezug auf Emissionen in die Luft werden in der Technischen Anleitung zur Reinhaltung der Luft (TA Luft) beschrieben.

Gewässerschutz
Im Bereich des Gewässerschutzes bestehen auf Bundesebene das übergreifende Gesetz zur Ordnung des Wasserhaushalts (WHG) und das Abwasserabgabengesetz (AbwAG). Für jedes Bundesland gibt es ein Landeswassergesetz und ein Landesabwasserabgabengesetz. Wichtige Verordnungen des Bundes sind die Abwasserverordnung (AbwV) zum WHG mit den zugehörigen Anhängen.

Altanlagen
Regelungen zum Umgang mit Altanlagen befinden sich im BImSchG, in der TA Luft und in der TA Abfall.

Abfälle

Der Umgang und die Entsorgung bezüglich der Stoffe, die die Produktionsanlage nicht als Emissionen sondern als *Abfälle* verlassen, wird unter anderem in folgenden Rechtsvorschriften geregelt:

- Im Gesetz zur Förderung der Kreislaufwirtschaft und Sicherung der umweltverträglichen Beseitigung von Abfällen (KrW-/AbfG), das seit 6.10.1996 in Kraft ist und das frühere Abfallgesetz (AbfG) ersetzt. Zu diesem Gesetz gibt es eine Reihe von Verordnungen wie die Verordnung über Betriebsbeauftragte für

Abfall, die Verordnung zur Bestimmung von Abfällen (AbfBestV), die Verordnung zur Bestimmung von Reststoffen, die Verordnung über die grenzüberschreitende Überbringung von Abfällen (AbfVerbrV), die Verordnung über die Entsorgung gebrauchter halogenierter Lösemittel (HKW-AbfV), die Abfallkonzept- und Bilanzverordnung und die Verordnung über die Vermeidung von Verpackungsabfällen (VerpackV).

- Im Bundesimmissionsschutzgesetz (BImSchG) und in der dazugehörigen Verordnung über Verbrennungsanlagen für Abfälle und ähnliche brennbare Stoffe (17. BImSchV)
- In der Abfall- und Reststoffüberwachungsverordnung (AbfRestÜberwV)
- In der behördenverbindlichen Verwaltungsvorschrift Technische Anleitung Abfall (TA Abfall)
- Im Gesetz über die Überwachung und Kontrolle der grenzüberschreitenden Verbringung von Abfällen (AbfVerbrG)

Schutz von Biosystemen

Der Schutz von Biosystemen ist einerseits in der Gesetzgebung über den Natur- und Landschaftsschutz, also im Bundesnaturschutzgesetz und im Bundeswaldgesetz, sowie im Tierschutzgesetz verwirklicht. Gezielte Eingriffe in die genetischen Grundlagen von lebenden Organismen werden im Gentechnikgesetz (GenTechG) behandelt.

Störfallrisiken

Störungen des bestimmungsgemäßen Betriebes von Anlagen, die nach BImSchG genehmigungsbedürftig sind, werden in der Störfallverordnung (12. BImSchV) behandelt. Dort sind detaillierte Anforderungen zur Verhinderung von Störfällen, zur Begrenzung von Störfallauswirkungen und zur Schulung und Organisation des Betriebspersonals festgelegt.

3.3.4
Das Recht bezüglich Arbeitsschutz

Die deutsche Gesetzgebung bezüglich Arbeitsschutz lässt sich in berufsgenossenschaftliches Arbeitsschutzrecht und technisches Arbeitsschutzrecht unterteilen. Die *Unfallverhütungsvorschriften* (UVV), die von der jeweiligen Berufsgenossenschaft (etwa der BG Chemie) erlassen werden, gehen auf die Reichsversicherungsordnung (RVO) zurück.

Der Schutz der Arbeitnehmer ist auch in der Gewerbeordnung (GO) verankert, die die Grundlage der staatlichen Aufsicht über Betriebe ist.

Das wohl bekannteste Instrument des chemiespezifischen Arbeitsschutzes sind die MAK-Werte: "Maximale Arbeitsplatzkonzentration (MAK) ist die Konzentration eines Stoffes in der Luft am Arbeitsplatz, bei der im allgemeinen die Gesundheit der Arbeitnehmer nicht beeinträchtigt wird." (§ 3 Absatz 5 GefStoffV, (D), [1]). Diese beziehen sich auf gas-, dampf-, aerosol-, oder staubförmige Arbeitsstoffe in der Luft und auf eine Exposition von täglich 8 h, also 40 h pro Woche. Sie werden in Deutschland von der Senatskommission zur Prüfung gesundheitsschädlicher Arbeitsstoffe herausgegeben [8]. Diese Kommission legt auch Biologische Arbeitsplatztoleranzwerte (BAT-Werte) fest, die die maximale Konzentration eines Stoffes oder eines Umwandlungsproduktes im Urin oder Blut festlegt, der die Gesundheit nach dem heutigen Stand der Wissenschaft nicht beeinträchtigt. Neben diesen Werten, die auf die Erhaltung der Gesundheit abzielen, existieren nach der TRGS 900 auch Technische Richtkonzentrationen (TRK-Werte), die jeweils definiert sind als "die Konzentration eines Stoffes in der Luft am Arbeitsplatz, die nach dem Stand der Technik erreicht werden kann" (§ 3 Absatz 7 GefStoffV). Die TRK-Werte, die für erbgutverändernde und krebserzeugende Stoffe festgelegt werden, zielen damit auf eine Verminderung des Gesundheitsrisikos ab, nicht aber auf ein Nullrisiko.

In Rahmen ihrer Bemühungen um Eigenverantwortung hat die chemische Industrie für Stoffe, für die keine Grenzwerte existieren, Arbeitsplatzrichtwerte (ARW-Werte) festgelegt, die das gleiche Schutzziel verfolgen wie die MAK-Werte.

3.3.5
Integrierende Ansätze

Mit dem Gesetz über die Umweltverträglichkeitsprüfung wird bezweckt, daß für Vorhaben, die erhebliche Auswirkungen auf die Umwelt haben können, diese Auswirkungen frühzeitig und umfassend ermittelt, beschrieben und bewertet werden. Die UVP ist dabei ein unselbständiger Teil von entsprechenden verwaltungsbehördlichen Verfahren.

Das Umweltauditgesetz auf der Grundlage der EU-Verordnung über die freiwillige Beteiligung gewerblicher Unternehmen an einem Gemeinschaftssystem für das Umweltmanagement und die Umweltbetriebsprüfung (EMAS-Verordnung) richtet sich auf die Auszeichnung von Betrieben, die in Bezug auf das Umweltmanagement bestimmte Mindestanforderungen erfüllen.

3.3.6
Das Haftungsrecht

Haftpflicht ist die gesetzliche Verpflichtung, *Schaden zu ersetzen*, der einem Anderen durch ein nicht selbst verschuldetes Ereignis entstanden ist. Die Haftpflichtgesetzgebung soll damit die realistische Einschätzung von Gefährdungen durch potentiell schädigende Akteure bewirken, so daß gemäß Einflussmöglichkeit und Fachkompetenz die entsprechende Verantwortung wahrgenommen wird. Die Haftpflicht ist ein wichtiges Instrument der Vorsorge und umfasst u. a. die Bereiche Produktesicherheit und Umweltschutz.

Die so verstandene Haftung ist ein Grundprinzip des Zivilrechts und für Deutschland im Bürgerlichen Gesetzbuch (BGB) allgemein geregelt. Daneben existieren verschiedene Haftungsregelungen in den Bundesgesetzen.

Voraussetzung für die Haftung ist ein Schaden an einer Person oder an einer Sache, an der eine Person Eigentum hat. Sachen sind in Bezug auf Haftungsfragen körperliche Gegenstände, d.h. sie müssen abgegrenzt werden können. Die freie

Luft, das offene Meer und frei fließendes Wasser sowie das Grundwasser sind somit keine Sachen, so daß das Haftungsrecht bei deren Beschädigung i.a. nicht greift [9].

Grundsätzlich kann bei der Haftung zwischen Verschuldenshaftung und Gefährdungshaftung unterschieden werden. Die *Verschuldenshaftung*, bei der dem Schädiger vom Geschädigten ein Verschulden, also z.B. das Vernachlässigen einer gesetzlichen Sorgfaltspflicht, nachgewiesen werden muss, ist im BGB festgelegt. Eine verschuldensunabhängige *Gefährdungshaftung* wurde in den Gesetzen zur Produktehaftpflicht in Deutschland und im deutschen Umwelthaftungsgesetz verwirklicht. Mit der Gefährdungshaftung wird versucht, die Eigenverantwortung von Personen und wirtschaftlichen Unternehmungen über die Berücksichtigung gesetzlicher Vorschriften und der Sorgfaltspflichten hinaus zu fördern. Dazu wird die Beweislast umgekehrt, d.h. daß im Kontext der Gefährdungshaftung der Haftpflichtige einen Beweis führen muss, daß er nicht Verursacher des Schadens ist, um vom Schadenersatz ausgenommen zu werden.

3.3.6.1
Produkthaftung

Der Hersteller eines Produktes haftet für Folgeschäden an Personen und Sachen des privaten Gebrauchs, die durch ein fehlerhaftes Produkt entstanden sind. Die Produkthaftpflicht ist verschuldensunabhängig, d.h. es genügt, wenn ein Produkt einen Fehler aufweist; der Hersteller muß nicht Schuld an dem Fehler haben.

Die rechtlichen Grundlagen für die Produkthaftung in Deutschland sind das Bürgerliche Gesetzbuch BGB und das Produkthaftungsgesetz, das 1990 in Kraft gesetzt wurde.

Die Anspruchsgrundlagen für die Produkthaftung bestehen aus verschiedenen Teilbereichen [10]. Aufgrund der *Zusicherungshaftung* haftet der Hersteller für vertraglich zugesicherte Eigenschaften eines Produktes (BGB § 463), der Verkäufer haftet aufgrund *schuldhafter Vertragsverletzung* für einen Produktfehler

Unter einem *Produkt* wird dabei jede bewegliche Sache verstanden, auch wenn sie Teil einer anderen beweglichen oder unbeweglichen Sache ist. Ein *Fehler* besteht dann, wenn ein Produkt nicht die Sicherheit bietet, die man unter Berücksichtigung aller Umstände zu erwarten berechtigt ist. Als Umstände zu berücksichtigen sind:

- Die Art und Weise, in der es durch Werbung, Gebrauchsanweisung und ähnliches dem Publikum präsentiert wird
- Der Gebrauch, mit dem vernünftigerweise gerechnet werden kann
- Der Zeitpunkt, an dem es in Verkehr gebracht wurde

Die *Voraussetzung der Haftung* ist gegeben, wenn der Geschädigte beweisen kann, daß er tatsächlich geschädigt wurde, daß ein fehlerhaftes Produkt vorliegt und daß zwischen dem Fehler des Produkts und dem Schaden ein Zusammenhang besteht. Zudem muss nachgewiesen werden, daß der Verklagte tatsächlich Hersteller des Produkts ist. Ein *Schaden* kann eine Personen- oder eine Sachbeschädigung sein, Schäden an fehlerhaften Produkten selbst sind dabei ausgenommen. Der

Produkthersteller haftet auch für Ausreißer und Fehler von Rohstoff- und Zwischenproduktlieferanten.

3.3.6.2
Umwelthaftung für Anlagen

Das Umwelthaftungsrecht folgt aus der Nutzbarmachung des Haftungsprinzips auf die konkreten Ziele des Umweltschutzes. Neben seiner Kompensations- und Sanktionsfunktion soll das Umwelthaftungsrecht auch *präventiv* wirken.

Im deutschen Umwelthaftungsgesetz (UHG) wird dieser privatrechtliche Ansatz zur Schadensprävention durch die Realisierung einer Gefährdungshaftung für die in einem Anhang aufgezählten Anlagen verfolgt [9]. Die Beweislast kann bei begründeten Vermutungen umgekehrt werden, so daß der Verklagte beweisen muss, daß er den Schaden nicht verursacht hat. Um die Versicherbarkeit der Gefährdungen zu gewährleisten, wurde die Haftung auf 160 Mio. DM für Personenschäden plus 160 Mio. DM für Sachschäden begrenzt.

Die Haftung nach dem deutschen Gentechnikgesetz (GenTG) ist - im Gegensatz zur Anlagenhaftung nach dem UHG - als *Handlungshaftung* ausgestaltet.

Voraussetzung für die Haftung ist sowohl nach UHG als auch nach GenTG, daß (1) ein Mensch getötet, (2) sein Körper oder seine Gesundheit verletzt oder (3) eine Sache beschädigt wurde.

3.3.7
Das Strafrecht

Während das Haftungsrecht auf der Idee des Schadenersatzes beruht und in den Bereich des Privatrechts fällt, behandelt das Strafrecht die direkte Beurteilung von Personen durch den Staat anhand von strafrechtlichen Normen. Neben den in einzelnen Gesetzen bestehenden deliktrechtlichen Regelungen wurde im Strafgesetzbuch das Kapitel über "Straftaten gegen die Umwelt" eingeführt, das die einzelgesetzlichen Regelungen zusammenfasst und ergänzt. Dort werden Freiheitsstrafen u.a. für Gewässerverunreinigungen, für Bodenverunreinigungen, für Luftverunreinigungen, für die umweltgefährdende Abfallbeseitigung und für unerlaubtes Betreiben von Anlagen festgelegt.

3.4
Unternehmerische Pflichten und Ausblick

Für Unternehmer sind in Deutschland gegenüber Umwelt und Gesellschaft verschiedene Pflichten festgelegt, deren Nichtbeachtung Rechtsfolgen nach sich ziehen kann. So ist im § 618 des deutschen BGB eine Pflicht zum Schutz vor Gefahren für Leben und Gesundheit der Angestellten durch den Unternehmer durch Einrichtung, Unterhaltung und Regelung von Räumen, Vorrichtungen oder Gerätschaften in Verbindung mit den Sicherheitspflichten nach § 3 der Störfallverordnung (12. BImSchV) festgelegt.

Der Unternehmer trägt von Gesetztes wegen die Verantwortung für Arbeitssicherheit, Produktesicherheit und Umweltschutz. Die moderne arbeitsteilige Wirtschaft ist aber ohne Delegation von Verantwortung nicht denkbar. Gemäß den Regeln einer fachgerechten Delegation und Teilung der Verantwortung kann der Unternehmer durch Pflichtenübertragung Verantworung an seine Mitarbeiter weitergeben. Voraussetzungen sind dabei (1) die Sorgfaltspflicht in Auswahl, Instruktion und Überwachung der Mitarbeiter, (2) eine detaillierte schriftlich dokumentierte Pflichtenübertragung und (3) eine klare Zuweisung der Verantwortlichkeit [11].

Neben dem Kontakt mit dem Gewerbeaufsichtsamt und dem technischen Aufsichtsdienst sind die wichtigsten Berührungspunkte von Anlagenbetreibern/Herstellern von Produkten mit den staatlichen Institutionen die Genehmigung von Anlagen nach BImSchG unter Einbezug einer Umweltverträglichkeitsprüfung und die Zulassung von Produkten nach dem Chemikaliengesetz. Durch die Öko-Audit-Verordnung kommt die Möglichkeit von Kontakten mit Umweltbetriebsprüfern und Umweltgutachtern dazu, wenn eine imagefördernde Zertifizierung angestrebt wird.

Diese Kontakte unterstützen den Betreiber in der zeitgemäßen Orientierung auf die Sicherheit von Mensch und Umwelt und lassen sich um so reibungsloser gestalten, desto mehr die Konzepte von inhärenter Sicherheit und Ökoeffizienz schon in der Entwicklungsphase berücksichtigt worden sind.

Die chemische Industrie, vertreten z.B. von ihren Landesverbänden VCI und SGCI, hat die entscheidende Bedeutung, die dem Schutz von Mensch und Umwelt auch unabhängig von der Gesetzgebung zukommt, erkannt und setzt sich zunehmend für die eigenständige Übernahme der Verantwortung durch die Branche ein, wie aus dem nächsten Kapitel ersichtlich wird.

Literatur zu Kapitel 3

[1]   Storm P-C (Hrsg) (1997) Umweltrecht. Deutscher Taschenbuch Verlag, München (Beck-Texte im dtv)

[2]   Söllner F (1996) Thermodynamik und Umweltökonomie. Physica-Verlag, Heidelberg (Umwelt und Ökonomie, Band 17)

[3]   Umweltbundesamt (1996) Zukunftssicherung durch Kodifikation des Umweltrechts: Politisches Kolloquium zum Umweltgesetzbuch. Erich Schmidt Verlag, Berlin (Berichte, Band 2/96)

[4]   Winter G (Hrsg) (1995) European Environmental Law: A Comparative Perspective. Dartmouth, Aldershot (TEMPUS Textbook series on european law and european legal cultures, Band 3)

[5]   Bender HF (1992) Das Gefahrstoffbuch: Sicherer Umgang mit Gefahrstoffen in der Praxis. 2. Aufl. VCH, Weinheim

[6]   Hildebrandt B-U, Schlottmann U (1998) Chemikaliensicherheit - eine internationale Aufgabe. Nachr. Chem. Tech. Lab. 46:9

[7]   Schneidewind U (1995) Chemie zwischen Wettbewerb und Umwelt: Perspektiven für eine wettbewerbsfähige und nachhaltige Chemieindustrie. Metropolis, Marburg

[8]   Senatskommission zur Prüfung gesundheitsschädlicher Arbeitsstoffe (1. Juli 1997 1997) MAK- und BAT-Werte-Liste: Maximale Arbeitsplatzkonzentrationen und biologische Arbeitsstofftoleranzwerte. Mitteilung 33, Weinheim

[9]   Landsberg G, Lülling W (1991) Umwelthaftungsrecht: Kommentar. Schäffer, Stuttgart
[10] Bauer C-O, Hinsch C, Eidam G, Otto G (1994) Produkthaftung - Herausforderung an Manager und Ingenieure. Springer, Berlin
[11] Tobler P (1995) Delegation und Teilbarkeit der Verantwortung. Chimia 49:436

4 Sicherheit und Umweltschutz aus unternehmerischer Sicht

4.1
Chemie: hohe Wertschöpfung und breites Gefahrenspektrum

Die molekulare Stoffumwandlung ist eine hervorragende Methode zur Gewinnung von chemischen Strukturen mit spezifischen Funktionen wie biologische Wirkstoffe, Werkstoffe oder Chemikalien.

Für unseren Betrachtungsrahmen ist die Spezialitätenchemie besonders wichtig. Chemische Spezialitäten sind Wirkstoffe, Werkstoffe und Feinchemikalien mit einem hohen Maß an Originalität, Qualität und Wertschöpfung. Eine große Forschungs- und Entwicklungsleistung ist dabei Voraussetzung, um in immer kürzerer Zeit zu immer hochwertigeren chemischen Produkten und Dienstleistungen zu gelangen. Bei oft weltweit führenden Marktstellungen sind diese Spezialitäten schließlich die Träger der großen Wertschöpfung in der Chemie. Innovationsgeschwindigkeit und Patentschutz helfen, daß die Exklusivität dieser Produkte in ihren Märkten gesichert bleibt.

Wie bereits erwähnt, sind sowohl die Produktionsprozesse als auch die Anwendung chemischer Produkte und Dienstleistungen mit einem breiten Spektrum von Gefahren verbunden.

In der *chemischen Produktion* wird mit unterschiedlichsten Stoffen unter oft anspruchsvollen chemischen und physikalischen Bedingungen gearbeitet. Die Stoffe sind häufig reaktionsfähig und können giftig, korrosiv, brennbar oder explosionsgefährlich sein. Produktion, Lagerung und Transport erfolgen schließlich in Prozessen und Anlagen, die einer Vielzahl von technischen Störungen und menschlichen Fehlern ausgesetzt sind[1]. Jede chemische Produktion ist zudem auch im Normalbetrieb stets eine Quelle für umweltbelastende Abfälle und Emissionen.

Chemische Produkte finden heute in großer Vielfalt und Menge einen breiten Einsatz in technischen Applikationen und im alltäglichen Leben. Das Risiko eines Stoffes hängt bei diesen Anwendungen sowohl von den Expositionsverhältnissen

---

[1] Dank langjähriger Sicherheitskultur ist heute die Unfallhäufigkeit beispielsweise in der Schweizer Chemie mit 50.2 Unfällen je 1 000 Vollbeschäftigte und Jahr relativ gering und beträgt ca. 50% des Durchschnittes sämtlicher Wirtschaftsbranchen. Von diesen Unfällen sind wiederum nur wenige Prozent chemiespezifisch (Quelle: SUVA-Statistik 1988–1992).

wie von den Stoffeigenschaften ab. Speziell Handhabung, Gebrauch und Entsorgung führen oft zu einer Vielzahl an Wechselwirkungen mit Mensch und Umwelt. Obwohl die Sicherheit eines Produktes heute umfassend geprüft wird, bleiben offene Probleme. Die wissenschaftliche Abklärung der Sicherheit eines Produkts kann an Grenzen stoßen, z. B. wenn noch wenig untersuchte Altstoffe oder Langzeit- und Kombinationswirkungen beurteilt werden sollen.

Neben der industrieseitigen Auseinandersetzung mit Gefahren ist schließlich auch die Wahrnehmung der Öffentlichkeit entscheidend. Die Chemie ist Teil einer Gesellschaft, deren Wohlstand eng mit der Wertschöpfung der chemischen Industrie verbunden ist, die jedoch den Chemierisiken zunehmend kritisch gegenübersteht. Die Risikobewertung aus technischer und aus soziologischer Sicht ist dabei unterschiedlich. Eine systematische Auseinandersetzung mit dem Problem der gesellschaftlichen Risikowahrnehmung und Risikoakzeptanz wurde erst in jüngster Zeit von Industrie und Wissenschaft aufgenommen.

4.2
Entwicklung von Sicherheit und Umweltschutz

4.2.1
Historische Entwicklung

Bis Mitte dieses Jahrhunderts wurden Sicherheit und Umweltschutz (S&U) in der chemischen Industrie kaum systematisch betrachtet. Historisch gesehen begann die Entwicklung der heutigen Arbeitsfelder von S&U mit der Beurteilung der Sicherheit von Produktionsprozessen:

- *Sicherheit*: Wachsendes Problembewusstsein, steigende Produktionsmengen sowie komplexere Technologien führten ab den 60er Jahren zur systematischen Untersuchung von Arbeitshygiene, thermischer Prozeßsicherheit und Explosionstechnik. Wissenschaftliche Erkenntnisse aus der Industrie setzten in der Folge neue Sicherheitsmaßstäbe, die in Risikoanalysen von Anlagen, Prozessen und Produkten verankert wurden.
- *Emissionen*: Analog zur Sicherheit verlief wenige Jahre später die Entwicklung im Bereich Emissionen. Die Relevanz der Emissionen in die Kompartimente Wasser, Luft und Boden wurde in rascher Folge erkannt. Eine Schlüsselrolle spielten dabei die Entwicklung der Umweltanalytik sowie der Einsatz von nachsorgender Umwelttechnik, wie z. B. Abwasserreinigungsanlagen (ARA), Abluftreinigungsanlagen (ALURA) oder Kehrichtverbrennungsanlagen (KVA).
- *Energie*: Als wichtiges Kostenelement und als wichtiger Teil des Umweltschutzes ist der Energieverbrauch seit dem Ölembargo von 1973 Gegenstand einer steten Optimierung.
- *Umweltmanagement*: Seit den 80er Jahren finden Ziele für S&U vermehrt Eingang in Unternehmensgrundsätze und Managementprozesse (vgl. Kap. 4.4, siehe auch [1]).

Die Entwicklung von S&U in der Chemie wurde nicht zuletzt auch durch die kritische Einstellung der Bevölkerung vorangetrieben. Die kritische Haltung gegenüber der chemischen Industrie hat neben dem grundsätzlichen Wertewandel auch chemiespezifische Ursachen.

Ein wichtiges Motiv der Kritik sind sicherlich spektakuläre Unfälle, wie in Seveso (1976), Bhopal (1984) oder Schweizerhalle (1986) (vgl. Anhang A1). Eine weitere Ursache kann in der Rolle chemischer Produkte bei der Entstehung von Umweltschäden gesehen werden. Die Verantwortung bei Umweltproblemen wie dem Ozonschichtabbau durch FCKW's, der Verschmutzung der Meere durch Chemikalien oder der Anreicherung schwerabbaubarer Substanzen in der Nahrungskette, wird zu einem Teil der Chemie zugeschrieben. In jüngster Zeit trägt auch die Auseinandersetzung um Chancen und Risiken der Gentechnologie zur Kritik bei.

Diese zahlreichen Ursachen führten in einem politischen Prozess zu einer raschen Verschärfung der gesetzlichen S&U-Bestimmungen (vgl. Kap. 3). Dies wiederum setzte ab Mitte der 80er Jahre die chemische Industrie unter großen Vollzugsdruck.

Zur Bewältigung des Vollzugsproblems reagierte die chemische Industrie mit verschiedenen *Maßnahmen*. Diese strebten sowohl Verbesserungen der technischen und wissenschaftlichen Grundlagen als auch neue Managementprozesse an:

- Bau einer teuren nachsorgenden Umwelt- und Sicherheitsinfrastruktur.
- Verbesserung der Datenbasis, v.a. durch Entwicklung der Umweltanalytik und durch prozess- bzw. werkspezifische Stoff- und Energiebilanzen.
- Komplettierung und Vertiefung der Risikoanalysen von Produkten und Prozessen.
- Ausbau der firmeninternen Sicherheits- und Umweltschutzkultur, die als wichtigste Elemente entsprechende Managementsysteme und Öffentlichkeitsarbeiten umfasst.

4.2.2
Neuer Ansatz zur Produkt- und Prozessentwicklung

Heute ist durch kontrollierende und nachsorgende Maßnahmen eine weitere Verbesserung von S&U oft nur noch mit schlechter Effizienz zu erreichen. Soll z. B. in einer Abluftreinigungsanlage der Wirkungsgrad von 90% auf 95% gesteigert werden, ist damit oft ein unverhältnismäßiger Mehraufwand an Energie und Hilfsstoffen verbunden. Die mit der Bereitstellung von zusätzlicher Energie und Hilfsstoffen verbundenen Umweltbelastungen schmälern dabei den Nutzen, der durch die bessere Reinigungsleistung für die Umwelt entsteht. Der ökologische Grenznutzen von nachsorgender Umwelttechnik nimmt ab, je weiter die Reduktion von Schadstoffemissionen vorangetrieben wird (vgl. Abb.3.2). Die nachsorgende Umwelttechnologie, auch End-of-pipe-Technologie genannt, stößt an ihre Grenzen.

Deshalb steht ein bezüglich S&U ursächliches Problemlösekonzept für die Industrie aber auch für den Gesetzgeber vermehrt im Vordergrund:

Die integrierte Produkt- und Prozessentwicklung wird zur Basis einer neuen Designkultur, in welcher Sicherheit und Umweltschutz neben den üblichen Kriterien von Qualität und Ökonomie von Anfang an zentrale Entwicklungsleitgrößen sind.

Ein solcher vorausschauender Umgang mit S&U entspricht der grundsätzlichen Ausrichtung dieses Buchs. Bevor das entsprechende Grundkonzept in Kap. 4.5 vorgestellt wird, sollen in Kap. 4.3 und 4.4 die dafür notwendigen unternehmerischen Zielsetzungen und Führungssysteme zusammengefasst werden.

4.3
Das Responsible-Care-Programm der chemischen Industrie

Global gehört die chemische Industrie mit ihren Produkten und Prozessen zu den ökologisch umstrittensten Branchen. Um diese Problematik vorausschauend anzugehen, haben sich die Verbände der chemischen Industrie weltweit mit den Grundsätzen der Initiative "Responsible Care" eine selbstverpflichtende Leitlinie gegeben. Ziel dieses auf Eigenverantwortung aufbauenden Entwicklungsprogramms ist einerseits die permanente Verbesserung der Leistung bzgl. Ökologie und Sicherheit, andererseits eine umfassendere Information der Öffentlichkeit.

Der Verband der Chemischen Industrie in Deutschland (VCI) und die Schweizerische Gesellschaft für Chemische Industrie (SGCI) setzten die vom Europäischen Chemie-Verband (CEFIC) verabschiedeten Grundsätze 1992 in nationale Leitlinien um. Nachfolgend sind die "Grundgedanken der Initiative Verantwortliches Handeln" aufgeführt, so wie sie vom VCI publiziert wurden [2]:

1. Die chemische Industrie betrachtet Sicherheit sowie Schutz von Mensch und Umwelt als Anliegen von fundamentaler Bedeutung: Deshalb sind von der Unternehmensführung *umweltpolitische Leitlinien zu formulieren* und regelmäßig auf neue Anforderungen zu überprüfen sowie Verfahren zur wirksamen Umsetzung dieser Vorgaben in die betriebliche Praxis zu schaffen.
2. Die chemische Industrie stärkt bei allen Mitarbeitern das *persönliche Verantwortungsbewusstsein* für die Umwelt und schärft deren Blick für mögliche Umweltbelastungen durch ihre Produkte und den Betrieb ihrer Anlagen.
3. Die chemische Industrie nimmt *Fragen und Bedenken der Öffentlichkeit* gegenüber ihren Produkten und Unternehmensaktivitäten ernst und geht konstruktiv darauf ein.
4. Die chemische Industrie *vermindert* zum Schutz ihrer Mitarbeiter, Nachbarn, Kunden und Verbraucher sowie der Umwelt *kontinuierlich* die *Gefahren und Risiken* bei Herstellung, Lagerung, Transport, Vertrieb, Anwendung, Verwertung und Entsorgung ihrer Produkte. Sie berücksichtigt bereits bei der *Entwicklung* neuer Produkte und Produktionsverfahren Gesundheits-, Sicherheits- und Umweltaspekte.

5. Die chemische Industrie *informiert ihre Kunden* in geeigneter Weise über den sicheren Transport, die Lagerung, die sichere Anwendung, Verwertung und Entsorgung ihrer Produkte.
6. Die chemische Industrie arbeitet ständig an der *Erweiterung des Wissens* über mögliche Auswirkungen von Produkten, Produktionsverfahren und Abfällen auf Mensch und Umwelt.
7. Die chemische Industrie wird ungeachtet der wirtschaftlichen Interessen die *Vermarktung von Produkten einschränken* oder deren Produktion einstellen, falls nach den Ergebnissen einer Risikobewertung die Vorsorge zum Schutz vor Gefahren für Gesundheit und Umwelt dies erfordert. Sie wird die Öffentlichkeit darüber umfassend informieren.
8. Die chemische Industrie leitet bei *betriebsbedingten Gesundheits- oder Umweltgefahren* die erforderlichen *Maßnahmen* ein, arbeitet in enger Abstimmung mit den Behörden und informiert die Öffentlichkeit unverzüglich.
9. Die chemischer Industrie bringt ihr Wissen und ihre Erfahrung aktiv in die *Erarbeitung praxisnaher und wirkungsvoller Gesetze, Verordnungen und Standards* ein, um den Schutz von Mensch und Umwelt zu gewährleisten.
10. Die chemische Industrie fördert die Grundsätze und die Umsetzung der Initiative Verantwortliches Handeln. Dazu dient insbesondere ein *offener Austausch von Erkenntnissen und Erfahrungen mit betroffenen und interessierten Kreisen.*

Der Großteil der chemischen Industrie hat sich inzwischen den Prinzipien von "Responsible Care" bindend verpflichtet. Damit haben diese Unternehmungen ihre Leistung bezüglich Sicherheit und Umweltschutz künftig laufend an den angeführten Grundsätzen zu messen und zu verbessern, sowie diesen Fortschritt auch öffentlich aufzuzeigen [3]. Auf diese Weise wird S&U zu einer zentralen Führungsaufgabe. Der Erfolg hängt dabei stark davon ab, ob auch ein angemessener Rahmen für das Management von Sicherheit und Umweltschutz innerhalb der normalen Geschäftsprozesse geschaffen werden kann. Wie zu diesem Zweck ein formales System für das Umweltmanagement aussehen kann, wird nun in Kap. 4.4 in den Grundzügen vorgestellt.

4.4
Sicherheit und Umweltschutz als Teil der Unternehmensstrategie

Die Unternehmensstrategie sucht optimale Voraussetzungen für die Steigerung der unternehmerischen Leistungsfähigkeit zu schaffen. Kritische Erfolgsfaktoren sind diesbezüglich in der chemischen Industrie:

- Wettbewerbsfähigkeit und Kooperationsfähigkeit
- Innovationsleistung und Stärkung von Kernkompetenzen
- Schutz von Mensch und Umwelt
- Akzeptanz in der Gesellschaft

S&U kommen dabei eine Schlüsselrolle zu, die immer weniger als Reaktion auf Probleme und Ereignisse, sondern zunehmend als vorausschauendes Ausrichten auf Schutzziele zu verstehen ist.

4.4.1
Sicherheit und Umweltschutz: reaktives und proaktives Verhalten

Ein *reaktives Verhalten* bezüglich Sicherheit und Umweltschutz zeichnet sich durch Symptombekämpfung aus. Wie in Kapitel 3.2 beschrieben, schafft hier der Gesetzgeber als Reaktion auf Probleme neue Normen. Die Industrie steht in der Folge unter Vollzugsdruck und muss reagieren. Sie muss Maßnahmen treffen, um die neuen Normen zu erfüllen. Die Entwicklung von S&U geht also im Falle eines reaktiven Verhaltens vom Gesetzgeber aus. Es liegt auf der Hand, daß die Gesellschaft unter diesen Voraussetzungen geringes Vertrauen in die Verantwortung der chemischen Industrie besitzt. Die Chemie wird hier selbst zu einem Teil des Problems.

Im Gegensatz dazu steht die Rolle der chemischen Industrie bei einem *proaktiven Verhalten*. Die Chemie setzt sich selbst klare und anspruchsvolle Ziele zur laufenden Verbesserung von S&U und sorgt eigenverantwortlich für deren Umsetzung. Damit schafft sie einen internen Innovationsanreiz für hochwertigere Produkte und ressourceneffizientere Prozesse. Gleichzeitig erklärt sie ihr Tun einer breiten Öffentlichkeit. Der Gesetzgeber kann die Kompetenz der Industrie für die Ausarbeitung einer auf Schutzziele ausgerichteten S&U-Gesetzgebung nutzen. Ein proaktives Vorgehen ist geeignet, in der Gesellschaft Vertrauen zu schaffen. Die Industrie kann als Teil der Problemlösung verstanden werden.

4.4.2
Integriertes Managementsystem für S&U

Der beschriebene vorausschauende Umgang mit S&U verlangt ein Managementsystem, in welchem S&U möglichst vollständig in die Geschäftsabläufe integriert ist (Abb. 4.1). Diese Integration beginnt bei den normativen Unternehmensgrundsätzen und geht über die strategische Geschäftsausrichtung bis zu den Alltagsgeschäften auf der operativen Ebene.

Normative Ebene (I)
Die Verankerung von S&U in den Unternehmensgrundsätzen erfolgt durch Schaffung eines S&U-Leitbildes. Es werden Werte definiert und deklariert, auf die sich ein Unternehmen gegenüber seinen Anspruchsgruppen (Kunden und Lieferanten, Mitarbeiter, Investoren, Öffentlichkeit, etc.) bindend verpflichtet. Dies betrifft z. B. ein Commitment des Top-Management bezüglich des Stellenwerts von S&U, den Einbezug sämtlicher Mitarbeiter, die Kooperation mit Kunden und Lieferanten und die offene Kommunikation mit der Öffentlichkeit.

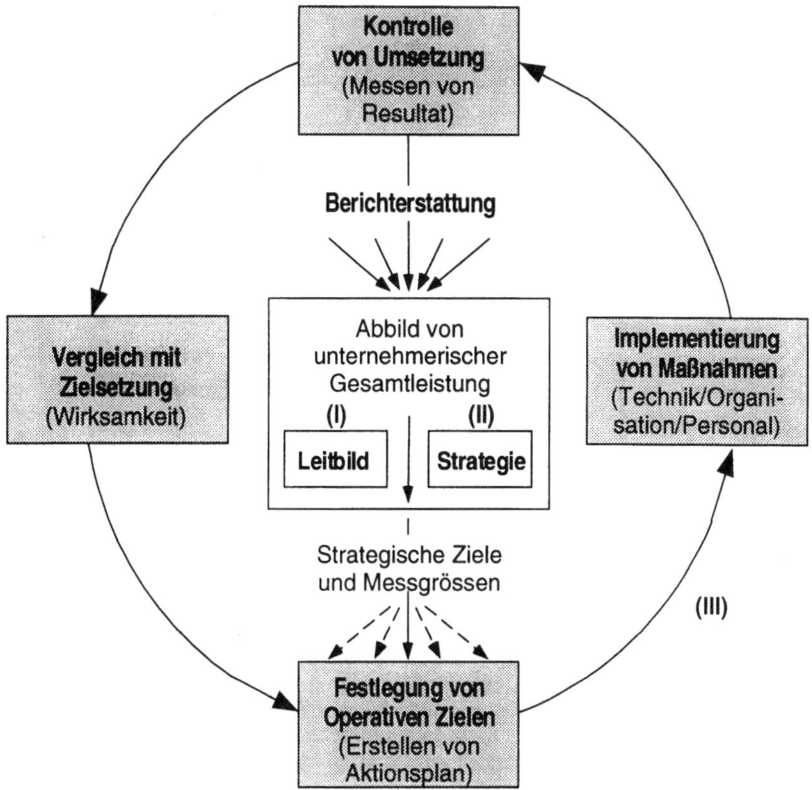

Abb. 4.1. Integriertes Management-System zur kontinuierlichen Verbesserung der unternehmerischen Leistung bez. Qualität, Sicherheit, Umweltschutz etc. **(I)** normative Ebene (→ Policy); **(II)** strategische Ebene (→ Richtlinien); **(III)** operative Ebene (→ Weisungen)

Strategische Ebene (II)
Das S&U-Leitbild wird auf der strategischen Ebene in langfristige Ziele für den Wandel von Werten, Organisation, Märkten und Technologien umgesetzt: Strategische Ziele sind z. B. die Schaffung von geeigneten Rahmenbedingungen für

- die Integration von S&U in die einzelnen Geschäftsprozesse, d.h. diesbezüglich klar definierte Aufgaben, Kompetenzen und Unterstützung durch Fachspezialisten
- Festlegung von Standards und Vorgehensweisen für eine integrierte Entwicklung der chemischen Technologie zur ursächlichen Verbesserung von Sicherheit und Umweltschutz
- die institutionelle Verankerung von geeigneten Voraussetzungen und Methoden für ein wirkungsvolles S&U-Management; Beispiele hierfür sind das Prinzip

des Product-Stewardship[2] bzw. Instrumente wie Risikoanalyse, Ökobilanz und Nutzen-Risiko-Dialog

- ein Informations- und Kontrollsystem zur laufenden Messung von Effizienz und Erfolg des S&U-Managements; gewünscht ist eine möglichst quantitative Erfassung von Risiken, Schäden und Umweltbelastungen sowie der Kosten für S&U-Maßnahmen
- den Einsatz von Qualitäts- und Umweltmanagementsystemen, z. B. gemäß ISO 9000 ff./14000 ff. oder EMAS

Operative Ebene (III)
Zur dezentralen Umsetzung der strategischen Ziele in den einzelnen Geschäfts- und Projektorganisationen werden operative Ziele definiert. Auf dieser Stufe erfolgt eine breite Implementierung des S&U-Managementsystems mit den folgenden Elementen:

- Entwicklung der *Organisation* mit dem Ziel, die Geschäftsprozesse entsprechend den strategischen Zielen zu verbessern
- Entwicklung der *Mitarbeiter* mit dem Ziel, Kompetenzen durch unternehmerische Mitverantwortung sowie laufende Aus- und Weiterbildung zu fördern
- Entwicklung der *Technologie*, mit dem Ziel, über zunehmend umweltorientierte Produkte und Prozesse zu verfügen
- Entwicklung der *Kommunikation* mit dem Ziel, die Akzeptanz in der Gesellschaft durch laufenden Dialog mit den Anspruchsgruppen zu fördern
- *Fortschrittskontrolle* mit dem Ziel, Geschäftsprozesse durch regelmäßige Soll-Ist-Vergleiche effektiver und effizienter zu gestalten.

Wichtige Rahmenbedingungen eines integrierten S&U-Managementsystems sind Berichterstattung, Kommunikation und eine entsprechende Funktionskontrolle. So dient z. B. der *Umweltbericht* mit aggregierten S&U-Daten als Ausweis von entsprechenden Zielsetzungen und Fortschritten. Der Responsible Care-Kennzahlensatz [4] umfasst für ein Produktionswerk z. B. folgende (Minimal-) Angaben als konsolidierte Jahreswerte[3]:

Rahmen	- Mitarbeiterzahl und Produktionstonnage
	- Investitionen und Betriebskosten für S&U
Sicherheit	- Anzahl Unfälle pro 1000 Mitarbeiter
	- verlorene Arbeitstage pro 1000 Mitarbeiter
Ressourcen	- Gesamtverbrauch an elektrischer und thermischer Energie, an Wasser, Lösungsmitteln etc.
Emissionen	- Luft: CO_2, NO_x, SO_2, VOC, Staub
	- Wasser: TOC, Schwermetalle
	- Boden: Sonderabfall, kritische Einzelstoffe

---

[2] Product-Stewardship: Verantwortungsbewusstes Produktmanagement, das sich über den gesamten Lebenszyklus eines Produktes erstreckt und insbesondere auch Anwendung, Rezyklierung und Entsorgung umfasst.

[3] Die Kennzahlen sollten vorzugsweise als Zeitreihen dargestellt werden, die den Entwicklungsverlauf zeigen.

Neben den Kennzahlen ist eine verständliche Darlegung des S&U-Managements sowie der relevanten S&U-Probleme ein weiteres wichtiges Element eines glaubwürdigen Umweltberichts. Transparenz und Einbezug der Öffentlichkeit sind Voraussetzungen für eine erfolgreiche Kommunikation.

Der dritte wichtige Faktor ist die Funktionskontrolle des S&U-Managementsystems. Ein systematischer und dokumentierter Kontrollprozess des S&U-Managements wird durch die regelmäßige, gesamtbetriebliche interne oder externe Auditierung erreicht. Der Kontrollprozess umfasst im allgemeinen folgende Elemente:

a) Prüfumfang
- Werden die internen und externen Vorschriften eingehalten?
- Worin bestehen die relevanten Auswirkung der Produktion auf Mensch und Umwelt?
- Welche Maßnahmen bestehen zur Ereignisverhinderung, zum Gesundheits- und zum Umweltschutz?
- Wird der Dialog mit Öffentlichkeit und Behörden gesucht?
- Wie ist die Qualität von Managementstrukturen und Ausbildungsstand?

b) Beurteilung
- Sind Verbesserungen messbar und entsprechen sie den Zielvorgaben?
- Wurden Prioritäten richtig gesetzt?

Wichtige Dokumente sind in diesem Zusammenhang die Verordnung der EU über die freiwillige Beteiligung von Unternehmen an einem System für das Umweltmanagement und die Umweltbetriebsprüfung, kurz EMAS genannt, und die Norm ISO 14001 "Umweltmanagementsysteme".

Insgesamt lässt sich der erforderliche Managementrahmen durch die Anforderung zusammenfassen, daß heute S&U als zentrales Element sämtlicher Geschäftsprozesse gesehen werden muss. Nur so ist in einem immer komplexeren technischen und gesellschaftlichen Umfeld ein wirksames und effizientes S&U-Management sichergestellt. Auch für das Konzept der integrierten Produkt - und Prozessentwicklung ist das integrierte S&U-Management eine wichtige Rahmenbedingung.

4.5
Chemische Produkte und Prozesse: Integrierte Entwicklung

Integrierte Entwicklung ist eine systemorientierte Methode, die von Anfang an S&U neben Qualität und Ökonomie in das Produkt- und Prozessdesign zu integrieren sucht. Betrachtungsrahmen ist dabei der gesamte Lebenszyklus eines Produktes, der sowohl Ressourcenbereitstellung, Produktion und Distribution wie auch den Konsum und die Entsorgung bzw. Wiederverwertung umfasst ("From cradle to grave"; vgl. Abb. 4.2 und Abb. 4.3).

Voraussetzung für eine systematische Steuerung eines solchen vorausschauenden Entwicklungsprozesses sind entsprechende Leitgrößen und Bewertungsindikatoren. Diese charakterisieren z. B. die Effizienz beim Ressourceneinsatz, das Maß an Vorsorge bei Risiken und Umweltbelastungen und nicht zuletzt die Möglichkeit der Akzeptanz bei relevanten Akteuren und Betroffenen.

Mit Ökoeffizienz, inhärenter Sicherheit und gesellschaftlicher Akzeptanz werden nachfolgend drei Schlüsselgrößen der integrierten Entwicklung vorgestellt.

4.5.1
Leitgrößen der integrierten Entwicklung

4.5.1.1
Ökoeffizienz

Das Maß an *Ökoeffizienz* hängt von der Höhe der Wertschöpfung pro verbrauchter bzw. belasteter Umwelt ab. Die Ökoeffizienz beschreibt also das Verhältnis von einer ökonomischen zu einer ökologischen Schlüsselgröße.

> Eco-efficiency is reached by the delivery of competitively priced goods and services that satisfy human needs and bring quality of life while progressively reducing ecological impacts and resource intensity, through the life cycle to a level at least in line with the earth's estimated carrying capacity [5].

Prinzip der Ökoeffizienz: Ressourceneinsatz minimieren, statt resultierende Abfälle und Emissionen später durch Umwelttechnik zu entsorgen.

4.5.1.2
Inhärente Sicherheit

Die *inhärente Sicherheit* ist eine Produkt-/Prozesseigenschaft, die eine Gefahr zwingend auf ein durch das Design vorbestimmtes und als tragbar erachtetes Maß begrenzt. Das Maß an inhärenter Sicherheit wird durch die Größe des verbleibenden Gefahrenpotentials bestimmt.

Prinzip der inhärenten Sicherheit: Gefahren eliminieren oder reduzieren, statt diese nachfolgend durch Kontroll- und Sicherheitsmaßnahmen zu überwachen.

4.5.1.3
Gesellschaftliche Akzeptanz

Die *gesellschaftliche Akzeptanz* kann als sozialer Konsens bezüglich der Akzeptanz eines Risikos verstanden werden. Bei akzeptierten Risiken wird der erwartete Nutzen größer eingeschätzt als der erwartete Schaden. Solche Erwartungswerte können Produkte und Prozesse, aber auch ganze Standorte oder Technologien betreffen. Im Gegensatz zur rein technischen Risikoperspektive hängt die gesellschaftliche Risikoeinschätzung auch maßgebend von der individuellen und der kollektiven Risikowahrnehmung ab, die stark von der persönlichen Situation und vom sozialen Kontext der Bewertung abhängt.

Prinzip der gesellschaftlichen Akzeptanz: Gesellschaftsrelevante Risiken vorgängig mit Betroffenen diskutieren statt Widerstände nachsorgend zu überwinden.

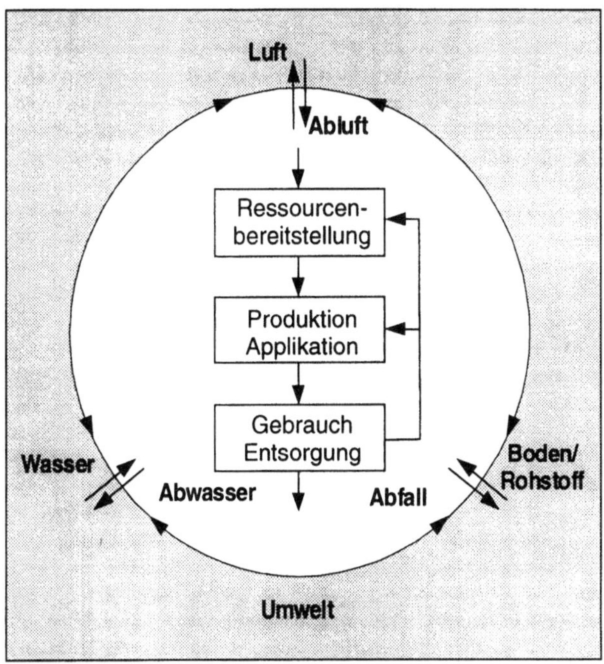

Abb. 4.2. Wechselwirkung zwischen Produktelebenszyklus und Umwelt [5].

4.5.2
Umsetzungsinstrumente der integrierten Entwicklung

Zur Operationalisierung der Leitgrößen braucht es entsprechende Umsetzungsinstrumente. Diese werden in Teil B behandelt und sollen nachfolgend kurz vorgestellt werden.

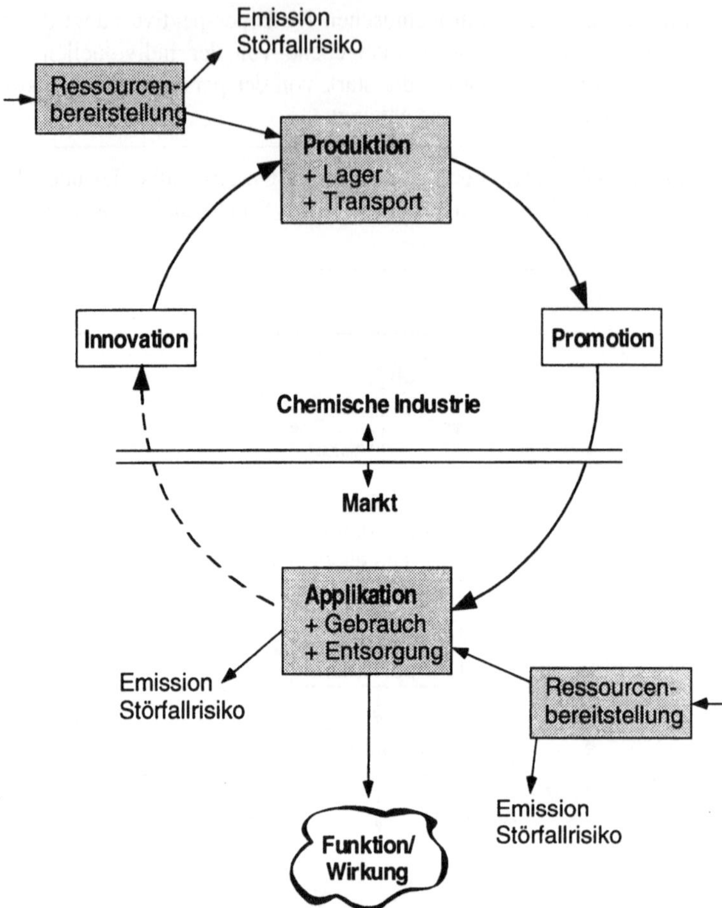

Abb. 4.3. Wechselwirkung zwischen Produktelebenszyklus und Geschäftsprozess [6].

4.5.2.1
Ökobilanz

Die *Ökobilanz* ist ein systematisches Verfahren zur möglichst quantitativen Bestimmung der Umweltauswirkungen von Produkten und Prozessen im Betrachtungsrahmen ihres Lebenszyklus. Die Ergebnisse fließen dabei laufend in eine begleitende Optimierungsanalyse ein.

Grundlage dieses Bewertungsinstrumentes ist die Bilanzierung von Stoff- und Energieverbrauch (Input) sowie von resultierenden Abfällen und Emissionen (Output) über den Lebenszyklus eines Produktes. Die Sachbilanz wird anschließend bewertet.

4.5.2.2
Risikoanalyse

Die *Risikoanalyse* ist ein systematisches Verfahren, um vorausschauend Gefahren zu suchen und durch Analyse von möglichen Ursachen und Wirkungen das entsprechende Risiko zu ermitteln. Es folgt eine Risikobewertung und allenfalls eine Risikoreduktion durch gezielte Schutzmaßnahmen (Risikomanagement).

Basis jeder vorausschauenden Risikoanalyse sind Informationen zum zukünftigen Systemverhalten und Systemumfeld. Erfahrungsmangel und Unüberblickbarkeit führen dabei zu einem Prognosedilemma, das sich nur durch das Instrument der Szenariobildung überwinden lässt. Die szenarienorientierte Risikoanalyse identifiziert und definiert zuerst vorausschauend plausible und in sich konsistente kritische Systemzustände und Rahmenbedingungen, entwirft also mögliche zukünftige Wirklichkeiten. Die Szenarien können daraufhin modelliert und auf Eintrittswahrscheinlichkeit und Schadenpotential analysiert und bewertet werden. Szenarien liefern so die Grundlage für bedingte Prognosen.

4.5.2.3
Nutzen-Risiko-Dialog

Der *Nutzen-Risiko-Dialog* ist ein zielgerichteter Informationsaustausch bezüglich Risiko und involviertem Nutzen. Er betrifft sowohl Wahrnehmung und Bewertung von Risiken als auch die notwendigen Maßnahmen.

Trotz technischer Risikoanalyse und Sicherheitsmaßnahmen bleibt ein Restrisiko. Dieses setzt sich zusammen aus bewusst akzeptiertem Risiko, falsch beurteiltem Risiko und nicht erkannten Gefahren. Bei gesellschaftsrelevanten Restrisiken kann nun der Nutzen-Risiko-Dialog helfen, eine soziale Verständigung bezüglich Risikobewertung und gegebenenfalls weiterer Schutz- und Ausgleichsmaßnahmen zu finden.

4.6
Schlussfolgerung

Eine nachhaltigere chemische Technologie braucht Produkte und Prozesse, die sich über ihren ganzen Lebenszyklus durch eine hohe Wertschöpfung und gleichzeitig durch ein hohes Maß an Sicherheit, Umwelt- und Sozialverträglichkeit auszeichnen. Die Umsetzungsinstrumente der integrierten Entwicklung (I-III in Abb. 4.4) regeln entsprechend der übergeordneten Leitgrößen gemeinsam den iterativen Entwicklungsprozess. Dabei hat die Betrachtung des Einzelnen immer vor dem Hintergrund des Ganzen zu erfolgen. Entscheidungssituationen machen einen kontinuierlichen Aufbau der Informationsbasis über den gesamten Entwicklungsweg erforderlich.

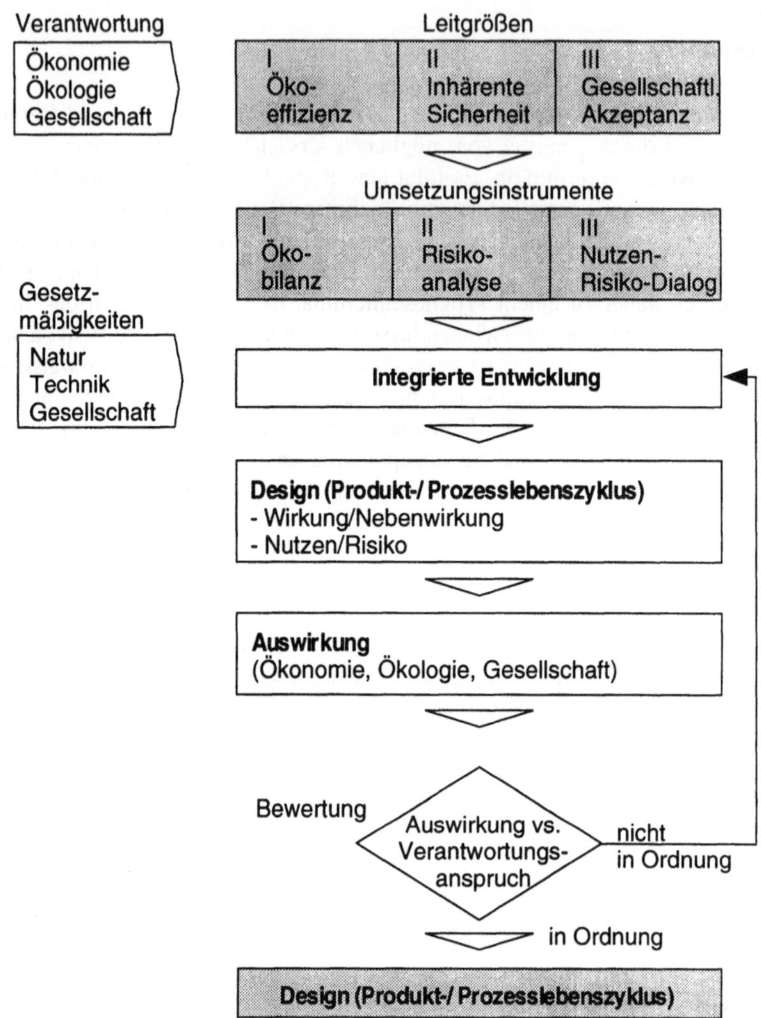

Abb. 4.4. Grundkonzept der integrierten Entwicklung. Für die Ökoeffizienz ist zusätzlich zu den aufgeführten Umsetzungsinstrumenten die Kosten- und Investitionsrechnung wichtig.

Ein ursächliches Vermeiden von Gefahren und Emissionen verlangt, daß die Orientierung an diesen Größen schon in frühen Entwicklungsphasen stattfindet, da die Handlungsfreiheit im Verlauf der Entwicklung stark abnimmt (Abb. 4.5).

Der Handlungsspielraum in den frühen Phasen der Produkt- und Prozessentwicklung ist somit zu nützen, um trotz des Zeitdrucks und der anfänglich noch schwachen Datenbasis durch systematische Berücksichtigung des verfügbaren Handlungs- und Orientierungswissens langfristig gesehen vorteilhafte Entscheidungen zu treffen. Um das Problem der Integration der relevanten Information zu bewältigen, ist es wichtig,

- anfänglich eine Vielzahl von Varianten zu evaluieren
- bei der Fokussierung auf bestimmte Betrachtungsschwerpunkte, die für die Entwicklungsstufe spezifisch sind, stets den angestrebten Gesamtprozess mit dessen Rahmenbedingungen im Blick zu behalten
- eine zunehmend vertiefte Beurteilung von Entwicklungsvarianten vorzunehmen, wobei Kosten, Sicherheit und Umweltschutz sowie gesellschaftliche Akzeptanz immer zusammen berücksichtigt werden müssen
- der Kommunikation von Personen mit unterschiedlichem Erfahrungshintergrund (Marketing, Forschung&Entwicklung, Engineering, Produktion, S&U etc.) in flexiblen Teams genügend Raum zu geben
- bei der für eine rasche Entwicklung erforderlichen Parallelisierung von Entwicklungsprozessen eine gute Querinformation sicherzustellen
- in jeder Entscheidungssituation die Schutzziele Mensch, Umwelt, Sachwerte und Gesellschaft vor Augen zu haben.

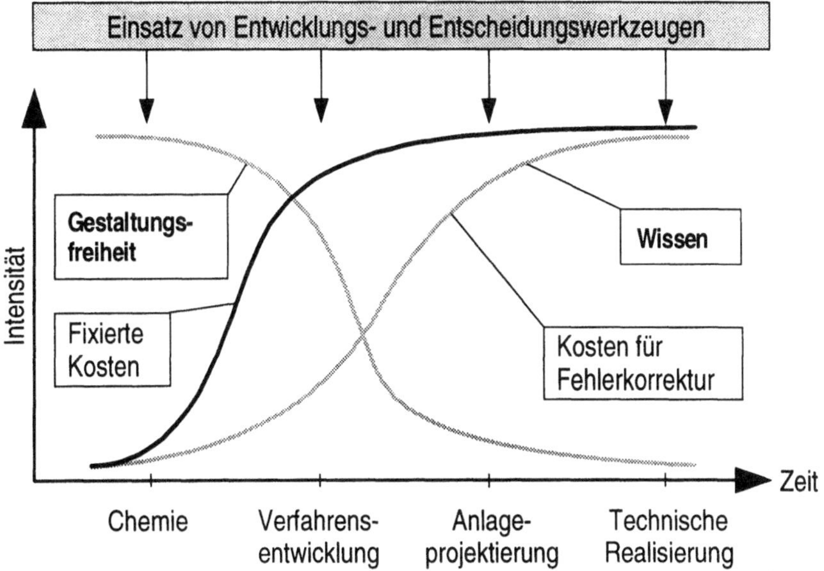

Abb. 4.5. Der zeitliche Verlauf von Wissen, Gestaltungsfreiheit und Kostenfixierung in der Prozessentwicklung (nach [7]).

In den Fachkapiteln von Teil B werden nun mit der ökologischen und ökonomischen Bilanzierung, der Risikoanalyse und dem Nutzen-Risiko-Dialog die wichtigsten Umsetzungsinstrumente für ein S&U-orientiertes Prozess- und Produktdesign diskutiert.

Literatur zu Kapitel 4

[1] Kostka S, Hassan A (1997) Umweltmanagementsysteme in der chemischen Industrie: Wege zum produktionsintegrierten Umweltschutz. Springer, Berlin

[2] VCI (1997) Responsible Care: Daten der chemischen Industrie zu Sicherheit, Gesundheit, Umweltschutz. Frankfurt

[3] Shanley A, Ondrey G, Chaowdury J (1997) Responsible Care gains momentum, Chemical Engineering 104:39

[4] SGCI (26. Juli 1993) Kenndaten zu Sicherheit, Gesundheits- und Umweltschutz in der Schweizerischen Chemischen Industrie. Zürich

[5] WBCSD-UNEP Environment Programme Eco-Efficiency and Cleaner Production: Charting the Course to Sustainability. Genf

[6] Hungerbühler K (1995) Produkt- und prozessintegrierter Umweltschutz in der chemischen Industrie, Chimia 49:93

[7] Heinzle E, Hungerbühler K (1997) Integrated Process Development, Chimia 51:176

Teil B:

Fachteil

5 Ökologische und ökonomische Bilanzierung

Eine verantwortungsvolle Innovation und Gestaltung von hochwertigen chemischen Produkten und Dienstleistungen richtet sich auf *vollständige Lebenszyklen* mit ihren ökonomischen, ökologischen und gesellschaftlichen Auswirkungen. Mit der ökonomischen und der ökologischen Bilanzierung wurden Instrumente geschaffen, die helfen, diese Wechselwirkungen systematisch zu erfassen und zu beurteilen.

Die ökonomische Bilanzierung mit Hilfe der Investitionsrechnung ist ein seit langem etabliertes Werkzeug zur Beurteilung der Wirtschaftlichkeit von Projekten oder Produkten. Neu hinzugekommen ist hier lediglich der erweiterte Betrachtungsrahmen des Lebenszyklus. Die ökologische Bilanzierung ist ein weit jüngeres Instrument. Die Definition von Begriffen und ein einheitliches methodisches Vorgehen bei der Bilanzierung, vor allem aber bei der Bewertung sind hier noch Gegenstand wissenschaftlicher Auseinandersetzung auf internationaler Ebene.

Während sich die ökonomische Bilanzierung und *Bewertung* meist auf eine Preisbildung an existierenden Märkten abstützen kann, ist dies bei der ökologischen Bilanzierung und Bewertung nicht möglich. Hier stellen sich vorerst grundsätzliche Fragen nach Beschaffenheit der zu schützenden Natur, z. B. Kulturlandschaft oder Naturreservat, und nach den konkreten Schutzgütern. Da jedes System der Technosphäre in einem Spannungsverhältnis zur Ökosphäre steht, gilt es bei der Ökobilanz Masse zu finden, die eine Bewertung der Einwirkungen auf die Schutzgüter ermöglichen. Dies erfordert insbesondere auch eine Überwindung des Problems, daß sehr unterschiedliche Arten von Schäden miteinander verglichen und eventuell in einer einzigen Größe aggregiert werden müssen.

Nachfolgend werden nun die methodischen Grundlagen der Ökobilanz (Kap. 5.1) sowie die Grundzüge der Investitionsrechnung (Kap. 5.2) gezeigt. In Kapitel 5.3 wird schließlich durch die Kombination dieser Bilanzierungsinstrumente eine quantitative Beschreibung der Ökoeffizienz vorgeschlagen.

5.1 Die Ökobilanz (Life Cycle Assessment, LCA)

Die Ökobilanz ist ein Instrument zur umweltorientierten Unterstützung von Entscheidungen. Ziel ist es, ökologische Verbesserungspotentiale im Hinblick auf die Entwicklung, Gestaltung oder Auswahl von Produkten und Prozessen aufzuzeigen. Dazu werden die Umweltauswirkungen eines Produktes, eines Prozesses oder einer Dienstleistung über den gesamten Lebenszyklus (from cradle to grave) erfasst und bewertet. Der methodische Aufbau einer Ökobilanz gliedert sich gemäß ISO-Norm 14040ff in 4 Hauptschritte: *Ziel- und Rahmendefinition, Sachbilanz, Wirkungsabschätzung und Auswertung* (vgl. Tab. 5.1)[1].

Tabelle 5.1. Hauptschritte der Ökobilanz nach SETAC [1], Begriffe gemäß ISO 14040

	Hauptschritt	Funktion
I	Ziel- und Rahmendefinition (goal and scope definition)	Festlegung von Zielsetzung, Breite/Tiefe der Analyse, funktioneller Einheit, Systemabgrenzung und Untersuchungsrahmen.
II	Sachbilanz (life cycle inventory)	Beschreibung des technischen Systems durch Festlegung der Systemgrenzen, Identifikation und Quantifizierung von Stoff-/Energiebedarf (Input) sowie der resultierenden Emissionen (Output).
III	Wirkungsabschätzung (life cycle impact assessment)	Beschreibung der Auswirkungen auf Mensch und Umwelt durch a) Klassifizierung: Zuweisung der bilanzierten In- und Outputströme zu Wirkungsklassen (z. B. Treibhauseffekt) b) Charakterisierung: Quantifizierung und Aggregation der Wirkung innerhalb einzelner Wirkungsklassen (z. B. Treibhauseffekt als CO_2-Äquivalente) c) Normalisierung: klassenweiser Vergleich mit Referenzsystem (z. B. entsprechende Jahresemission pro Europäer) d) Evaluation: Vollaggregation über sämtliche Wirkungsklassen (Gewichtung und Aggregation der einzelnen Wirkungsklassen gemäß dem Schadenspotential für Mensch und Umwelt)
IV	Auswertung (life cycle interpretation)	Identifikation der wichtigsten Umweltbelastungen, Sensitivitätsanalyse, Vergleich von Alternativen, Optimierung.

---

[1] Eine offizielle Fassung der Standards aus der Reihe ISO 14040 ff. über die Ökobilanz existiert bisher erst für die Norm 14040 (Prinzipien und allgemeine Anforderungen). Die Normen 14041 (Festlegung des Ziels und des Untersuchungsrahmens sowie Sachbilanz), 14042 (Wirkungsabschätzung) und 14043 (Auswertung) existieren bisher nur als Entwürfe.

Mit diesen vier Hauptschritten als Grundstruktur ist es das Ziel einer Ökobilanz, die Umweltauswirkungen von Produkten und Prozessen möglichst vollständig und zugleich objektiv, transparent und praktikabel abzubilden und zu bewerten.

5.1.1
Schritt I: Ziel- und Rahmendefinition

Ausgangspunkt einer ökologischen Bilanzierung ist die Festlegung der Zielsetzung und die Definition der betrachteten funktionellen Einheit, der Systemgrenzen und der Rahmenbedingungen.

Die *Zielsetzung* sagt, warum eine Ökobilanz durchgeführt wird und wofür die Resultate gebraucht werden. Im Hinblick auf die integrierte Entwicklung chemischer Produkte und Prozesse stehen drei Ziele im Vordergrund:

- die ökologische Gestaltung des Lebenszyklus von neuen Produkten und Prozessen
- der ökologische Vergleich von bestehenden Produkt- und Prozessalternativen
- die ökologische Verbesserung bestehender Produkte und Prozesse.

Typische umweltbezogene Fragestellungen betreffen auch die relative Bedeutung verschiedener Lebensabschnitte (Teilprozesse) aus dem Lebenszyklus eines Produktes oder von einzelnen Wirkungsklassen im Vergleich zur Gesamtbelastung. Je nach Zielsetzung sind die Anforderungen an Umfang und Genauigkeit einer LCA unterschiedlich. Bei Entwicklungsprojekten ist z. B. die LCA als grundlegendes Entscheidungsinstrument in frühen Phasen von besonderer Wirksamkeit. Trotz schlechter Datenlage vermag hier eine Screening-LCA gestützt auf Schlüsselindikatoren wie Energie- und Materialeinsatz, Wasserverbrauch, Lösungsmittelverbrauch, Anfall von Koppelprodukten und Abfällen, kritischen Einzelstoffen etc. wichtige Hinweise bezüglich der Umweltverträglichkeit von Produkt- und Prozessvarianten zu geben [2, 3]. Vergleichsbasis ist dabei stets eine funktionelle Einheit (s. u.).

Naturgemäß sind die Ergebnisse einer Ökobilanz mit Unsicherheiten verbunden. In der Zielsetzung muss daher auch bestimmt werden, welche Genauigkeit angestrebt wird. Die Charakterisierung der Genauigkeit kann durch Vertrauensintervalle, durch Sensitivitätsanalysen oder durch Fehlerrechnungen erfolgen.

Die Zielsetzung hat auch Einfluss auf die Wahl der Hintergrundtechnologien wie Energiebereitstellung und Abfallentsorgung in einem Ökoinventar: Während für die Beurteilung bestehender Produkte und Prozesse von gemittelten Daten bestehender Technologien auszugehen ist, sollten bei Entwicklungsprojekten die Hintergrunddaten von neuesten oder sogar prospektiven Technologien verwendet werden.

Die *funktionelle Einheit* ist die Referenzgröße, auf die Input- und Outputströme und die zugeordneten Umweltbelastungen bezogen werden. Sie sollte möglichst umfassend und quantitativ den Nutzen eines zu bilanzierenden technischen Systems zum Ausdruck bringen. Dieser Nutzen, diese Dienstleistung bzw. diese Funktion eines Systems sollte klar definierbar, messbar und relevant für das betrachtete System sein (Systemabgrenzung). Funktionelle Einheiten sind z. B.:

- *für ein Herbizid*: Die Menge eines Produkts, die eine vorgegebene Landfläche für eine bestimmte Zeitspanne mit definierter Wirkung und Selektivität von Unkräutern zu befreien vermag.
- *für einen Farbstoff*: Die Menge eines Produkts, welche eine vorgegebene Menge und Qualität von Baumwolle mit bestimmter Nuance, Reinheit und Gebrauchsechtheit zu färben vermag.
- *für eine chemische Wirkstoffproduktion*: Die Menge eines Wirkstoffes von definierter Qualität, welche unter bestimmten Rahmenbedingungen zu produzieren ist. Rahmenbedingungen sind dabei z. B. Ökonomie, Sicherheit, Leistung und Flexibilität eines Produktionsprozesses.

Koppel- oder Nebenprodukte können in einer LCA wie folgt berücksichtigt werden:

- durch Aufteilung entsprechender In- und Outputströme auf mehrere funktionelle Einheiten (Allokation). Hierzu können spezielle Allokationsregeln zu Hilfe genommen werden (s. u.)
- durch Gutschrift (Abzug der Umweltbelastung) für die Produktion dieses zusätzlichen Nutzens
- durch Gutschrift (Abzug der Umweltbelastung) eines vergleichbaren Nutzens.

Bei vergleichenden Ökobilanzen ist die *Festlegung* vergleichbarer *Systemgrenzen* von größter Bedeutung. Systemabgrenzung heißt u.a.:

- örtliche und zeitliche Abgrenzung gegenüber nicht involvierten bzw. wenig relevanten (Hilfs-) Prozessen
- örtliche und zeitliche Abgrenzung gegenüber der Umwelt (Rohstoffentnahme, Emissionsabgabe).

Die ökologische Bilanzierung umfasst in der heutigen Form weder störfallbedingte Einwirkungen auf die Umwelt noch lokale Umweltauswirkungen. Dies kann in einigen Fällen als unbefriedigend empfunden werden. Eine Integration der Prozess- bzw. Produktrisikoanalyse in die Ökobilanz könnte zur Lösung dieses Problems beitragen. Der Einbezug von Eintrittswahrscheinlichkeiten und Risikoquotienten steht aber heute erst am Anfang (vgl. z. B. [4]).

Allgemein ist die genaue Definition der einzubeziehenden In- und Outputkategorien im Hinblick auf die ebenfalls schon zu Beginn auszuwählenden Wirkungsklassen (s. u.) wesentlich, um bei der Inventarisierung zielgerichtet und konsistent vorzugehen.

5.1.2
Schritt II: Sachbilanz (Life Cycle Inventory, LCI)

Produkte oder Prozesse werden in Sachbilanzen als technische Systeme abgebildet. Die Erstellung dieser Sachbilanz ist erfahrungsgemäß der zeitaufwendigste Schritt einer Ökobilanz. Ein technisches System wird dabei als eine Ansammlung von Teilsystemen verstanden, die in charakteristischer Weise durch Stoff- und Energieflüsse miteinander verbunden sind. Das System wird von der Umgebung durch Systemgrenzen abgetrennt. Die Systemumgebung (Umwelt) ist zugleich Quelle aller Inputs und Senke aller Outputs (vgl. Abb. 5.1).

Ausgangspunkt bei der *Systemstrukturierung* ist die Hauptprozesskette. Diese umfasst sämtliche Prozeßschritte, welche unmittelbar mit der funktionellen Einheit zusammenhängen. Bei einem Insektizid sind das beispielsweise sämtliche Synthese-, Formulierungs- und Applikationsschritte. Diese Hauptprozesskette kann als Stamm des Prozessbaumes angesehen werden. Der *Prozessbaum* als Abbild des technischen Gesamtsystems beinhaltet als Äste bzw. Wurzeln sämtliche relevanten Nebenprozessketten. Die den Hauptprozessen vorgelagerten Prozessketten werden als Upstreamprozesse bezeichnet. Darunter fallen etwa die Bereitstellung der Ausgangs- und Hilfsstoffe, der Energie- und Transportdienstleistungen, der technischen Systeme bestehend aus Stahl, Beton etc. und Systemkomponenten wie etwa Reaktions- und Trenneinheiten oder Tanklager. Die nachgelagerten Prozessketten heißen dementsprechend Downstreamprozesse und umfassen beispielsweise die Entsorgungsprozesse von flüssigen, gasförmigen und festen Abfällen. Sowohl für Upstream- als auch für Downstreamprozesse steht an der Schnittstelle zum übergeordneten Prozess eine funktionelle Einheit.

In vielen Prozessen fallen neben den zu bilanzierenden Hauptprodukten auch Koppelprodukte an, ebenso werden in vielen Entsorgungsprozessen Abfälle zahlreicher anderer Produkte behandelt. Die Aufteilung der Umwelteinflüsse zwischen diesen Produkten wird als Allokation bezeichnet. Sie ist ein wichtiger, aber auch kritischer Schritt der Sachbilanz [5].

Systemübergreifende Koppelprodukte, Abfall- und Recyclingströme müssen gemäß speziellen Allokationsregeln inventarisiert werden, die zu Anfang festgelegt werden sollten. Recyclingströme können dabei sowohl auf der Input-Seite (Verwendung von Recyclat) als auch auf der Output-Seite (stoffliche oder energetische Verwertung von Abfällen) auftreten. Typische Vorgehensweisen bei der Allokation sind beispielsweise:

- Vermeidung von Allokationen durch Systemerweiterung (z. B. Einbezug der Lösungsmittelregeneration in den Produktionsprozess)
- wenn eine Vermeidung nicht möglich ist, Allokation gemäß physikalischen Beziehungen (z. B. Allokation bezogen auf Gewicht, Volumen oder Energieinhalt) vornehmen
- bei gleichbleibendem Verhältnis zwischen funktioneller Einheit und Nebenfunktion, also bei starrer Kopplung ist physikalische Allokation oft nicht sinnvoll (z. B. stöchiometrische Koppelproduktion); in diesem Fall Allokation gemäß ökonomischen Beziehungen (z. B. Marktpreisen) durchführen

Bei mehreren Möglichkeiten für die Allokation der in der Sachbilanz bilanzierten Größen ist eine transparente Kommentierung des Vorgehens wichtig. Hier empfiehlt sich ein Vergleich verschiedener Allokationsverfahren.

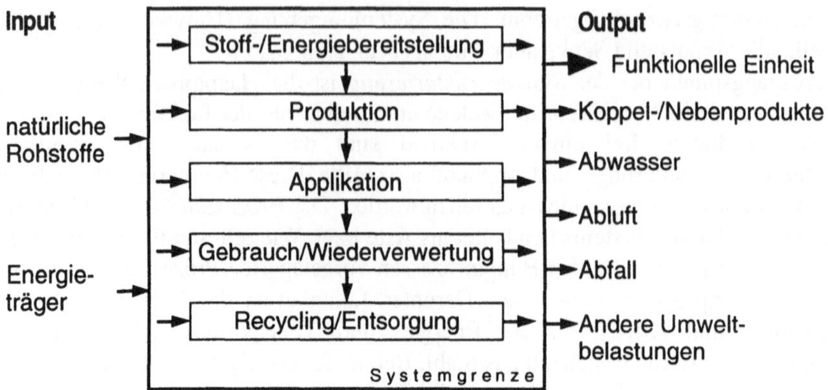

Abb. 5.1. Schematische Sachbilanz eines Produktelebenszyklus. Alle Stoff- und Energieflüsse werden auf eine funktionelle Einheit bezogen.

Bei der *Erhebung der Sachbilanzdaten* gilt es, gemäß Prozessbaum und entsprechend der Bedeutung der einzelnen Prozeßschritte die systemspezifischen Stoff- und Energiedaten in möglichst guter Qualität bereitzustellen. Bei der Erhebung kann von folgender Datenpräferenz ausgegangen werden:

1. Messdaten
2. berechnete Daten
3. geschätzte Daten
4. vernachlässigte Daten

Viele Prozessketten, insbesondere für Grundstoffe und standardisierte Energie-, Transport- und Entsorgungsdienstleistungen sind heute bereits bilanziert [6]. Sie können als Durchschnittswerte oder orts-, zeit-, bzw. technologiespezifisch aus entsprechenden Datenbanken bezogen werden und sind oft schon in die entsprechende Software integriert[2]. Betriebsspezifische Daten können dagegen oft direkt aus betriebsinternen Prozess-, Produkt- und Umweltinformationssystemen erhalten werden. Bei der Zusammenstellung der Daten ist es wichtig, auf den zeitlichen, geographischen und technologischen Gültigkeitsbereich zu achten. Sind auf diesem Weg nicht genügend Informationen zugänglich, so können

- für die *Massenflüsse* z.B. die Prozessliteratur [8-10], bekannte Ausbeuten aus analogen Prozessen und die Stöchiometrie

- für den *Energiebedarf* z.B. Angaben aus der Literatur [11, 12], thermodynamische Abschätzungen oder firmeninterne Statistiken

- und für *Abfälle und Emissionen* z.B. Stoffbilanzen (für nachsorgende Umwelttechnologie auch Abbauraten, Transferkoeffizienten etc.) herangezogen werden.

---

[2] Eine Übersicht über Datenquellen für Ökoinventare findet sich in [6]. Eine Marktübersicht über die Ökobilanz-Software gibt [7]

Die *Systembilanzierung* erfolgt schließlich durch Aggregation von Teilsystemen zu einem Gesamtsystem. Die kleinsten, durch erhobene Inventardaten beschriebenen Anteile eines Produkt- bzw. Prozeßsystems werden Basisprozesse oder Module genannt.

Bilanzierung eines Moduls (A'): Der Stoff- und Energiehaushalt von Teilsystem A' lässt sich für das Ökoinventar durch ein Input-Output-Modell beschreiben. Die involvierten Investitionsgüter werden dabei gemäß Kapazitätsbelegung und Abschreibungszeiten ebenfalls als Stoff- und Energieströme ausgedrückt. Insgesamt ist der Stoff- und Energieoutput $y_{j'}$ über technologiespezifische Emissionsfaktoren $T_{j'i'}$ mit dem entsprechenden Ressourcenverbrauch $x_{i'}$ verknüpft:

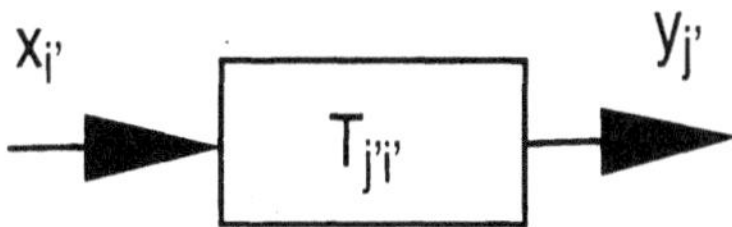

Zwischen In- und Output wird von einem linearen Zusammenhang ausgegangen:

$$y_{j'}(A') = \sum_{i'} T_{j'i'} \cdot x_{i'}(A') \tag{5.1}$$

i'   Index für eintretende Stoffe und Energien (Input)

j'   Index für austretende Stoffe und Energien (Output)

$T_{j'i'}$ Emissionsfaktoren des Teilsystems A'

Für jedes Teilsystem A' kann dabei das Gesetz der Massen- und Energieerhaltung als Kontrollmöglichkeit dienen.

Bilanzierung des Gesamtsystems (A): Das Gesamtsystem A kann als Netzwerk betrachtet werden, das durch Verknüpfung von Teilsystemen A', A" usw. gebildet wird. Die Systemgrenzen sollten dabei soweit gefasst sein, daß - abgesehen von klar zu deklarierenden systemübergreifenden Koppel- bzw. Recyclingproduktströmen - die Upstreamprozesse bis zu den natürlichen Rohstoffen und Energieträgern zurückgehen. Andererseits sollen Downstreamprozesse bis zu den Emissionen in die jeweiligen Umweltkompartimente führen. Neben Allokationsfragen für systemübergreifende Koppel- und Recyclingprodukte muss insbesondere bei Hintergrundprozessen (Up- und Downstreamprozessen) je nach Zielsetzung immer wieder die Frage nach der zu betrachtenden Technologie, aber auch nach der verwendeten Datenquelle fallspezifisch beantwortet werden. Gerade bzgl. der Strombereitstellung kann diese Frage das Ergebnis entscheidend verändern und eine Überprüfung des Einflusses des eingesetzten Strommixes ist angebracht.

Das Gesamtsystem lässt sich schließlich wiederum als lineares Input-/Outputsystem im Sinne einer Stoffflussanalyse darstellen:

$$y_j(A) = \sum_i T_{ji} \cdot x_i(A) \tag{5.2}$$

i   Index für eintretende Stoffe und nutzbare Energien; meist i >> i'

j   Index für austretende Stoffe und nutzbare Energien; meist j >> j'.[3]

T_{ji} Emissionsfaktoren des Gesamtsystems A

Bei der Erstellung eines Ökoinventars sollen die erfassten In- und Outputklassen (z. B. PAH-Emissionen) immer schon auf die gewählte Bewertungsmethode abgestimmt sein, damit diese auf nachvollziehbare und eindeutige Weise angewandt werden kann (s.u.). Wenn in einem Inventar für ein Produkt- oder Prozeßsystem die Daten der vorgelagerten Prozesse oder Infrastrukturaufwendungen schon mit erfasst sind, so spricht man von kumulierten Daten. Daten, die auf direkte Weise für das betrachtete System erhoben wurden, heißen nicht-kumulierte Daten.

Die vorgestellte, lineare Bilanzierungsmethode stößt an ihre Grenzen, wenn in der Prozeßstruktur rekursive Elemente enthalten sind. Dies ist der Fall wenn für die Bereitstellung der funktionellen Einheit y_E' eines Teilprozesses R' einerseits der Teilprozess R'' benötigt wird, der Teilprozess R'' aber zur Bereitstellung seiner funktionellen Einheit y_E'' die funktionelle Einheit y_E' aus R' benötigt. Zur mathematisch korrekten Behandlung solcher Fälle ist eine Berechnung von Sachbilanzen mit Hilfe von linearen Gleichungssystemen in Form von Matrizen ausgearbeitet worden (vgl. z. B. [13]). In manchen Fällen (z. B. bei der Energiebereitstellung durch Photovoltaik) können die so berechneten Bilanzen signifikant von Bilanzen abweichen, die man erhält, wenn man solche Schleifen nicht berücksichtigt.

Im Hinblick auf die Aussagekraft einer Sachbilanz ist eine kritische Beurteilung der Qualität der verwendeten Daten notwendig. Durch Systemverständnis, Bilanzüberprüfung und Plausibilitätsüberlegungen (Erhaltungssätze, stöchiometrische Verhältnisse etc.) sowie durch den Vergleich verschiedener Datenquellen ist sicherzustellen, daß richtige und vollständige Datensätze eine konsistente Inventarebene bilden. Qualitätsmerkmale für Daten sind z. B. die Übereinstimmung von Datenerhebungsraum und Technologie mit dem zu bilanzierenden System, Aktualität der Daten und Validierungsgrad der Daten. Bei vorausschauenden LCAs ist zusätzlich die Qualität der Szenarien für technische, politische und ökonomische Entwicklungen von Bedeutung.

Das *Ergebnis der Sachbilanz* lässt sich stoffspezifisch in vier Kategorien gliedern:

- die erneuerbaren und nicht erneuerbaren Rohstoffe
- die Luftemissionen
- die Wasseremissionen
- die festen Abfälle

Die Sachbilanz enthält dabei zumindest implizit die vollständige Information über Energie- und Ressourceneffizienz eines chemischen Produktes oder Prozesses. Insbesondere vermag ein entsprechendes Inventar meist schon auf die ökologi-

---

[3]   berücksichtigte Stoffe und Energien, z. B. in [13] j = ca. 50 (je nach System) und i = 618 .

schen "Hot Spots" hinzuweisen. Ein Vergleich mit dem theoretischen Optimum einer Synthesereaktion ergibt z. B. Hinweise über

- das Energiesparpotential
- die Nichtausbeute (Synthese)
- den Hilfsmitteleinsatz
- die Aufarbeitungs- und Applikationsverluste
- die Kapazitätsengpässe

Die Energie- und Ressourceneffizienz kann auf diese Weise häufig direkt aufgrund der Sachbilanz verbessert werden, d.h. es kann eine Optimierung der Stoff- und Energiebilanz der Kernsysteme vorgenommen werden, evtl. erweitert um Up- und Downstreamprozesse. In diesem Fall folgt der Sachbilanz unmittelbar die Auswertung und Optimierung (Schritt IV, Kap. 5.1.4).

Eine Abschätzungen der Wirkungen der in der Sachbilanz aufgeführten Größen (Schritt III) ist dagegen erforderlich, wenn bei Variantenvergleichen die Relevanz verschiedenartiger Umwelteinwirkungen abgewogen werden soll.

5.1.3
Schritt III: Wirkungsabschätzung (Life Cycle Impact Assessment, LCIA)

In diesem Schritt werden die Resultate der Sachbilanz im Hinblick auf die Umweltauswirkungen charakterisiert und bewertet. Dieser Schritt kann nicht allein aufgrund naturwissenschaftlicher Kriterien erfolgen. Oft wird auch eine relativ einfach zu ermittelnde und zu kommunizierende Stellvertretergröße für die Veranschaulichung des ökologischen Impacts verwendet. So können die in der Sachbilanz aufgeführten Größen in kumulierten Energieaufwand[14], Massenintensität [15] oder Flächenverbrauch [16] umgerechnet werden und so als kumulative Stellvertretervariablen dienen. In die Bewertung fließen zwangsläufig subjektive Aspekte ein, die von politischen und sozialen Rahmenbedingungen abhängen und je nach Ort und Zeit variieren. Dementsprechend existieren verschiedene Methoden für die Wirkungsabschätzung von Sachbilanzen, die sich anhand der folgenden vier Grundkriterien beurteilen lassen [17]

- *Vollständigkeit*: Werden alle denkbaren Auswirkungen auf die Umwelt berücksichtigt?
- *Praktikabilität*: Wie benutzerfreundlich, zeit- und kosteneffizient ist eine Methode? Ist die Aggregierung der einzelnen Umweltauswirkungen reproduzierbar?
- *Wissenschaftlicher Gehalt*: Wird der neuste Stand der Wissenschaft bezüglich umweltbezogener Wirkungen und Wirkungsmechanismen berücksichtigt? Finden auch die örtlichen und zeitlichen Auswirkungen sowie die verschiedenen Expositionswege eine entsprechende Berücksichtigung? Gibt es schließlich einen klar definierten Bezug zwischen den verschiedenen Umwelteffekten und potentiellen Umweltschäden?

- *Transparenz*: Bewertet eine Methode die Umweltauswirkungen auf nachvollziehbare Art? Wird zwischen der Zielsetzung einer LCA, der wissenschaftlichen Grundlage und der subjektiven Bewertung klar unterschieden?

In Tabelle 5.2 sind vier Methoden für die Wirkungsabschätzung zusammengestellt (vgl. auch [18]), die heute einen verbreiteten Einsatz in Wissenschaft und Praxis finden. Allgemein ist dabei festzustellen, daß die heutigen Methoden den Gewichtungsschwerpunkt bei den Luftschadstoffen haben. Wasserschadstoffe werden vergleichsweise weniger stark gewichtet, Bodenschadstoffe und Ressourcenverbrauch oft nur noch marginal.[4]

Tabelle 5.2. Vergleich von verschiedenen Methoden für die Wirkungsabschätzung

	Methode des kritischen Volumens [19]	Methode der ökologischen Knappheit [20, 21]	CML-Methode [22]	Eco-indicator 95 [23]
Bewertungsgrundlage	Immissionsgrenzwerte	"Distance-to-Target" für Stoffflüsse	Wirkungsklassen	"Distance-to-Target" für Wirkungsklassen
Vorgehen	einstufig/stofforientiert	einstufig/stofforientiert	mehrstufig/wirkungsorientiert	mehrstufig/wirkungsorientiert
Bewertungsergebnis	kritische Volumina für Luft, Wasser, ...	Umweltbelastungs punkte	Umwelteffekt für Wirkungsklasse	Eco-indicator Punkte
Möglicher Aggregationsgrad	Teilaggregation	Vollaggregation	Teilaggregation	Vollaggregation
Referenzgebiet	einzelnes Land (z. B. CH)	einzelnes Land (CH, NL, S)	global	Europa
Bewertung von: Ressourcenverbrauch	nur Primärenergieverbrauch	nur Primärenergieverbrauch	ja	nein
Luftschadstoffe	ja	ja	ja	ja
Wasserschadst.	ja	ja	ja	ja
Bodenschadst.	nein	Deponieraum	ja	nein

Im Folgenden soll das methodische Vorgehen bei der Wirkungsabschätzung am Beispiel der *Eco-indicator 95 Methode*, die z.T. von der CML-Methode ausgeht, aufgezeigt werden (Abb. 5.2). Die Methode ist trotz Schwächen aufgrund der

---

[4] Besonders ausgeprägt bei CML und Eco-Indikator 95 Methode. Eine vergleichende Bewertung ist bei toxischen Substanzen wegen der Vielzahl unterschiedlicher Wirkungen besonders schwierig.

transparenten und konsequenten Wirkungsorientierung sowie der Möglichkeit zur Vollaggregation in Wissenschaft und Praxis von Bedeutung. Sie wird derzeit weiterentwickelt, wobei die Schadensklassen "Todesopfer" und "Gesundheitsgefährdung" zusammengefasst werden und der Ressourcenverbrauch als eigenständige Auswirkungs- und Schadensklasse hinzukommt.

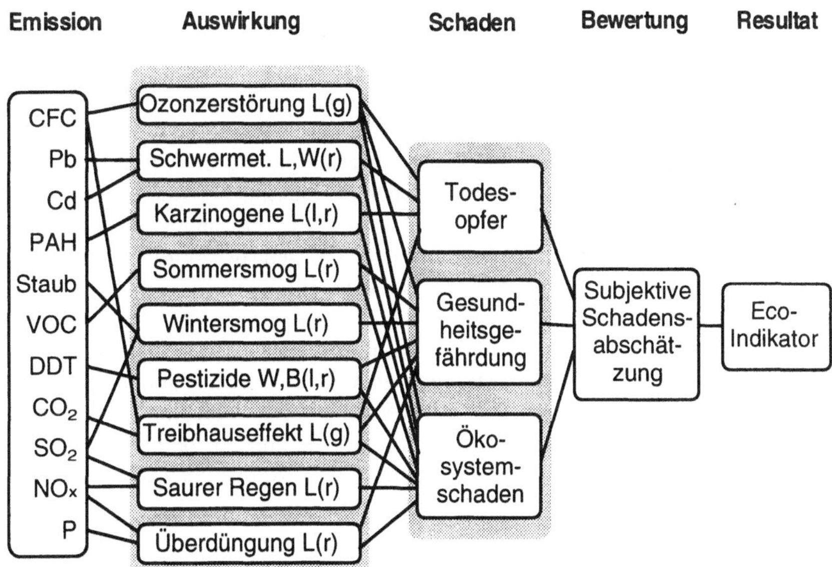

Abb. 5.2. Schematische Darstellung der Eco-indicator 95-Bewertungsmethode für einen beispielhaften Satz von Emissionen. Die Auswirkungsklassen beziehen sich auf die Umweltkompartimente Boden B, Wasser W oder Luft L. Der räumliche Betrachtungsrahmen ist in Klammern angegeben (lokal l, regional r und global g).

Die Eco-indicator 95-Methode geht von folgenden Annahmen aus:

- Das Wirkungsbilanzgebiet ist Europa.
- Es werden nur Wirkungen betrachtet, die auf europäischer Ebene zu Gesundheitsschäden beim Menschen und/oder zu Ökosystemschäden in der Umwelt führen können (→ Erfassungsproblematik für lokale Auswirkungen).
- Der Verbrauch an biotischen und abiotischen Ressourcen sowie von Landfläche werden nicht berücksichtigt, physikalische Umweltbeeinträchtigungen sowie eine Reihe toxischer Wirkungen werden nicht bewertet.
- Die Gewichtung erfolgt mit Hilfe der "Distance-to-Target"-Methode: je größer die Differenz zwischen aktuellem Wert und Zielwert einer Auswirkung ist, desto gravierender ist der Effekt. Der Zielwert soll das langfristig tragbare Belastungsniveau charakterisieren.

Die Wirkungsabschätzung lässt sich in vier Hauptschritte unterteilen (Abb. 5.3).

Abb. 5.3. Die Hauptschritte einer Wirkungsabschätzung

Im *Klassifizierungsschritt* werden die stoffspezifischen Emissionen der Sachbilanz den Auswirkungsklassen (Effektklassen) von Abb. 5.2 zugeordnet. Ein Stoff kann durchaus zu verschiedenen Auswirkungsklassen beitragen. Die Klassen beschränken sich auf potentielle Schäden bei den Schutzgütern Mensch und Umwelt. Dabei werden nur die Emissionen bewertet, nicht aber der Verbrauch an stofflichen und energetischen Ressourcen oder an Landfläche. Beim Klassifizierungsschritt ist schließlich zu überprüfen, inwieweit die relevanten Auswirkungen der bilanzierten Emissionen auf Mensch und Umwelt durch die in Betracht gezogenen Auswirkungsklassen auch tatsächlich abgebildet werden.

Im *Charakterisierungsschritt* werden die stoffspezifischen Umweltlasten innerhalb der einzelnen Effektklassen k bestimmt. Zur Charakterisierung muss zuerst der Beitrag jeder einzelnen Substanz j im Vergleich zu den übrigen Substanzen gewichtet werden. Zu diesem Zweck wird bei der Eco-indicator Methode von möglichst objektiven, auf naturwissenschaftlichen Grundlagen beruhenden Äquivalenzfaktoren ausgegangen. Die Berechnung dieser Äquivalenzfaktoren beruht auf drei unterschiedlichen Konzepten (vgl. Tabelle 5.3):

- Wirkungsbasierter Vergleich mit einer Referenzsubstanz (z. B. für Treibhauseffekt)
- Schadensbasierter Vergleich mit einer Referenzsubstanz (z. B. für kanzerogene Stoffe)
- Grenzwertbasierter Vergleich mit stoffspezifischem Umweltqualitätsziel (z. B. für Schwermetalle)

Die Äquivalenzfaktoren können präzisiert werden, indem die Verweilzeit eines Stoffes in der Umwelt (Persistenz), mögliche Abbauproduckte sowie mögliche Kompartimentswechsel, Nahrungsketten und Expositionswege (Umweltverteilung) berücksichtigt werden (vgl. Kap. 6.4.4.2 und 6.4.4.3 sowie z. B. [24]).

Tabelle 5.3. Berechnung von Äquivalenzfaktoren für die klassenweise Charakterisierung der Umwelteinwirkungen gemäß Eco-indicator 95 (siehe. z.B. [18])

Spezifische Wirkungsklassen: Berechnung der Äquivalenzfaktoren	Datenquelle
Treibhauseffekt [kg CO_2 Äquivalent] $$GWP_j = \frac{\int_0^T a_j \cdot c_j(t)\, dt}{\int_0^T a_{CO_2} \cdot c_{CO_2}(t)\, dt}$$ GWP_j (global warming potential) = Äquivalenzfaktor für das Treibhauspotential des Stoffes j a_j = Wirkungsfaktor der Substanz j $c_j(t)$ = Konzentration der Substanz j zur Zeit t T = Wirkungszeit = 100 Jahre Referenzsubstanz ist CO_2	Berechnung gemäß IPCC [24]
Kanzerogene Stoffe in der Luft [kg PAH Äquivalent] $$KA_j = \frac{AQG_j}{AQG_{PAH}}$$ KA_j = Äquivalenzfaktor für den kanzerogenen Stoff i AQG_j (Air Quality Guidelines) = Wahrscheinlichkeit einer Krebserkrankung bei einer Konz. von $1\mu g/m^3$ von Stoff j. Referenzsubstanz ist PAH (= polyzyklische aromatische Kohlenwasserstoffe)	Berechnung gemäß Air Quality Guidelines for Europe, WHO Regional Office for Europe, Copenhagen, 1987
Schwermetalle in der Luft [kg Blei Äquivalent] Luftemissionen: $SA_j = \dfrac{AQG_{Blei}}{AQG_j}$ analog im Wasser: Wasseremissionen: $SW_j = \dfrac{GDWQ_{Blei}}{GDWQ_j}$ SA_j = Äquivalenzfaktor für das Schwermetall j in der Luft AQG $[\mu g/m^3]$ = Grenzwert aus den Air Quality Guidelines SW_j = Äquivalenzfaktor für das Schwermetall j im Wasser $GDWQ$ [mg/Liter] = Quality Guidelines für Trinkwasser Referenzsubstanz ist Blei	Berechnung für Luftemissionen gemäss Air Quality Guidelines for Europe, WHO Regional Office for Europe, Copenhagen, 1987. Für Wasseremissionen: Water Quality Guidelines for Europe, WHO Regional Office for Europe, Copenhagen, 1987.

Während die Berechnung der Äquivalenzfaktoren für jede Effektklasse verschieden ist, wird innerhalb der Klassen von einer linearen Dosis-Effekt-Beziehung ausgegangen. Somit lässt sich für die Wirkungsklassen k die Gesamtwirkung E_k in Äquivalente einer Referenzsubstanz (z. B. CO_2-Äquivalente für den Treibhauseffekt) wie folgt berechnen:

$$E_k(A) = \sum_j F_{kj} \cdot y_j(A) = \sum_j F_{kj} \cdot \sum_i T_{ji} \cdot x_i(A) \qquad (5.3)$$

k	Index für Wirkungsklassen (z. B. Treibhauseffekt, Ozonschichtabbau)
i	Index für eintretende Stoffe und nutzbare Energien (Input)
j	Index für austretende Stoffe und nutzbare Energien (Output)
x_i	Systemspezifischer Verbrauch an Materialien und Energie
y_j	Systemspezifische Emissionen
T_{ji}	Emissionsfaktoren des Gesamtsystems A
F_{kj}	Äquivalenzfaktoren zur Umwandlung von emittierter Substanz j in Wirkungsäquivalente der Wirkungsklasse k
E_k	Wirkungsäquivalente der Wirkungsklasse k

Beispielsweise gilt für den Treibhauseffekt:

$$E_{\text{Treibhauseffekt}} = \sum_j \left(GWP_j \cdot \text{Luftemission}_j \right) \quad [kg\ CO_2\text{-Äquivalent}]$$

$E_{\text{Treibh.}}$ Gesamtwirkung bez. Treibhauseffekt

GWP_j Global warming potential der Substanz j; Treibhausaktivität der Substanz j relativ zu CO_2

Als Ergebnis der Charakterisierung erhält man für jede Wirkungsklasse k einen Wert in der entsprechenden Wirkungsklassen-Einheit. Für den Treibhauseffekt sind dies "kg CO_2-Äquivalente", für die Klasse kanzerogene Stoffe "kg PAH-Äquivalente", etc. (vgl. Tab. 5.4).

Häufig können schon aufgrund einzelner Wirkungsklassen wichtige Schlussfolgerungen über die ökologischen Auswirkungen einzelner Teilprozesse oder verschiedener Produkte gezogen werden. Aus wissenschaftlicher Sicht ist eine Auswertung auf der Basis der Wirkungsklassen einer Aggregation der verschiedenen Effekte aufgrund subjektiver Kriterien vorzuziehen. Sollen aber Teilprozesse oder Produkte miteinander anhand einer einzigen Größe verglichen werden, ist eine Vollaggregation erforderlich. Dies erfordert zwei weitere Bewertungsschritte: die Normalisierung und die Evaluation. Während die Normalisierung einen ersten gemeinsamen Bezugspunkt schafft, umfasst die Evaluation Gewichtungen, die nicht nach objektiven Kriterien vorgenommen werden können. Dementsprechend beschränkt sich die Aussagekraft einer vollaggregierten Ökobilanz auf den Kreis der Personen, die mit den verwendeten Gewichtungen einverstanden sind. Gemäss ISO 14042 sind vollaggregierende Methoden wohl für die Produktoptimierung, nicht aber für einen öffentlichen Produktvergleich anzuwenden.

Beim Schritt der *Normalisierung* werden die Gesamtwirkungen in Bezug zu einer gewählten Referenz gebracht. Zur Normalisierung sind verschiedene Referenzsysteme denkbar:

- ein Referenzzustand, z. B. natürliche Hintergrundbelastung, aktuelle Umweltbelastung für ein Gebiet etc.
- kritische Werte, z. B. gesetzliche Grenzwerte, naturwissenschaftlich definierte Tragbarkeitsgrenzen etc.
- ein Referenzprodukt, Referenzprozess etc.

Bei der Methode Eco-indicator 95 wird als Referenzsystem die aktuelle Umweltbelastung in Europa gewählt. Die Wirkungsäquivalente E_k aus den einzelnen Wirkungsklassen k werden daher in Relation zu der jährlich in Europa pro Person verursachten Umweltbelastung N_k der entsprechenden Wirkungsklasse gesetzt. Man erhält auf diese Weise die normalisierten Umweltauswirkungen E_k/N_k (vgl. Tab. 5.4).

Im *Evaluationsschritt* werden schließlich die verschiedenen Wirkungsklassen untereinander gewichtet, so daß diese selbst miteinander verglichen werden können. Welche Wichtigkeit besitzt beispielsweise die Problematik des Treibhauseffekts gegenüber dem Ozonschichtabbau? Dieser Schritt ermöglicht die Datenaggregation zu einer einzelnen Kennzahl (Vollaggregation). Während schon bei der Auswahl der Wirkungsklassen eine erste Zuschreibung von Bedeutung und Wert stattgefunden hat, tritt bei der Gewichtung der Wirkungsklassen in Relation zueinander der normative Aspekt der Schadensbewertung vollends in den Vordergrund. Bestimmungsgrößen sind hier persönliche und soziale Wahrnehmungsmuster und Wertsysteme.

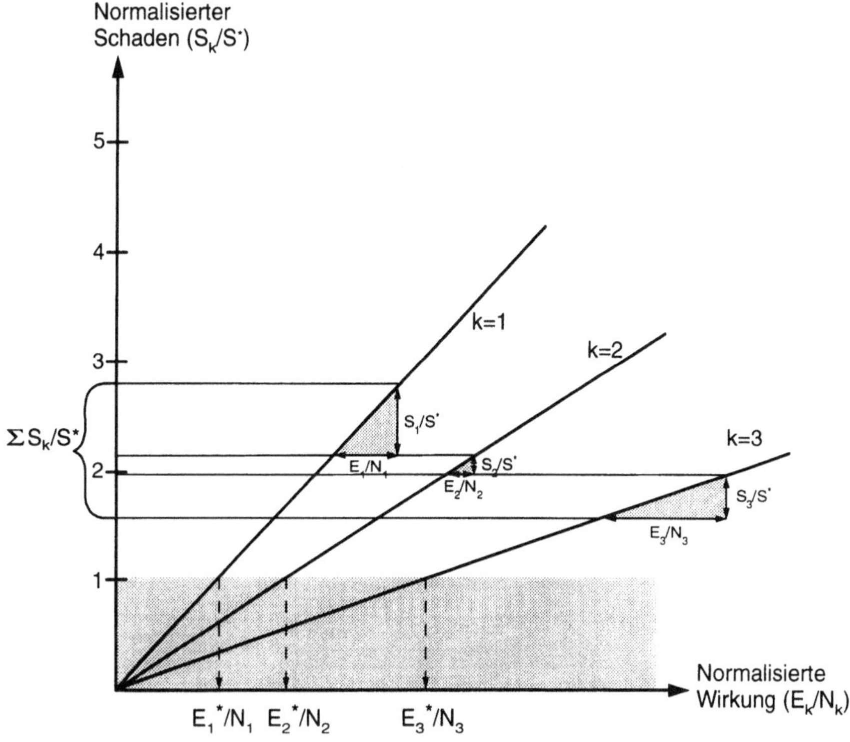

Abb. 5.4. Lineare Wirkung-Schaden-Funktionen für die Evaluation verschiedener Wirkungsklassen (k= 1,2,3...), verändert nach [23]

Bei der Eco-indicator 95 Methode erfolgt die Gewichtung der einzelnen Auswirkungsklassen gemäß dem "Distance-to-Target" Prinzip. Ziel ist es, einen normativ begründeten Umweltschaden nicht zu überschreiten. Dieser wird durch drei im Hinblick auf eine Vollaggregation als gleichwertig betrachtete Schadensbilder charakterisiert (Einheitsschäden S*):

- ein Todesopfer (durch Umweltschäden bedingt) pro Million Einwohner und Jahr im Bilanzgebiet Europa
- gesundheitliche Beschwerden durch Smogperioden
- Schädigung von 5 % aller Ökosysteme in Europa auf lange Sicht[5]

Im weiteren wird von einer Proportionalität zwischen normalisierten Auswirkungen (E_k/N_k) und resultierenden Schäden S_k ausgegangen (vgl. Abb. 5.4). Die Steigungen (N_k/E_k^*) in Abbildung 5.4. drücken also jeweils das Verhältnis zwischen dem aktuellen Umwelteffekt N_k der Auswirkungsklasse k in Europa und dem Wirkungsniveau E_k^* aus, bei dem ein Normschaden auftritt. Die Basis für die Quantifizierung dieser mit großer Unsicherheit versehenen Korrelation sind z. B. Richtlinien von WHO, OECD und EU zur Umweltqualität.

Wenn nun aufgrund einer Sachbilanz zusätzliche Umweltauswirkungen von E_1, E_2, E_3,... auftreten, so sind diese durch die Steigung der Wirkungs-Schaden-Funktion mit den entsprechenden Schadensinkrementen S_1, S_2, S_3,... verknüpft. Mittels Schadensäquivalent S* und linearer Wirkungs-Schaden-Funktion lässt sich nun die aggregierte Umwelteinwirkung I_{Eco} des technischen Systems A wie folgt berechnen:

$$I_{Eco}(A) = \sum_k S_k = \sum_k (S^* \cdot \frac{N_k}{E_k^*} \cdot \frac{1}{N_k}) \cdot E_k(A) \qquad \text{[Ecopoints 95]} \qquad (5.4)$$

Der Reduktionsfaktor R_k für die normierte Wirkungsklassen k ist dabei:

$$R_k = \frac{N_k}{E_k^*} \qquad (5.5)$$

Mit Gleichung (5.3) und nach Gleichsetzung des Einheitsschadens S* mit 1 ergibt sich schließlich

$$I_{Eco}(A) = \sum_k \frac{R_k}{N_k} \left(\sum_j F_{kj} \cdot \left(\sum_i T_{ji} \cdot x_i(A) \right) \right) \qquad (5.6)$$

k   Index für Wirkungsklassen (z. B. Treibhauseffekt, Ozonschichtabbau)
i   Index für eintretende Stoffe und nutzbare Energien (Input)
j   Index für austretende Stoffe und nutzbare Energien (Output)
x_i Systemspezifischer Verbrauch an Materialien und Energie
T_{ji} Emissionsfaktoren des Gesamtsystems A

---

[5] Der Begriff 5% Ökosystemschaden ist sehr subjektiv und bis heute noch wenig konkretisiert. Hier dennoch ein Beispiel: Man rechnet mit einem Ökosystemschaden von 5% durch den Treibhauseffekt, wenn die Temperatur im Verlauf von 10 Jahren um 1°C ansteigt.

F_{kj} Äquivalenzfaktoren zur Umwandlung von emittierter Substanz j in Wirkungsäquivalente der Wirkungsklasse k

E_k Wirkungsäquivalente der Wirkungsklasse k

N_k Normalisierungsfaktor der Wirkungsklasse k

R_k Reduktionsfaktor der normalisierten Wirkungsklasse k

S^* Normschaden (= z. B. 1 Todesopfer pro Mio. Einwohner und Jahr)

E_k^* Umweltbelastung der Wirkungsklasse k, die zum Normschaden S^* führen kann

In Tabelle 5.4 sind zusammenfassend Charakterisierung sowie Normalisierungs- und Reduktionsfaktoren der verschiedenen Auswirkungsklassen dargestellt, wie sie im Eco-indicator 95 verwendet werden.

Tabelle 5.4. Im Eco-indicator 95 berücksichtigte Auswirkungsklassen mit den entsprechenden Referenzsubstanzen, den Charakterisierungsformen sowie den Normalisierungs- und Reduktionsfaktoren

Auswirkungsklasse	Referenzsubstanzen (Äquivalente)	Charakterisierung (Äquivalenzfaktoren)	Normalisierung (N-Faktoren) [kg Äquiv. pro Person und Jahr]	Evaluation (R-Faktoren)
Ozonschichtabbau	kg CFC-11	$\sum_j ODP_j \cdot Luftemission_j$	0.926	100
Schwermetalle Luft	kg Pb	$\sum_j SA_j \cdot Luftemission_j$	0.0543	5
Schwermetalle Wasser	kg Pb	$\sum_j SW_j \cdot Wasseremission_j$	0.0543	5
Kanzerogene	kg PAH	$\sum_j KA_j \cdot Luftemission_j$	0.0109	10
Sommersmog	kg Ethylen	$\sum_j POCP_j \cdot Luftemission_j$	17.9	2.5
Wintersmog	kg SO$_2$ und Staub	$Luftemission_{SO_2} + Luftemission_{Staub}$	94.6	5
Pestizide	kg Pestizide	$\sum_j Fungizid_j + Herbizid_j + ...$	0.966	25
Treibhauseffekt	kg CO$_2$	$\sum_j GWP_j \cdot Luftemission_j$	13100	2.5
Versauerung	kg SO$_2$	$\sum_j AP_j \cdot Luftemission_j$	113	10
Eutrophierung	kg PO$_4^{3-}$	$\sum_j NP_j \cdot Luft / Wasseremission_j$	38.2	5

Das Vorgehen bei der Wirkungsabschätzung wird nachfolgend am einfachen Beispiel der Energieerzeugung mit einem Propan/Erdgas-Gemisch konkretisiert.

Beispiel 5.1. *Wirkungsabschätzung mit der Methode Eco-indicator 95*
Für ein System zur Energieerzeugung mit einem Erdgas/Propan-Gemisch werden im Rahmen einer Stoffflussanalyse die in Abb. 5.5 abgebildeten In- und Outputströme bilanziert. Funktionelle Einheit sei dabei eine Nutzwärme von 1000 MJ. Einfachheitshalber wurden die vorgelagerten Prozesse wie Gewinnung, Transport und Lagerung von Erdgas, die ja ebenfalls in der Technosphäre stattfinden, in der Sachbilanz nicht betrachtet. Im folgenden geht es darum, für die vereinfachte Sachbilanz in Abb. 5.5 eine Wirkungsabschätzung mit der Methode Eco-indicator 95 durchzuführen.

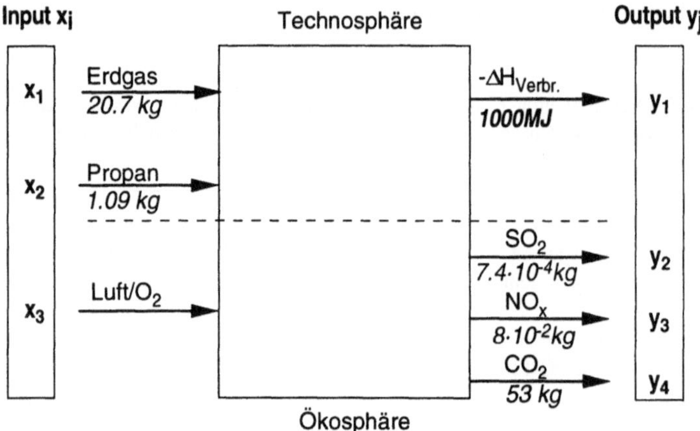

Abb. 5.5. In- und Outputströme bei der Erzeugung von 1000 MJ Verbrennungswärme mit einem Erdgas/Propan-Gemisch

Bilanz des Systems:

$$y_j = \sum_i T_{ji} \cdot x_i \qquad \qquad \text{vgl. Gleichung (5.2)}$$

$y_1 = T_{11} \cdot x_1 + T_{12} \cdot x_2 = \quad$ *46 MJ/kg* $\cdot$ 20.7 kg + $\quad$ *46 MJ/kg* $\cdot$ 1.09 kg $\quad$ =1000 MJ
$y_2 = T_{21} \cdot x_1 + T_{22} \cdot x_2 = $ *3.6 $\cdot$ 10^{-5} kg/kg* $\cdot$ 20.7 kg + $\quad$ 0 $\cdot$ 1.09 kg $\quad$ =7.4$\cdot$10^{-4} kg SO$_2$
$y_3 = T_{31} \cdot x_1 + T_{32} \cdot x_2 = $ *3.7 $\cdot$ 10^{-3} kg/kg* $\cdot$ 20.7 kg + *3.7 $\cdot$ 10^{-3} kg/kg* $\cdot$ 1.09 kg $\quad$ =8.0$\cdot$10^{-2} kg NO$_x$
$y_4 = T_{41} \cdot x_1 + T_{42} \cdot x_2 = \quad$ *2.4 kg/kg* $\cdot$ 20.7 kg + $\quad$ *3.3 $\cdot$ kg/kg* $\cdot$ 1.09 kg $\quad$ =53 kg CO$_2$

Die kursiv gedruckten Emissionsfaktoren sind gemäß den folgenden Überlegungen geschätzt: Geht man davon aus, daß der Brennwert von Erdgas und Propan etwa gleich ist, so ergibt sich für die Emissionsfaktoren T_{11} und T_{12} der Wert 46 MJ pro kg. Die SO$_2$-Emissionen werden voll dem Erdgas angelastet (stöchiometrischer Bezug zum Schwefelgehalt). Da NO$_x$ durch die hohe Prozesstemperatur und den Einsatz von Luft als Oxidationsmittel entstehen, wurde für NO$_x$ eine Zuordnung zu den Inputs Erdgas und Propan proportional zu den Massen gewählt.

Klassifizierung
Die Emissionen werden folgenden Auswirkungsklassen zugeordnet:

SO$_2$ Versauerung und Wintersmog
NO$_x$ Eutrophierung und Versauerung
CO$_2$ Treibhauseffekt

Charakterisierung

Die Gesamtwirkung E_k für die einzelnen Auswirkungsklassen[6] erhält man nach Gleichung (5.3) wie folgt:

$$E_k = \sum_j F_{kj} \cdot y_j$$

$$E_{Treibh.} = GWP_{CO_2} \cdot y_4 \qquad = 1 \cdot 53 \text{ kg} \qquad\qquad = 53 \text{ kg } CO_2\text{-Äquiv.}$$

$$E_{Eutroph.} = NP_{NO_X} \cdot y_3 \qquad = 0.13 \cdot 8 \cdot 10^{-2} \text{ kg} \qquad = 0.0104 \text{ kg } PO_4^{3-}\text{-Äquiv.}$$

$$E_{Acid.} = AP_{SO_2} \cdot y_2 + AP_{NO_X} \cdot y_3 \quad = 1 \cdot 7.4 \cdot 10^{-4} \text{ kg} + 0.7 \cdot 8 \cdot 10^{-2} \text{ kg} = 0.0567 \text{ kg } SO_2\text{-Äquiv.}$$

$$E_{WSmog.} = Luftemission_{SO_2} \qquad = 0.00074 \text{ kg} \qquad\qquad = 0.00074 \text{ kg } SO_2\text{-Äquiv.}$$

Normalisierung

Die Normalisierung der Gesamtwirkungen E_k wird durch Division mit den europäischen Umweltauswirkungen N_k erreicht. In unserem Beispiel ergeben sich die folgenden normalisierten Umweltauswirkungen E_k/N_k:

$$\frac{E_{Treibh.}}{N_{Treibh.}} = \frac{53 \text{ kg } CO_2 - Aequiv.}{13100 \text{ kg } CO_2 - Aequiv.} = 4.0 \cdot 10^{-3}$$

$$\frac{E_{Eutroph.}}{N_{Eutroph.}} = \frac{0.0104 \text{ kg } PO_4^{3-} - Aequivalent}{38.2 \text{ kg } PO_4^{3-} - Aequivalent} = 2.7 \cdot 10^{-4}$$

$$\frac{E_{Acid.}}{N_{Acid.}} = \frac{0.0567 \text{ kg } SO_2 - Aequivalent}{113 \text{ kg } SO_2 - Aequivalent} = 5.0 \cdot 10^{-4}$$

$$\frac{E_{WSmog.}}{N_{WSmog.}} = \frac{0.0007 \text{ kg } SO_2 - Aequivalent}{94.6 \text{ kg } SO_2 - Aequivalent} = 7.8 \cdot 10^{-6}$$

Evaluation

Die Gewichtung der einzelnen Wirkungsklassen mit Reduktionsfaktoren R_k führt schließlich zur vollagregierten Bewertung:

$$I_k = \frac{E_k}{N_k} \cdot R_k$$

$$I_{Treibh.} = 4.0 \cdot 10^{-3} \cdot 2.5 = 1.0 \cdot 10^{-2} \text{ Ecopoints 95}$$

$$I_{Eutroph.} = 2.7 \cdot 10^{-4} \cdot 5 = 1.4 \cdot 10^{-3} \text{ Ecopoints 95}$$

$$I_{Acid.} = 5.0 \cdot 10^{-4} \cdot 10 = 5.0 \cdot 10^{-3} \text{ Ecopoints 95}$$

$$I_{WSmog.} = 7.8 \cdot 10^{-6} \cdot 5 = 3.9 \cdot 10^{-5} \text{ Ecopoints 95}$$

Daraus ergibt sich für das System die aggregierte Umwelteinwirkung $I_{Eco} = 0.0165$ Ecopoints 95, wobei mit ca. 60 % bzw. 30 % Treibhauseffekt und Versauerung am bedeutungsvollsten sind.

---

[6] Obwohl NO_X-Emissionen zum Sommersmog beitragen, ist kein POCP-Äquivalenzfaktor für NO_X (vgl. Tab. 5.5) definiert [23]. Daher wird die Auswirkungsklasse Sommersmog weggelassen.

Eine weitere, häufig verwendete Methode für die Wirkungsabschätzung ist die *Methode der ökologischen Knappheit* [21]. Sie soll ebenfalls kurz skizziert werden:

Die Methodik der ökologischen Knappheit (auch Stoffflussmethode oder Methode der ökologischen Optimierung genannt) geht davon aus, daß innerhalb eines bestimmten Betrachtungsrahmens (in unserem Fall die Schweiz, s. a. [25]) für einen Stoff j das Verhältnis von effektivem Fluss zu umweltpolitisch kritischem Fluss die ökologische Knappheit ausdrückt:

$$\text{Oekofaktor}_j = \frac{1}{\text{krit. Fluss}_j} \cdot \frac{\text{aktueller Fluss}_j}{\text{krit. Fluss}_j} \cdot c \qquad (5.8)$$

Ökofaktor$_j$ Maß für potentielle ökologische Belastung aus Umwelteinwirkung j; häufig in [Umweltbelastungspunkte UBP/t Stoff j pro Jahr]

aktueller Fluss$_j$ aktuelle jährliche Fracht einer Umwelteinwirkung j in einem Bilanzgebiet; häufig in [t/a]

kritischer Fluss$_j$ kritische jährliche Fracht einer Umwelteinwirkung j in einem Bilanzgebiet; häufig in [t/a]

c   Normalisierungsfaktor [10^{12} UBP]

Der Stoffflussmethode liegt - wie dem Eco-indicator 95 - eine lineare Schadenfunktion zugrunde, es werden also keine Belastungsschwellen abgebildet.

$$\text{Umweltbelastung [UBP]} = \sum_j \text{Ökofaktor}_j \cdot \text{Emission Stoff j [t/a]} \qquad (5.9)$$

Mit der einfachen Summierung der einzelnen Stoffbeiträge ist die Stoffflussmethode umsetzungsorientiert und findet bei Ökobilanzen auf der Stufe Gesamtunternehmung verbreiteten Einsatz. Ein Nachteil liegt darin, daß die Festlegung eines kritischen Stoffflusses (d.h. einer Belastungsgrenze) nicht allein aufgrund von wissenschaftlichen Kriterien möglich ist. Damit hängt die Stoffflussmethode von einem länderspezifischen politischen Konsens ab.

Es kann durchaus vorteilhaft sein, verschiedene Bewertungsmethoden parallel auf eine Sachbilanz anzuwenden, da die Unterschiede, die aus den Voraussetzungen der jeweiligen Methoden resultieren, erheblich sein können.

5.1.4
Auswertung

Entsprechend der Ziel- und Rahmendefinition erfolgt eine Auswertung und Interpretation der Ergebnisse. Wichtig für die Interpretation der Ergebnisse einer Ökobilanz ist ein Kommentar über den Einfluss der gewählten Allokations- und Bewertungsverfahren sowie der gewählten Systemgrenzen. Im Rahmen einer integrierten Produkt- oder Prozessentwicklung ist dabei insbesondere von Interesse, welche Prozeßschritte innerhalb des gesamten Prozessbaums die dominanten Beiträge zur Umweltbelastung liefern (ökologische hot spots). Solche Ergebnisse können dann Anhaltspunkte für eine möglichst effiziente Reduktion der festgestellten Umweltbelastungen durch Verbesserung des Prozess- bzw. Produktdesigns sein. Vergleichsmasse für Auswertung und Optimierung sind dabei theoretische Optimumwerte, Parametersensitivitäten oder die beste Praxis (ökologisches Benchmarking). Die Ursachen von ökologischen Defiziten im Lebenszyklus eines chemischen Produktes lassen sich unterschiedlichen hierarchischen Ebenen des technischen Systems zuordnen.

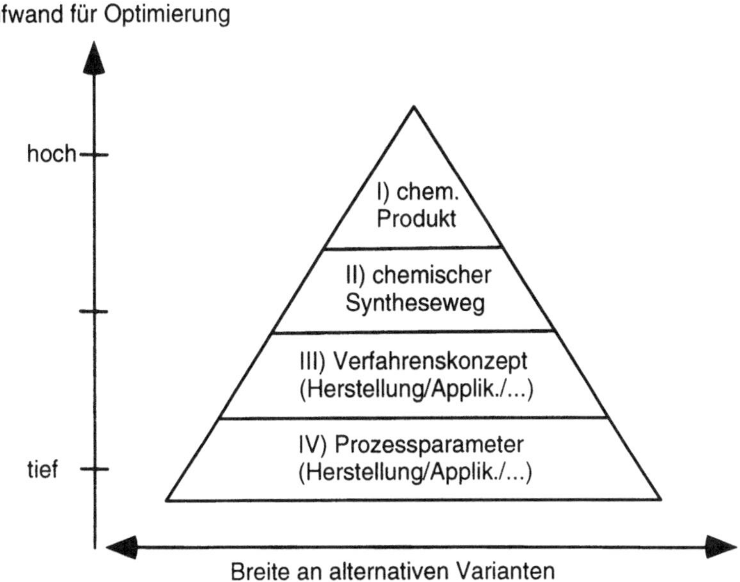

Abb. 5.6. Hierarchieebenen für Optimierung

Wie Abb. 5.6 zeigt, sind Umweltlasten, die inhärent mit dem chemischen Produkt verbunden sind (Ebene I), ungleich schwieriger zu reduzieren als solche, die nur eine Optimierung der Prozessparameter erfordern (Ebene IV). So kann bei Umweltlasten, die der Ebene IV zuzuordnen sind, eine Optimierungsanalyse direkt auf der Basis der Sachbilanz folgen. Ansatzpunkte sind beispielsweise

- optimaler Reaktionsendpunkt bei Produktzersetzung
- optimale Waschwassermenge bei Entsalzung

Dagegen sind bei der Optimierungsanalyse von Umweltlasten, die den grundlegenderen Ebenen eines technischen Systems zuzuordnen sind, oft auch die Ergebnisse einer Wirkungsabschätzung erforderlich. So hilft eine ökologische Bewertung möglicherweise bei Fragen bezüglich

- Lösungsmittelauswahl für eine Reaktion (Ebene III)
- Vergleich verschiedener Synthesewege eines Produkts (Ebene II)
- Vergleich verschiedener Produkte (Ebene I)

Die systematische Reduktion des Stoff- und Energieverbrauchs mit entsprechender Verminderung der Umweltbelastung ist schließlich auch ein Hauptziel der integrierten Produkt- und Prozessentwicklung (vgl. Kap. 11 und 12).

5.2
Die Investitionsrechnung

Aufgrund der großen Bedeutung der Investitionsrechnung, die hier als ökonomische Bilanzierung parallel zur Ökobilanz gesehen wird, und der vielfältigen Wechselwirkungen und Überschneidungen zwischen der Ökonomie und den Themen Sicherheit und Umweltschutz wird nachfolgend die dynamische Investitionsrechnung in ihren Grundzügen kurz vorgestellt und diskutiert.

5.2.1
Der Net Present Value (NPV)

Die ökonomische Bilanzierung bestimmt auf der Basis des technischen Sachinventars (Sachbilanz) sowie der Marktpreise der involvierten Güter und Dienstleistungen den geschaffenen monetären Mehrwert entlang des Lebenszyklus eines chemischen Produktes oder Prozesses. Dazu wird der Produktenutzen (ausgedrückt in Marktmenge und Marktpreis) über einen bestimmten Zeitraum mit den Produktekosten (variable und fixe Kosten) verrechnet [26, 27].

Die Berücksichtigung der Kapitalmarkt- und Risikokosten führt durch Abwertung zukünftiger Einnahmen und Ausgaben zum diskontierten Cash-Flow[7]. Die Diskontierung des Cash-Flows ist aus zwei Gründen notwendig: Zum einen ist ein Dollar heute mehr Wert als ein Dollar morgen (Verfügbarkeit) und zum anderen ist ein unsicherer Dollar weniger Wert als ein sicherer (vgl. Abb. 5.7). Der NPV einer einmaligen Einnahme von 1 Mio. Dollar in 35 Jahren beträgt beispielsweise bei einer Diskontierungsrate von 24.5 % 500 Dollar, bei 10 % noch 35 600 Dollar und bei einer Diskontierungsrate von 2 % immerhin noch 500 000 Dollar. Dadurch wird ersichtlich, daß der relevante Zeithorizont des Investors mit steigender Diskontierungsrate immer kürzer wird. Die Unsicherheit künftiger Einnahmen und Ausgaben durch hohe Risiken im Geschäftsprozess werden so durch hohe Diskontierungsraten abgebildet.

Summiert man die diskontierten Cash-Flows über die Zeit des Lebenszyklus, so erhält man den Gegenwartswert (Net Present Value, NPV) als Resultat einer dynamischen Investitionsrechnung[8]:

$$ \mathrm{NPV} = c_0 + \sum_{n=1}^{N} \frac{c_n}{(1+r_n)^n} \qquad \text{[\$ pro funktionelle Einheit]} \qquad (5.10) $$

---

[7] Cash-Flow: periodenspezifische Differenz zwischen Erlös und Kosten.
[8] Weitere verbreitete Größen für die Beurteilung einer Investition sind:
    (a) die Zeit, die gebraucht wird, bis der NPV = 0 wird (Paybackzeit)
    (b) die Diskontrate, die dazu führt, daß der NPV = 0 wird (Internal Rate of Return, IRR)

c_0 Cash-Flow zur Zeit t=0 (oft negativ als Cash-Outflow einer Investition) [$ pro funktionelle Einheit]

c_n Cash-Flow im Jahr n (oft positiv als Cash-Inflow eines Betriebsgewinnes) [$ pro funktionelle Einheit]

r_n Diskontierungsrate im Jahr n (dimensionslos). Sie entspricht den allgemeinen Kapitalmarktkosten zuzüglich den projektspezifischen Risikokosten als Ausdruck der Unsicherheit.

N   Erwartete Lebenszeit eines Produkts oder eines Prozesses [Jahre]

Der NPV ist eine Schlüsselgröße zur ökonomischen Evaluation von Produkt- bzw. Prozessvarianten (ökonomisches Benchmarking), da gewinnmaximierende Unternehmungen bei der Allokation von Mitteln stets nach einer Maximierung des NPV suchen.

5.2.2
Sicherheit und Umweltschutz: Einfluss auf den Net Present Value

Für unseren Betrachtungsrahmen stellt sich im Zusammenhang mit der ökonomischen Bilanzierung die Frage nach dem Einfluss von S&U auf den Net Present Value. Im folgenden sind die wichtigsten Einflussfaktoren aufgelistet:

S&U in einem Unternehmen können positiv zum Net Present Value beitragen durch:

- *Gewinn an Energie- und Ressourceneffizienz*: Die Optimierung von Energie und Ressourceneffizienz kann zwar kurzfristig die (Investitions-)Kosten erhöhen (c_0 sinkt), führt aber in der Regel zum Wachsen des künftigen Cash-Flows (c_n).
- *Gewinn an inhärenter Produkt-/Prozessicherheit:* Dank geringerem Risikozuschlag kann mit einer geringeren jährlichen Diskontierungsrate (r_n) gerechnet werden und zukünftige Einnahmen werden aufgewertet.
- *Gewinn an gesellschaftlicher Akzeptanz:* Falls die Bestrebungen im Bereich S&U zur Erhöhung der gesellschaftlichen Akzeptanz Erfolg zeigen, kann mit rascheren Bewilligungsverfahren gerechnet werden, d. h. mit einer kürzeren "Time to Cash-Inflow". Dies spielt insbesondere bei hoher Diskontierungsrate eine Rolle, da zukünftige Einnahmen stärker abgewertet werden.

S&U können auch negativ zum NPV beitragen:

- *Einzelmaximierung von Schutz und Sicherheit statt Gesamtoptimierung*: In diesem Fall ergeben sich in der Regel durch Synergieverluste höhere Gesamtkosten, der NPV wird negativ beeinflusst.
- *Schutz und Sicherheit nachsorgend statt integriert:* Hier fallen in dreifacher Hinsicht zusätzliche Kosten an: (1) Abfälle und Emissionen bedeuten häufig den Verlust von wertvollen Ressourcen, (2) für die entsprechenden Entsorgungsanlagen sind Investitionskosten notwendig, (3) schließlich sind Betriebs- und Unterhaltungskosten aufzubringen. All dies führt zu einer Verminderung des NPV.

Folgende S&U-Bereiche haben nur indirekten Einfluss auf den NPV:

- *Externalisierte Kosten:* Eine möglichst vollständige Internalisierung der Sicherheits- und Umweltkosten in die Betriebsrechnung ist zentral für einen marktgerechten Umweltschutz. Diese Kostentransparenz gibt dann Anreiz für ökonomisch wie ökologisch bessere Entscheide bezüglich Innovation, Produktion und Konsum (vgl. Kapitel 2.4.2).
- *Diskontierung von langfristigen Risiken und Schäden* (zum Beispiel bezüglich Umwelt): Diskontierung als "Geringschätzung der Zukunft" kann nicht zuletzt im Hinblick auf die langfristigen Aspekte einer nachhaltigen Entwicklung zu einer echten Dilemmasituation zwischen ökonomischen und ökologischen Zielsetzungen führen.

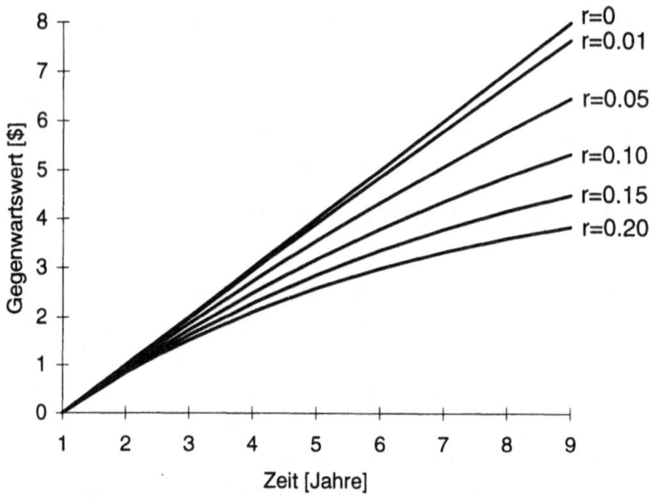

Abb. 5.7. Gegenwartswert (NPV) eines zukünftigen jährlichen "Cash-Inflow" von 1 $ in Abhängigkeit von der betrachteten Zeitdauer und von der Diskontierungsrate r nach Gleichung (5.10).

5.2.3
Optimierung der industriellen Wertschöpfungskette

Die Investitionsrechnung, z. B. nach dem NPV-Modell, erlaubt den Vergleich von Produkt- bzw. Prozessvarianten bezüglich ihrer Wirtschaftlichkeit. Bei technischen Entwicklungen und Wertoptimierungen ist eine frühzeitige und stufengerechte Analyse der zugrunde liegenden Nutzen- und Kostenstrukturen notwendig.

Eine solche Nutzen-/Kostenstrukturanalyse eines *Produkts* beinhaltet Analysen von

- Gebrauchswert (Basis für die Wirkungs- bzw. Funktionsoptimierung)
- Herstellungskosten (Basis für die Optimierung des Herstellungsprozesses)
- Entsorgungskosten (Basis für die Optimierung von Verwertungs-, Rezyklierungs- und Entsorgungsprozessen)

Eine Kostenstrukturanalyse für einen *Prozess* setzt sich zusammen aus der Analyse von (vgl. auch Kap. 11.5)

- fixen Kosten
- variablen Kosten.

Eine Sensitivitätsanalyse zur Berücksichtigung von Unsicherheit[9] sowie der Vergleich der Kostenstruktur mit theoretischen Optimumwerten, z. B. bezüglich Ausbeute, Wirkungsgrad, Kapazität und Abfall, sind wichtige Leitgrößen für eine zielgerichtete Wertoptimierung mit dem Fokus auf die Schaffung bzw. den Schutz von Werten.

5.3
Ökoeffizienz

Sind Wertschöpfung und Schadschöpfung in der Umwelt durch Net-Present-Value (Gl. 5.10) bzw. Ecopoints 95 (Gl. 5.6) für ein bestimmtes Produkt- bzw. Prozeßsystem A abgeschätzt worden, so können die beiden Größen miteinander in Bezug gebracht werden, um die Ökoeffizienz EE des Systems A zu ermitteln (vgl. auch [28]):

$$EE\,(A) = \frac{NPV\,(A)}{I_{Eco}\,(A)} = \frac{c_0(A) + \sum\limits_{n=1}^{N} \dfrac{c_n(A)}{(1+r_n)^n}}{\sum\limits_{k} \dfrac{R_k}{N_k} \cdot \left(\sum\limits_{j} F_{kj} \cdot \left(\sum\limits_{i} T_{ji} \cdot x_i(A) \right) \right)} \left[\frac{\$}{Ecopoints} \right] \qquad (5.11)$$

NPV und I_{Eco} beziehen sich dabei auf die gleiche funktionelle Einheit und auf den gleichen Betrachtungszeitraum von N Jahren. Mit dieser Hilfsgröße ist es nun möglich, die Umweltverträglichkeit von Wirtschaftsprozessen zu vergleichen, indem das Verhältnis von ökonomischer Wertschöpfung zur ökologischen Schadschöpfung aufgezeigt wird. Hilfreich, insbesondere im Bereich der Wissenschaft, kann auch die Konstruktion einer spezifischen Ökoeffizienz $EE_k\,(A)$ sein, die den NPV nur auf eine einzige Wirkungsklasse E_k bezieht, etwa auf den Treibhauseffekt, wenn dieser im gewählten Zusammenhang die wesentliche Umweltauswirkung darstellt.

---

[9] Sensitivitätsanalyse: Beantwortung der Frage, wie eine Zielgrösse auf Veränderung unsicherer Inputgrössen reagiert, z. B. Veränderung des NPV bei Veränderung von Produktpreis bzw. Absatzmenge um ± X %.

$$EE_k(A) = \frac{NPV(A)}{E_k(A)} \qquad \text{z. B. in} \qquad \left[\frac{\$}{kg\ CO_2 - \text{Aequivalente}} \right] \qquad (5.12)$$

Unsicherheiten bei der Prognose sind über die Diskontierung zukünftiger Einnahmen und Ausgaben mit der Diskontierungsrate r_n in die Berechnung des NPV einbezogen. Unsicherheiten bei der Bestimmung von Schäden für Mensch und Umwelt oder Risiken mit kleiner Eintrittswahrscheinlichkeit werden dagegen mit der Methode des Eco-indicator 95 nicht erfasst. Nicht berücksichtigt sind zudem die externen Kosten ($\rightarrow$ z.B. Sensitivitätsanalyse).

Die hier angeführte Operationalisierung der Ökoeffizienz eröffnet vielfältige Möglichkeiten zum Vergleich von Technologien, Produktsystemen und Dienstleistungen. Sie führt zu einer quantitativ ausgerichteten Verbindung von Ökonomie und Ökologie. Werte für die Ökoeffizienz bestimmter Produkte oder Prozesse sollten dabei nicht als absolute Größen, sondern nur im Rahmen von Vergleichen und in Bezug auf Sensitivitäten betrachtet werden. Beispiele für mögliche Anwendungen sind Vergleiche von unterschiedlichen Produktions- oder Applikationssystemen, aber auch von Transport-, Rezyklierungs- und Entsorgungstechnologien.

Literatur zu Kapitel 5

[1]   SETAC (1993) Guidelines for Life-Cycle Assessment: A Code of Practice, Brüssel (Workshop Sesimbra 31.3.-3.4.1992)

[2]   Bretz R, Fankhauser P (1996) Screening LCA for large numbers of products: estimation tools to fill data gaps. International Journal of Life-Cycle-Assessment 1:139

[3]   Weidenhaupt A, Hungerbühler K (1997) Integrated product design in chemical industry. A plea for adequate life-cycle-indicators. Chimia 51:217

[4]   Müller-Wenk R (1994) Ökobilanzierung von Ereignissen mit geringer Eintretenswahrscheinlichkeit in: Braunschweig A, Förster R, Hofstetter P, Müller-Wenk R (Hrsg) Evaluation und Weiterentwicklung von Bewertungsmethoden für Ökobilanzen - Erste Ergebnisse. Institut für Wirtschaft und Ökologie - Hochschule St. Gallen, St. Gallen

[5]   Frischknecht R (1998) Life Cycle Inventory Analysis for Decisison-Making: Scope-dependent Inventory System Models and Context-specific Joint Product Allocation. Dissertation, Eidgenössische Technische Hochschule, Zürich

[6]   SPOLD (1995) Directory of Life Cycle Inventory Data Sources. Brüssel

[7]   Vereinigung für ökologisch bewusste Unternehmensführung Ö.B.U (1995) Ökobilanz-Software Marktübersicht 1995: Eine Übersicht der PC-Programme zur Erstellung von Produkt- und Betriebsökobilanzen. Schweiz, Adliswil

[8]   Process Economy Program (1995) PEP Yearbook and PEP Reports. Menlo Park

[9]   Gerhartz W, Yamamoto YS, Campbell FT (Hrsg) (1985) Ullmann's Encyclopedia of Industrial Chemistry. VCH, Weinheim , Band A1-A28

[10] Kroschwitz JI, Howe-Grant M (Hrsg) (1991-) Encyclopedia of Chemical Technology: Kirk-Othmer. Wiley, New York

[11] VDI (Hrsg) (1993) VDI Heat Atlas. VDI-Verlag, Düsseldorf

[12] Perry RH, Grenn DW, Maloney JO (Hrsg) (1997) Perry's Chemical Engineers' Handbook. MacGraw-Hill, New York

[13] Frischknecht R, Bollens U, Bosshart S, Ciot M, Ciseri L, Doka G, Hischier R, Martin A, Dones R, Gantner U (1996) Ökoinventare für Energiesysteme, 3. Aufl. Gruppe Energie-Stoffe-Umwelt (ESU), ETH Zürich, Zürich

[14] Verein Deutscher Ingenieure (VDI) (1995) Kumulierter Energieaufwand: Begriffe, Definitionen, Berechnungsmethoden, Entwurf zu VDI 4600. Düsseldorf

[15] Schmidt-Bleek F (1994) Wieviel Umwelt braucht der Mensch: MIPS - das Maß für ökologisches Wirtschaften. Birkhäuser, Berlin

[16] Wackernagel M, Rees W (1997) Unser ökologischer Fussabdruck. Birkhäuser, Basel

[17] Braunschweig A (1996) Evaluation und Weiterentwicklung von Bewertungsmethoden für Ökobilanzen: Erste Ergebnisse in: Braunschweig A, Förster R, Hofstetter P, Müller-Wenk R (Hrsg) Evaluation und Weiterentwicklung von Bewertungsmethoden für Ökobilanzen. IWÖ, St. Gallen

[18] Wenzel H, Hauschild M, Alting L (1997) Environmental Assessment of Products. Chapman&Hall, London

[19] Habersatter K (1991) Ökobilanz von Packstoffen Stand 1990. BUWAL, Bern (Schriftenreihe Umwelt, Band 132)

[20] Ahbe S, Braunschweig A, Müller-Wenk R (1990) Methodik für Ökobilanzen auf der Basis ökologischer Optimierung. BUWAL, Bern (Schriftenreihe Umwelt, Band 133)

[21] Bundesamt für Umwelt, Wald und Landschaft (BUWAL), Bern, Schweizerische Vereinigung für ökologisch bewusste Unternehmensführung (ÖBU) (1998) Methode der ökologischen Knappheit - Ökofaktoren 1997, Bern

[22] Heijungs R (Hrsg) (1992) Environmental Life Cycle Assessment of Products: Guide and Backgrounds. Centrum voor Milieukunde Leiden, Leiden

[23] Goedkoop M (1995) The Eco-Indicator 95, Final Report and Manual for Designers No. 9523 and No. 9524. Pré Consultants, Amersfoort

[24] Ministry of Housing, Spatial Planning and Environment (1996) LCA Impact Assessment of Toxic Releases: Generic Modelling of Fate, Exposure and Effect for Ecosystems and Human Beings with Data for about 100 Chemicals, Den Haag

[25] Braunschweig A, Müller-Wenk R (1993) Ökobilanzierungen für Unternehmungen: Eine Wegleitung für die Praxis. Verlag Paul Haupt, Bern

[26] Brealey RA, Myers SC (1991) Principles of Corporate Finance, 4. internationale Aufl. McGraw-Hill, New York

[27] Klein S, Nick A (1994) Basiswissen Investition und Finanzierung. Gabler Verlag, Wiesbaden

[28] Schaltegger S, Sturm A (1995) Öko-Effizienz durch Öko-Controlling: Zur praktischen Umsetzung von EMAS und ISO 14'001. Schäffer-Poeschel, vdf, Stuttgart, Zürich

6 Risikoanalyse chemischer Produkte

6.1
Problemstellung und Zielsetzung

6.1.1
Problemstellung

Die vielfältigen Innovationsmöglichkeiten eines molekular ausgerichteten Produkt-designs finden ihren Niederschlag in einem breiten Spektrum an chemischen Handelsprodukten. Als chemische Produkte sind dabei sämtliche Stoffe und Gemische zu verstehen, die in der chemischen Industrie gehandhabt oder an Dritte für die Weiterverarbeitung, den Verkauf oder zur Anwendung abgegeben werden. Eine stetig wachsende Zahl an technisch chemischen Produkten – heute über 100 000 Stoffe[1]– findet eine breite Anwendung in Industrie, Gewerbe und in Konsumprodukten, z. B. als

- biologische Wirkstoffe wie Pharmaka, Herbizide oder Insektizide etc.
- Werkstoffe z. B. Epoxyharze, Polyester etc.
- Chemikalien wie Farbstoffe, Additive, Detergenzien, Lösungsmittel etc.

Chemische Produkte werden in der Regel weltweit vermarktet, wobei ihre Tonnage sehr unterschiedlich sein kann, von weniger als 100 kg pro Jahr bis zu 100 000 t und mehr.

6.1.1.1
Systemorientierte chemische Produkte

Im Hinblick auf die Maximierung des Kundennutzens kommt der systemorientierten Entwicklung und Vermarktung von chemischen Produkten eine wachsende Bedeutung zu. Daher werden in enger Kooperation mit verbrauchsseitigen Akteuren bereits ab frühesten Entwicklungsphasen Problemlösungen gesucht, die als System – bestehend aus chemischem Produkt, Hilfsstoffen, Applikations-

---

[1] Im Altstoffinventar EINECS (European Inventory of Existing commercial Chemical Substances) der EU sind auch Mischungen enthalten, die durch die Herstellung bedingt sind (z. B. Destillationsfraktionen). Kommerzielle Gemische im Sinne von Zubereitungen sind jedoch nur in ihren Einzelbestandteilen im EINECS.

technik sowie produktspezifischen Dienstleistungen – einen maximalen Gebrauchswert erbringen. Im Hinblick auf diesen *Value in Use* sind bei Applikation, Gebrauch und Entsorgung Aspekte wie Qualität, Effizienz, aber auch die Sicherheit und der Umweltschutz von zentraler Bedeutung.

Dies soll am Beispiel eines Färbesystems für Baumwolle verdeutlicht werden. Die gewünschte Wirkungseinheit dieses Systems sei das Färben von 1 kg Baumwolle in einem bestimmten Farbton (Nuance und Reinheit) und spezifischer Gebrauchsechtheit. Die hierfür benötigten Systemkomponenten umfassen Farbstoffe (Kombinationstöne), Hilfsmittel, Verpackung, Färbe- und Abwasserbehandlungsverfahren, Ausbildungsprogramme, Produktinformationen und anderes mehr. Die Effizienz des Systems ist durch die verbrauchte Ressourcenmenge pro Wirkungseinheit gegeben, wobei ökonomisch bzw. ökologisch gewichtet wird (vgl. Kap. 5). Ein Produktelebenszyklus definiert sich aber nicht nur durch Qualität und Effizienz der gewünschten Funktion oder Wirkung. Neben dem Erbringen einer spezifischen Dienstleistung sind gerade bei einem chemischen Produkt auch die involvierten Risiken und Belastungen für Mensch und Umwelt als ungewünschte Nebenfolgen von großer Bedeutung. Wichtige Elemente eines Produktsystems sind somit neben der Produktqualität die Produktsicherheit, die Arbeitssicherheit und die Umweltverträglichkeit.

6.1.1.2
Die Frage nach der Sicherheit chemischer Produkte

Bei dieser Problematik setzt die Produktrisikoanalyse an. Sie beschäftigt sich mit der Frage, welcher Gefährdung Beschäftigte, Konsumenten sowie die Umwelt (Boden, Wasser, Luft und Biota) durch die Applikation, den Gebrauch und die Entsorgung eines chemischen Produktes ausgesetzt sind. Um diese Frage wissenschaftlich angehen zu können, muss von normativ festgelegten gesellschaftlichen Schutzzielen ausgegangen werden. Was wird überhaupt als Risiko, d.h. als potentielle negative Auswirkung betrachtet? Im Hinblick auf diese Schutzziele gilt es vorerst, mögliche Gefährdungen im Lebenszyklus eines Produktes zu erkennen. Können Gefährdungen identifiziert werden, muss die Frage gestellt werden, welche Dosen zu Schädigungen des Schutzgutes, z. B. Schädigungen der menschlichen Gesundheit, führen? Andererseits müssen die auftretenden Expositionen ermittelt werden. Welcher Konzentration wären beispielsweise Beschäftigte oder Konsumenten ausgesetzt? Durch den Vergleich von Wirkungsniveau und Expositionshöhe lassen sich schließlich die entsprechenden Produktrisiken darstellen. Für die Risiken aufgrund von physikalisch-chemischen Eigenschaften wie Explosivität oder Entflammbarkeit sind in ähnlicher Weise Anwendungsbedingungen zu beschreiben und mit den Bedingungen für Schadensereignisse zu vergleichen.

Die vorausschauende Risikobeschreibung ist aufgrund von oft mangelnden oder ungenauen Daten sowie vereinfachten Modellvorstellungen mit Unsicherheiten versehen. Indem die Frage nach dem Risiko eines chemischen Produktes primär mit induktiver Erkenntnislogik angegangen wird ("was kann passieren, wenn..."), verbleibt stets ein unbekanntes Restrisiko. So wurden beispielsweise der stratosphärische Ozonschichtabbau durch FCKW oder östrogene Effekte von

Alkylphenolen erst in jüngster Vergangenheit erkannt. Das Problem unerkannter Gefahren ist für chemische Alt- und Neustoffe unterschiedlich gelagert. Seit 1979 gibt es EU-Richtlinien zur Evaluation von Neustoffen. Zu Neustoffen werden seither vorausschauende Risikoanalysen mit Hilfe von Labordaten erstellt. Es liegen aber keine Praxiserfahrungen über anwendungsbedingte Risiken vor. Bei Altstoffen dagegen gibt es Praxiserfahrung, jedoch kaum Risikoanalysen. Daher läuft seit 1993 das EU-Altstoffprogramm zur Evaluation von ausgewählten Produkten, die zwischen 1971 und 1981 bereits auf dem EU-Markt waren und deshalb im EINECS verzeichnet sind. Erste Priorität haben dabei Produkte, die in Tonnagen von mehr als 1 000 t pro Jahr Verwendung finden.

Auf der Grundlage einer wissenschaftlich möglichst fundierten Risikoanalyse gilt es schließlich, die Produktrisiken bezüglich ihrer Tragbarkeit zu beurteilen. Diese Beurteilung hängt vorab von den Schutzzielen ab. Welche Nutzen- und Schadenindikatoren herangezogen und wie diese gewichtet werden, ist nicht zuletzt ein Ausdruck des Wertesystems einer Gesellschaft und somit eine politische Frage. Ein erster Rahmen, den es dabei zu berücksichtigen gilt, ist zweifellos die Gesetzgebung, wobei man von *legal compliance* (Gesetzeskonformität) als einer Minimalanforderung spricht.

Bei der vorliegenden Diskussion der Risikoanalyse steht *die Entwicklung neuer chemischer Produkte* im Vordergrund (vgl. Kap. 12). Die Produktrisikoanalyse wird hier gemäß der Verfügbarkeit von Daten in einem iterativen Prozess systematisch ausgebaut und ist dadurch, ähnlich wie die Prozessrisikoanalyse und die Ökobilanz, bereits in frühen Entwicklungsphasen eine Leitlinie für S&U-orientiertes Produktdesign.

6.1.2
Zielsetzung der Produktrisikoanalyse

In Anbetracht der vielfältigen Gefahren, die von einem neuen chemischen Produkt ausgehen können, hat die prospektive Produktrisikoanalyse das Ziel, vorausschauend und systematisch zu verhindern, daß durch den Einsatz eines chemischen Produktes Schäden für Mensch und Umwelt entstehen können. Die Produktesicherheit wird so zu einer Schlüsselgröße, welche neben der Kenntnis der involvierten Produktrisiken für Arbeiter, Verbraucher und die Umwelt auch die Kenntnis der nötigen Schutzmaßnahmen für eine sichere Produktehandhabung umfasst. Die Produktrisikoanalyse ist dabei die methodische Grundlage für die Integration der Sicherheit eines Produktes in dessen Entwicklungswerdegang.

6.2
Grundkonzept der Produktrisikoanalyse

Nachfolgend werden nun das Konzept sowie die Möglichkeiten und Grenzen der Produktrisikoanalyse vorgestellt und diskutiert. Die Ausführungen beziehen sich dabei auf einen Rahmen, der im Wesentlichen durch die heutige EU-Gesetzgebung und dazugehörige Regelungen und Anleitungen abgesteckt wird[2]. Im Gegensatz zu der üblichen Definition von Risiken durch Wahrscheinlichkeit und Tragweite verwendet das hier behandelte Konzept der Risikoanalyse keine Wahrscheinlichkeiten. Sowohl die Beschreibung von Expositionen als auch die von den resultierenden Wirkungen sind deterministisch. Bestehende Unsicherheiten können jedoch durch die Angabe von Vertrauensintervallen oder ähnlichen statistischen Kenngrößen abgebildet werden.

6.2.1
Die Produktanmeldung

Ein neues chemisches Produkt muss nach der Richtlinie 67/548/EWG (7. Änderung 92/32/EWG) vor der Vermarktung bei der authorisierten Stelle angemeldet werden (vgl. Kap. 3.3.2). Die für die Produktanmeldung erforderliche Zeit bestimmt dabei oft die *Time to Market* – eine Zeit, die heute mehr denn je zu einer Schlüsselgröße für Konkurrenzfähigkeit und Markterfolg eines neuen Produktes wird. Die Produktanmeldung baut auf zwei Grundelementen auf: (1) dem Sicherheitsdatenblatt[3] und (2) der Produktrisikoanalyse. Das Sicherheitsdatenblatt enthält für ein Produkt die Zusammenfassung

- der wichtigsten *Gefahrendaten* (Toxizitätstests, Umweltverhalten, phys.-chem. Eigenschaften),
- der wichtigsten *Risiken* und *Schutzmaßnahmen* bei Anwendung, Gebrauch und Entsorgung[4] sowie
- der erforderlichen *Klassierung* und *Kennzeichnung* eines Produktes[5].

Das Sicherheitsdatenblatt ist im marktseitigen Lebenszyklus eines Produktes die Grundlage für das Risikomanagement. Für die Anmeldung einer neuen Substanz sind die zuständigen Behörden verpflichtet, anhand der Angaben des Herstellers oder Importeurs eine Abschätzung des Risikos für Mensch und Umwelt durchzuführen.

6.2.2
Ablauf einer Produktrisikoanalyse

Je nachdem, ob das Produkt ein Neustoff oder ein Altstoff ist, ob eine erste Beurteilung bezüglich bestimmter Schutzgüter oder eine umfassende Bewertung angestrebt wird, kann die Risikoanalyse unterschiedlich detailliert ausfallen. Sie kann Grundlage für die sachliche Kommunikation über Risiken in Unternehmensbereichen wie F&E, Produktion, Versicherung (Produkthaftpflicht), Marketing oder Public Relations sein. Die behördlich autorisierte Risikoanalyse kann aber

---

[2] Das hier vorgeschlagene Grundkonzept basiert vor allem auf dem EU-Dokument [1] und auf dem Vorschlag in [2].

[3] Rechtliche Basis sind die Richtlinien 91/155/EWG und 93/112/EU; für ein Beispiel s. Anhang A3.3.

[4] Risiko und Sicherheitssätze (R- und S-Sätze) s. Anhang A3.2.

[5] Beurteilung von Substanzgemische vgl. EWG 88/379.

auch Basis für rechtliche Regelungen von Vertrieb und Anwendung sein (vgl. z. B. [1]).

Das Prinzip der Produktrisikoanalyse beruht auf einem Vergleich der Wirkungsschwelle eines Stoffes mit den Konzentrationen, denen die Schutzgüter Mensch und Umwelt ausgesetzt sind. Es können 7 Schritte unterschieden werden:

- Feststellen der Ausgangslage und Datenbasis
- Expositionsanalyse
- Wirkungsanalyse
- Risikobeschreibung
- Risikobewertung
- Risikomanagement
- Monitoring

Streng genommen gehören Risikomanagement und Monitoring nicht zu einer Risiko*analyse*. Da die Risikoanalyse hier aber als iterativ anzuwendendes Instrument dargestellt wird, können diese Schritte als Motivation für eine fortlaufende Neubeurteilung integriert, zumindest aber als notwendige Ergänzung der Risikoanalyse betrachtet werden. Abbildung 6.1 zeigt das Ablaufschema einer Produktrisikoanalyse im Hinblick auf die Schutzgüter Mensch, Umwelt und Sachwerte. Die Analyse umfasst drei Gefahrenbereiche

- Humantoxische Produkteigenschaften (Humantoxizität)
- Umweltgefährliche Produkteigenschaften (Umweltgefährdung)
- Zünd-, brand- und explosionsgefährliche Produkteigenschaften (Phys.-chem. Eigenschaften)

6.2.2.1
Die einzelnen Schritte einer Produktrisikoanalyse

Einen Startpunkt für die Produktrisikoanalyse bildet die Klärung *der Ausgangslage und Datenbasis*. Hierzu gehört auch eine Formulierung des Ziels der Risikoanalyse und eine Beurteilung der verfügbaren Informationen. Daraufhin werden in der *Expositionsanalyse* die auftretenden Einwirkungen auf Mensch und Umwelt abgeklärt. Aufgrund von Emissions- und Ausbreitungsszenarien eines Stoffes werden dabei Expositionen berechnet, denen Menschen und Ökosysteme bei einem Produkteinsatz in verschiedenen Umweltkompartimenten ausgesetzt sind. Parallel dazu werden in einer *Wirkungsanalyse* die schädlichen Effekte untersucht. Ziel dieses Schrittes ist die Ermittlung des Zusammenhangs zwischen Dosis, Häufigkeit und Schwere der relevanten schädlichen Wirkungen bzw. die Abschätzung einer Wirkungsschwelle.

Im nächsten Schritt, der *Risikobeschreibung,* geht es um die Abschätzung der Gefährdung einer schädlichen Wirkung, der eine Bevölkerungsgruppe oder ein Umweltkompartiment nach realistischer Einschätzung durch den Einsatz eines Stoffes ausgesetzt ist. Hierzu werden die Ergebnisse von Expositionsanalyse und Wirkungsanalyse unter Berücksichtigung aller Annahmen und Unsicherheiten verglichen und zu einer Gesamtbeurteilung zusammengeführt.

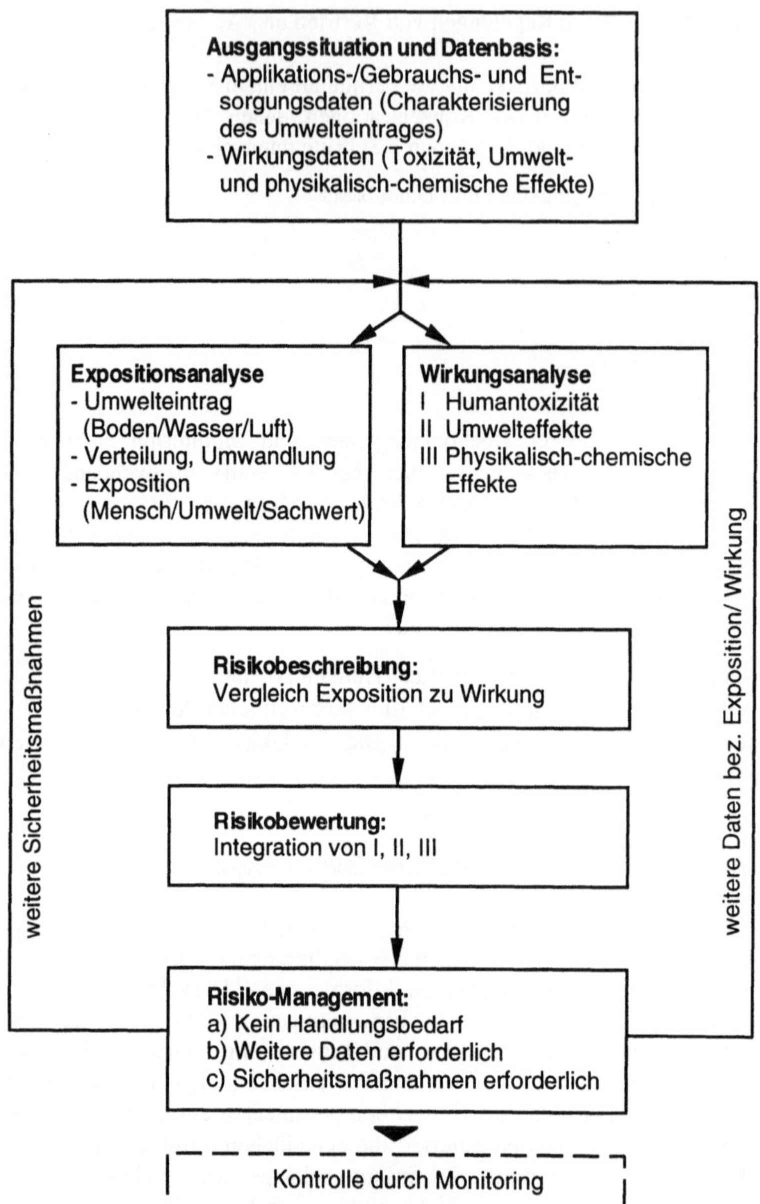

Abb. 6.1. Ablaufschema der Risikoanalyse eines chemischen Produktes

Der verbreiteste Ansatz zur Beschreibung des Risikos ist die Bildung eines Risikoquotienten (Q), hier am Beispiel eines aquatischen Ökosytems:

$$Q_{aq} = \frac{\text{Niveau der Exposition für aquatische Organismen}}{\text{Nicht - Wirkungsniveau für aquatische Organismen}} = \frac{PEC_{aq}}{PNEC_{aq}} \qquad (6.1)$$

PEC   Predicted Environmental Concentration
PNEC Predicted No Effect Concentration

Der "Risikoquotient" ist aber keine absolute Messgröße von Risiken, da er keine Eintretenswahrscheinlichkeit beschreibt. Es lässt sich lediglich sagen, daß bei steigendem PEC/PNEC-Verhältnis die Eintretenswahrscheinlichkeit von negativen Effekten steigt. Risiken können so miteinander verglichen, das tatsächliche Risiko bestimmter Schadensfälle kann aber nicht vorausgesagt werden. Trotz dieser Einschränkung ist der Risikoquotient heute der international bei weitem anerkannteste Ansatz für die Risikobeschreibung. Präzisere Ansätze (z. B. probabilistische Betrachtung) konnten sich dagegen bis jetzt in der Praxis aufgrund der oft mangelhaften Datenverfügbarkeit nur für ganz spezielle Problemstellungen durchsetzen.

Das Ergebnis der Risikobeschreibung wird im Schritt der *Risikobewertung* in einen Gesamtzusammenhang gestellt. Hier geschieht eine Abwägung des Risikos im Hinblick auf Datenlage, Schutzziele, Kosten-Nutzen-Verhältnis, gesellschaftliche Akzeptanz etc. Am Schluss dieser Überlegungen muss die Frage beantwortet werden, ob das ermittelte Risiko gesichert und tragbar ist. Andernfalls müssen weitere Anstrengungen zur Datenbeschaffung (z. B. weitere Toxizitätstests) oder zur Risikoreduktion (z. B. Verminderung der Exposition) unternommen werden. Die aufgrund der Risikobewertung zu treffenden organisatorischen, personellen und technischen Maßnahmen zur Risikoreduktion werden im Schritt des *Risikomanagement* zusammengefasst. Ziel dieser Sicherheitsmaßnahmen ist ein vertretbares Restrisiko. Das *Monitoring* dient bei der Umsetzung als Erfolgskontrolle der Sicherheitsmaßnahmen und hat die Aufgabe, etwaige Veränderungen der menschlichen Gesundheit oder der Umwelt frühzeitig zu erkennen. Eine steigende Praxiserfahrung ist schließlich die Grundlage für eine periodische Neubeurteilung der Risikolage.

6.2.3
Unsicheres Wissen in der Produktrisikoanalyse

Bei der Produktentwicklung werden Wirkungs- und Expositionsanalyse gemäß Daten-Verfügbarkeit, Gefährdungsbild und Produktetonnage stufenweise vertieft. So müssen z. B. Chemikalien, von denen über 100 t pro Jahr verkauft werden, (Level 1) intensiver geprüft werden als solche, von denen nur 1 t pro Jahr (Base-Set) gehandelt wird (vgl. Abb. 6.2).

Nichtwissen in frühen Entwicklungsphasen wird mit entsprechenden Extrapolationsfaktoren kompensiert. In der Wirkungsanalyse berechnet sich ein Nicht-Wirkungsniveau (PNEC) z. B. wie folgt:

$$PNEC = \frac{\text{Wirkungsniveau (aus Experiment)}}{\text{Extrapolationsfaktor}} \qquad (6.2)$$

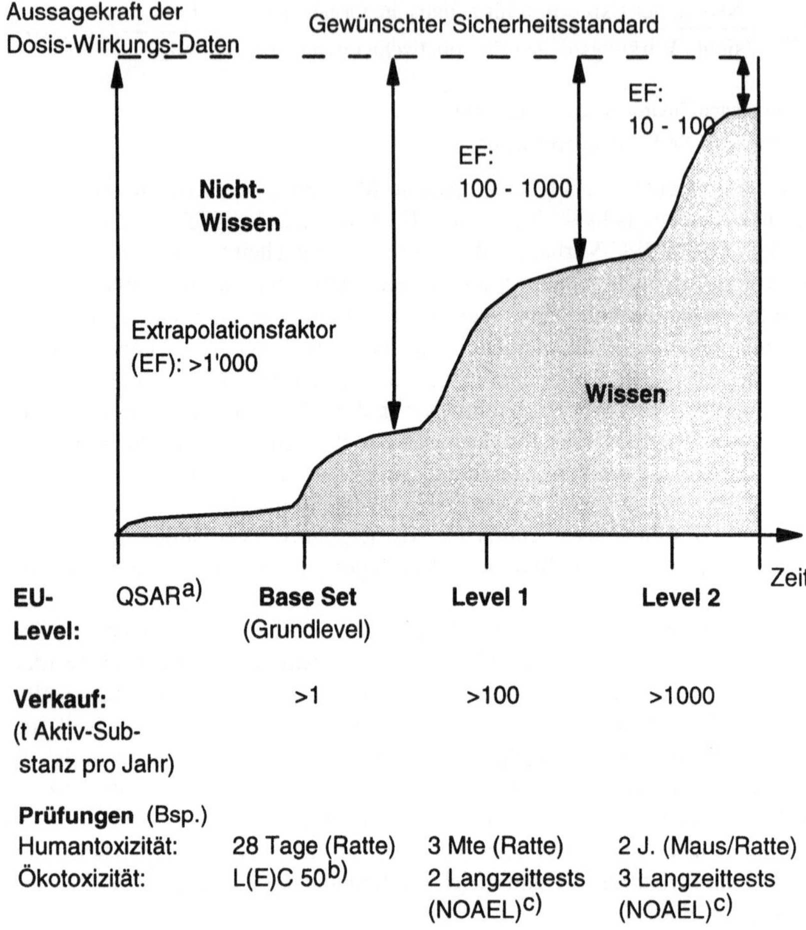

Abb. 6.2. Beurteilungsstufen von Dosis-Wirkungs-Daten für Chemikalien a) QSAR: Quantitative Structure Activity Relationship; b) $L(E)C_{50}$: Lethal (Effect) Concentration, Konzentration in Luft oder Wasser, bei der 50 % der Testorganismen sterben (LC_{50}) oder einen bestimmten Effekt (EC_{50}) wie Verlust der Schwimmfähigkeit zeigen; c) NOAEL: No Observed Adverse Effect Level, Konzentration oder Dosis bei der keine negativen Effekte beobachtet werden, Testspezies sind i.a. Fisch, Daphnie und Alge.

Je größer der Wissensstand über die Dosis-Wirkungs-Zusammenhänge ist, desto kleiner können die Extrapolationsfaktoren gewählt werden. Sind beispielsweise über eine Substanz nur Daten zur akuten Toxizität bei einer Fischart vorhanden, so soll ein Extrapolationsfaktor von 1000 gewählt werden. Wurden dagegen Studien zur chronischen Toxizität bei Fischen, Daphnien (Wasserflöhe) und Algen, also über drei trophische Stufen hinweg gemacht, so kann zur Berechnung eines PNEC's ein Extrapolationsfaktor von 10 verwendet werden. Einer wissenschaftlich möglichst gut begründeten Datenextrapolation kommt somit große Bedeutung zu. Näheres zur Wahl von Extrapolationsfaktoren folgt in Kap. 6.3 und 6.4.

Auf der Basis des EU-Risk-Assessment für neue Substanzen werden nachfolgend die Grundlagen der Produktrisikoanalyse vorgestellt. Dabei geht es um die Voraussetzungen und Methoden für die Analyse und Bewertung, um die Aussagekraft von Schlussfolgerungen, den Umgang mit Unsicherheit und um die Gewinnung der erforderlichen Daten. Die Gefahrenbereiche Humantoxizität (Kap. 6.3), Umwelteffekte (Kap. 6.4.) und physikalisch-chemische Eigenschaften (Kap. 6.5) nehmen dabei Bezug auf das Grundkonzept von Abb. 6.1.

6.3
Humantoxizität

6.3.1
Ausgangslage

Die Risikoanalyse einer Substanz oder eines Produktes bezüglich unerwünschter Wirkung auf den menschlichen Organismus sollte potentielle toxische Effekte im Lebenszyklus eines Produktes für direkt exponierte Bevölkerungsgruppen, wie Arbeiter und Konsumenten abklären. Zusätzlich müssen auch mögliche Wirkungen durch eine indirekte Exposition über die Umwelt, hauptsächlich über Nahrungsmittel, Trinkwasser und Atemluft untersucht werden. Dabei müssen sowohl Inhalation als auch orale und dermale Aufnahmewege berücksichtigt werden. Für die Risikoanalyse bei Produktanmeldung und die Evaluation von Altstoffen stehen folgende *toxische Effekte* im Vordergrund [1]:

- *Akute Toxizität*: Es muss abgeklärt werden, welche einmalige Dosis einer Substanz negative Effekte auf die menschliche Gesundheit verursacht. Dazu müssen im Tierversuch die akute Toxizität bei oraler Aufnahme (LD_{50}) und die inhalative (LC_{50}) oder dermale Toxizität bestimmt werden.
- *Reiz- und Ätzwirkung*: Reizende Substanzen können beim Kontakt mit bestimmten Geweben, z. B. Haut, Augen oder Schleimhäuten, Entzündungen verursachen. Ätzende Substanzen können lebendes Gewebe, mit dem sie in Verbindung kommen, zerstören. Als Minimalforderung für das Base-Set (vgl. Abb.†6.2) muss das Potential von Reizwirkungen auf Haut und Augen und die Ätzwirkung geprüft werden.
- *Sensibilisierende Wirkung*: Sensibilisierend wirken Stoffe, die bei Inhalation oder Aufnahme über die Haut eine hypersensitive Reaktion auslösen können. Für neue Substanzen muss im Minimum abgeklärt werden, ob sie Hautsensibilisierungen verursachen können.
- *Mutagenität*: Als mutagen werden Substanzen bezeichnet, die bleibende, übertragbare Veränderungen (Mutationen) im genetischen Material einer Zelle verursachen können. Die minimale Datenanforderung beinhaltet zwei Tests:

einen bakteriologischen Mutationstest und einen Test, der Chromosomen-Aberration prüft.

- *Kanzerogenität*: Kanzerogene Substanzen rufen Krebs hervor oder erhöhen die Krebshäufigkeit. Dabei werden zwei Mechanismen unterschieden: Genotoxische Karzinogene verursachen Krebs infolge einer direkten Einwirkung auf die DNA. Nicht-genotoxische Karzinogene entfalten ihre kanzerogenen Effekte nicht über die DNA, sondern beispielsweise über spezifische Rezeptoren. Studien über die Kanzerogenität von Substanzen gehören nicht zu den Minimalforderungen einer Risikoanalyse, sondern werden i.a. ab Level 2 vorgeschrieben. Vorher erfolgt eine Beurteilung anhand der Beobachtungen in Langzeit- und Genotoxizitätstests.
- *Reproduktionstoxizität:* Unter diesem Sammelbegriff werden alle negativen Einflüsse auf die menschliche Reproduktion zusammengefasst. Für neue Substanzen werden Tests in der Regel ab einer Tonnage von 10 t/a verlangt.
- *Chronische Toxizität*: Negative Effekte auf die menschliche Gesundheit, die bei langzeitiger, täglicher Exposition auftreten, werden unter diesem allgemeinen Begriff zusammengefasst. Eine erste Abschätzung der Langzeitwirkung erfolgt im Base-Set in standardisierten 28-Tage Tests. In diesen Tests werden z. B. bei Ratten allgemeine toxische Reaktionen, Wirkungen auf Körpergewicht, Blutbild und verschiedene Gewebe untersucht.

Die für eine Risikoanalyse bezüglich Humantoxizität benötigten Untersuchungen zu Gefährdung, Exposition und Dosis-Wirkungs-Beziehung sind in Abb. 6.3 dargestellt. Im Folgenden wird das methodische Vorgehen nun eingehender diskutiert.

6.3.2
Expositionsanalyse

Grundsätzlich hängt der Umfang einer Expositionsbetrachtung vom Gefährdungspotential eines Produktes ab. Grundlagen der Gefahrenidentifikation sind die Basisdaten zur Toxizität (vgl. Kap. 6.3.3). Da eine Risikoanalyse im Fall einer neuen Substanz vorausschauend erfolgt, kann sich die Expositionsanalyse nicht auf direkte Messungen stützen. Die Expositionen müssen anhand von Modellen abgeschätzt werden. Für die Modellierung von Expositionen braucht es generell folgende Daten:

- in Verkehr gebrachte Stoffmenge
- Emissionspotentiale bei Produktion, Applikation, Gebrauch und Entsorgung
- Konzentrationen in verschiedenen Umweltmedien, resultierend aus Ausbreitung, Abbau, Zersetzung etc.
- Konzentrationen in Nahrungsmitteln
- Expositionsweg, z. B. Inhalations-, dermale oder orale Exposition via Luft, Boden, Wasser; bzw. via Esswaren, Nahrungsketten etc.

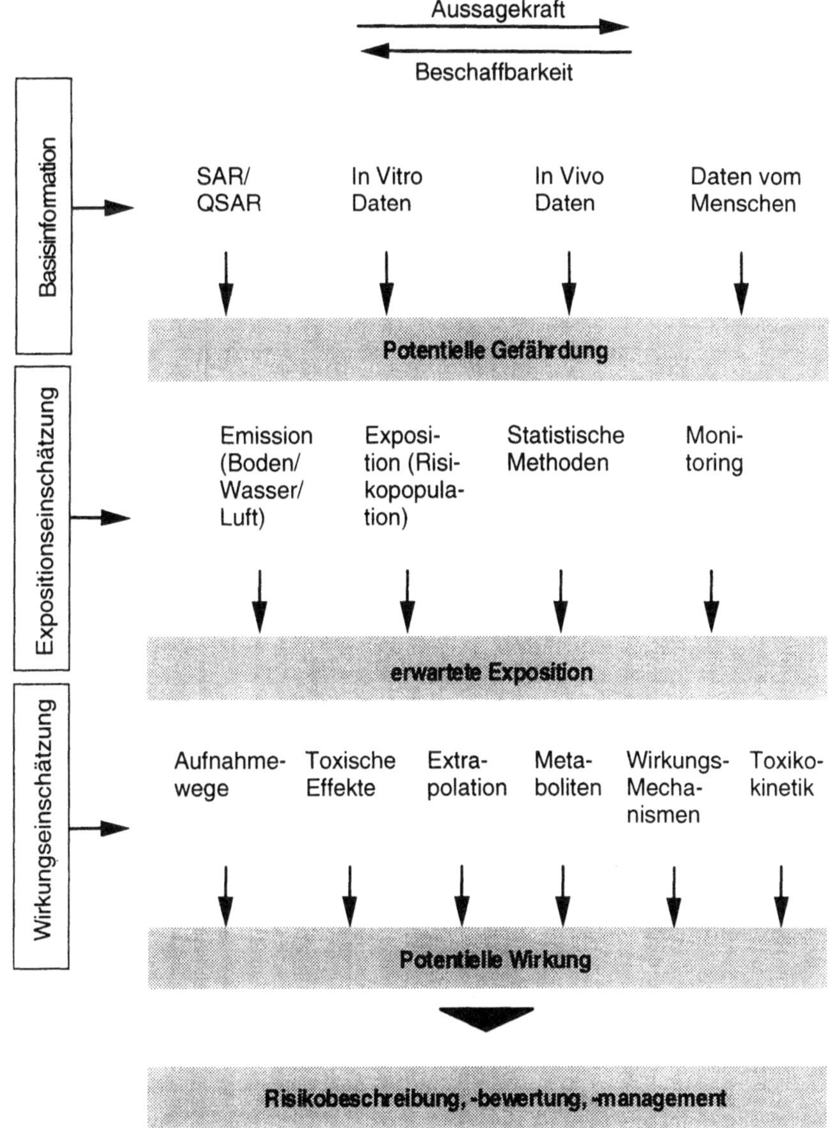

Abb. 6.3. Elemente einer Risikoanalyse bezüglich Humantoxizität.

- biologisch verfügbare Expositionshöhe, z. B. aufgrund physikalischer oder chemischer Produkteigenschaften, wie Partikelgröße, Wasserlöslichkeit etc.[6]
- Häufigkeit und Dauer der Exposition
- Umfang von exponierten Bevölkerungsgruppen.

---

[6] Bioverfügbarkeit: (Stoff-) Anteil von Gesamtexposition, der durch den jeweils betrachteten Organismus auch tatsächlich aufgenommen werden kann.

Modelle für die Bestimmung der Exposition von Arbeitnehmern und Verbrauchern suchen die direkte Aufnahme durch Inhalation, dermale und orale Route zu quantifizieren. Für alle drei Aufnahmewege können einfache Abschätzungen gemacht werden (vgl. Anhang A5.4).

Für die Analyse der indirekten Exposition über die Umwelt sind kompliziertere Modelle notwendig (vgl. Kap.6.4.4.3). Diese beschreiben die Aufnahme über die Atemluft, das Trinkwasser, die Nahrung (Fleisch, Fisch, Milchprodukte, Getreide und Gemüse) etc. Das Endresultat der Expositionsanalyse besteht in einer Abschätzung der totalen täglichen Produktaufnahme (Predicted Daily Intake, PDI).

Bei der Durchführung der Expositionsanalyse sollten folgende kritische Punkte beachtet werden:

- *Expositionswege von Abbau- und Zersetzungsprodukten*: Sollten im Abbauweg einer Substanz toxische Abbauprodukte entstehen, müssen diese weiterverfolgt werden. Eventuell muss für diese Abbauprodukte ebenfalls eine Wirkungsanalyse erstellt werden.
- *Örtliche und zeitliche Expositionsänderungen*: Wie variabel ist die Exposition? Bei dieser Frage könnte z. B. eine Sensitivitätsanalyse helfen, die ein Szenario für den Normalfall mit einem realistischen Worst-Case-Szenario vergleicht.
- *Relevanz von Expositionsmodellen*: Zur Kontrolle der Expositionsmodelle sollte eine Validierung durch Vergleich mit experimentellen Daten bzw. mit extrapolierten Daten analoger Stoffe vorgenommen werden.
- *Risikopopulationen*: Die Exposition besonderer Risikogruppen, z. B. Kinder muss berücksichtigt werden.
- *Unsicherheit und Fehlen von Daten*: Die Auswirkung unsicherer Daten und Annahmen sollte überprüft werden. Wie verlässlich ist die Aussage der Expositionsmodelle?

6.3.3
Wirkungsanalyse

Die humantoxische Wirkung ist die Summe aller unerwünschten Effekte, die durch die Wechselwirkung zwischen einer Substanz und spezifischen Organen/physiologischen Prozessen oder durch systemische Wirkungen auf den Ganzen menschlichen Organismus ausgelöst werden. Die Wirkungsintensität hängt dabei von der Konzentration und der Zeit ab, mit der ein chemischer Stressor auf einen Zielort einwirkt.

Grundlage für eine erste toxikologische Einstufung sind die Toxizitäts-Basisdaten eines Produktes. Dabei kann ein Produkt als gesundheitsgefährlich gelten, wenn die $LD_{50,Ratte} \leq 2\,000$ mg/kg Körpergewicht ist oder Sensibilisierung, Reiz-, Ätzwirkung oder Mutagenität auftritt.

Für gesundheitsgefährliche Produkte ist gemäß der EU-Gesetzgebung eine vollständige toxikologische Risikoanalyse (vgl. Abb. 6.1) Teil des Anmeldeverfahrens. Im ersten Abklärungsschritt, der Gefährdungsidentifikation, sollen alle negativen Effekte identifiziert werden, die vom Produkt ausgehen könnten. Grundlage hierfür ist ein Sammeln und Auswerten von Daten über mögliche gesundheitliche Effekte des Produktes und die Bedingungen der Exposition. Informationen über toxische Effekte können aus theoretischen Struktur-Aktivitäts-Beziehungen (QSAR), Experimenten mit Zellkulturen und biochemischen Systemen (in vitro), Tierexperimenten (in vivo) oder Studien am Menschen, die eventuell durch bereits eingetretene Schadensfällen verfügbar sind, gewonnen werden. Dabei nimmt die Aussagekraft der Daten in dieser Reihenfolge zu (vgl. Abb. 6.3). Diese Quellen werden auch als Basis für die Wirkungsanalyse benutzt. In der Regel wird aber zuerst bestimmt, inwiefern Menschen überhaupt exponiert sein können.

Ausgangspunkt einer Wirkungsanalyse sind theoretische Struktur-Wirkungs-Beziehungen auf der Basis von mechanistischen Vorstellungen bzw. von Analogieschlüssen. Bei diesem ersten Schritt erfolgt die Abschätzung der Wirkung auf zelluläre Prozesse aufgrund von Stoff- und Stabilitätsdaten, Abbauprodukten und molekularen Strukturmerkmalen.

In einem zweiten Schritt kann die humantoxische Wirkung eines Stoffes durch Extrapolation der Dosis-Wirkungs-Daten aus der definierten Exposition eines biologischen Modellsystems, z. B. Zellkulturen oder Ratte, abgeschätzt werden. Bei in vivo-Experimenten ist die Bestimmung der Toxizität bei oraler Aufnahme zentral; problemspezifisch werden auch Inhalations- oder dermale Exposition untersucht. Folgende Informationen können aus diesen Experimenten ermittelt werden:

a) *Dosis-Wirkungs-Beziehung*[7] durch quantitative Bestimmung der resorbierten Dosis sowie Feststellung von Häufigkeit und Tragweite einer schädlichen Wirkung:

- Akute Toxizität: Ermittlung der Wirkungsintensität, z. B. orale LD_{50}-Werte (in mg Substanz pro kg Körpergewicht) als Grundlage für die Einstufung bzgl. Humantoxizität.
- Subakute, subchronische, chronische und Reproduktionstoxizität: Bestimmung der maximalen Dosis ohne beobachtbare schädliche Wirkung (No Observable Adverse Effect Level: NOAEL); z. B. 28 Tage, 3 Monate oder 2 Jahre NOAEL (in mg Substanz pro kg Körpergewicht pro Tag bei oraler Exposition). Oft wird auch die kleinste Dosis bestimmt, bei der negative Effekte auftreten (Lowest Observed Adverse Effect Level: LOAEL) und auf den NOAEL extrapoliert z. B. NOAEL = 0.1 · LOAEL.
- Kanzerogenität, Mutagenität, Sensibilisierung etc.: Hier ist keine prinzipielle Unbedenklichkeitsschwelle definierbar, so daß eine Feststellung einer solchen Eigenschaft für sich spricht. Es werden aber Dosis-Häufigkeits-Beziehungen bestimmt, die für die Risikoanalyse nützlich sind.

b) Bestimmung des Produkteschicksals im Körper (Toxikokinetik) mit zeitlicher Aufnahme, Verteilung, Metabolisierung, Ausscheidung etc.

c) Studium von Mechanismus und zeitlicher Dynamik der Intoxikation am Wirkort (Toxikodynamik).

---

[7] Für zahlreiche Giftstoffe gilt über größere Konzentrations-/Zeit-Bereiche, daß die toxische Wirkung (W) bei gleichbleibendem Produkt von Expositionskonzentration (c) und Expositionszeit (t) in etwa konstant ist:
W = f (Exposition) = f (c · t) (Habersche Regel)

6.3.3.1
Bestimmung der Wirkungsschwelle: NEL_{man} und ADI

Anhand der gesammelten Daten muss eine Wirkungsschwelle (NEL_{man}: No Effect Level for Man) und eine akzeptierbare tägliche Dosis (ADI-Wert: Acceptable Daily Intake) ermittelt werden. Das Konzept einer Unbedenklichkeitsschwelle kann aber nicht auf alle Effekte angewendet werden. Für genotoxische Karzinogene muss beispielsweise aufgrund der Wirkungsdaten aus dem Tierversuch ein tolerierbarer Risikolevel festgelegt werden. Dafür bestehen verschiedene Modelle [3], die hier nicht besprochen werden sollen.

Bei der Bestimmung des NEL_{man} muss von Tierdaten auf den Menschen oder bei Studien am Menschen vom untersuchten Kollektiv auf die Gesamtbevölkerung (ev. mit besonders anfälligen Personen) geschlossen werden. Häufig wird die Formel

$$NEL_{man} = EF \cdot LOAEL \text{ (oder NOAEL)} \tag{6.3}$$

verwendet. Dabei wird mit festen Extrapolationsfaktoren EF für jeden Übertragungsschritt gearbeitet[8]. In einem einfachen Ansatz wird davon ausgegangen, daß

- für die Extrapolation von LOAEL (Lowest Observed Adverse Effect Level) auf NOAEL,
- für die Extrapolation von akuten und subchronischen Tests auf chronische Effekte,
- für die Übertragung vom Tier auf den Menschen und
- für die natürliche Variation innerhalb der Menschen

je ein Extrapolationsfaktor von 10 eingerechnet werden muss (vgl. Tab. 6.1). Die Verwendung des Faktors 10 war ursprünglich als erster arbiträrer Ansatz angelegt. Dieser hat sich aber inzwischen weit verbreitet. Zum Teil konnte die Verwendung des Faktors 10 schon statistisch begründet werden, so zum Beispiel für die Extrapolation von einzelnen Organismen auf aquatische Ökosysteme [4].

Tabelle 6.1. Extrapolationsfaktoren für die Berechnung von NEL_{man} bei unterschiedlicher Datengrundlage

Verfügbare Toxizitätsdaten		Dauer der Studie	Extrapolationsfaktor EF
Tier (z. B. Ratte)	LOAEL	28 oder 90 Tage (akut oder	10 000
Tier (z. B. Ratte)	NOAEL	subakut)	1 000
Mensch	NOAEL		100
Tier (z. B. Ratte)	LOAEL	2 Jahre (chronisch)	1 000
Tier (z. B. Ratte)	NOAEL		100
Mensch	NOAEL		10

---

[8] Die Unsicherheit nimmt mit abnehmender Steigung der Dosis-Wirkungs-Kurve zu.

Andererseits wird das Konzept aus wissenschaftlicher Sicht wie aus der Sicht der Praktiker (zu konservative Abschätzungen durch die Extrapolationsfaktoren) kritisiert (vgl. z. B. [5]).

Andere, flexiblere Ansätze zur Bestimmung von Extrapolationsfaktoren, die auch Expertenwissen einbeziehen, arbeiten z. T. mit geringeren Extrapolationsfaktoren [6]. Dies ist insbesondere für die Arbeitsplatzsituation relevant, wo Kontrollmöglichkeiten und Schutz vor Expositionen besser sind und besonders empfindliche Personen nicht berücksichtigt werden müssen.

Auch bei der Durchführung einer Wirkungsanalyse gilt es einige *kritische Punkte* zu beachten. In frühen Entwicklungsphasen variiert die Produktqualität oft beträchtlich, was eine Risikoanalyse erschwert. Dabei kommen sowohl definierte als auch undefinierte Nebenprodukte als Störfaktoren in Frage. Zudem ergeben sich bei neuen Substanzen verschiedene Probleme durch das Fehlen historischer, klinischer und epidemiologischer Daten. Die Erarbeitung einer ausreichenden Datengrundlage ist mit einer Vielzahl an Tierversuchen und großem Zeitbedarf verbunden. Einer gut geplanten Teststrategie und der Validierung der Tests bzgl. ihrer Sensitivität, Spezifität und prognostischer Relevanz muss daher großes Gewicht gegeben werden.

Die Suche nach Wirkungsschwellen (endpoints) der Dosis-Wirkungs-Kurve ist mit verschiedenen Unsicherheiten verbunden. Eine dieser Unsicherheiten betrifft die Grenzziehung für die schädliche Wirkung. Ab wann liegt eine expositions-bedingte negative Veränderung im Testorganismus vor und wie kann sie nach-gewiesen werden? Weitere Unsicherheiten ergeben sich durch die mit dem Dosis-konzept nicht berücksichtigte Wirkortkonzentration sowie durch die verschiedenen Extrapolationsschritte. Insbesondere ist die Extrapolation in Richtung tiefere Dosis sehr unsicher, da akute und chronische Intoxikation oft nicht nach gleichen Mechanismen ablaufen. Die Übertragung von experimentellen Daten aus dem Tierver-such auf den Menschen ist zudem bei Sensibilisierungstests oft problematisch.

Das Konzept der Extrapolationsfaktoren versucht diese Unsicherheiten aufzu-fangen. Gemäß einem Worst-Case-Ansatz werden die Extrapolationsfaktoren für die Berücksichtigung möglicher Fehler multipliziert. Dabei ist die Wahrschein-lichkeit gering, daß alle Fehler gleichzeitig auftreten und in die gleiche (unge-wollte) Richtung zeigen.

Obwohl der Mensch in der Umwelt gleichzeitig verschiedensten Substanzen ausgesetzt ist, werden in der Toxikologie fast nur Einzelstoffwirkungen untersucht. Daher ist über mögliche Kombinationswirkungen mehrerer Stoffe meist wenig bekannt. Bei den Kombinationswirkungen kann folgende Fallunterscheidung bzgl. der Gesamtwirkung gemacht werden:

- additiv (Wirkung = a+b)
- synergistisch (Wirkung > a+b))
- antagonistisch (Wirkung < a+b))

Das ausser acht lassen von synergistischen Wirkungen mit anderen Stoffen und Produkten bedeutet zweifellos eine zusätzliche Fehlermöglichkeit der heutigen Produktrisikoanalyse.

6.3.4
Risikobeschreibung und Risikobewertung

In diesem Schritt geht es darum, die Risiken für alle identifizierten Effekte, alle Bevölkerungsgruppen und alle Aufnahmerouten als Abschätzung darzustellen. Eine deterministische Risikobeschreibung kann, wie bereits erwähnt, durch Bildung des Quotienten von Expositionshöhe (PDI) und Unbedenklichkeitsschwelle für die Wirkung (NEL_{man}) erfolgen. Im Fall der Humantoxizität wird aber nicht der vorgestellte Risikoquotient (PDI/NEL_{man}) gebildet, sondern der Kehrwert davon, die Sicherheitsmarge (*Margin of Safety*, MOS):

$$MOS = \frac{NEL_{man}}{PDI} \tag{6.4}$$

NEL_{man} No Effect Level for Man; Wirkungsschwelle für Menschen

PDI   Predicted Daily Intake; Vorausgesagte tägliche Aufnahme

Der MOS-Wert, der möglichst hoch sein soll, bezeichnet den Sicherheitsfaktor, um den die aktuellen Expositionen die Wirkungsschwelle unterschreiten. Dabei werden Punktschätzungen für den Endpunkt einer Dosis-Wirkungs-Beziehung (NEL_{man}) und für die maximal zu erwartende Exposition (PDI) verwendet. Eine verbesserte Aussage ergibt sich, wenn zusätzlich zu den Punktschätzungen auch Daten über die Variabilität von NEL_{man} und PDI einbezogen werden und damit die Verteilung des MOS beschrieben werden kann.

Für die relevanten Expositionswege können in der Folge nach Gl. 6.4 die entsprechenden Sicherheitsmargen bestimmt werden. Die Bewertung des Risikos hängt vom vorgegebenen Schutzziel ab. Aufgrund der Sicherheitsmargen wird primär zwischen zwei Fällen unterschieden:

a) $MOS = \dfrac{NEL_{man}}{PDI} \geq 1 \Rightarrow$ Kein Handlungsbedarf

b) $MOS = \dfrac{NEL_{man}}{PDI} < 1 \Rightarrow$ Handlungsbedarf

Falls der MOS < 1 ist, besteht Handlungsbedarf. Häufig gibt es die Möglichkeit, durch die Erarbeitung weiterer Daten den MOS zu erhöhen, da z. B. bei verläßlicheren Daten kleinere Extrapolationsfaktoren eingerechnet werden können. Ist dies nicht der Fall, müssen Maßnahmen zur Risikoreduktion getroffen werden.

Konnte in der Wirkungsanalyse kein NOAEL ermittelt werden (beispielsweise für karzinogene oder sensibilisierende Substanzen), muss aufgrund statistischer oder qualitativer Angaben zu Exposition und Wirkung eine Wahrscheinlichkeit (W) für das Auftreten einer unerwünschten Wirkung ermittelt werden ($W < 10^{-6}$: akzeptables Risiko).

Neben dem hier vorgestellten Ansatz existiert eine zweite Möglichkeit der Risikobeschreibung. Hier wird der aus dem Tierversuch gewonnene NOAEL oder LOAEL direkt (ohne Extrapolationsfaktor) mit der Exposition verglichen und der so erhaltene (größere) MOS-Wert unter Berücksichtigung der Unsicherheit interpretiert. Diese Methode ist stärker vom Ermessen des Ausführenden abhängig, wenn er für die Berücksichtigung der Unsicherheit nicht die erläuterten Faktoren verwendet.

Bei der Risikobeschreibung und Risikobewertung gibt es wiederum einige kritische Punkte zu beachten:

- *unzureichende Gefahrenerkennung*: Wurden Wirkungen, Expositionspfade und exponierte Bevölkerungsgruppen richtig erkannt? Aufschluss darüber können erst Erfahrungen mit dem Produkt liefern. Daher kommt der periodischen Neubeurteilung große Bedeutung zu.
- *Fehlen bzw. Unsicherheit von Daten*: Bei der Risikobewertung müssen Unsicherheiten als solche deutlich angesprochen werden und die getroffenen Annahmen überprüft werden.
- *Relevanz von Punktschätzung für Exposition bzw. Dosis-Wirkungs-Endpunkt*: Wie bereits erwähnt, werden zur Berechnung des MOS-Wertes Punktschätzungen für Exposition und Endpunkt der Dosis-Wirkungs-Beziehung (Expositionsgrenzwert) verwendet. Doch sowohl Exposition als auch Expositionsgrenzwert haben eine Verteilung und variieren örtlich, zeitlich und von Mensch zu Mensch.
- *Vielzahl an national und regional unterschiedlichen Rahmenbedingungen*: Die Analyse der indirekten Exposition durch die Umwelt wird beispielsweise durch geographische und klimatische Faktoren, Ernährungsgewohnheiten etc. beeinflusst. Eine Übertragung der Ergebnisse einer Risikoanalyse auf Gebiete mit unterschiedlichen Bedingungen muss deshalb stets sorgfältig überprüft werden.
- *Gleichzeitigkeit von chemischen Stressoren*: Bei chemischen Stressoren, die auf dieselbe Art wirken (z. B. alle neurotoxischen Stressoren i, mit Expositionsrouten j) wird oft von einer linearen Beziehung für die Gesamtwirkung eines bestimmten Effekts ausgegangen. Ein Gesamtrisiko das durch die MOS der einzelnen Stressoren berechnet wird, kann als unkritisch angesehen, falls gilt:

$$\text{MOS}_{tot} = \frac{1}{\sum_i \sum_j \dfrac{1}{\text{MOS}_{i.j}}} \geq 1 \qquad (6.5)$$

MOS	Margin of Safety
i	Index der betrachteten Stoffe
j	Index der Aufnahmerouten

6.3.5
Risikomanagement

Die Risikoanalyse zeigt in ihrem Verlauf mit zunehmender Deutlichkeit, an welcher Stelle und mit welcher Dringlichkeit Maßnahmen zur Verminderung des Gesundheitsrisikos erforderlich sind. Während in frühen Entwicklungsphasen durch Struktur-Wirkungs-Optimierung und später durch bessere Produktqualität

(Elimination kritischer Verunreinigungen) die Gefahrstoffeigenschaften eines Produktes ursächlich vermindert werden können, stehen später expositionsmindernde Maßnahmen im Vordergrund. Dies sind z. B.:

- örtliche, zeitliche oder mengenmäßige Anwendungsbeschränkung
- verbessertes Applikationsverfahren
- geeignete Handelsform/Verpackung des Produkts
- Maßnahmen zur Arbeitshygiene basierend auf einem MAK-Wert
- Handhabung kritischer Stoffe in geschlossenen Systemen, Mengenbegrenzung
- umfassende Produktinformation/Ausbildung der Anwender (Schutz-, Kontroll- und Notmaßnahmen). Hierzu dienen auch die R- und S-Sätze der EU (s. Anhang A3.2)
- Entsorgungsvorschriften

Nachfolgend wird die Risikoanalyse bzgl. Humantoxizität anhand eines Beispiels konkretisiert.

Beispiel 6.1. *Risikoabschätzung für Beschäftigte bei der Anwendung eines Reaktivfarbstoffs für Baumwolle*

Fragestellung
Ein Reaktivfarbstoff der hier dargestellten Klasse der Triazine sei neu entwickelt worden. Nun soll abgeklärt werden, inwieweit beim Färben in der Farbküche gesundheitliche Gefahren für die Beschäftigten auftreten können.

Ausgangslage
Beim Vorbereiten der Färbeflotte ausgehend von pulverförmigem Reaktivfarbstoff können aufgrund der Wirkungsdaten (s.u.) sensibilisierende Wirkung und chronische Toxizität des Farbstoffes als mögliche Gefahren für die Gesundheit der Beschäftigten auftreten.

Exposition
- Gebrauch in offenen Systemen zum Färben und Bedrucken von Baumwolle
- Gebrauchsform: nichtflüchtiges Pulver
- keine Bioakummulation $\log K_{ow} = -4.3$
- Durchschnittliche Konzentrationen von Farbstoffstäuben in Färbereibetrieben während eines Monitorings in den USA $0.11\text{-}0.31$ mg/m^3
- Durchschnittlich inhaliertes Luftvolumen während 8 h   10 m^3

- Möglicherweise dermale Exposition.

Aus diesen Angaben lässt sich berechnen, daß pro Schicht durchschnittlich höchstens 3.1 mg Farbstoffstaub oder 0.044 mg/kg Körpergewicht (bei 70 kg Körpergewicht) inhalativ aufgenommen werden. Somit ist der PDI bestimmt.

Toxizitätsdaten und Wirkung (für einen spezifischen Reaktivfarbstoff dieser Klasse)
- akute Toxizität: LD_{50} (Ratte, oral) > 2000 mg/kg
- keine mutagenen Effekte
- Substanz wirkt im Tierversuch bei Hautkontakt sensibilisierend (Reaktivgruppe)
- Im 28 Tage-Versuch bei 1000 mg/kg Körpergewicht (Ratte, oral verabreicht) minimale anämische Effekte. Dieser Wert kann als LOAEL angenommen werden

Für die Bestimmung des NEL_{man} aufgrund einer 28 Tage-Studie wird ein Extrapolationsfaktor von 10 000 einberechnet (vgl. Tab. 6.1), so daß ein NEL_{man} von 0.1 mg/kg Körpergewicht resultiert.

Risikobeschreibung und Risikobewertung
Das Risiko durch die Inhalation von Staub (chronische Toxizität) kann mit Hilfe des MOS-Ansatzes (Gl. 6.4) beschrieben werden:

$$MOS = \frac{NEL_{man}}{PDI} = \frac{0.1}{0.044} \frac{mg/kg}{mg/kg} = 2.3$$

Der berechnete MOS-Wert ist > als 1. Daraus kann geschlossen werden, daß die chronische Inhalation des Reaktivfarbstoffes keine toxischen Wirkungen für die Beschäftigten zeigt. Dieser Schluss erfolgt unter Berücksichtigung folgender Überlegungen:
- Der berechnete MOS-Wert liegt, gemessen an der Unsicherheit, relativ nahe bei 1.
- Die Unsicherheit besteht in diesem Fall größtenteils durch die Übertragung der Versuchsergebnisse auf den Menschen. Die angenommenen Expositionen beruhen auf Messungen und dürften der Größenordnung nach zutreffen (Annahme: sämtlicher Staub lungengängig).
- Die Wahl eines Extrapolationsfaktor von 10 000 ist sehr vorsichtig. Daher dürfte der NEL_{man} höher liegen als angenommen.

Der Aufbau einer Sensibilisierung durch Hautkontakt hängt von der Höhe der Exposition ab. Bereits sensibilisierte Personen können schon bei geringsten Expositionen Reaktionen zeigen. Der vorgestellte Ansatz zur Risikobeschreibung mit Hilfe der MOS kann in diesem Fall nicht angewendet werden. Die Risikobeschreibung muss sich hier auf das statistisch erfasste Auftreten von sensibilisiernder Wirkung bei ähnlichen Substanzen stützen und die Wahrscheinlichkeit eines dermalen Kontaktes, d.h. die Arbeitshygiene, berücksichtigen.

Risikomanagement
Sicherheitsmaßnahmen, die aufgrund der beschriebenen Risiken in Frage kommen, betreffen eine Verminderung der Exposition:
- Flüssigformulierung oder Formulierung als staubarmes Granulat
- geschlossene Handhabung
- Gebäudeventilation, Quellenabsaugung
- Tragen von persönlicher Schutzausrüstung

6.4
Umwelteffekte

6.4.1
Problemstellung

Das im Gefahrenbereich Humantoxizität relevante Schutzziel sind die exponierten Menschen als Individuen. Eine Risikoanalyse im Hinblick auf die Umwelt richtet sich dagegen auf Artenvielfalt, auf ganze Ökosysteme oder auf einzelne Spezies und damit auf sehr verschiedenartige Schutzziele. Eine vollständige Risikoanalyse von Umwelteffekten umfasst heute die mögliche Beeinträchtigungen folgender Schutzgüter:

- *Atmosphäre:* Das Schutzgut Atmosphäre umfaßt Effekte wie Verschlechterung von Luftqualität, Troposphärische Ozonbildung, Stratosphärischer Ozonabbau und den Beitrag zu saurem Regen, Überdüngung und zum Treibhauseffekt.
- *Aquatische Ökosysteme:* Mögliche ökotoxische Effekte eines Produktes, z. B. Mortalität, Entwicklungs- oder Reproduktionsstörungen, werden für aquatische Ökosysteme zunächst anhand der Modellspezies Fische, Daphnien und Algen abgeschätzt. Außerdem ist eine mögliche Akkumulation des Produktes oder seiner Metaboliten in Biomasse, Grundwasser und Sediment zu beachten.
- *Terrestrische Ökosysteme:* Hier werden die ökotoxikologischen Wirkungen auf terrestrische Tiere, Pflanzen und Mikroorganismen sowie die Akkumulation in Biomasse und Böden angesprochen.
- *Technische Ökosysteme wie Mikroorganismen in biologischen Abwasserreinigungsanlagen:* Toxische Wirkungen auf die Mikroorganismen können die Reinigungsleistung einer Abwasserreinigungsanlage beeinträchtigen. Mikroorganismen in Abwasserreinigungsanlagen stellen daher ein wichtiges Schutzgut dar.

Allgemein sind Organismen, die sich an der Spitze von Nahrungsketten befinden, besonders stark exponiert, wenn es sich um persistente und bioakkumulierende Substanzen handelt. Auf der anderen Seite sind die Mikroorganismen aufgrund der Basisfunktionen, die sie erfüllen, besonders schützenswert.

6.4.2
Stufen der Risikoanalyse

Der Ablauf der Risikoanalyse chemischer Produkte bzgl. Umwelteffekten folgt dem bereits besprochenen Muster (vgl. Abb. 6.1) und ist in Abb. 6.4 dargestellt. Nachfolgend werden die einzelnen Schritte behandelt.

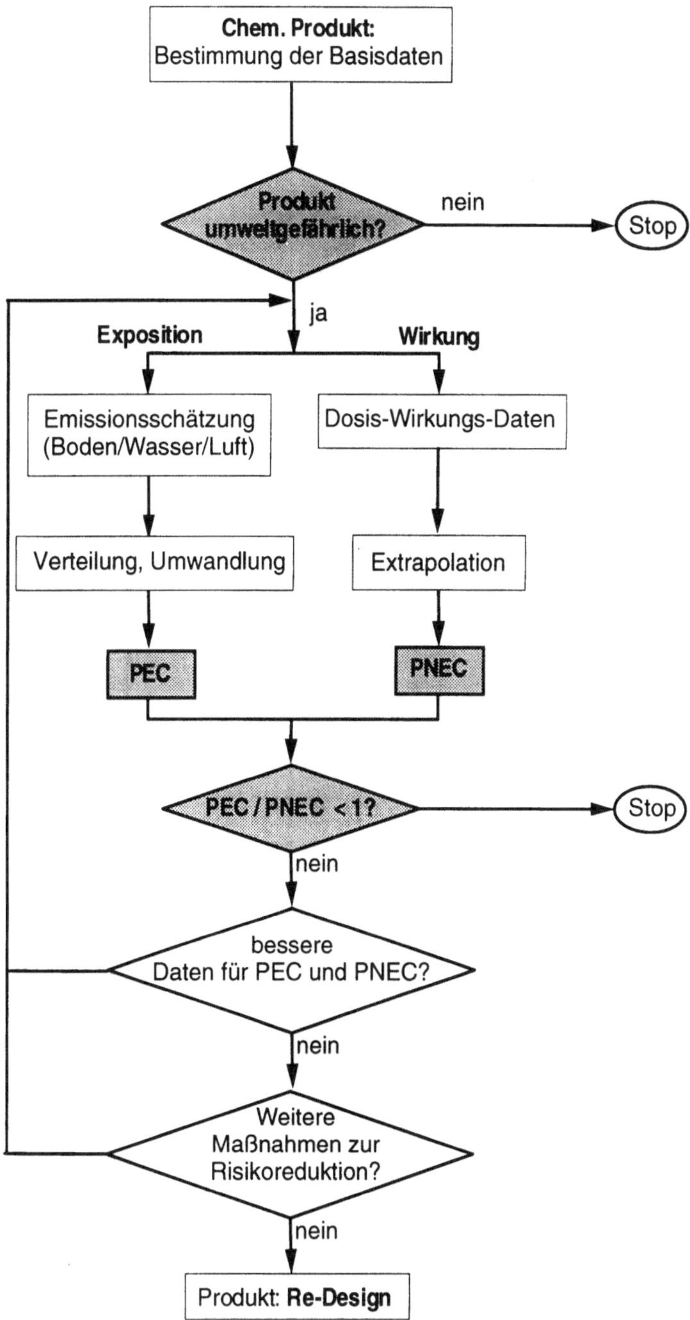

Abb. 6.4. Iteratives Vorgehen bei der Risikoanalyse umweltgefährlicher Produkte. Für Produkte mit einer jährlichen in Umlauf gebrachten Menge > 100 t ist auch ohne Klassierung als umweltgefährliche Substanz eine Risikoanalyse notwendig.

6.4.3
Ausgangslage

Ausgangspunkt für eine erste Beurteilung der Umweltgefährlichkeit in Anlehnung an die EU-Regelung sind die *aquatischen Produktbasisdaten*. Allgemein können Basisdaten zur akuten aquatischen Toxizität sowie zum Umweltverhalten (Ausbreitung, Abbaubarkeit und Bioakkumulation) ein erstes Gefahrenbild ergeben. Gemäß der laufend angepassten Richtlinie zur Einstufung, Verpackung und Kennzeichnung gefährlicher Stoffe wird ein Produkt als umweltgefährlich eingestuft, falls:

- *es giftig ist*: Als Indikator wird der tiefste $L(E)C_{50}$ Werte von Fisch, Daphnie oder Alge verwendet. Als Schwellenwert für die akute Toxizität dient hier: Min $L(E)C_{50} \leq 100$ mg/l.
- *seine Bioabbaubarkeit schlecht ist*: Als Indikatoren dienen standardisierte Abbautests wie die Bestimmung der Abnahme des gelösten organischen Kohlenstoffs (DOC= Dissolved Organic Carbon): DOC-Abbau $\leq 70\%$ im 28 Tage-Test [9]
- *die Gefahr von Bioakkumulation besteht:* Als Modell für die Abschätzung von Stoffeinlagerung in das Fettgewebe wird die Produktverteilung im Oktanol-Wasser-Gemisch verwendet. Als Schwellenwert für die Gefahr der Bioakkumulation dient hier: log $K_{OW} \geq 3$, oder BCF ≥ 100 (Bio-Concentration-Factor) [10].

Bei dieser ersten Einstufung ergibt sich die Klassierung "umweltgefährliches Produkt" aus der kritischen Kombination dieser drei Effekte (vgl. Abb. 6.5). So ist ein Produkt umweltgefährlich, wenn es

- sehr toxisch ist (1)
- toxisch ist und zusätzlich biologisch schlecht abbaubar und/oder bioakkumuliert werden kann (2-4)
- mindergiftig und biologisch schlecht abbaubar ist (5-6)
- biologisch schlecht abbaubar ist, bioakkumuliert werden kann und schlecht wasserlöslich ist (7)

Die Gefährdung der verschiedenen Umweltsysteme und ihrer Biodiversität[11] ist somit sowohl eine Frage des Umweltverhaltens eines Stoffes mit Verteilung, Umwandlung und Abbau (environmental fate) als auch der rezeptorspezifischen Schadwirkung.

---

[9] Falls kein DOC-Test verfügbar ist, und BSB_5-Daten (BSB_5 = Biologischer Sauerstoffbedarf nach 5 Tagen) bekannt sind, gelten Stoffe als schlecht abbaubar, wenn: BSB_5 / CSB < 0.5; (CSB = Chemischer Sauerstoffbedarf).

[10] K_{OW}: Oktanol-Wasser-Verteilungskonstante; die Verwendung von K_{OW} als Modell zur Abschätzung von Stoffeinlagerung in das Fettgewebe ist nur gültig für nicht-ionische und nicht-oberflächenaktive Substanzen (vgl. Anhang A5.1.3). Der BCF beschreibt das Gleichgewicht zwischen der Konzentration in der Umwelt und der Konzentration im Organismus.

[11] Biodiversität umfasst sowohl die biologische Vielfalt auf der Stufe der einzelnen Arten als auch auf der Stufe ganzer Ökosysteme.

Die Kennzeichnung aufgrund umweltgefährlicher Stoffeigenschaften erfolgt durch die R-Sätze, z. B. R51/R53: Giftig für Wasserorganismen und kann in Gewässern längerfristig schädliche Wirkungen haben (vgl. Anhang A 3.2). Für umweltgefährliche Produkte muss gemäß EU-Regelung eine Risikobewertung der Umwelteffekte durchgeführt werden.

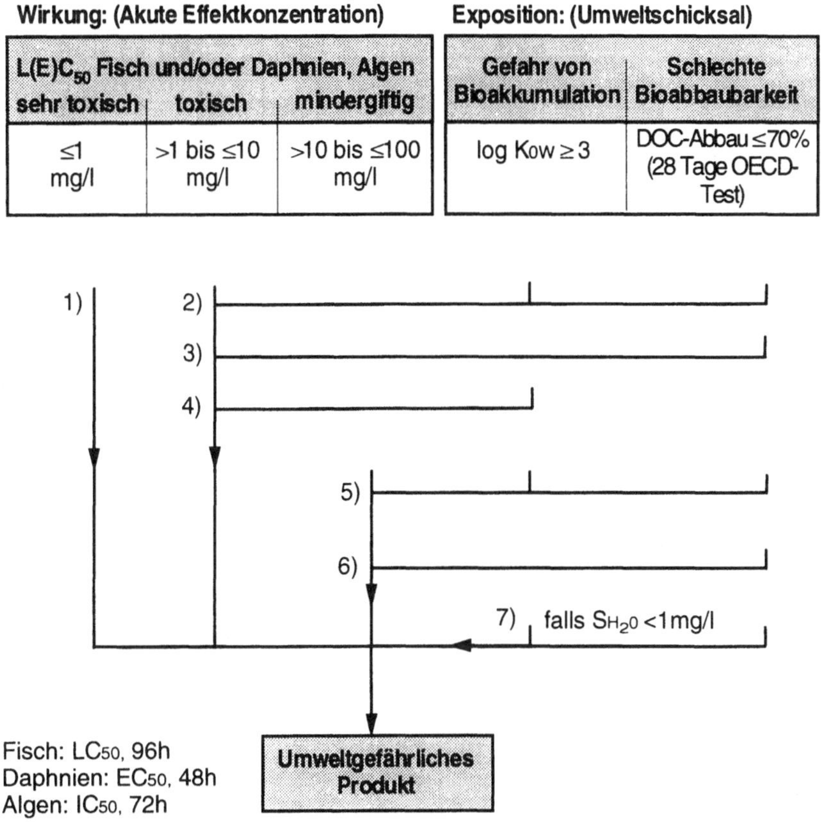

Abb. 6.5. Erste Produktbewertung bezüglich Umwelteffekten; *1), 2), ...,7):* Kombinationen von akuter Wirkung und möglicher Langzeitexposition, die zur Klassierung "umweltgefährliches Produkt" führen; S_{H_2O}: Wasserlöslichkeit

6.4.4
Expositionsanalyse

Die Expositionsanalyse entlang eines Produktelebenszyklus charakterisiert das Ausmaß, in dem die Umwelt produktspezifischen Einflüssen ausgesetzt ist. Dabei werden die Expositionen in den Umweltsystemen Wasser, inkl. Sediment, Boden und Luft betrachtet. Ausgangspunkt sind die jeweiligen Emissionen, die sich in der

Folge über Raum und Zeit ausbreiten, verdünnen und evtl. umwandeln. Experimentell kann die Exposition durch Umweltanalytik oder durch Biomarker, d. h. Messung der biochemischen, strukturellen und funktionellen Veränderungen mit exponierten Testorganismen, verfolgt werden. Eine Abschätzung der kompartimentspezifischen Exposition durch die *Predicted Environmental Concentration PEC* (Luft: mg/m^3; Wasser: mg/L; Boden: mg/kg) kann aber auch durch Modellrechnungen erfolgen. Zu dieser modellgestützten Expositionsanalyse folgen nun einige Grundüberlegungen.

Die Expositionsabschätzung umfasst zwei Hauptschritte, die sich durch einen unterschiedlichen Betrachtungsrahmen ergeben:

1. Emission und unmittelbare Verdünnung: Lokale Umweltkonzentrationen (PEC_{local})
2. Verteilung und Umwandlung in der Umwelt: Regionale (und kontinentale) Umweltkonzentrationen $PEC_{regional}$ (und $PEC_{continental}$)

6.4.4.1
Emission und unmittelbare Verdünnung: der PEC_{local}

Dieser Schritt der Expositionsanalyse konzentriert sich auf den unmittelbaren Eintritt von Emissionen in die Umwelt und versucht die dadurch auftretenden lokalen Expositionen (PEC_{local}) zu bestimmen. Eine schematische Darstellung der Emissionen, die sich im Lebenszyklus eines Produkts ergeben, zeigt Abb. 6.6. Je nach Kontext können hier die maximalen Konzentrationen (Peakkonzentrationen) oder die durchschnittlichen Konzentrationen (Hintergrundkonzentrationen) von Bedeutung sein.

Bei der Nachbehandlung von Emissionen ist auf eine Problemverlagerung in andere Umweltkompartimente zu achten. So ist beispielsweise in einer Abwasserreinigungsanlage (ARA) mit einer Problemverlagerung zu rechnen, falls ein Stoff nicht rasch genug abgebaut wird ($k_b < 10^{-3} s^{-1}$) [12]:

- in Richtung Abluft für leichtflüchtige Substanzen (log $K_H > -5$) [13]
- in Richtung Abfall (Biomasse) für wenig polare Substanzen (log $K_{OW} > 3$)

Zur Abschätzung der lokalen Expositionen existieren diverse Modelle mit verschiedenem Differenzierungsgrad, die den Eintrag und die Verdünnung von Emissionen in Wasser, Luft und Boden beschreiben [2]. Unabhängig von der Wahl des Modells kann generell folgendes Vorgehen für die Abschätzung des PEC_{local} gewählt werden:

---

[12] k_b: Reaktionskonstante für biologischen Abbau [s^{-1}].
[13] K_H: Henrykonstante [$atm \cdot m^3 \cdot mol^{-1}$].

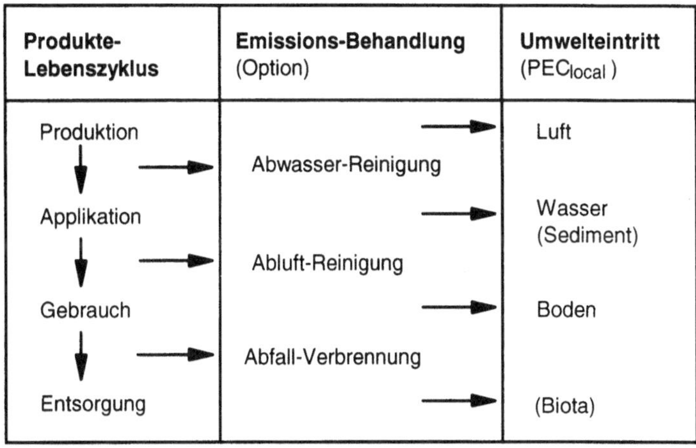

Abb. 6.6. Betrachtungsrahmen für die Abschätzung von PEC$_{local}$

1. Festlegen des Bilanzgebietes und Bestimmung des jährlichen Produkteinsatzes
2. Analyse der potentiellen Emissionsquellen und Abschätzung der max. Stofffreisetzung; aus der Analyse sollen Menge, Konzentration und Dynamik der Emission resultieren
3. Abschätzung der Stoffelimination durch nachsorgende Umwelttechnik (Abwasserreinigungsanlage (ARA), Abluftreinigungsanlage (ALURA) etc.)
4. Identifikation der exponierten Umweltkompartimente, als Basis dienen z.B. die Transferkoeffizienten
5. Abschätzung der in ein bestimmtes Umweltkompartiment eingetragenen Stoffmenge
6. Modell für die Berücksichtigung der sofort auftretenden Verdünnung, Abschätzung der Umweltkonzentration am Emissionsort; diese Abschätzungen führen zu den PEC$_{local}$ in den verschiedenen Kompartimenten.

Häufig sind für Altstoffe nur Daten über den Umsatz bekannt, z. B. Verkaufszahlen, Zollstatistiken etc., nicht aber die in die Umwelt freigesetzten Stoffmengen. Bei neuen Produkten können auch diese Daten nur geschätzt werden Die freigesetzten Stoffmengen werden in diesem Fall unter Berücksichtigung der Anwendungscharakteristik abgeschätzt. Tabelle 6.2 zeigt, welche Annahmen bei verschiedenen Arten der Anwendung getroffen werden können.

Ein mit einfachen Mitteln abgeschätzter PEC$_{local}$ ist dabei als Worst-Case für eine erste Beurteilung des Risikoquotienten oft ausreichend, vorausgesetzt, daß kein Übertritt des Stoffes in ein wesentlich kritischeres Umweltkompartiment zu erwarten ist.

Im Folgenden werden anhand von zwei Beispielen einfache Ansätze zur Berechnung des PEC$_{local}$ für das Umweltkompartiment Wasser vorgestellt. Für die

Umweltkompartimente Luft und Boden existieren ähnliche Ansätze (vgl. lokale Gasausbreitung Anhang A5.3; lokale Exposition bei Pestiziden Anhang A5.5).

Tabelle 6.2. Abschätzung der Stofffreisetzung aus der Charakteristik der Verwendung

Charakteristik der Anwendung	Stofffreisetzung [%-Anteil der Gesamtmenge]	Beispiel
Geschlossenes System	< 1	Chemische Zwischenprodukte
Eingeschlossen in Matrix	ca. 10	Additive (für Werkstoffe)
Mehrfachverwendung	ca. 20	Photochemikalien
Einfachverwendung (direkter Umwelteintrag)	100	Agro-Produkte, Detergenzien

Die einfachsten Modelle zur Abschätzung der lokalen Gewässerkonzentration gehen von der vollständigen Durchmischung der ins Gewässer eingetragenen Stoffmenge aus. Mit diesem Ansatz ergeben sich für diffuse Quellen und Punktquellen folgende Abschätzungsformeln:

a)   *Diffuse Quelle (z. B. Konsumprodukt):*

$$PEC_{local} \, [kg / m^3] = \frac{M \cdot F \, (1 - f \cdot T)}{P \cdot W \cdot V} \tag{6.6}$$

M   konsumierte Jahresmenge des Produkts [kg/a]
F   in Abwasser freigesetzter Anteil (abh. von Auswaschbarkeit/Wasserlöslichkeit etc.)
f   Produktrückhalt/-abbau in ARA
T   Abwasseranteil behandelt durch ARA
P   Bevölkerungszahl
W   Abwasser pro Einwohner und Jahr [m³/a] (EU: ca. 55 - 75 m³/a)
V   Verdünnungsfaktor (EU Nord: ca. 100; EU Süd: ca. 10)

b)   *Punktquelle (z. B. Industrieanlage mit ARA):*

$$PEC_{local} [kg / m^3] = \frac{E \, (1 - f)}{Q \cdot V} = \frac{C_E \, (1 - f)}{V} \tag{6.7}$$

E   Emissionsrate [kg/Tag]
f   Produktrückhalt/-abbau in ARA
Q   Abwasservolumenstrom [m³/Tag] (Schätzung falls keine Daten: ca. 10 000 Einwohner-Gleichwerte = ca. 2 000 m³/Tag)
V   Verdünnungsfaktor (EU Nord: ca. 100; EU Süd: ca. 10)
C_E Einlaufkonzentration ARA [kg/m³]

6.4.4.2
Verteilung und Umwandlung in der Umwelt: der $PEC_{regional}$ und der $PEC_{continental}$

In einem größeren Betrachtungsrahmen muss abgeklärt werden, welche Expositionen auf regionaler oder kontinentaler Ebene sich durch die Verwendung eines Produktes ergeben können. Nach dem Eintrag in die Umwelt bestimmen natürliche Transport-, Umwandlungs- und Akkumulationsprozesse das weitere Schicksal einer Substanz (vgl. Anhang A5.1-A5.3, [7]). Aufgrund von Emissionscharakteristik, physikalisch-chemischen Stoffeigenschaften und Umweltbedingungen stehen bei der Analyse des weiteren Umweltverhaltens folgende Fragen im Vordergrund:

- *Kompartiment-Dimension*: Bleibt ein Stoff in dem Umweltkompartiment, in das er emittiert wurde, oder tritt ein signifikanter Anteil in ein anderes Kompartiment über?
- *Raum-Dimension*: Bleibt ein Stoff in der Region, in die er emittiert wurde, oder wird ein signifikanter Anteil großräumig verfrachtet?
- *Zeit-Dimension:* Wird ein Stoff in einem der Umweltkompartimente durch physikalische, chemische oder biologische Prozesse in signifikantem Maß entfernt, d.h. für natürliche Stoffkreisläufe und Biota nicht mehr verfügbar, oder ist mit umweltrelevanter Persistenz des Produkts oder seiner Abbauprodukte zu rechnen?
- *Akkumulations-Dimension:* Wird ein Stoff in einem Umweltkompartiment oder in einer Nahrungskette durch ein einseitiges Verteilungsgleichgewicht in signifikantem Maße angereichert?

Zur Beantwortung dieser Fragen werden Modelle herangezogen, die das Umweltverhalten von Produkten und die resultierenden Umweltkonzentrationen in den verschiedenen Kompartimenten beschreiben und abschätzen sollen:

- *Stofftransport innerhalb eines Umweltkompartimentes:* Durch Konvektion bewegt sich die Substanz mit dem Fluss des entsprechenden Umweltmediums. Gleichzeitig wird die Substanz durch turbulente Diffusion über Wirbeleintrag mit dem Umweltmedium verdünnt.
- *Stofftransport zwischen den Umweltkompartimenten*: Durch Austauschvorgänge gelangt die Substanz in andere Umweltkompartimente, z. B. durch Deposition, Auswaschung, Verdampfung, Sorption etc.
- *Stoffumwandlung durch biotischen Abbau*: Stoffe können beispielsweise von Mikroorganismen im Boden bzw. Wasser biologisch umgewandelt werden.
- *Stoffumwandlung durch abiotischen Abbau*: Durch Hydrolyse, Photolyse, Oxidation etc. kann eine chemische Umwandlung erfolgen.
- *Sorption*: Stoffe können in Böden, Gewässern und Sedimenten an Partikel sorbiert und so immobilisiert und angereichert werden.
- *Bioakkumulation*: Besonders lipophile Stoffe können in Organismen über die Nahrungskette angereichert werden.

Die Modellierung der genannten Prozesse erfordert einerseits Stoffdaten, z. B. Dampfdruck, Wasser- und Fettlöslichkeit, Abbauraten etc., um das generelle Umweltverhalten zu beschreiben. Andererseits müssen Annahmen über die Beschaffenheit der Umweltkompartimente gemacht werden. Zusammen mit Daten über die Emission kann eine Massenbilanz erstellt werden, die die Verteilung und Umwandlung in den Kompartimenten bestimmt (vgl. Abb. 6.7).

Die Grundgleichung der Massenbilanz für einen Stoff i in einem Umweltkompartiment mit Volumen ΔV als Bilanzgebiet lautet:

$$\Delta V \frac{dc_i}{dt} = \text{Input} - \text{Output} + Q_{\text{Emission}} - Q_{\text{Transformation}} \quad \left[kg \cdot s^{-1} \right] \quad (6.8)$$

Akkumulation   Umwelttransport   Emissions-   Transformationsstrom
(Diffusion/Konvektion/   strom   (falls pseudo 1. Ordnung:
Phasenübergang etc.)   (Quellterm) $Q_{\text{Transformation}} = \Delta V\, k_i \cdot c_i$)

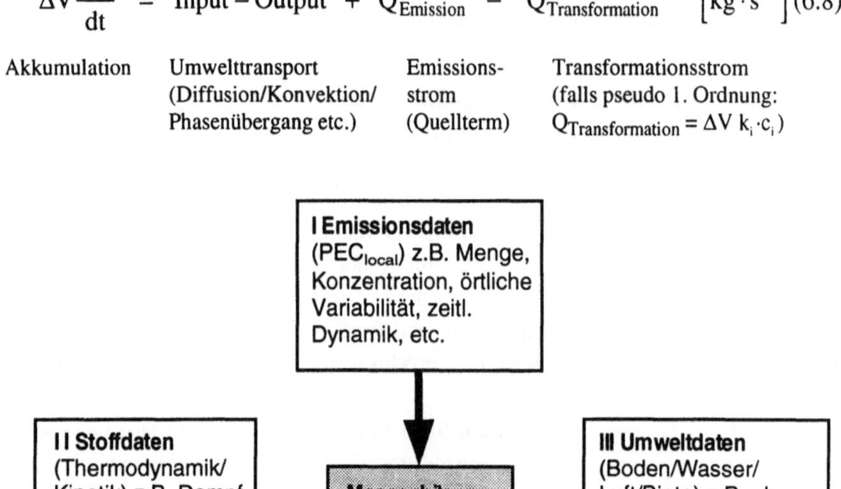

Abb. 6.7. Modellbildung zur Abschätzung der regionalen bzw. kontinentalen Umweltkonzentration.

Für den einfachen Fall, daß in einem homogen durchmischten Umweltkompartiment das weitere Schicksal einer Emission i einzig durch den Abbau mit der Abbaukonstante k_i kontrolliert wird, ergibt die Integration von Bilanzgleichung (6.8) den dynamischen Konzentrationsverlauf $c_i(t)$:

$$c_i(t) = \frac{Q_{\text{Emission}_i}}{k_i \cdot \Delta V} (1 - e^{-k_i t}) \qquad (6.9)$$

Gleichung (6.9) zeigt, daß unter diesen Annahmen asymptotisch eine Umweltkonzentration erreicht wird, die proportional zum Emissionsstrom und umgekehrt proportional zur Abbaurate ist.

6.4.4.3
Mackay-Fugazitätsmodelle

Für die allgemeine Modellierung von regionalen und kontinentalen Umweltkonzentrationen und die Abschätzung der Stoffakkumulation in ausgewählten Nahrungsketten stehen eine Reihe von Datenbanken und Computermodellen zur Verfügung. Häufig werden für eine erste Abschätzung des Umweltschicksals *Mackay-Fugazitätsmodelle* [8, 9] benutzt. Diese Multimedienmodelle bilden die Umwelt durch wenige standardisierte Kompartimente ab und beschreiben das Umweltschicksal auf vier Komplexitätsstufen:

Level I   Annahme von thermodynamischer Gleichgewichtsverteilung zwischen den Umweltkompartimenten (gemäß Fugazität); keine Berücksichtigung von Stoffumwandlung und aktivem Stofftransport

Level II   zusätzlich zu Stufe I: Berücksichtigung von Stoffumwandlung (biologische und chemische Reaktion) und von aktivem Stofftransport (Advektion)

Level III zusätzlich zu Stufe II: Berücksichtigung von kompartimentspezifischen Emissionen und nachfolgendem Übertritt zu anderen Umweltkompartimenten

Level IV zusätzlich zu Stufe III: Berücksichtigung der Dynamik von Emissionen

Mit einem Level III-Modell kann oft mit wenig Daten, z. B. Dampfdruck, Wasserlöslichkeit, K_{OW} und $k_{Transformation}$, ein erstes Bild über das Umweltschicksal eines Stoffes gewonnen werden. Es ist jedoch wichtig, die Begrenzungen des Modelleinsatzes zu beachten:

1. Gültigkeit nur für nicht ionisierbare, hydrophobe Substanzen, z. B. apolare Lösungsmittel, die keine spezifischen Wechselwirkungen zeigen, sondern allein aufgrund ihrer Fugazitäten verteilt werden
2. nur gültig für kontinentale und regionale, nicht aber für lokale Betrachtung
3. Annahme von homogener Stoffverteilung innerhalb eines Kompartiments, was z. B. für Boden, Sediment und Wasser in Wirklichkeit oft nicht zutrifft.

Wegen all diesen Einschränkungen ist häufig eine detailliertere Betrachtung erforderlich. Dazu sei an dieser Stelle lediglich auf die heutige Vielzahl an kompartimentspezifischen Expositionsmodellen hingewiesen.

Damit die Aussagekraft der Resultate richtig eingeschätzt werden kann, sollten einige *kritische Punkte* beachtet werden:

• *Komplexität der Umweltexposition:* Am Schluss der Expositionsanalyse sollte gefragt werden, ob die Vielfalt an Wirkungsgefügen, Fließgleichgewichten und Nahrungsketten einigermaßen verläßlich abgebildet werden konnte, oder ob möglicherweise wichtige Prozesse fehlen.

- *Relevanz der Umweltkompartimente*: Welche Umweltkompartimente sind – auch im Hinblick auf Abbauprodukte – für die Produktrisikoanalyse relevant?
- *Richtige Beurteilung der biologischen Abbaubarkeit*: Wurde der biologische Abbau, z. B. bezüglich Bioverfügbarkeit, Adaption der Organismen oder Abbauprodukten, richtig beurteilt?
- *Örtliche und zeitliche Expositionsschwankungen:* Der Verlauf der Expositionen unterliegt örtlichen und zeitlichen Schwankungen. Wird beispielsweise von vollständiger Durchmischung ausgegangen oder über die Zeit gemittelt, sind diese Schwankungen nicht mehr abgebildet. Daher sollte überlegt werden, inwieweit Schwankungen die Resultate der Expositionsanalyse beeinflussen können (Sensitivitätsanalyse, evtl. Überwachung durch Monitoring).
- *Unsicherheit und Fehlen von Daten*: Diesem oft entscheidenden Punkt sollte durch eine Unsicherheitsanalyse Rechnung getragen werden.

6.4.4.4
Stoffbewertung mit Hilfe von Persistenz und Reichweite

Schon ohne eigentliche Wirkungsanalyse (vgl. Kap. 6.4.5) lässt sich mit Hilfe der beiden Indikatoren "Persistenz" und "räumliche Reichweite" bereits auf der Basis der Exposition eine erste, vereinfachte Stoffbewertung durchführen. Dabei dient die Persistenz als Kennzahl für die Dauer einer Exposition und die räumliche Reichweite als analoge Kennzahl für deren räumliche Ausdehnung. Diese Größen bilden ein Maß für die Tendenz einer Substanz, dauerhafte und weiträumige Expositionen zu verursachen. Auch ohne genaue Kenntnis der Effekte, die durch solche Expositionen ausgelöst werden, lässt sich festhalten, daß Stoffe mit hoher Persistenz und Reichweite eine Gefährdung der Umwelt darstellen. Im Sinne des Vorsorgeprinzips sollte ihre Verwendung daher vermieden werden.

FCKW beispielsweise besitzen aufgrund ihrer hohen chemischen Stabilität eine Persistenz von ca. 100 Jahren und aufgrund ihrer gleichmäßigen globalen Verteilung eine Reichweite von 40 000 km (Erdumfang). Aber auch saure Gase, wie NO_x und SO_x, die über Distanzen von mehreren 100 km von Mitteleuropa nach Skandinavien transportiert werden, sind beispielhaft für eine erhebliche räumliche Verlagerung von Exposition und Effekten.

Persistenz und Reichweite können sowohl aus Messdaten (Labormessungen zum Abbauverhalten, gemessene Umweltkonzentrationen) als auch aus Modellrechnungen bestimmt werden. In einem zweidimensionalen Diagramm mit den Achsen Persistenz und Reichweite können Stoffe hinsichtlich ihres Expositionsverhaltens eingeordnet werden. Auf dieser Grundlage können schließlich auch Vorschläge zum Ersatz von Stoffen mit hoher Persistenz und Reichweite durch kurzlebigere und weniger mobile Substanzen erarbeitet werden. Das Ziel dieses Vorgehens ist es, nach Möglichkeit nur noch Stoffe einzusetzen, die zu kurzfristigen und auf das Umfeld des Emittenten beschränkten Expositionen führen [10, 11].

6.4.5
Wirkungsanalyse

Die Ökotoxikologie (vgl. z. B. [12]) beschäftigt sich mit der Interaktion von Chemikalien (Stressoren) mit biologischen Systemen von der zellulären Ebene bis zum Ökosystem. Die Chemikalien können direkt oder indirekt, z. B. via Nahrungskette, unerwünschte Umwelteffekte auslösen. Dabei sind Bioverfügbarkeit, Metabolismus und systemspezifische Effekte Gegenstand der wissenschaftlichen Untersuchung.

Die Wirkungen einer Substanz auf biologische Systeme - beispielsweise Mortalität, Wachstums- oder Reproduktionsstörungen - sind abhängig von:

- Dosis, Konzentration und Dauer der Exposition
- molekularer Struktur
- physikalisch-chemischen Stoffeigenschaften
- Expositionsmedium und Expositionsweg
- Bioverfügbarkeit, abhängig von Membraneigenschaften und stoffspezifischem Sorptionsvermögen
- Art und Zustand des Organismus bzw. des Ökosystems

Ausgehend von aquatischen Akut-Wirkungstests (LC_{50}) werden situationsspezifisch Langzeittests durchgeführt. Beispielsweise wird für ein Produkt die Reproduktionstoxizität bei Daphnien oder die Phytotoxizität bei höheren Pflanzen untersucht.

6.4.5.1
Die Bestimmung von PNEC-Werten

Die *Predicted No Effect Concentration PNEC* in mg pro l Wasser bzw. pro m^3 Luft oder pro kg Boden kann entweder gemäß jeweiliger Datenlage mit einem festen Extrapolationsfaktor oder durch statistische Extrapolation abgeleitet werden [13]. Die Methode der festen Extrapolationsfaktoren ist in der Praxis weit verbreitet und bestimmt auf unterschiedlichen Wissensstufen den PNEC-Wert als Schätzung für den Endpunkt der Dosis-Wirkungs-Beziehung:

$$\text{PNEC} = \frac{\text{Wirkungs} - \text{bzw. Nicht} - \text{Wirkungskonzentration}}{\text{Extrapolationsfaktor}} \qquad (6.10)$$

Wirkungskonzentration: z. B. $L(E)C_{50}$

Nicht-Wirkungskonzentration: NOEC (No Observed Effect Concentration)

Der Extrapolationsfaktor soll die Übertragung vom Laborergebnis auf die reale Situation in der Umwelt berücksichtigen. Für jeden unsicheren Übertragungsschritt wird ein Extrapolationsfaktor von 10 gewählt (vgl. Tab. 6.3). Wie bei der Abschätzung der Humantoxizität ist der Faktor 10 zunächst einmal willkürlich gewählt. Die in ihm ausgedrückten Unsicherheiten bestehen durch

- die Extrapolation von akuter zu chronischer Toxizität

- Empfindlichkeitsunterschiede der Individuen innerhalb einer Spezies (Intra-spezies-Variabilität, kommt durch Steigung der Dosis-Wirkungs-Kurve zum Ausdruck)
- die Übertragung der Daten von Testspezies auf die natürliche Vielfalt an Arten und Ökosystemen (Interspezies-Variabilität) [4].

Tabelle 6.3. Extrapolationsfaktoren zur Berechnung des PNEC aus Testdaten

Verfügbare Ökotoxizitätsdaten	Extrapolationsfaktor EF
Tiefster akuter Toxizitätswert $L(E)C_{50}$ für Fische, Daphnien oder Algen	1000
Zwei Langzeit-NOEC's (No Observed Effect Concentration)	100
Drei Langzeit-NOEC's (oft Fische, Daphnien, Algen)	10
Feldstudie (US-EPA)	(1)

Somit ergibt sich beispielsweise bei der Abschätzung eines $PNEC_{aquatisch}$ aufgrund eines LC_{50}-Wertes ein Extrapolationsfaktor von 1000, da alle oben genannten Übertragungsschritte gemacht werden müssen. Die natürliche Hintergrundkonzentration einer Substanz wird dabei oft als untere Grenze für einen PNEC angesehen.

In der Wirkungsanalyse müssen aber nicht nur direkte Effekte beachtet werden, sondern auch die indirekte Ökotoxizität durch die Anreicherung von Substanzen in der Nahrungskette. Daher muss beispielsweise ein PNEC für fischessende Säuger und Vögel ermittelt werden. Dazu muss eine Gewässerkonzentation festgelegt werden, bei der die von fischessenden Säugern und Vögeln aufgenommenen Dosen nicht schädlich wirken. Die Nicht-Wirkungskonzentration im Umweltkompartiment der vorgelagerten trophischen Stufe (bei fischessenden Säugern oder Vögeln der $NOEC_{Wasser}$) lässt sich aus der Nicht-Wirkungskonzentration der entsprechenden Diät (z. B. $NOEC_{Fisch}$) und dem Biokonzentrationsfaktor BCF abschätzen (vgl. auch Anhang A5.1.3):

$$NOEC_{Wasser} = NOEC_{Fisch}/BCF \tag{6.11}$$

$NOEC_{Wasser}$ Nicht-Wirkungskonzentration einer Substanz für fischfressende Vögel und Säuger, ausgedrückt in mg/L Wasser

$NOEC_{Fisch}$ Maximale Konzentration einer Substanz in Fischen, die für fischessende Vögel und Säuger keine negativen Auswirkungen zeigt (in mg/kg Körpergewicht)

BCF Biokonzentrationsfaktor in mg/kg Körpergewicht pro mg/L Wasser

Eine geringe Wasserlöslichkeit von Substanzen kann als Toxizitätsschranke wirken, falls an der Löslichkeitsgrenze auch bei Langzeitexposition keine toxischen Effekte feststellbar sind. Daher hat bei schlecht wasserlöslichen Substanzen der $L(E)C_{50}$-Wert wenig Aussagekraft, da akute Wirkungen nur bei hohen Expositionskonzentrationen auftreten, d. h. bei Bedingungen, die durch die geringe Löslichkeit a priori nicht gegeben sind.

Auch im Verlauf der Wirkungsanalyse gilt es, einigen *kritischen Aspekten* Rechnung zu tragen. Viele der aufgeführten Punkte wurden schon bei der Risikoanalyse von humantoxischen Effekten erwähnt, stellen also generelle Probleme bei der Untersuchung der Wirkung von Substanzen auf Lebewesen dar:

- *unzureichende Gefahrenerkennung*: Wurden alle verfügbaren Hinweise auf Besonderheiten bezüglich Wirkungen, Expositionspfade und exponierten Organismen berücksichtigt?
- *Fehlen von gut definierten Bewertungsendpunkten*: Die Bestimmung von Konzentrationen und aufgenommenen Dosen, welche bei Testorganismen keine negativen Effekte hervorrufen (No Effect Level, NEL), hängt davon ab, was unter negativen Effekten verstanden wird und wie sie untersucht werden (z.B. nicht berücksichtigte Wirkortkonzentration beim dosisbasierten Toxizitätskonzept).
- *Vielfalt, Variabilität und zeitliche Dynamik von Ökosystemen:* Die im Labor bestimmten Wirkungsdaten müssen auf die Situation in der Umwelt übertragen werden. Die verschiedenen Extrapolationsschritte können dabei nur aufgrund von groben Abschätzungen erfolgen und sind daher mit größeren Unsicherheiten verbunden. Es muss die Möglichkeit in Betracht gezogen werden, daß extrem empfindliche Spezies durch den festgesetzten PNEC nicht geschützt werden.
- *Beschränkte Aussagekraft von Labor-Wirkungstests mit aquatischen Organismen:* Eine erste Abschätzung der Umwelteffekte erfolgt oft aufgrund von Wirkungsdaten für aquatische Organismen (Fisch, Daphnie, Alge). Diese Befunde haben z. B. für terrestrische Ökosysteme nur beschränkte Aussagekraft.
- *Fehlen von verlässlichen Indikatoren für Kombinationswirkungen:* Da Daten über Kombinationswirkungen in der Regel fehlen, können in der Wirkungsanalyse darüber auch keine Aussagen gemacht werden. Unter diesem Gesichtspunkt kommt der periodischen Neubeurteilung mit Erfahrungsdaten Bedeutung zu.
- *Variabilität der Produktqualität:* Insbesondere in frühen Entwicklungsphasen eines Produkts kann die Variabilität der Produktqualität eine prospektive Risikoanalyse komplizieren.

6.4.6
Risikobeschreibung und Risikobewertung

Die Abschätzung des Risikos von Umwelteffekten erfolgt spezifisch für die verschiedenen Kompartimente und Schutzgüter. Es werden also mehrere Risikoquotienten gebildet, beispielsweise für verschiedene Bodentypen, Luft, Oberflächengewässer, Grundwasser, wurm- und fischfressende Vögel und Säuger, Mikroorganismen in Kläranlagen usf. Der Risikoquotient wird durch Punktschätzungen für die maximal zu erwartende Umweltexposition (Ausgangspunkt: PEC_{local}) und einen extrapolierten Dosis-Wirkungs-Endpunkt (PNEC) bestimmt. Sollten besondere Verdachtsmomente, wie Bioakkumulation o.ä., bestehen, so ist eine Erweiterung des Abschätzungsmodells für einen $PEC_{regional}$ erforderlich.

Auch bei den Umwelteffekten hängt die Risikobewertung grundsätzlich vom Schutzziel ab. Aufgrund des Risikoquotienten wird häufig zwischen folgenden Fällen unterschieden:

a) $\quad \dfrac{PEC}{PNEC} \leq 1 \;\Rightarrow\; \text{Kein Handlungsbedarf}$

b) $\quad \dfrac{PEC}{PNEC} > 1 \;\Rightarrow\; \text{Handlungsbedarf}$

Abhängig von Produkttonnage und Höhe des Risikoquotienten sind im Fall b) Umfang und Dringlichkeit weiterer Maßnahmen unterschiedlich (vgl. Tab. 6.4). Bei der Revision von PEC zu PNEC Verhältnissen ist insbesondere die Reduktion des Extrapolationsfaktors aufgrund verbesserter Datenlage von praktischer Bedeutung.

Tabelle 6.4. Umfang und Dringlichkeit weiterer Maßnahmen

PEC/PNEC	Maßnahmen (gemäß EU-Richtlinie 67/548/EWG)
≤ 1	Keine weiteren Tests bis 100 t/a
1- 100	Weitere Tests ab 10 t/a
100 - 1 000	Sofort erweiterte Untersuchung $\Rightarrow$ (PEC/PNEC) revidiert
> 1 000	Sofort Reduktion von Risiko $\Rightarrow$ Risikomanagement

Für die Beurteilung von Produktrisiken im Hinblick auf Umweltschutzgüter stehen verschiedene standardisierte Hilfsmittel zur Verfügung. Computermodelle wie EUSES (European Uniform System for the Evaluation of Substances) [14] und HAZCHEM [15] werden heute für eine rudimentäre Berechnung des Risikoquotienten (= PEC/PNEC) verbreitet eingesetzt.

Analog zur Beurteilung der Humantoxizität gilt es auch hier einige *kritische Fragen* zu stellen:

- Konnten die Gefahren sowohl bezüglich Wirkung als auch bezüglich Umfang der Umweltexposition adäquat beschrieben werden oder wurden bestimmte Fälle nicht beachtet?
- Sind die für die Bildung des Risikoquotienten verwendeten Punktschätzungen für Exposition bzw. Endpunkt der Dosis-Wirkungs-Beziehung relevant?

- Wie muss das Fehlen bzw. die Unsicherheit von Daten beurteilt werden (Sensitivitätsanalyse)?
- Welche Aussagekraft besitzen die Expositions- und Wirkungsmodelle aufgrund der getroffenen Prämissen, Extrapolationen etc.?
- Konnten die national und regional häufig unterschiedlichen Rahmenbedingungen berücksichtigt werden oder handelt es sich um generelle Überlegungen?
- Wurde die gleichzeitige Belastung mit anderen Stoffen berücksichtigt?

Durch die Beantwortung dieser Fragen und den Vergleich mit anderen Risiken kann eine individuelle Bewertung des ermittelten Risikos erreicht werden. Wird das Risiko als zu hoch gewertet, folgen im Schritt des Risikomanagements risikomindernde Maßnahmen.

6.4.7
Risikomanagement

In gewissen Fällen besteht die Aussicht, den Risikoquotienten durch genauere Wirkungs- oder Expositionsdaten eines Produkts zu verringern, da z. B. genauere Wirkungsdaten geringere Extrapolationsfaktoren verlangen. Andernfalls kann das Umweltrisiko durch Einschränkung der Exposition reduziert werden. Dabei bestehen folgende Möglichkeiten:

- *Anwendungseinschränkung*: Ort, Zeit, Menge der Anwendung können beschränkt werden.
- *Verbesserte Applikation gemäß dem Prinzip von Minimaleinsatz etc.*
- *Verbesserte Formulierung des Produktes*: Beispielsweise kann durch gezielten Einsatz von leichter abbaubaren Hilfsstoffen eine verbesserte Formulierung erreicht werden.
- *Umfassende Produktinformation und Ausbildung der Anwender*: Eine verbesserte Handhabung des Produkts kann mit zweckmäßigen Schutz-, Kontroll- und Notmaßnahmen bewirkt werden.
- *Handhabung in geschlossenen Systemen*

Zum besseren Verständnis der bisherigen Ausführungen zur Risikoanalyse bzgl. Umwelteffekten dient im Folgenden wieder das Beispiel eines Reaktivfarbstoffes.

Beispiel 6.2. *Risikoabschätzung eines Reaktivfarbstoffs im Färbereiabwasser für die lokale Umwelt*

Fragestellung
Gehen vom dargestellten Baumwollreaktivfarbstoff Gefahren für das lokale Ökosystem eines Gewässers aus, in das die gereinigten Abwässer eines Färbereibetriebs eingeleitet werden?

Berechnung von PEC$_{local}$ eines Gewässer für einen spezifische Farbstoff dieser Klasse

W_1	Masse an Färbegut (Textilien)	3000 kg/d[14]
W_2	Farbstoff pro Masse Färbegut	10 g/kg
F	Fixiergrad auf der Baumwolle	85 %
Q	Abwassermenge	300 l/kg Textil
P	Farbstoffelimination in Abwasserreinigungsanlage	10 %
V	Verdünnungsfaktor in Vorfluter	ca. 100

Aus diesen Daten berechnet sich der PEC$_{local}$ analog zur Gleichung (6.7) für eine Punktquelle:

$$PEC_{local} = \frac{W_1 \cdot W_2 \cdot \dfrac{100-F}{100} \cdot \dfrac{100-P}{100}}{(Q \cdot W_1) \cdot V}$$

$$= \frac{3000\ kg/d \cdot 10\ g/kg \cdot \dfrac{100-85}{100} \cdot \dfrac{100-10}{100}}{(300\ l/kg \cdot 3000\ kg/d) \cdot 100} = \underline{0.045\ mg/l}$$

Berechnung von PNEC$_{aquatisch}$ aufgrund akuter aquatischer Toxizitätsdaten (vgl. Tabelle 6.3)

Fischtoxizität:	LC$_{50}$	>250 mg/l	96 h, Zebrabärbling
Daphnientoxizität:	EC$_{50}$	>250 mg/l	48 h
Algentoxizität:	EC$_{50}$	>100 mg/l	72 h

$$PNEC_{aquatisch} = \frac{\text{tiefster akuter Toxizitätswert}}{\text{Extrapolationsfaktor}} = \frac{100\ mg/l}{1000} = \underline{0.1\ mg/l}$$

Berechnung des Risikoquotienten

$$\text{Risikoquotient} = \frac{PEC}{PNEC} = \frac{0.045\ mg/l}{0.1\ mg/l} = \underline{0.45}$$

---

[14] Durchschnittswerte für Färbereibetriebe in Europa gemäß [1]

Ergebnis

Der berechnete Risikoquotient ist < 1. Für das betrachtete aquatische Ökosystem ist somit nicht mit Gefahren zu rechnen, wobei es Folgendes zu beachten gilt:

- Der Risikoquotient liegt relativ nahe bei 1.
- Der Abfluss des Abwassers erfolgt stoßweise, so daß trotz Ausgleich in der Kläranlage ev. höhere Konzentrationen auftreten, als für den Durchschnitt berechnet wurde.
- Die Unsicherheit ist relativ groß, da viele Übertragungsschritte gemacht werden müssen.
- Der Extrapolationsfaktor von 1000 sollte allerdings gemäß heutiger Erfahrung diese Unsicherheit ausgleichen.

Maßnahmen

Mögliche Maßnahmen zur weiteren Erhöhung der Produktsicherheit wären:

- Minimierung von Rückständen des Farbstoffes in der Färbeflotte, z. B. durch maximalen Ausziehgrad
- Ausfällung von Farbstoffen in der Abwasserreinigung
- Aufkonzentration und Entsalzung des Abwassers durch Umkehrosmose

6.5
Physikalisch-chemische Eigenschaften

6.5.1
Ausgangslage

Dieser Teil einer Produktrisikoanalyse beschäftigt sich mit möglichen Gefahren, die durch eine Energiefreisetzung des Produkts sowie durch die Bildung kritischer Reaktionsgase entstehen könnten. Dabei werden Stoffeigenschaften behandelt, die später auch für die Prozeßsicherheit wichtig sind (vgl. Kap. 7). Maßgebend für die Gefährdung durch physikalisch-chemische Eigenschaften ist die Gefahrstoffmenge und das stoffspezifische Energiepotential mit involvierter Aktivierungsenergie und Freisetzungsdynamik. Zusammen mit den für eine Energiefreisetzung nötigen Rahmenbedingungen, wie Sauerstoff (Luft) und Zündquelle, bilden Gefahrstoffmenge und Brenneigenschaften die Eckwerte einer diesbezüglichen Risikobetrachtung. Unter dem Aspekt der Energiefreisetzung müssen folgende Eigenschaften beachtet werden:

- Entzündbarkeit
- Brennbarkeit
- Exotherme Zersetzung
- Explosionsfähigkeit
- Brandförderung
- Reaktion mit Wasser

Als Schutzgüter können folgende exponierte Bevölkerungsgruppen und Sachwerte genannt werden:

- Arbeiter
- Verbraucher

- Über die Umwelt indirekt exponierte Bevölkerung
- Produkte, Prozesse, Anlagen

6.5.2
Stufen der Risikoanalyse im Hinblick auf Brand- und Explosionsgefahren

Das Vorgehen bei der Beurteilung von Gefährdungen durch physikalisch-chemische Eigenschaften entspricht im Grundsatz wieder dem vorgestellten generellen Ablauf einer Risikoanalyse (vgl. Abb. 6.1):

- Sicherheitsdaten zur Gefahrenidentifikation
- Expositionsszenarien, Risikobeschreibung und Risikobewertung
- Risikomanagement

6.5.2.1
Sicherheitsdaten zur Gefahrenidentifikation

Die physikalisch-chemischen Basisdaten eines Produktes sind Ausgangspunkt für eine erste Einstufung der Brand- bzw. Explosionsgefährlichkeit. Können vom Produkt Gefahren in Folge einer Energiefreisetzung ausgehen? Die Überlegungen stützen sich auf die physikalisch-chemischen Sicherheitsdaten, welche heute in einer Reihe wohl definierter Prüfungen bestimmt werden.

Einige Begriffsdefinitionen finden sich in Tabelle 6.5. Die für die Risikoanalyse wichtigsten Prüfungen sind in Tabelle 6.6 zusammengestellt. Bei der Verwendung der gemessenen Größen muss beachtet werden, daß sie jeweils für bestimmte Rahmenbedingung gelten (Temperatur, O_2-Gehalt, Feuchtigkeit, bei Stäuben: Partikelgröße), die unter realen Bedingungen anders sein können. Die Prüfmethoden, die für die Einstufung nach EU-Nomenkaltur verwendet werden, sind im Anhang zur Einstufungsrichtlinie 67/548 angegeben.

Die *Möglichkeit* einer Energiefreisetzung wird - abgesehen vom Vorhandensein einer Zündquelle - von der Wärmebilanz am Zündpunkt bestimmt (Prüfpunkte I-IV). Durch die Flammpunktprüfung, die Prüfung auf Explosionsgrenzen, die Zündtemperaturprüfung und die Prüfung bzgl. erforderlicher Mindestzündenergie können die kritischen Bedingungen eingegrenzt werden, unter denen ein Produkt entzündet werden kann. Beispielsweise kann ein Gas/Luft-Gemisch unterhalb einer bestimmten Konzentration (untere Explosionsgrenze) nicht zur Explosion gebracht werden. Ebenso existiert eine obere Explosionsgrenze, bei deren Überschreitung ein Gas/Luft-Gemisch zu "fett" wird und nicht mehr explodiert. Die Explosionsgrenzen umschreiben einen Bereich um den Punkt, bei dem die Mischung zwischen Brennstoff und Sauerstoff optimal ist (stöchiometrisches Verhältnis).

Tabelle 6.5. Begriffsdefinitionen

Prüfbegriff	Definition
Flammpunkt	Niedrigste Temperatur, bei der sich unter Normaldruck über einer Flüssigkeit zündfähige Dampf/Luft-Gemische bilden.
Brennpunkt	Niedrigste Temperatur einer brennbaren Flüssigkeit, bei der nach erfolgter Entzündung der überlagerten Dämpfe die Flamme nicht erlischt, sondern an der Flüssigkeitsoberfläche weiterbrennt.
Zündtemperatur	Niedrigste Temperatur einer heißen Oberfläche, bei der sich ein optimales Brennstoff/Luft-Gemisch gerade noch entzündet.
Selbstentzündungs-temperatur	Niedrigste Umgebungstemperatur, bei der sich eine feste Substanz spontan entzündet.
pyrophor	Pyrophore Substanzen entzünden sich im Kontakt mit Luft spontan innerhalb von 5 min. (Selbstentzündungstemperatur < 35 °C).
Explosionsgrenzen	Minimale und maximale Konzentration von Dampf, Gas oder Staub in der Luft, bei der sich ein Gemisch gerade noch entzündet.
(Chemische) Explosion	Reaktionsfront, die sich durch Reaktionsmasse fortpflanzt; Oberbegriff für Deflagration und Detonation (Thermische Explosion: keine Reaktionsfront, vgl. Kap. 9).
Deflagration	Reaktionsfront (z.B. lokale Zersetzung) breitet sich mit einer Geschwindigkeit < 1 m/s in Feststoffreaktionsmasse aus (unter Ausschluss von Luftsauerstoff z.B. bei Nitrokörpern).
Detonation	Schockwelle durch gebildete Reaktionsgase pflanzt sich mit Überschallgeschwindigkeit fort (betrifft Feststoffe wie Gase).

Das *Potential* einer Energiefreisetzung wird - abgesehen von der Brennstoffmenge - vorab von der Dynamik der Energiefreisetzung (Prüfpunkte V-VI) bestimmt. Mit der Ermittlung der Brennzahl für Feststoffe sowie den Explosionskenngrößen P_{max} (maximaler Explosionsdruck) und K_{max} (maximaler Druckanstieg in Abhängigkeit des Behältervolumens) für Gase und Stäube werden Kenngrößen gemessen, die das Ausmaß und die Dynamik einer Energiefreisetzung beschreiben[15].

Die Prüfungen eines Produkts auf Deflagration, Exothermie und Explosivität weisen schliesslich auf weitere Gefahrenpotentiale hin (Prüfpunkte VII-IX).

Sicherheitsdaten sind für eine risikogerechte Stoffhandhabung von zentraler Bedeutung. Beispiele von Sicherheitsdaten wie Flammpunkt, Zündtemperatur, Explosionsgrenzen und Explosionskenngrößen finden sich im später folgenden Anwendungsbeispiel (Beispiel 6.3). Die stoffbezogenen Klassierungen einiger sicherheitstechnischer Kenngrößen sind in Tabelle 6.7 dargestellt.

---

[15] Diese Kenngrößen sind auch für die Auslegung technischer Brand- und Explosionsschutz-systeme maßgebend.

Tabelle 6.6. Beispiele von wichtigen sicherheitstechnischen Kenngrößen zur physikalisch-chemischen Charakterisierung eines Produktes und ihre Prüfmethoden P

Prüfgröße	Feststoff ⇌ Luft (Pulver)	Flüssigkeit ⇌ Luft (Dampf/Gas ⇌ Luft)	Staub ⇌ Luft
I Flammpunkt [K]		P: Zündquelle in geschlossenem Behälter →Brandgefahrenklasse	
II Explosionsgrenzen [Vol%] bzw. [g/m^3]		P: Zündquelle in geschlossenem Behälter	
III Zündtemperatur[a] [K]	→Bewertungszahl	P: Thermostatisierte Oberfläche als Zündquelle →Temperaturklasse	
IV Mindestzündenergie [mJ]		P: Funkenentladung	
V Brandausbreitung	P: Platindraht ≅ 1000° →Brennzahl		
VI Maximaler Explosionsdruck/-druckanstieg [bar] bzw. [bar s^{-1}]		P: Zündquelle in geschlossenem Behälter	P: Zündquelle im Rohr/Kugel →Staubex.-klasse
VII Deflagration	P: Glühkerze ≅ 800°C im Rohr →Deflag. ja/nein		
VIII Exothermie	P: Offenes oder geschlossenes Gefäß, Dewar-Gefäß oder im Luftstrom →kalorimetrische Daten		
IX Explosivität	P: a) Fallhammer 10 kg aus 40 cm Höhe[b] b) Thermische Beanspruchung in Stahlhülse →Sprengstoff ja/nein		

[a]bei Feststoffen wird die Selbstentzündungstemperatur (vgl. Tabelle 6.5) gemessen
[b]Verfahren der Bundesanstalt für Materialprüfung in Deutschland

Die Einstufung von gefährlichen Stoffen auf der Grundlage der EU-Richtlinie 67/548 und den nachfolgenden Änderungsrichtlinien ist in Deutschland im Anhang I der Gefahrstoffverordnung zu finden. Die physikalisch-chemischen Gefährlichkeitsmerkmale werden durch die R-Sätze beschrieben und führen gegebenenfalls zur Vergabe der entsprechenden Gefahrensymbole (vgl. Anhang A3.2) bzw. zu entsprechenden Handhabungs-, Lager- und Transportvorschriften[16].

Tabelle 6.7. Klassierungen von Stoffen aufgrund von sicherheitstechnischen Kenngrößen

Größe	Klassenbezeichnung	Bereich		Kürzel
Flammpunkt	Brandgefahrenklasse	$< 21°C$		AI[a]
	(für Flüssigkeiten und	$21 - 55°C$		AII
	Dämpfe)	$55 - 100°C$		AIII
Zündung von	Bewertungszahl	$> 360°C$		B.Z. 1
Feststoffen [14]		$\leq 360°C$		B.Z. 2
		$\leq 330°C$		B.Z. 3
		$\leq 300°C$		B.Z. 4
		$\leq 270°C$		B.Z. 5
		$\leq 240°C$		B.Z. 6
Brandausbreitung	Brennzahl	keine Brandausbreitung		1 - 3
bei Feststoffen		Brandausbreitung		4 - 6
K_{max}	Staubexplosionsklasse[b]	$K_{max}=$ 0	$bar \cdot m \cdot s^{-1}$	St 0
		$K_{max}=1 - 200$	$bar \cdot m \cdot s^{-1}$	St 1
		$K_{max}=201 - 300$	$bar \cdot m \cdot s^{-1}$	St 2
		$K_{max}> 300$	$bar \cdot m \cdot s^{-1}$	St 3

[a]nach der Verordnung über brennbare Flüssigkeiten (D). Flüssigkeiten, die bei 15 °C mit Wasser mischbar sind, werden in der Gefahrenklasse B zusammengefasst und nicht näher unterteilt.

[b] $K_{max} = \left(\dfrac{dP}{dt} \right)_{max} \cdot V^{\frac{1}{3}}$, wobei V das Behältervolumen ist.

6.5.2.2
Expositionsszenarien, Risikobeschreibung und Risikobewertung

Falls bei der Bestimmung der physikalisch-chemischen Eigenschaften ein Potential einer gefährlichen Energiefreisetzung ermittelt wurde, muss eine Risikobeschreibung durchgeführt werden. Eine Brand- oder Explosionsgefahr besteht grund-

---

[16] *Transport*: Eine Beurteilungsbasis bilden hier die europäischen Übereinkommen:
Strasse: ADR (Accord européen relatif au transport international des marchandises dangereuses par route)
Schiene: RID (Règlement international concernant le transport des marchandises dangereuses par chemins de fer)

sätzlich dann, wenn Brennstoff, Sauerstoff und eine Zündquelle zusammentreffen[17] (Abb. 6.8).

Abb. 6.8. Gefahrendreieck der Energiefreisetzung, verändert nach [16]

Das Risiko lässt sich dabei durch Tragweite und Eintrittswahrscheinlichkeit solcher Expositionsszenarien ausdrücken:

- *Tragweite*: Menge, Energieinhalt und Freisetzungsdynamik eines Brennstoffes sowie die resultierenden Folgen bestimmen die mögliche Tragweite eines Ereignisses.
- *Eintrittswahrscheinlichkeit*: Aus der Wahrscheinlichkeit des gleichzeitigen Auftretens der erforderlichen Konzentration von (Luft-) Sauerstoff und einer ausreichenden Zündquelle errechnet sich die Eintrittswahrscheinlichkeit einer Energiefreisetzung.

Die *Risikobeschreibung* durch Expositionsszenarien mit bestimmten Eintrittswahrscheinlichkeiten und Tragweiten sowie die *Risikobewertung* im Kontext eines konkreten chemischen Prozesses mit Anlagen und Schutzeinrichtungen etc. sind zentrale Teile der Prozessrisikoanalyse und werden in Kap. 7 ausführlicher besprochen.

6.5.2.3
Risikomanagement

Neben der grundsätzlich erforderlichen Produktkennzeichnung und der Information der Anwender umfasst das Risikomanagement von brand- bzw. explosionsgefährlichen Stoffen eine Reihe von Maßnahmen, die ein hierarchisches Vorgehen nahelegen. Gemäß dem Grundgedanken der inhärenten Sicherheit, Gefahren zu eliminieren oder zu reduzieren, statt nachfolgend durch Kontroll- und Sicherheitsmaßnahmen zu überwachen, erhalten die nachfolgend angeführten Sicherheitsmaßnahmen abnehmende Priorität im Rahmen des Risikomanagements:

---

[17] Deflagration kann auch ohne die Anwesenheit von Sauerstoff auftreten.

a) Vermeidung oder Minimierung physikalisch-chemisch kritischer Stoffe
- Vermeidung explosionsfähiger oder brennbarer Stoffe und Gemische
- Minimierung der Menge in Produktion und Lager

b) *Kompartimentbildung*
- Trennung der Lagerung von anderen Aktivitäten
- Aufteilung in Brandabschnitte
- Stoffkategorisierung nach Gefährdungsklassen, z. B. in explosiv, brandfördernd und entzündbar gemäß Flammpunkt, Brennzahl etc.
- Getrennte Lagerkompartimente für Explosivstoffe, Stoffe in Druckbehältern, mit Luft reagierende oder entflammbare Stoffe, Stoffe die sich durch Kontakt mit Wasser entzünden oder entflammbare Gase bilden, oxidierende Stoffe, organische Peroxide und Stoffe, die mit Wasser heftig reagieren und korrosive/toxische Gase bilden

c) *Inertisierung*

Unter Inertisierung [16] wird die Explosionsverhinderung durch Verminderung der Sauerstoffkonzentration auf weniger als 8 Vol%[18] verstanden. Diese Maßnahme findet z. B. in Apparaten bei der Produktverarbeitung Verwendung. Durch permanente Messung ist sicherzustellen, daß dieser kritische Grenzwert nicht überschritten wird. Als Inertisierungsgase werden u.a. N_2 und CO_2 verwendet, wobei auf die Erstickungsgefahr bei weniger als 17 Vol% Sauerstoff geachtet werden muss. Zur Inertisierung werden Unterdruck-, Überdruck- oder Durchflussverfahren angewendet. Eine kritische Operation ist häufig der Ein-, bzw. Austrag des Produkts.

Tabelle 6.8. Zündquellen und entsprechende Sicherungsmaßnahmen.

Zündquelle		Vermeidung
Generell	Beispiel	
– Chemische Reaktion	– Pyrophorer Katalysator	– Inertisierung
– Feuer/ Funkenerzeugung	– Schweißen/ Rauchen – Brandstiftung	– Organisatorische Sicherung
– Heiße Oberflächen	– Leitungen (Dampf/ Wärmeträgeröl)	– Technische Sicherung, z. B. gasdichte Isolation
– Elektrostatische Entladung[a] a) Leiter (L)/ Nichtleiter (NL) b) NL/NL	– Ausströmen von Flüssigkeit (NL) aus a) Rohr (L) b) Rohr (NL)	– Erdung (Leiter)- Inertisierung – Strömungsgeschwindigkeit reduzieren

[a]Ist nur bei einer Mindestzündenergie von < 1 J eine mögliche Zündquelle. Ausnahmen sind Gleitstielbüschelentladungen mit umgesetzten Energien bis 10 J.

[18] < 6 Vol% für speziell kritische Gase, z. B. H_2 und Stäube, z. B. Al, Paraformaldehyd, 2-Naphtol oder Biphenyl. Unstabile Gase wie Acetylen und Ethylenoxid können sich sogar ohne Sauerstoff exotherm zersetzen.

Tabelle 6.9. Explosionsschutzzonen für Gase/Dämpfe bzw. Stäube

Schutz-zone	Brennstoff	Expositions-Beschreibung	Schutzmaßnahmen zur Elimination von Zündquellen (ZQ)
2	Gase/Dämpfe	Explosionsatmosphäre: selten (Bereiche welche Zone 0/1 umgeben)	Vermeiden von zu erwartenden ZQ im Normalbetrieb
1	Gase/Dämpfe	Explosionsatmosphäre: gelegentlich (Bereiche um Eintragsöffnungen)	Zusätzlich zur Zone 2 Vermeiden von ZQ aus häufigen Betriebsstörungen
0	Gase/Dämpfe	Explosionsatmosphäre: langzeitig (Inneres von Apparaten)	Zusätzlich zur Zone 1 Vermeiden von ZQ aus seltenen Betriebsstörungen
22	Stäube (aufgewirbelt)	Explosionsatmosphäre: selten (kurzzeitiges Aufwirbeln)	Vermeiden von zu erwartenden ZQ im Normalbetrieb
21	Stäube (aufgewirbelt)	Explosionsatmosphäre: gelegentlich (Bereiche um Eintragsöffnungen)	Zusätzlich zur Zone 22 Vermeiden von ZQ aus häufigen Betriebsstörungen
20	Stäube (aufgewirbelt)	Explosionsatmosphäre: langzeitig (Inneres von Apparaten)	Zusätzlich zur Zone 21 Vermeiden von ZQ aus seltenen Betriebsstörungen

d) *Vermeiden von Zündquellen*

Luftexponierte Brennstoffe können auf Grund von thermischer, mechanischer oder elektrischer Energieeinwirkung zur Zündung gebracht werden. Mögliche Zündquellen mit entsprechenden Vermeidungs- bzw. Absicherungsmaßnahmen sind in Tabelle 6.8 zusammengestellt. Die wichtigsten Zündquellen sind elektrische Geräte und Installationen. Weitere wichtige und gefährliche Zündquellen stellen elektrostatische Aufladungen [17] dar. Sie treten durch Reibungseffekte (Ladungstrennung) z. B. beim Rühren, Ausschütten und Versprühen von Flüssigkeiten und beim Zerkleinern und Mischen von Feststoffen auf. Um eine Aufladung durch Ladungstrennung und nachfolgende Ladungsanhäufung zu vermeiden, ist stets auf eine Erdung aller Teile zu achten. Bereiche, die durch Gase, Dämpfe oder Stäube explosionsgefährdet sind, werden durch entsprechende Schutzzonen vor Zündquellen geschützt (vgl. Tab. 6.9). Die Entzündung durch heiße Oberflächen wird durch die Angabe von Temperaturklassen auf verarbeitenden Geräten zu verhindern versucht (vgl. Tab. 6.10). Sie beziehen sich auf die maximale Oberflächentemperatur von Verarbeitungsgeräten wie Mühlen, Trockner etc.

Tabelle 6.10. Temperaturklassen für Verarbeitungsgeräte aufgrund der Zündtemperatur

Zündtemperatur des kritischsten Stoffes [°C]	Maximal erlaubte Oberflächentemperatur [°C]	Temperaturklasse
> 450	450	T1
300 - 450	300	T2
200 - 300	200	T3
135 - 200	135	T4
100 - 135	100	T5
85 - 100	85	T6

e) *Konstruktiver Explosionsschutz*

Hier wird die Explosion nicht verhindert, jedoch werden deren Auswirkungen auf ein tragbares Maß beschränkt; z. B. durch

- Explosionsfeste Bauweise (Festigkeit gemäß maximalem Explosionsdruck)
- Explosionsdruckentlastung (nicht geeignet bei toxischen bzw. umweltgefährdenden Produkten)
- Explosionsunterdrückung (Inertisierung im Ereignisfall)

Die Entkoppelung von Explosionszonen (z. B. durch Schnellschlussorgane mit Steuerung durch Druck- oder Temperatursensor) ist unabhängig von den anderen Maßnahmen notwendig.

f) *Begrenzung der Auswirkungen mit aktiven und passiven Sicherungselementen*

- Aktive Sicherungselemente: z. B. Alarmorganisation, Feuerwehr
- Passive Sicherungselemte: z. B. Löschmittelrückhaltebecken

Die Ausführungen zu den Risiken physikalisch-chemischer Produkteigenschaften sollen an einem Anwendungsbeispiel illustriert werden:

Beispiel 6.3. *Analyse der physikalisch-chemischen Risiken der Verwendung von Toluol*

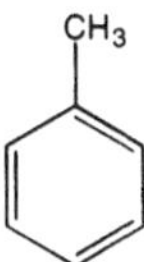

Fragestellung

Welche physikalisch-chemischen Gefahren können von Toluol ausgehen, wenn es beispielsweise als Lösungsmittel oder als Entfettungsmittel eingesetzt wird?

Relevante physikalisch-chemische Daten

Flammpunkt	6 °C
untere/obere Explosionsgrenze	1.2/7.1 Vol%
Zündtemperatur	535 °C
Mindestzündenergie	0.26 mJ (25 °C), elektrostatisch leicht aufladbar

Der tiefe Flammpunkt zeigt, daß sich bei Raumtemperatur entzündbare Toluol/Luftgemische bilden können. Da Toluol elektrostatisch leicht aufgeladen werden kann und eine tiefe Mindestzündenergie besitzt, können elektrostatische Entladungen zu Zündungen führen. Da hohe elektrostatische Aufladung besonders bei strömenden Medien auftritt, muss auf das Ausgießen und Umfüllen von Toluol geachtet werden. Dies wird auch durch die EU R- und S-Sätze bestärkt, die besondere Gefahren und Sicherheitsratschläge für den Umgang mit Toluol auflisten.

Besondere Gefahren (R-Sätze)
R 11 Leicht entzündlich

Sicherheitsratschläge (S-Sätze)
S 16 Von Zündquellen fernhalten, nicht rauchen
S 29 Nicht in die Kanalisation gelangen lassen
S 33 Maßnahmen gegen elektrostatische Aufladung treffen

Mögliche Maßnahmen
Die folgenden Maßnahmen können zur Verminderung der Brandgefahr getroffen werden:

Toluol als Lösungsmittel in der Chemie	Toluol als Entfettungsmittel, z. B. für Maschinenteile
• Verhinderung einer explosionsfähigen Atmosphäre: Verwendung von geschlossenen Apparaten, Inertisierung innerhalb einer Apparatur.	• Etikettierung als leichtentzündliche Substanz, Sicherheitsratschlag 16 (s.oben)
• Vermeidung von Zündquellen: Einrichten einer Explosionsschutzzone (Schutzzone 2, vgl. Tab. 6.9) innerhalb eines Produktionslokals	• Inhärente Sicherheit: Verkauf nicht in zu großen Behältern, keine großen Lager
• Vermeidung von Zündquellen: Ausschluss elektrostatischer Aufladung durch Erdung von Anlageteilen und Apparaturen und die Verwendung von leitfähigen Geräten und leitfähiger Arbeitskleidung.	• Verhinderung einer ungewollten Freisetzung, Verkauf in bruchsicheren Behältern
	• Vermeidung von Zündquellen: Auf elektrostatische Aufladung aufmerksam machen, besonders beim Umgießen größerer Mengen, Rauchverbot
	• Vermeidung von Zündquellen: Lagerung in leitfähigen Behältern empfehlen (geringere elektrostatische Aufladung beim Ausgießen)
	• Mengenbegrenzung beim Transport

Nachdem in diesem Kapitel der Blick auf die möglichen Gefahren eines chemischen Produkts gerichtet war, wird im folgenden Kapitel mit der Prozessrisikoanalyse ein Instrument vorgestellt, das hilft, die Risiken der Prozesse zu beurteilen, durch die ein chemisches Produkt entsteht oder weiterverarbeitet wird.

Literatur zu Kapitel 6

[1]   European Commission: Office for Official Publications of the European Communities (1996) Technical Guidance Document in Support of Commission Directive 93/67/EEC on Risk Assessment for New Notified Substances and Commission Regulation (EC) No 1488/94 on Risk Assessment for Existing Substances. Luxembourg

[2]   Van Leeuwen CJ, Hermens JLM (Hrsg) (1995) Risk Assessment of Chemicals: An Introduction. Kluwer Academic Publishers, Dordrecht

[3]   Johannsen FR (1990) Risk assessment of carcinogenic and noncarcinogenic chemicals, Critical Review in Toxicology 20:341

[4]   European Centre for Ecotoxicology and Toxicology of Chemicals (December 1997) The Value of Aquatic Model Ecosystem Studies in Ecotoxicology. Technical Report 73, Brüssel

[5]   Chapman PM, Fairbrother A, Brown D (1998) A critical evaluation of safety (uncertainty) factors for ecological risk assessment, Environmental Toxicology and Chemistry 17/1:99

[6]   European Centre for Ecotoxicology and Toxicology of Chemicals (1995) Assessment Factors in Human Health Risk Assessment. Technical Report No. 68, Brüssel

[7]   Schwarzenbach RP, Gschwend PM, Imboden DM (1993) Environmental Organic Chemistry. Wiley & Sons, New York

[8]   Mackay D, Paterson S, Shiu WY (1992) Generic Modells for Evaluating the Regional Fate of Chemicals, Chemosphere 24/No. 6:695

[9]   Mackay D, Di Guardo A, Paterson S, Kicsi G, Cowan CE (1996) Assessing the Fate of New and Existing Chemicals: A Five Stage Process, Environmental Toxicology and Chemistry 15/No. 9:1618

[10] Scheringer M (1997) Characterization of the environmental distribution behavior of organic chemicals by means of persistence and spatial range, Environmental Science and Technology 31/10:2891

[11] Scheringer M (1999) Persistenz und Reichweite von Umweltchemikalien. Wiley-VCH, Weinheim, in Vorbereitung

[12] Fent K (1998) Ökotoxikologie: Umweltchemie-Toxikologie-Ökologie. Georg Thieme Verlag, Stuttgart

[13] Aldenberg T, Slob W (1993) Confidence limits for hazardous concentrations based on logistically distributed NOEC toxicity data, Ecotoxicological Environmental Safety 25:48

[14] RIVM (Prgr) EUSES: European Union System for the Evaluation of Substances, Version 1.00 for Windows. European Chemicals Bureau EC/DG 11, Ispra

[15] European Centre for Ecotoxicology and Toxicology of Chemicals (1994) HAZCHEM, Mathematical Modell for Use in Risk Assessment of Substances. Brussels

[16] Expertenkommission für Sicherheit in der chemischen Industrie der Schweiz (1992) Inertisierung: Methoden und Mittel zum Vermeiden zündfähiger Stoff/Luft-Gemische. Heft 3, Basel

[17] Expertenkommission für Sicherheit in der chemischen Industrie der Schweiz (1989) Statische Elektrizität: Regeln für die betriebliche Sicherheit. Heft 2, Basel

7 Risikoanalyse chemischer Prozesse

7.1
Ausgangslage und Zielsetzung

Primärer Fokus des vorliegenden Buches ist die Spezialitätenchemie. Sie ist auf die Produktion einer Vielzahl hochwertiger Produkte ausgerichtet. Die oft komplexen Zielmoleküle müssen dabei über eine größere Zahl chemischer Stufen aufgebaut werden. Die dazu notwendigen Reaktions- und Aufarbeitungsschritte werden typischerweise im Batchbetrieb in hochautomatisierten Mehrprodukt- oder sogar Mehrzweckanlagen durchgeführt.

Solche Prozesse sind – zusammen mit Lagerung und Transport – einem breiten Spektrum möglicher Störungen ausgesetzt. Die sichere Durchführung chemischer Prozesse bedingt die Einhaltung sicherer Prozessbedingungen (Temperatur, Druck, pH etc.) Bei kritischen Abweichungen können chemische Prozesse einen unerwünschten Verlauf nehmen. Störungen können von den oft komplexen technischen Anlagen und Steuerungen ausgehen, die ausfallen können. Ebenso kann auch der Mensch bei Betrieb und Kontrolle Fehler machen.

Diese Gefahren und Störgrößen führen unter Berücksichtigung möglicher Folgeereignisse zu den wichtigsten Schadensquellen der chemischen Produktion:

- atmosphärische Ausbreitung toxischer Stoffe
- Brand bzw. Explosion
- Oberflächengewässer- bzw. Grundwasserverschmutzung.

Um mit dieser Vielfalt von chemiespezifischen Risiken verantwortungsvoll umgehen zu können, arbeitet die chemische Industrie heute mit einem Sicherheitsdispositiv, das sowohl den Management- als auch den Technikbereich umfasst. Die drei zentralen Elemente sind dabei das Umwelt- und Sicherheitsmanagementsystem (vgl. Kap. 4), die systematische Prozessrisikoanalyse (vgl. Kap. 7) und die integrierte Prozessentwicklung (vgl. Kap. 11).

Das Sicherheitsdispositiv beinhaltet einerseits interne wie externe *Vorschriften*, Normen und technische Regelwerke, welche im Umwelt- und Sicherheitsmanagementsystem verankert werden. Sie sind meist das Ergebnis von konkreten Schadenerfahrungen, die rückblickend zu einer Gefahrenerkenntnis führt.

Andererseits muss das Erfahrungswissen - in Anbetracht der immer neuen Kombinationen von Chemie, Verfahren und apparativer Technik - durch ein *vorausschauendes Suchen und Beurteilen der spezifischen Gefahren* ergänzt werden.

Hier hilft die Prozessrisikoanalyse, entsprechende Risiken im Voraus zu reduzieren. Die Prozessrisikoanalyse ist daher ein wichtiges Instrument, wenn es im Prozessdesign darum geht, ein Optimum an inhärenter Sicherheit zu erreichen. Auch bei der Umsetzung in den Betriebsmaßstab ist eine gut dokumentierte Risikoanalyse als Teil der Betriebsvorschrift ein wichtiges Ausbildungs- und Führungsinstrument im Hinblick auf die langfristige Erhaltung von Schutzmaßnahmen.

Wiederum beinhaltet diese vorausschauende Auseinandersetzung mit Risiken den Umgang mit Unsicherheit. Korrekte Modellbildung, Erkennen der relevanten Ereignisszenarien sowie Verlässlichkeit der Datenbasis sind deshalb immer wieder kritisch zu hinterfragen (vgl. auch [1]).

Ziel der Prozessrisikoanalyse ist es, vorausschauend und systematisch zu verhindern, daß es zu Störfällen, d. h. zu Ereignissen mit Folgeschäden für Mensch, Umwelt oder Sachwerte, kommen kann. Im Rahmen der iterativen Prozessentwicklung ist die Risikoanalyse von Prozessen ein Mittel, um in verschiedenen Entwicklungsphasen Gefahren zu identifizieren, Risiken zu beschreiben und geeignete Maßnahmen zur Elimination bzw. Reduktion der Risiken zu erarbeiten. Verbleibende Prozessrisiken müssen beurteilt und auf ein akzeptables Maß reduziert werden.

Dieses Ziel wird auf verschiedenen Sicherungsebenen umgesetzt (Abb. 7.1). Sicherheitsmaßnahmen können dabei die Tragweite (T) oder die Eintretenswahrscheinlichkeit (W) eines Störfalls reduzieren.

Tabelle 7.1. Grundelemente einer inhärent sicheren Prozessführung

a) Gefahrenpotential:
    Vermeiden/Vermindern
	b) Sozio-technisches System:
	    Optimieren
		c) Ereignisfall:
		    Begrenzen

– unkritische Stoffe[a]
– minimale Mengen
– unkritische
  Prozessbedingungen (p, T)
	– einfache Verfahren
	– fehlertolerante Verfahren
	– gute Mensch-Maschine
	  Funktionsteilung
		– Freisetzungsgeschwin-
		  digkeiten
		– Folgeereignisse
		– Expositionen
		  (Schutzgüter)

Messgrößen: maximales Energie- und Toxizitätspotential	Messgröße: maximaler Bereich für sichere Prozessbedingungen	Messgröße: maximal erwarteter Schaden

[a]bezüglich Flüchtigkeit, Toxizität, Brand und Explosion

Die Identifikation der Gefahren und deren Eingrenzung erfolgt schon bei der Prozessentwicklung (Ebene I). Hier wird versucht, in frühen Entwicklungsphasen die Tragweite möglicher Störfälle herabzusetzen (T↓). Dabei gilt die Reihenfolge (1) sichere Chemie, (2) sichere Verfahren und (3) sichere Apparate. Tabelle 7.1

fasst die Grundelemente der inhärent sicheren Prozessführung[1] zusammen. Generell geht es darum, das maximale Energie- und Toxizitätspotential, den maximalen Ausbreitungsbereich und die maximal betroffenen Schutzgüter bei möglichen Störfällen zu minimieren. Weitere Betrachtungschwerpunkte beim Design sicherer Prozesse liegen bei Übersichtlichkeit, Fehlertoleranz und Robustheit eines Systems $(W\downarrow)$.

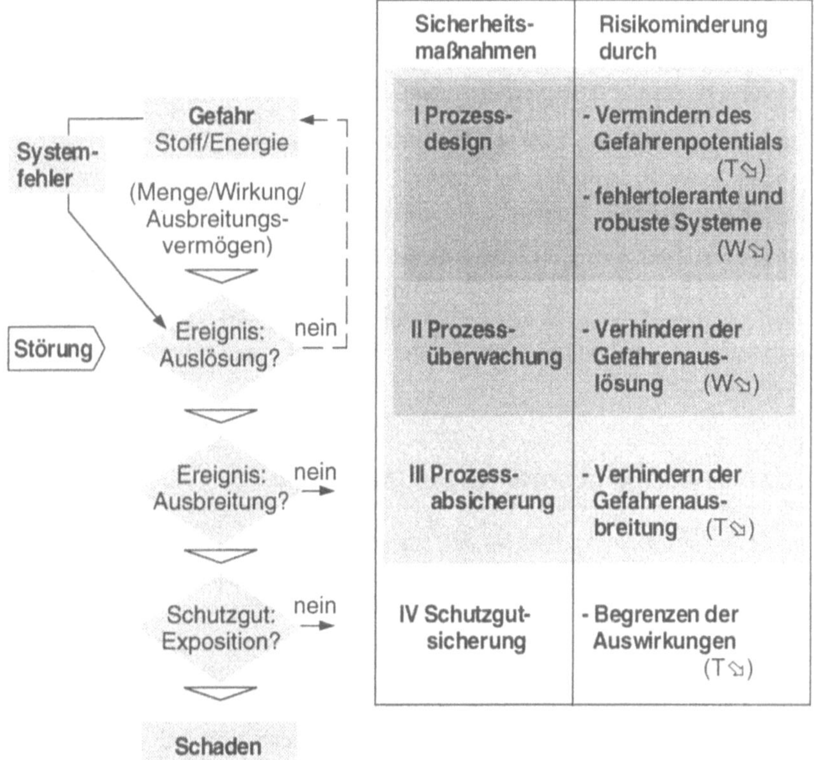

Abb. 7.1. Von der Gefahr zum Schaden mit hierarchischen Sicherungsebenen zur Reduktion von Prozessrisiken;
Risiko = Wahrscheinlichkeit (W) · Tragweite (T)

Durch Prozessüberwachung, Prozessabsicherung und Schutzgutsicherung (Ebenen II-IV) wird in späteren Entwicklungsphasen versucht, mit den bestehenden Gefahren umzugehen. Dabei sollen primär die Tragweite (T) aber auch die Eintrittswahrscheinlichkeit (W) von Störfällen gesenkt werden.

---

[1] Für das Konzept der inhärenten Sicherheit siehe [2].

7.2
Einsatz und Systematik der Risikoanalyse

Die Prozessrisikoanalyse umfasst sowohl die Evaluation des Prozessrisikos als auch das Management risikominimierender Maßnahmen. Sie wird zur Gestaltung von sicheren neuen Prozessen wie zur Verbesserung des Sicherheitsniveaus bei bestehenden Prozessen eingesetzt.

Die Risikoanalyse erfordert vorausschauendes Denken in Szenarien. Nur eine enge interdisziplinäre Zusammenarbeit von erfahrenen Fachleuten kann dabei gewährleisten, daß

- ein hohes Maß an Erfahrung einfließt
- Gefahren aus unterschiedlichen Blickwinkeln gesucht werden
- die Risikobewertung breit abgestützt ist
- ungeeignete Sicherheitsmaßnahmen rechtzeitig erkannt werden.

Das *Arbeitsteam* setzt sich typischerweise aus dem Verfahrensgeber (Entwicklung), dem zukünftiger Anlagebetreiber (Produktion), einem Projektingenieur und eventuell weiteren Fachspezialisten zusammen. Bei umfangreicheren Risikoanalysen kann ein methodisch ausgebildeter Moderator eine hilfreiche Ergänzung des Teams bringen.

7.2.1
Einsatz bei neuen und bestehenden Prozessen

Die primäre Zielsetzung der inhärenten Sicherheit von *neuen Prozessen* lautet, in frühen Entwicklungsstufen Gefahren zu eliminieren oder zu reduzieren, statt diese in späteren Entwicklungsstufen kontrollieren zu müssen. Zu diesem Zweck wird bei neuen Prozessen die Bearbeitungstiefe der Risikoanalyse entsprechend dem Kenntnisstand und der Datenverfügbarkeit systematisch ausgebaut (vgl. Tab. 7.2). In frühen Phasen beschränkt sich die Prozessrisikoanalyse auf die Hauptgefahren. Mit dem Fortgang der Prozessentwicklung verschiebt sich der Betrachtungsschwerpunkt von den involvierten Stoffen und Reaktionen zu den Prozessen und schließlich zu den Apparaten. So muss beispielsweise in der Pilotierungsphase bei der Umsetzung der entwickelten Prozesse in den betrieblichen Maßstab (Scale-up) durch die Abnahme des Verhältnisses zwischen Oberfläche und Volumen die Frage nach der Wärmeabfuhrkapazität neu gestellt werden (vgl. Kap. 9).

Bei *bestehenden Prozessen* braucht es nebst periodischen Risikoüberprüfungen zur Aufrechterhaltung des Sicherheitsniveaus eine Überarbeitung der Prozessrisikoanalyse, falls

- die Möglichkeit einer neuen Gefahr besteht, z. B. bei Änderungen des Verfahrens, der Anlagen oder bei einem Wechsel von Apparaturen oder Rohstoffen
- wenn neue Erkenntnisse vorliegen
- wenn das Sicherheitsniveau zu verbessern ist

Tabelle 7.2. Betrachtungsschwerpunkte der Prozessrisikoanalsyse bei unterschiedlichen Entwicklungsstufen des Prozesses, nach [3]

Entwicklungsstufe	Betrachtungsschwerpunkte der Prozessrisikoanalyse
Forschung	– Festlegen einer Arbeitsweise, die den Risiken unbekannter Chemikalien und Reaktionen angemessen ist
Entwicklung	– Erarbeitung von Sicherheitsbasisdaten von Stoffen und Reaktionen – Inhärente Sicherheit von Synthese/Aufarbeitung (vgl. Tab. 7.1.)
Pilotierung	– Scale-up – Apparative Anforderungen – Prozesskontrolle und Sicherungselemente
Projektierung und Bau von Anlagen	– Standortwahl – Layout von Anlagen und Sicherheitseinrichtungen – Anfahr- und Abfahrmöglichkeiten, Wartungskonzept – Mensch-Technik-Funktionsteilung; Automationskonzept
Inbetriebnahme	– Prozessüberwachung – Maßnahmen bezüglich Arbeitshygiene und Notfällen – Ausbildungskonzept

7.2.2
Systematik

Zum grundsätzlichen Aufbau einer Risikoanalyse gehören die Gefahrensuche, die Beschreibung und Bewertung der identifizierten Risiken, sowie das Management etwaiger Sicherheitsmaßnahmen[2] (vgl. Abb. 7.2).

Zu Beginn jeder Risikoanalyse gilt es zu klären, wo der Betrachtungsrahmen und die Grenzen des zu analysierenden technischen Systems liegen. Die Wahl der Systemgrenzen erfolgt z. B. durch Spezifizierung von Anlagen, Chemikalien, Verfahren und Umfeld des zu untersuchenden Prozesses.

Gemäß diesem Rahmen wird als erstes eine Datensammlung und Modellbildung aufgrund von Eigenschaften von Stoffen, Reaktionen etc. durchgeführt (Schritt I). Diese Informationsbasis erlaubt es nun, die Bedingungen, Auflagen und Grenzwerte für eine sichere Prozessführung zu definieren (Schritt II). Damit steht die Grundlage, auf der nun die Hauptschritte (III-V) der techn. Risikoanalyse aufbauen können: die Gefahrensuche, die Beschreibung und Bewertung der entsprechenden Risiken sowie eine eventuelle Risikominderung durch Sicherheitsmaßnahmen. Schließlich muss man sich über das trotz aller Maßnahmen verbleibende Restrisiko Rechenschaft geben (Schritt VI). Ein zu hohes Restrisiko kann dabei wieder auf frühere Schritte der Prozessrisikoanalyse zurückführen.

Im folgenden Kapitel werden nun die einzelnen Schritte der Risikoanalyse, wie sie in Abb. 7.2 dargestellt sind, diskutiert.

---

[2] Die hier vorgestellte Prozessrisikoanalyse basiert auf [3] und [4]. Vgl. auch [5].

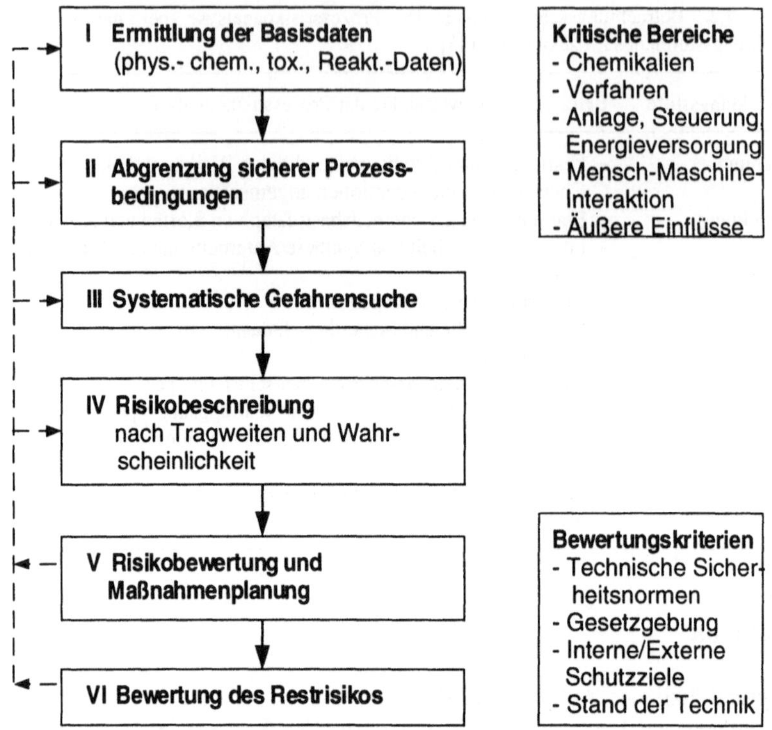

Abb. 7.2. Schrittfolge der Prozessrisikoanalyse, verändert nach [3].

7.3
Die einzelnen Schritte der Prozessrisikoanalyse

7.3.1
Ermittlung der Basisdaten

Gefahren ergeben sich aus Abweichungen von sicheren Prozessbedingungen. In einem ersten Schritt werden die *Stoff-, Reaktions- und Verfahrensdaten* zusammengestellt, woraus sich in der Folge die Bedingungen für eine sichere Prozessführung ableiten lassen. Nachfolgend sind die Schwerpunkte der Daten- und Informationssammlung aufgelistet:

a) Chemikalien[3]: Edukte, Produkte, Hilfsstoffe, Abfälle etc.

---

[3] Für die Beschaffung von S&U-relevanten Daten können On-line-Datenbanken der Anbieter CIS, STN und DIALOG hilfreich sein. Die ECDIN-Datenbank, die über das Internet zugänglich ist (http://ulisse.etoit.eudra.org), gibt eine Vielzahl an Deskriptoren. Einen Einstieg in Chemiedatenbanken im WWW bietet http://dino.wiz.uni-kassel.de/dain.html.

- Identität und Qualität: Zusammensetzung, Verunreinigung etc.
- Allgemeine Stoffdaten: Aggregatzustand, Flüchtigkeit, Löslichkeit etc.
- Toxizitätsdaten: LD_{50}, MAK-Wert, Geruchsschwelle etc. (vgl. Kap. 6.3)
- Daten zur Umweltgefährdung: z. B. aquatische Toxizität, Bioakkumulation, biologische Abbaubarkeit etc. (vgl. Kap. 6.4)
- Sicherheitstechnische Daten: Flammpunkt, Explosionsgrenzen, Zündtemperatur, Brenn- und Explosionsklassen etc. (vgl. Kap. 6.5)

b) Erwünschte und unerwünschte Reaktionen[4]

- Reaktionsmöglichkeit zwischen den Einsatzstoffen: Diese Abklärung liefert einen Hinweis, welche Stoffe auf keinen Fall miteinander in Berührung kommen dürfen.
- Reaktionsmöglichkeit zwischen Chemikalien und Werkstoffen: Hieraus resultieren Bedingungen bei der Werkstoffwahl.
- Kenndaten der gewünschten Reaktion wie Reaktionsgeschwindigkeit, Gasentwicklung, Wärmetönung etc.: Diese Daten werden beispielsweise für das Szenario einer Kühlpanne mit adiabatem Temperaturanstieg verwendet (vgl. Kap. 9).
- Kenndaten zu Neben-, Folge- und Zersetzungsreaktionen: Damit können z. B. thermische Stabilität von Reaktionsmassen und Zwischenprodukten bzw. Wärmestausituationen abgeschätzt werden (vgl. Kap. 9)

c) Physikalische Vorgänge

- Phasenumwandlungen: Kristallisieren, Schmelzen, Verdampfen, Sublimieren etc.
- Effekte bei Phasenumwandlungen: Siedeverzug, Schäumen, Krustenbildung etc.
- Elektrostatische Aufladung

d) Verfahren

- Reaktions- und Aufarbeitungsbedingungen: Temperatur, Druck, Konzentration, pH, Menge, Reaktionszeit etc.

e) Anlagen

- Art, Größe, Werkstoff, Vakuum- und Druckfestigkeit, Heiz- und Kühlkapazitäten etc.
- Mess-, Steuer- und Regeltechnik: Beschreibung des Prozessleitsystems z. B. Redundanz, Fail-Safe-Verhalten etc.
- Technische Sicherheitseinrichtungen
- Schnittstellen zu Bedienungspersonal: z. B. manuelle Eingriffsmöglichkeiten
- Schnittstellen zu anderen technischen Systemen: Schnittstellen zu Energiesystemen, Chemikalienversorgung, Abfallentsorgung etc.

f) Betriebliches Umfeld

- Personeller Rahmen: manuelle Tätigkeiten, Arbeitsbedingungen, Kenntnisstand, personelle und organisatorische Sicherheitsmaßnahmen etc.

---

[4] Unter bestimmungsgemäßen wie unter extremen Bedingungen (Temperatur, Druck, Konzentration, Verunreinigungen, Kontakt mit Luft und Wasser etc.).

- Baulich-/technischer Rahmen: Brand- und Explosionsabschnitte, Explosionsschutzzonen, Löschwasserrückhalt etc.
- Umgebungseinflüsse: Hitze, Kälte, Wasser, unbefugter Eingriff etc.

Diese Basisdaten sind das Fundament der Risikoanalyse. Bei Entwicklungsbeginn sind für die Identifikation und Charakterisierung der Hauptgefahren vorab naturwissenschaftliche Grunddaten zu Chemie und Physik gemäß den Punkten a) bis c) wichtig. In späteren Entwicklungsstufen dagegen stehen für den Aufbau einer vollständigeren Prozessrisikoanalyse zunehmend technische Größen und der Faktor Mensch gemäß den Punkten d) bis f) im Vordergrund. Welche Daten zu welchem Zeitpunkt zu beschaffen sind, ist insbesondere bei der integrierten Prozessentwicklung eine zentrale Fragestellung (vgl. Kap. 11). Hauptquellen bei der Beschaffung von Stoff- und Reaktionsdaten sind die Literatur, interne und externe Datenbanken, allgemeine Abschätzungs- und Berechnungsmethoden sowie Experimente.

7.3.2
Abgrenzung sicherer Prozessbedingungen

Aufgrund der erhobenen Basisdaten werden hier die Bedingungen, Grenzen und Bandbreiten festgelegt, die zur sicheren Durchführung der einzelnen Prozess-Schritte eingehalten werden müssen (vgl. Abb. 7.3).

Eine ausführliche Diskussion über das Vorgehen bei der Abgrenzung sicherer Prozessbedingungen bezogen auf das thermische Gefahrenpotential findet sich in Kapitel 9.

Basisdaten	Abgrenzung sicherer Bedingungen
Stoffdaten (allgemein, Toxizität, Umwelt-Effekte, Sicherheit)	**Chemikalien:** Expositionsgefahr (MAK-Wert, Immissions- bzw. Emissionsgrenzwert,...), Brand und Explosion (Schutzklassenzuteilung), etc.
Wechselwirkungen (Stoffe untereinander, mit Werkstoffen, mit Energieträger, etc.)	**Prozesse:** Temperatur, Druck, pH, Zugabeabfolge, Dosierung, Haltepunkte, etc.
Chemismus (Reaktionsdaten, Nebenreaktionen, therm. Stabilität, etc.)	**Anlagen:** Heiz-/Kühlkapazität, Druckfestigkeit, Min./Max. vom Apparatefüllstand, Anforderungen bezüglich geschlossenem System, etc.

Abb. 7.3. Abgrenzung sicherer Prozessbedingungen aufgrund der Basisdaten, verändert nach [3]

7.3.3
Systematische Gefahrensuche

In diesem wichtigsten und zugleich anspruchsvollsten Schritt der Prozessrisikoanalyse wird der Prozess in seinem Umfeld (d.h. Anlage, Personal, Arbeitsabläufe, Umgebung etc.) auf Möglichkeiten untersucht, die zu Abweichungen von den vorgängig definierten sicheren Prozessbedingungen führen können. Informationsgrundlagen sind die Basisdaten, die Verfahrensvorschrift (Labor- Pilot- und Betriebsphase) und Anlagepläne. Besondere Bedeutung haben auch "vor Ort-Kenntnisse", die für eine effektive Gefahrensuche unabdingbar sind. Die Formulierung von kritischen Ereignisszenarien (z. B. Stoff- oder Energiefreisetzung mit Folgeereignissen) sowie die Auswertung von Unfällen und Beinahe-Unfällen sind weitere Hilfsmittel, um die Gefahren möglichst systematisch zu erfassen.

Die *Gefahrensuche* muss das technische System inklusive Schnittstellen umfassen. Dabei ist die Systemstrukturierung bei diskontinuierlichen und kontinuierlichen Prozessen unterschiedlich:

- Batchprozess: chronologische Vorgehensweise entlang den Prozeßschritten gemäß Arbeitsvorschrift.
- Kontinuierlicher Prozess[5]: ortsabhängige Vorgehensweise entlang dem Produktfluss gemäß Prozessablaufplan.

Die Gefahrensuche erstreckt sich auf folgende kritische Bereiche:

- Chemikalien
- Prozess (Reaktionen, Aufarbeitungen etc.)
- Anlage, Steuerung, Energieversorgung
- Mensch-Maschine-Interaktionen
- Umfeld, äußere Einwirkung

Die Methoden, die in der chemischen Industrie für die Gefahrensuche hauptsächlich eingesetzt werden, sind in Tabelle 7.3 dargestellt. Selbstverständlich müssen all diese Methoden im engen Kontakt zur bestehenden oder künftigen Produktion durchgeführt werden.

Häufig werden bei der Gefahrensuche durch Checklisten auch Matrizen verwendet, in denen alle Kombinationen der in einem Prozess vorliegenden Chemikalien bzw. alle Kombinationen zwischen den Konstruktionsmaterialien und den Chemikalien dargestellt werden können (→ kritische Wechselwirkungen).

---

[5] Abgesehen von Anfahr-/Abfahr- und Reinigungsprozessen gibt es hier - im Gegensatz zum Batchbetrieb - keine Zeitabhängigkeit der Gefahr.

Tabelle 7.3. Methoden zur Gefahrensuche für chemische Prozesse, verändert nach [3]

Methode zur Gefahrensuche	Logik der Erkenntnis	Einsatzgebiet
Brainstorming	– Intuition	– Erster Einstieg in Gefahrensuche
Checklisten	– Induktion[a] (Erfahrungswissen: z. B. bezüglich Ausfall von Energien oder Abweichung von Prozessbedingungen, von Arbeitsschritten, von technischen Anlageteilen, von äußeren Bedingungen etc.)	– Überprüfung von einfachen Sicherheitsproblemen; gibt rasch einen ersten Überblick bei sich wiederholenden Aufgabenstellungen
Ausfalleffekt-Analyse (Ursache → Ereignis) DIN 25 448 *Ereignisablauf-Analyse* (Ereignis → Folgen) DIN 25 419	– Induktion (Bottom-up Approach: "Was kann passieren, wenn...?")	– Gefahrensuche bei Abweichung von regulären Prozessbedingungen (z. B. Temperatur, Menge, Konz., Druck, pH, Reihenfolge von Prozeßschritten etc.)
Hazard and Operability study (HAZOP)	– Induktion (Mit Hilfe von Leitworten wie zuviel, zuwenig, anders etc. systematische Untersuchung von Prozessabweichungen)	– Komplexe, automatisierte Batchprozesse – Kontinuierliche Prozesse (techn. Aspekte im Vordergrund)
Fehlerbaum-Analyse (Ereignis → Ursachen) DIN 25 424	– Deduktion[b] (Top-down Approach: "Wie kann es passieren, daß...")	– Bei erheblicher Tragweite und geringer Eintrittswahrscheinlichkeit – Basis für quantitative Bestimmung der Eintrittswahrscheinlichkeit

[a]Risikoanalyse aufgrund von aussagelogischen „wenn..., dann..." - Schlussfolgerungen.
[b]Risikoanalyse aufgrund von Ausfallwahrscheinlichkeiten von Systemkomponenten und den logischen UND/ODER-Verknüpfungen gemäß Fehlerbaum (vgl. Anhang A6).

Beispiel 7.1. *Schritte I-III der Risikoanalyse für das Mahlen von Cyanurchlorid (vereinfacht)*

Problemstellung und Verfahrensbeschreibung
Die Risikoanalyse für das Mahlen von Cyanurchlorid (CC) im Batchverfahren soll vorausschauend und systematisch verhindern, daß es bei diesem Verfahrensschritt zu Störfällen kommen kann.
Cyanurchlorid wird für die Herstellung von Reaktivfarbstoffen verwendet. Die Reaktion findet in wässriger Lösung statt, deshalb wird das pulverförmige, schlecht lösliche Cyanurchlorid in Wasser vorerst angeschlämmt. Für die nachfolgende Reaktion ist wichtig, daß das Cyanurchlorid sehr fein zermahlen wird. Dazu wird in einem 1 m³-Batchreaktor nach Vorlage von Wasser

(gepuffert) und Zugabe von Eis und CC das suspendierte Cyanurchlorid mit einem Mahlwerk gemahlen. Hauptgefahr ist die hydrolytische Zersetzung von CC.

Cyanurchlorid (CC)   Cyanursäure

Betriebsvorschrift (chronologische Abfolge)

1)   Leitungskontrolle, Bodenventil zu
2)   Wasser einfüllen
3)   Rührwerk einschalten
4)   Zugabe von Puffer
5)   Zugabe von Eis
6)   Cyanurchlorid einfüllen
7)   Mahlwerk einschalten
8)   Rühren und Mahlen
9)   Mahlwerk abschalten
10) Leitungskontrolle, Bodenventil auf und
     in Kondensationsreaktor entleeren
11) Rührer abschalten
12) Kessel mit Wasser nachspülen

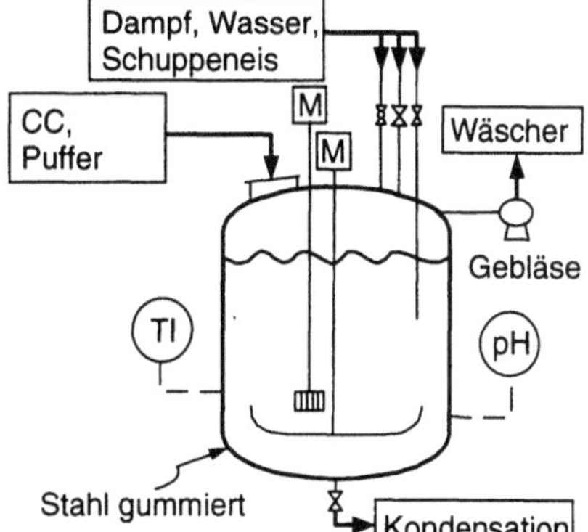

I. Basisdaten

a) Stoffdaten von Cyanurchlorid in Fässern

Chemischer Name
2,4,6-Trichlor-1,3,5-Triazin
Summenformel $C_3Cl_3N_3$
EINECS-Nr.   203-614-9
CAS-Nr.   108-77-0
Gefahrensymbol X_i
R-Sätze   R 36/37/38
S-Satz   S 28

Physikalische Daten			*Feuer und Explosion*	
Schmelzpunkt	146 - 147 °C		Flammpunkt:	>190 °C
Siedepunkt	190 °C		Zündtemperatur:	>650 °C
Dampfdruck	70 °C	2.7 mbar	Exothermie isoperibol:	keine bis 200 °C
	100 °C	20.0 mbar	Exothermie mit Luft:	keine bis 150 °C
rel. Dampfdichte	6.37		Brennzahl:	1 bei 20 °C
Dichte	1.92 g/cm³			1 bei 100 °C
Schüttdichte	0.6-0.9 g/cm³		Zündbewertungszahl:	1
Wasserlöslichkeit	44 mg/l		Staubexplosionsklasse	1
(25 °C)	(Zersetzung)		Schlagempfindlichkeit	nein
			Max. Heizmed. Temp	170 °C

Toxizität		*Ökotoxizität*

Toxizität

LD_{50} oral Ratte	485 mg/kg
LD_{50} dermal Kaninchen	>1000 mg/kg
LC_{50} inhalation Ratte, 4 h	43-60 mg/m^3
Hautreizung Kaninchen	stark reizend
Augenreizung Kaninchen	stark reizend
Sensibilisierung Meerschw.	stark

Ökotoxizität

Cyanurchlorid wird in Wasser in wenigen Stunden zu Cyanursäure verseift. Cyanursäure wurde als natürlicher Bestandteil im Boden festgestellt und wird als nahezu untoxisch betrachtet.

Wassergefährdungsklasse   1
(schwach wassergefährdend)

b) Stoffdaten vom Puffer

Toxizität

LD_{50} oral Ratte	>2000 mg/kg
Hautreizung Kaninchen	nicht reizend
Augenreizung Kaninchen	nicht reizend

Ökotoxizität

Die Substanz ist praktisch ungiftig.

| Abbaubarkeit | nicht abbaubarer, anorganischer Stoff |
| Wassergefährdungsklasse | 1 (schwach wassergefährdend) |

c) Zersetzungsreaktion

Cyanurchlorid CC zersetzt sich in Wasser unter Bildung von Salzsäure. Endprodukt der vollständigen Hydrolyse ist Cyanursäure. Die Reaktionsenthalpie beträgt ca. - 450 kJ/mol Cyanurchlorid. Unter Verfahrensbedingungen (Temperatur 0 - 2 °C, pH 7) verläuft diese Hydrolyse sehr langsam und kann über einen Zeitraum von mindestens 12 Stunden als unkritisch betrachtet werden. Bei höherer Temperatur und tiefem pH verläuft die säurekatalysierte Zersetzung wegen des entstehenden HCl autokatalytisch. Ein Runaway nach Erwärmung auf 50 °C und bei pH 5-7 erfolgt in 10 - 20 Minuten.

II. Sichere Prozessbedingungen bezüglich der Zersetzungsreaktion
1. Temperatur 0 - 3 °C überall dort, wo Wasser mit Cyanurchlorid in Kontakt kommt.
2. pH ~ 7.

III. Systematische Gefahrensuche bezüglich der Zersetzungsreaktion
Die Gefahrensuche wird hier mit der Checklistenmethode durchgeführt (vgl. Tab. 7.3)

a) Reaktionsmöglichkeiten zwischen Chemikalien und Konstruktionsmaterialien

Chemikalien *Material*	*CC*	*HCl*	*Puffer*
Stahl unlegiert	+	+	(+)
Stahl rostfrei			
Nickel			
PP, PE	-	(+)	-
PVC	-		-
Stahl gummiert	-	-	-

b) Einfluss eines Energieausfalls beim Prozeßschritt "Mahlen von CC"

Energieträger	*Ausfall kritisch?*
Strom	ja
Wasser	nein
Eis	ja
Stickstoff	nein
Vakuum	nein
Ventilation	ja

c) What If - Analyse

Stromausfall	Ausfall von Rührer und Mahlapparat. Gefahr von Agglomeration von Cyanurchlorid mit schlechtem Wärmeaustausch. Probleme beim Wiederanfahren
Direktdampfeinleitung	In die Suspension wird versehentlich Dampf eingeleitet: starker lokaler Temperaturanstieg; heftige Zersetzungsreaktion von CC
Ausfall Eisversorgung	Die geforderte tiefe Temperatur kann nicht erreicht werden. Zersetzungsrisiko von Cyanurchlorid wird größer.
Abweichung von Temperatur und pH	Die Hydrolyse von Cyanurchlorid bei Temperaturerhöhung und tiefem pH Wert kann eine kritische Zersetzungsreaktion auslösen.

d) ΔT_{ad} der Zersetzungsreaktion (Rechenbeispiel)

Die Reaktionsmasse RM aus 250 kg Wasser, 250 kg Eis, 193 kg Cyanurchlorid und wenigen kg Puffer enthält 1.05 kmol CC. Um die adiabatisch maximal erreichbare Temperatur (vgl. Kap. 9) zu errechnen, muss die Wärmekapazität der Reaktionsmasse geschätzt werden. Die Schmelzwärme von 250 kg Eis beträgt ca. 83 000 kJ. Zieht man diese von der gesamten Reaktionswärme der RM ab, die 471 000 kJ beträgt (1.05 kmol · 450 kJ/mol), so verbleiben noch ca. 388 000 kJ bzw. 560 kJ/kg für die Erwärmung über 0°C hinaus. Die Wärmekapazität der Reaktionsmasse beträgt ca. 3.6 kJ/kg°C. Geht man von einer Anfangstemperatur T_0 von 0 °C aus, so ergibt sich eine maximal erreichbare Temperatur von

$$T_{max} = T_0 + \Delta T_{ad} \cong 560 \text{ kJ kg}^{-1} / 3.6 \text{ kJ kg}^{-1} \, °C^{-1} = 156 \, °C$$

Achtung: Der Siedepunkt von Wasser wird überschritten!

e) Maximal freiwerdendes HCl

Bei der vollständigen Hydrolyse von 1 kmol CC, werden 3 kmol HCl frei. Dies entspricht bei 20 °C einem Volumen von ca. 72 m³. Achtung: erhebliche Freisetzung von HCl.

Das Ergebnis der systematischen Gefahrensuche ist also eine Auflistung von möglichen Abweichungen von den sicheren Prozessbedingungen und von Schadensszenarien. Diese können mit ihren Verknüpfungen auch durch einen Fehler- oder Ereignisbaum dargestellt sein und müssen im folgenden Schritt genauer analysiert bzw. quantifiziert werden (vgl. Anhang A6).

7.3.4
Risikobeschreibung

Sämtliche im vorigen Schritt gefundenen Gefahren müssen nun als Risiko ausgedrückt werden. Das Risiko lässt sich durch Eintrittswahrscheinlichkeit und Tragweite eines eventuellen Schadens beschreiben. Nachdem diese aber aus

Praktikabilitätsgründen kaum quantifiziert werden können, soll nachfolgend eine in der Praxis verbreitete vergleichende Klasseneinteilung vorgestellt werden[6].

7.3.4.1
Tragweite

Die Tragweite geht aus der Beschreibung und Wertung des durch ein unerwünschtes Ereignis direkt oder indirekt herbeigeführten Schadens hervor. Entscheidend ist hier der Gesamtschaden, der durch Aggregation von eventuell sehr unterschiedlichen einzelnen Schadensbildern zustande kommt. Die Tragweite ist die primäre Grundlage für das anschließende Treffen von angemessenen Sicherheitsmaßnahmen.

Tabelle 7.4. Beispiele von Ereignissen mit verschiedenen Tragweiten nach [3]

Tragweite	Personenschaden	Umweltschaden	Sachschaden
tief	leichte Verletzung im Werkareal	nur Anlage betroffen	kleinerer Anlageschaden Anlageausfall: Tage
mittel	Verletzung ohne bleibende Schäden	Werkareal betroffen reversible Schäden in der Nachbarschaft	größerer Anlageschaden Anlageausfall: Wochen
hoch	Verletzung mit bleibenden Schäden	Langzeitschäden auch außerhalb Werkareal	Verlust der Anlage Anlageausfall: Monate

Die Beispiele von Ereignisfolgen in Tabelle 7.4 veranschaulichen eine mögliche Unterteilung des Schadenfeldes[7].

Bei kritischen Gefahrenpotentialen kann ein Ereignisbaum helfen, mögliche Schadensverläufe systematisch und quantitativ zu analysieren (vgl. Anhang A6). Ausgehend von spezifischen Störfallszenarien sind Ausbreitungs- und Wirkungsmodelle zudem wichtige Hilfsmittel für eine Abschätzung von möglichen Schadensbildern (vgl. Kap. 6 und Anhang A5).

---

[6] Die verwendeten semantischen Skalen entsprechen bei Einschätzung von Tragweite und Wahrscheinlichkeit einer logarithmischen Darstellung (gute Näherung für Wiedergabe von menschlichen Sinneseindrücken).

[7] Schadensindikatoren sind z. B. Anzahl Todesopfer, Fläche an verschmutzten Ober-flächengewässern, finanzieller Verlust. Die Schadenskategorien lassen sich auch auf immaterielle Bereiche erweitern (z. B. Ruf- und Akzeptanzschädigung).

7.3.4.2
Wahrscheinlichkeit

Die Abschätzung von Eintrittswahrscheinlichkeiten wird durch eine Vielfalt von kaum quantifizierbaren Einflüssen wie Wartung, Ausbildung, Stressniveau oder Verantwortungsbewusstsein erschwert.

Um die Objektivität zu erhöhen, kann die Wahrscheinlichkeitsabschätzung durch

- Erfahrung/Analogieschlüsse
- Statistiken

breiter abgestützt werden.

Die Beispiele von Störungen in Tabelle 7.5 illustrieren, wie sich das Wahrscheinlichkeitsfeld in einfacher Weise aufteilen lässt:

Tabelle 7.5. Beispiele von Ereignissen mit verschiedenen Eintrittswahrscheinlichkeiten nach [3]

Wahrscheinlichkeit	techn. Versagen durch Ausfall von	menschl. Versagen	äußere Einflüsse
hoch	chemischem Analysegerät (pH-Sonden etc.)	Produktverwechslung (gleiche Verpackung); Kommunikationsfehler (mündl.)	Frost, Regen
mittel	physikalischer Messwerterfassung (Temp.- Sonde etc.), Regelventil	Produktverwechslung (Fass-/Sack-Anlieferung); Kommunikationsfehler (schriftl.)	Längerer Stromausfall
tief	redundantem[a] System (z. B. 2. Barriere zur Vermeidung eines Chemikalienaustritts)	Produktverwechslung (bei fester Verrohrung); Kommunikationsfehler (schriftl./Doppelkontrolle)	Flugzeugabsturz auf Chemieanlage

[a]Redundanz: unabhängige mehrfache Absicherung.

Ereignisse mit hohem Gefahrenpotential und kleinen Eintrittswahrscheinlichkeiten sind besonders kritisch. Letztere können durch eine systematische Analyse von möglichen Ursache/Wirkungs-Zusammenhängen probabilistisch abgeschätzt werden[8]. Wichtige Analyseinstrumente dafür sind der Fehler- und der Ereignisbaum (vgl. Anhang A6).

---

[8] Kleinstwahrscheinliche Ereignisse: Hier muss die zukunftsbezogene Probabilistik als Ersatz für eine vergangenheitsbezogene Statistik dienen.

7.3.5
Risikobewertung und Maßnahmenplanung

7.3.5.1
Risikobewertung

Risiken lassen sich gemäß der beschriebenen 3×3-Einteilung in einem Wahr-scheinlichkeits-Tragweite-Diagramm vergleichend bewerten. Oft wird für die Dar-stellung von Tragweiten und Wahrscheinlichkeiten auch eine 4×6-Einteilung gewählt (vgl. Abb. A6.3). Durch die gerade Zahl der Einteilungsklassen fällt hier die Mittelposition weg, die zwar für die Entscheidungssituation bequem, als Aus-sage aber wenig wert ist. Eventuell kann auch eine separate Beurteilung von Personen-, Umwelt- und Sachrisiken erfolgen oder eine Aggregation durch die Monetarisierung aufgrund von einem jährlichen Schadenserwartungswert. Der Bereich der nicht akzeptablen Risiken hängt von den Schutzzielen ab und wird durch die Akzeptabilitätslinie abgegrenzt (Abb. 10.3). Vergleich und Bewertung von Risiken sollten auf jeden Fall aufgrund möglichst konsistenter und trans-parenter Kriterien erfolgen. Die Risikobewertung ergibt auf diese Art eine rationale Basis für die Sicherheitsmaßnahmen und deren Prioritäten.

7.3.5.2
Maßnahmen

Die Zielsetzung von Maßnahmen (technisch/organisatorisch/personell) ist die Reduktion der signifikanten Risiken auf ein tragbares Maß. Wichtige Hinweise für die Maßnahmenplanung kann eine Sensitivitätsanalyse geben (Einfluss von tech-nischen Systemparametern auf kritische Risiken). Ein weiteres wichtiges Kriterium für die Beurteilung von Sicherheitsmaßnahmen ist schließlich die Kosteneffizienz (vgl. Kap. 7.4).

Da aus den denkbaren Maßnahmen (Abb. 7.4) immer eine Auswahl getroffen werden muss, soll hier eine *Hierarchie für Sicherheitsmaßnahmen* gegeben werden (vgl. Abb. 7.1 und Tab. 7.1):

- Möglichst *inhärent sichere* Prozesse in Bezug auf (1) Chemie, (2) Verfahren und (3) Apparate wählen (vgl. Kap. 11.4).
- Verbleibende Risiken primär durch technische aber auch durch organisatorische und personelle Maßnahmen bezüglich ihrer Eintrittswahrscheinlichkeiten redu-zieren (Prozessüberwachung).
- Restrisiko durch technische und organisatorische Maßnahmen bezüglich Ereig-nistragweite reduzieren (Prozessabsicherung, Notfallmaßnahmen).

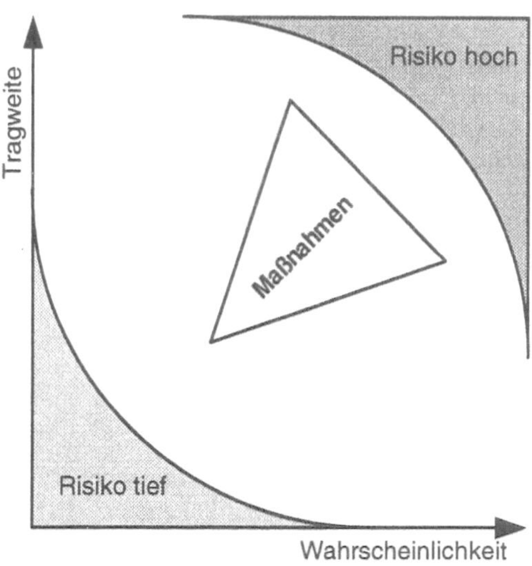

Abb. 7.4. Maßnahmen als Funktion des Risikos [3]

Bei chemischen Prozessen gilt es in erster Linie, durch systematische Prozessentwicklung (Synthesewahl, Prozesskonzept etc.) die hohen Tragweiten von möglichen Ereignissen ursächlich zu reduzieren. Es ist wichtig, daß die Risikoanalyse als iterativer Vorgang die Verfahrensentwicklung von Anfang an begleitet. Auf diese Weise können die Sicherheitsmaßnahmen gemäß Bearbeitungstiefe und Informationsstand vom Groben (Hazard Summary) in Richtung Detail (vollständige Risikoanalyse) stufenweise ausgebaut werden.

Schließlich ist bei der Planung von Sicherheitsmaßnahmen noch auf folgende Punkte zu achten:

- *Sicherheitsmaßnahmen* sind sorgfältig auf *neue Risiken* zu überprüfen (bei der Montage eines Sicherheitsventils zur Druckabsicherung von einem Reaktor tritt ein neues Risiko durch die Möglichkeit der Freisetzung von toxischen oder explosionsgefährlichen Stoffen auf).
- Die optimale *Mensch-Maschine-Interaktion* ist bei Sicherheitsmaßnahmen besonders wichtig. Dabei tritt das Problem auf, daß in einem voll automatisierten Betrieb im Normalfall der Mensch durch die Technik kontrolliert wird, daß jedoch im Störfall die Technik durch den Menschen zu kontrollieren ist.
- Sicherheitsmaßnahmen sind so auszulegen, daß ein *einfacher Fehler* nicht zu einem Ereignis mit hoher Tragweite führen kann.
- Der Nutzen der Risikoanalyse ist stark abhängig von der *sorgfältigen Implementierung* und der nachfolgenden Erhaltung der gewählten Schutzmaßnahmen (Sicherheitskultur bedeutet im Betrieb z. B. hohes Niveau des technischen Unterhalts und der Sicherheitsausbildung).

- Ziel von Sicherheitsmaßnahmen ist immer auch ein gutes *Kosten-Nutzen-Verhältnis* (vgl. Kap. 7.4).

7.3.6
Bewertung des Restrisikos

Im letzten Schritt der Risikoanalyse geht es darum, sich über das trotz allen Maßnahmen noch verbleibende Risiko Rechenschaft zu geben. Das Restrisiko setzt sich zusammen aus

- dem bewusst in Kauf genommenen Risiko
- dem erkannten aber falsch beurteilten Risiko
- den nicht erkannten Gefahren

Wird das verbleibende Risiko (besonders die Tragweite) als zu ungewiss oder zu hoch eingestuft, so sind eine vertiefte Risikobetrachtung bzw. weitere Schutzmaßnahmen notwendig. Ein allgemeines Maß für Akzeptierbarkeit und Tragbarkeit von Restrisiken gibt es nicht. Neben den rein technischen Gesichtspunkten gilt es stets auch die ökonomischen, ökologischen und sozialen Aspekte und Rahmenbedingungen sorgfältig abzuwägen[9].

In der Regel kann das verbleibende Risiko als akzeptabel betrachtet werden, wenn

a) eine gründliche Risikoanalyse vorliegt.
b) Risiko-Reduktionsmaßnahmen getroffen wurden, die
   - den Erkenntnissen der Risikoanalyse entsprechen.
   - den aktuellen Erkenntnisstand von Wissenschaft und Technik berücksichtigen.
   - konform mit den Schutzzielen von Unternehmung und Gesellschaft sind.

Da neben den bewusst in Kauf genommenen Risiken immer auch nicht erkannte oder falsch beurteilte Risiken verbleiben, muss jede Gelegenheit genutzt werden, um die unbekannten Anteile vom Restrisiko zu reduzieren und so Qualität und Aussagekraft einer technischen Risikoanalyse weiter zu verbessern.

Eine klare und vollständige Dokumentation der Risikoanalyse hilft auch sicherzustellen, daß später jederzeit gezeigt werden kann, welches Schutzniveau angestrebt wird und der Nachweis erbracht werden kann, unter welchen Voraussetzungen und Bedingungen und mit welchen Mitteln erkannte Risiken auf dieses Maß reduziert worden sind. Letzteres kann in einem Schadensfall für die Beurteilung der Einhaltung der gesetzlichen Sorgfaltspflichten entscheidend sein.

---

[9] Analysen und Sicherheitsmaßnahmen von großen Gefahrenpotentialen sollten unabhängig von Eintrittswahrscheinlichkeit bezüglich der Tragbarkeit periodisch auf höchster Verantwortungsebene überprüft werden. Bei großem Risikopotential ist allenfalls ein Nutzen-Risiko-Dialog mit der potentiell betroffenen Bevölkerung zu suchen (vgl. Kap. 10).

Beispiel 7.2. *Schritte IV-VI der Risikoanalyse für das Mahlen von Cyanurchlorid (vereinfacht)*

Schritt IV: Risikobeschreibung für ausgewählte Szenarien

Szenario	Beschreibung	Wahrschein-lichkeit	Tragweite
A) Direktdampf	In die Cyanurchlorid-Suspension wird Dampf eingeleitet: heftige Zersetzungsreaktion von Cyanurchlorid.	tief	hoch
B) Abweichung von Temperatur und pH	Bei tiefem pH und bei Temperaturerhöhung kann die Hydrolyse eine kritische Zersetzung auslösen.	tief	hoch
C) Ausfall der Ventilation	Beim Eintragen von Cyanurchlorid könnte Staub in die unmittelbare Umgebung austreten. Feinkristallines CC reizt bereits in sehr geringen Mengen Augen, Haut und Schleimhäute. Es kann sensibilisierend wirken.	mittel	tief
D) Stromausfall	Im Cyanurchlorid-Rührkessel fallen Rührer und Mahlapparat aus. Gefahr der Agglomeration von CC ergibt ev. Probleme beim Wiederanfahren	tief	mittel

Schritt V: Maßnahmenplanung (Priorität gemäß der Höhe des ermittelten Risikos)

Szenario A)   In der Dampfleitung muss ein Blindflansch montiert werden oder das Handventil geschlossen und mit einem Schloss zusätzlich gesichert sein.

Szenario B)   Einfüllen von Cyanurchlorid in den Kessel erst beginnen, wenn die vorgeschriebene Mengen von Eis und Puffer im Kessel vorgelegt sind und weiteres Eis zum Halten der vorgeschriebenen Temperatur bereitgestellt ist. Kontrolle der Temperatur und des pH-Wertes bei Verzögerungen, Korrektur mit Puffer und/oder Eis. Letzte Maßnahme: Kessel mit Wasser ganz auffüllen und eventuell fluten.

Szenario C)   Zugabe von Cyanurchlorid sofort unterbrechen und beim Kessel sofort Mannlochdeckel auflegen.

Szenario D)   Suspension durch Lufteinblasen oder mit Holzlatte in Bewegung halten; Eisüberschuss nötigenfalls ergänzen.

Schritt VI:Bewertung des Restrisikos

Das nach Umsetzung obiger Maßnahmen verbleibende Restrisiko wird in Verbindung mit einer guten Sicherheitskultur, z. B. regelmäßige Sicherheitsausbildung für Arbeiter, als akzeptabel eingestuft.

7.4
Kosteneffizienz von Sicherheitsmaßnahmen

Neben sozialen und gesellschaftlichen Überlegungen ist das ökonomische Kosten/Nutzen-Verhältnis ein wichtiger Gesichtspunkt bei der vergleichenden Beurteilung von Sicherheitsmaßnahmen (Prioritätensetzung). Verminderung des Risikos bedeutet im ökonomischen Kontext die Reduktion des jährlichen Schadenerwartungswertes ($/a) durch Sicherheitsmaßnahmen, deren technischer Aufwand sich wiederum durch Kosten ausdrücken lässt. Für ein ökonomisch optimales Restrisiko gilt die Forderung, daß in einer bestimmten Zeitspanne die Summe von erwarteten Schadenkosten und erforderlichen Sicherungskosten ein Minimum erreicht. Der Grenznutzen des für die Risikoverminderung eingesetzten Kapitals (Δ_{Risiko} / Δ_{Kosten}) nimmt dabei in einer für die Ökonomie typischen Weise mit zunehmender Risikoreduktion laufend ab[10].

Obiges Kriterium der Kostenminimierung ist beschränkt auf den Fall, bei dem nur ein einziges Risiko vorliegt. Für die optimale Mittelverteilung bei gleichzeitiger Reduktion von mehreren Risiken, z. B. den Hauptrisiken aus vergleichender Betrachtung im W/T-Diagramm, gelten folgende Überlegungen: Effektivität und Effizienz bedeuten hier, daß mit möglichst wenig finanziellen Mitteln insgesamt ein Maximum an Risikoreduktion erreicht wird. Gleiche Grenzkosten, d. h. gleiche Kosteneffizienz der letzten noch umgesetzten Sicherheitsmaßnahme, bilden bei beschränkten Mitteln das Kriterium für eine optimale Mittelverteilung auf die einzelnen Risiken. Diese Regel zielt auf ein Gesamtoptimum, bei dem die Größen der einzelnen schließlich verbleibenden Risiken durchaus unterschiedlich sein können (vgl. Abb. 7.5).

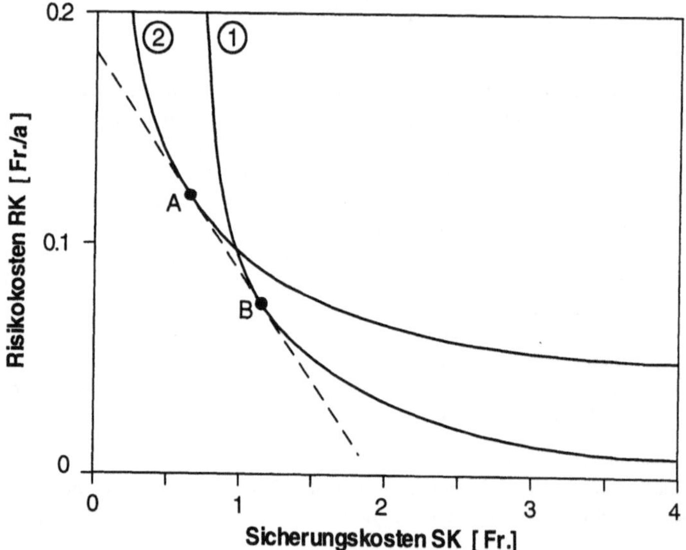

Abb. 7.5. Risikokosten als Funktion der Sicherungskosten bei zwei unterschiedlichen Gefahren 1 und 2 (A und B: Punkte mit gleichen Grenzkosten für Risikoreduktion)

---

[10] Versicherungskosten als auf Jahresraten umgelegte Kosten für den Transfer von Risiken an Dritte können allenfalls als grober ökonomischer Benchmark für die Beurteilung der Kosteneffizienz von Sicherheitsmaßnahmen herangezogen werden.

Literatur zu Kapitel 7

[1] Crowl DA, Louvar JF (1990) Chemical Process Safety: Fundamentals with Applications. Prentice-Hall, Englewood Cliffs

[2] Kletz T (1991) Plant Design for Safety: A User-Friendly Approach. Hemisphere Publishing Corporation, New York

[3] Expertenkommission für Sicherheit in der chemischen Industrie der Schweiz (1996) Einführung in die Risikoanalyse. Heft 4, Basel

[4] Schmalz F (1996) Vorlesung "Sicherheit chemischer und verfahrenstechnischer Anlagen". Abteilung für Maschinenbau und Verfahrenstechnik ETHZ, Zürich

[5] AICHE (1992) Guidelines for Hazard Evaluation Prozedures, 2nd ed., American Institute of Chemical Engineers, New York

8 Risikoanalyse biotechnologischer Prozesse

8.1
Ausgangslage und Zielsetzung

8.1.1
Ausgangslage

Biotechnologie als kontrollierte Anwendung von biologischer Information wird schon seit vorindustriellen Zeiten für die Herstellung von Nahrungsmitteln und Getränken eingesetzt. So werden Brot, Bier und Wein mit Hilfe von Hefepilzen hergestellt, Joghurt und Käse mit Laktobazillen und Labenzymen. Seit langem werden Enzyme und Mikroorganismen aber auch in der Pharma-Industrie für die biotechnologische Herstellung von Medikamenten und Impfstoffen eingesetzt.

Durch die Möglichkeiten der Gentechnologie entwickelt sich diese Produktionsmethode zunehmend zu einer Schlüsseltechnologie für die Zukunft. Insbesondere bei der Herstellung von biologischen Wirkstoffen und Diagnostika dürfte künftig die Biotechnologie eine immer wichtigere Alternative zur chemischen Stoffumwandlung werden.

An dieser Stelle[1] werden ausschließlich geschlossene biologische Systeme betrachtet (Definitionen in Tabelle 8.1). Bei der Sicherheitsanalyse der *bewussten Freisetzung* von genetisch modifizierten Organismen ergeben sich andere Fragestellungen. Wahrscheinlichkeit und Tragweite von schädlichen Konsequenzen der Freisetzung sind hier nicht mehr auf konkrete Eigenschaften der Organismen zurückzuführen, sondern beziehen sich auf langfristige, durch die Komplexität und Unbestimmtheit der betroffenen Ökosysteme schwer vorhersagbare Veränderungen. Bei einer entsprechenden Sicherheitsanalyse spielen Kriterien wie die Höhe eines prinzipiell noch tolerierbaren Schadens eine wichtige Rolle [6, 7]. Bei *geschlossenen biologischen Systemen* handelt es sich dagegen um ein System, das vergleichsweise gut bekannt ist. Die zu produzierenden Wertstoffe sind Stoffwechselprodukte der Mikroorganismen, die direkt oder als Bio-Katalysator in einer nachfolgenden enzymatischen Reaktion eingesetzt werden können. Ein vereinfachtes Verfahrensfließbild zeigt Abb. 8.1.

---

[1] Die Ausführungen basieren vor allem auf [1] und [2]. Siehe auch [3-5]

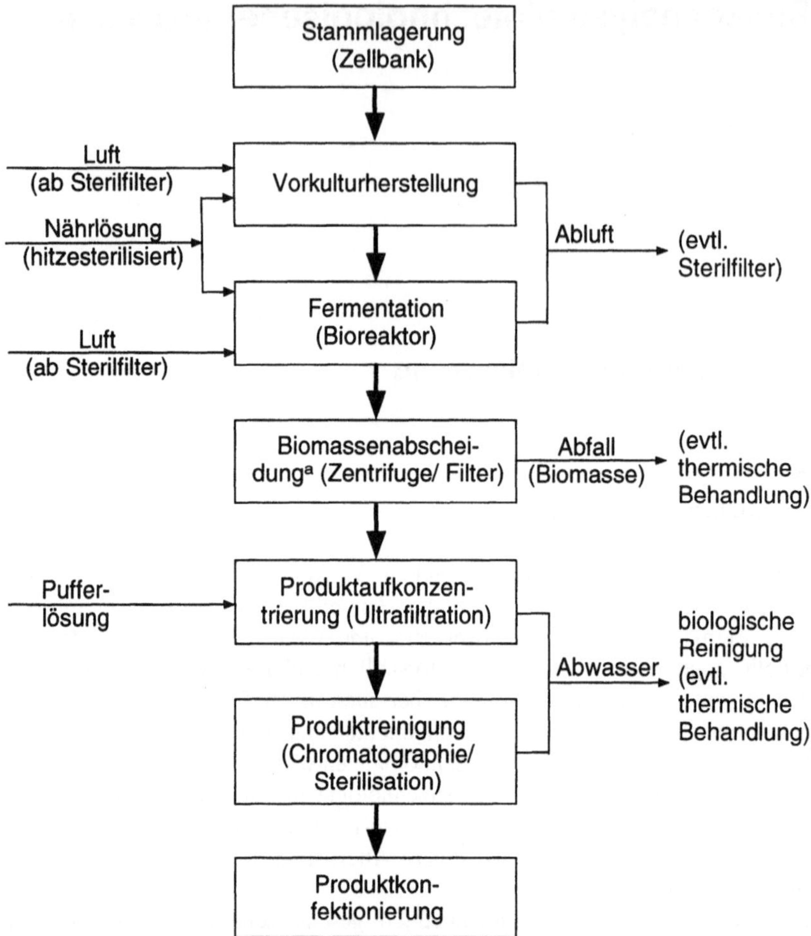

Abb. 8.1. Vereinfachtes Verfahrensfließbild eines biotechnologischen Prozesses, verändert nach [1]. [a]bei intrazellulärem Produkt: vorgängiger Zellenaufschluss (Zellabtrennung und Aufschluss im Homogenisator)

Wichtige Voraussetzung für eine definierte biologische Stoffumwandlung ist die sterile Prozessführung. Dabei sind die Prozeßstufen unter Ausschluss von fremden Mikroorganismen durchzuführen. Sterilität verlangt neben vorgängiger Hitzebehandlung der Anlage (ca. 120°C, 20 min) einen vollständigen Abschluss der organismenhaltigen Lösungen gegenüber der Umwelt. Im Vergleich zu vielen chemischen Prozessen zeichnen sich biologische Stoffumwandlungen auch durch die physiologischen Bedingungen aus, bei denen sie ablaufen. Meist bedeutet das aerobe Reaktionsbedingungen, Temperaturen zwischen 30-50°C, wässriges Reaktionsmedium bei pH 3-8 und relativ große Verdünnungen. Die Nährstoffe sind natürlichen Ursprungs und der Abfall biologisch abbaubar.

Tabelle 8.1. Begriffsdefinitionen

Begriff	Definition
Mikroorganismus	Mikrobiologische Zelleinheit, die zur Vermehrung oder Weitergabe von genetischer Information fähig ist (z. B. Viren, mikrobielle, pflanzliche oder tierische Zellen; Begriff gemäß Störfallverordnung Schweiz, Handbuch II).
Geschlossenes biologisches System	Population von natürlichen oder gentechnisch veränderten Mikroorganismen, die durch physikalische, chemische oder biologische Schranken (Containment) keinen oder einen stark reduzierten Kontakt zu Mensch und Umwelt hat.
Biotechnologie	Wissenschaft der technischen Herstellung von Produkten und Dienstleistungen mit Hilfe von Mikroorganismen (sowie deren Teile und molekulare Analoge, vorab Nukleinsäuren).[2]
Gentechnologie	Der Teil der Biotechnologie bei dem veränderte Organismen und Zellen eingesetzt werden (umfasst Isolation, Charakterisierung und Neukombination von genetischem Material sowie Wiedereinführung und Vermehrung in einer anderen zellulären Umgebung).

Für die Produktaufarbeitung werden die Produktionsstämme nach dem Fermentationsschritt zuerst inaktiviert. Nach der Zellabscheidung erfolgen die weiteren Schritte wie Aufkonzentrierung und Reinigung des Produkts unter zellfreien und keimarmen Bedingungen.

8.1.2
Problemstellung

Während bei den chemischen Prozessen oft das stoffliche und energetische Gefahrenpotential im Vordergrund steht, bildet bei biotechnologischen Prozessen die Gefährdung von Mensch und Umwelt durch Mikroorganismen das primäre Sicherheitsproblem. Dieses Gefahrenpotential, zusammen mit dem gesellschaftlichen Diskurs um die Gentechnologie sowie dem Fehlen eines umfassenden gesetzlichen Rahmens, machen eine möglichst systematische technische Risikoanalyse bei bio- und gentechnologischen Prozessen im besonderen Maße erforderlich[3].

---

[2] Mikroorganismen, deren Teile und molekulare Analoge werden hier als biologische Systeme bezeichnet.

[3] Gesetzesgrundlagen: Gentechnikgesetz (D), Störfallverordnung (CH), Richtlinien 90/219 und 90/678 (EU)

8.1.3
Zielsetzung

Die Risikoanalyse geschlossener biologischer Systeme soll vorausschauend und systematisch verhindern, daß es bei eventuellen Störfällen zu Schädigungen von Mensch und Umwelt kommen kann. Die Risikoanalyse bildet den Ausgangspunkt für gezielte Maßnahmen zur Gewährleistung der Arbeits-, Umwelt- und Produktesicherheit. Gleichzeitig ist sie die naturwissenschaftlich/technische Grundlage für den Nutzen-Risiko-Dialog.

8.2
Systematik der Risikoanalyse von geschlossenen biologischen Systemen

Die Risikoanalyse biotechnologischer Prozesse setzt sich analog zur Risikoanalyse chemischer Produkte bzw. Prozesse aus drei Hauptschritten zusammen:

- *Risikocharakterisierung* gemäß biologischer Systemcharakteristik und möglichen Störfallszenarien.
- *Risikobewertung* gemäß Schutzzielen der Arbeits-, Umwelt und Produktesicherheit.
- *Risikomanagement* gemäß internen und externen Normen sowie Effizienzkriterien.

Bei der Risikoanalyse von geschlossenen biologischen Systemen steht naturgemäß der Austritt von pathogenen[4] oder umweltgefährlichen[5] Mikroorganismen als kritisches Ereignisszenario im Vordergrund. Die Abgrenzung von sicheren Prozessbedingungen konzentriert sich deshalb auf die Gefahren der verwendeten Mikroorganismen und auf die Gewährleistung eines geschlossenen Systems. Die Analyseschwerpunkte liegen einerseits bei den Eigenschaften der Organismen (Wirkung), andererseits bei der Störanfälligkeit, dem Maßstab und dem Umfeld von Verfahren und technischem System (Exposition). Das Grundkonzept zur Charakterisierung von Mikroorganismen ist analog zu dem für chemische Produkte; nur daß hier anstelle der chemischen die biologischen Stressoreigenschaften interessieren. Eine Eigenheit biologischer Systeme ist allerdings die Populationsdynamik, d. h. die mögliche räumliche und zeitliche Ausbreitung einer biologischen Kontamination auf Grund von Organismeneigenschaften wie Ansiedlungs- und Überlebensfähigkeit, Vermehrung, Informationsübertragung, etc. Bei natürlichen wie bei gentechnisch veränderten Mikroorganismen ist deshalb das Umweltverhalten, insbesondere im Hinblick auf die Exposition, ein Schlüsselparameter. Im Folgenden werden gemäß Abb. 8.2. die einzelnen Schritte der Risikoanalyse eingehender besprochen.

---

[4] Pathogenität: Fähigkeit, beim Menschen Infektionskrankheiten hervorzurufen

[5] Umweltgefährlichkeit: Fähigkeit, Umweltprozesse zu stören, z. B. durch Veränderung von Stoffkreisläufen, Verdrängung natürlicher Populationen, etc.

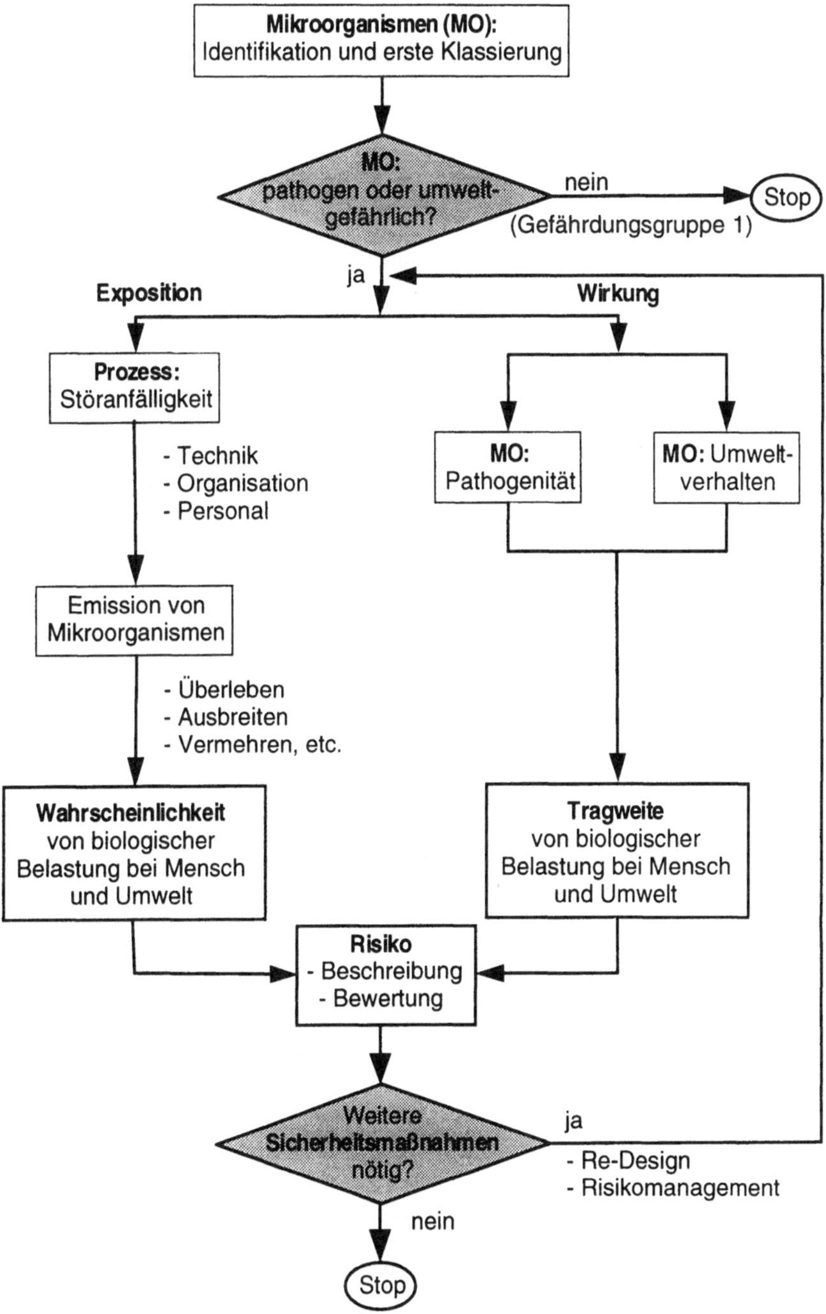

Abb. 8.2. Schrittfolge bei der Risikoanalyse eines geschlossenen biologischen Systems

8.3
Die einzelnen Schritte der Risikoanalyse

8.3.1
Datenbasis

Eine systematische Analyse des biologischen Risikos ist erforderlich, falls nicht zweifelsfrei feststeht, daß die verwendeten Mikroorganismen weder pathogene noch umweltgefährdende Eigenschaften haben. Bei natürlichen wie gentechnisch veränderten Organismen gilt es aufgrund von Artenzugehörigkeit, verfügbaren wissenschaftlichen Befunden und experimentellen Erfahrungen abzuklären, ob eine Gefährdung für Mensch oder Umwelt zu erwarten ist[6]. Falls eine solche vermutet wird, ist dies der Ausgangspunkt für die weiteren Schritte.

8.3.2
Wirkungscharakterisierung der Mikroorganismen

Um die Mikroorganismen, die in einem biotechnologischen Prozess eingesetzt werden, auf ihre potentiellen Auswirkungen auf Mensch und Umwelt zu überprüfen, müssen analog zur Wirkungsanalyse chemischer Produkte bestimmte Basisdaten der Mikroorganismen erhoben werden.

8.3.2.1
Pathogenität beim Menschen

Die höchste Priorität der verschiedenen möglichen Auswirkungen von Mikroorganismen hat die Verursachung von Krankheiten beim Menschen (vgl. Abb. 8.3). Um diesbezügliche Möglichkeiten abzuschätzen, müssen folgende Punkte abgeklärt werden:

- *Vorkommen und Verbreitung des Krankheitserregers*, dazu gehören Angaben über Wirtorganismen und die Überlebensfähigkeit außerhalb des Wirtes.
- *Infektionsvermögen* mit Infektionsweg, z. B. durch Lebensmittel, Einatmen, Hautkontakt, und Infektionsdosis
- *Infektionstyp* (lokal oder systemisch)
- *Infektionsabwehr,* natürliche Abwehr oder Abwehr durch Antibiotika, Impfung etc.
- *Virulenz*[7] der Krankheitserreger und Krankheitsbilder
- *Epidemiologische Daten* über Verbreitung und Auswirkungen

---

[6] Einstufungslisten: Gentechnikgesetz (D), Gentechnik-Sicherheitsverordnung und Merkblätter B 004-007 bzw. 009 der BG Chemie (D); Anhang D des Handbuch II zur Störfallverordnung (CH), Weisung 3 der Richtlinien der schweizerischen Kontrollstelle für Biosicherheit.

[7] Virulenz bezeichnet die stammabhängige Variation des Pathogenitätsgrades; evtl. mit Wildtyp zu vergleichen.

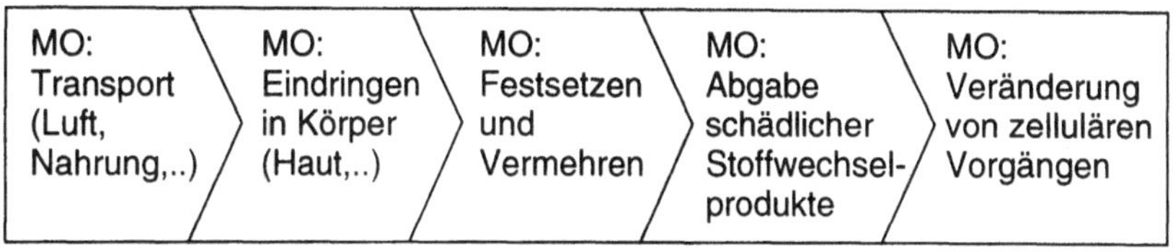

MO: Transport (Luft, Nahrung,..)	MO: Eindringen in Körper (Haut,..)	MO: Festsetzen und Vermehren	MO: Abgabe schädlicher Stoffwechsel- produkte	MO: Veränderung von zellulären Vorgängen

Abb. 8.3. Wirkungspfad für Pathogenität beim Menschen durch Mikroorganismen (MO)

8.3.2.2
Umweltbeeinträchtigungen

Für die Beurteilung von Umweltbeeinträchtigungen durch freigesetzte biologische Systeme (vgl. Abb. 8.4) müssen folgende mögliche Auswirkungen berücksichtigt werden:

- Veränderungen von *Stoffkreisläufen*
- Einfluss auf *Nahrungsketten*
- *Verdrängung natürlicher Populationen*
- *Übertragung von genetischen Informationen* auf andere Arten von Mikroorganismen (horizontaler Gentransfer)

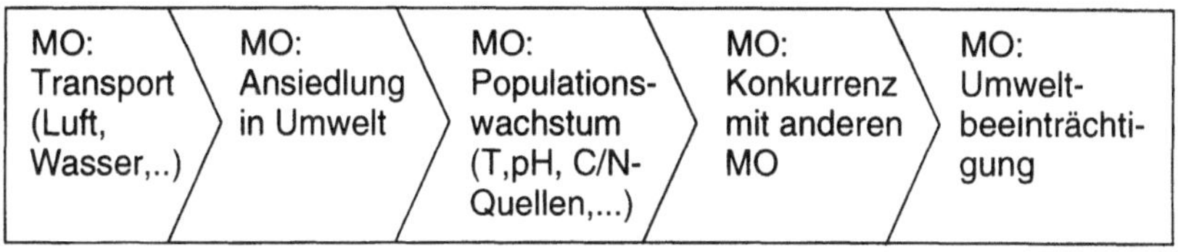

MO: Transport (Luft, Wasser,..)	MO: Ansiedlung in Umwelt	MO: Populations- wachstum (T,pH, C/N- Quellen,...)	MO: Konkurrenz mit anderen MO	MO: Umwelt- beeinträchti- gung

Abb. 8.4. Wirkungspfad für Umweltbeeinträchtigungen durch Mikroorganismen (MO)

8.3.2.3
Einteilung in Gefährdungsgruppen

Die Kenntnis der Artenzugehörigkeit eines Produktionsstamms von Mikroorganismen ermöglicht weitgehende Rückschlüsse auf das Gefährdungspotential.

Aufgrund von Artenzugehörigkeit, Umfang wissenschaftlicher Befunde sowie experimenteller Daten und Erfahrungen werden die Mikroorganismen in vier Gefährdungsgruppen eingeteilt (vgl. Tab. 8.2; [8] bzw. EU-Richtlinie 90/679). Impfstoffe und Therapeutika sind bei Gefährdungsgruppe 1 nicht relevant, bei Gruppe 2 und 3 in der Regel verfügbar, bei Gruppe 4 meist nicht vorhanden.

Tabelle 8.2. Die Gefährdungsgruppen nach der Richtlinie 90/679/EWG

Gefährdungs-gruppe	Gefährdung von Mensch/Umwelt[a]	Eigenschaften von Mikroorganismus	Beispielspezies
1	keine[b]	keine Krankheitserreger keine Umweltbeein-trächtigung	-Lactobazillus sp. -Escherichia coli K12 -Sacc. Cer. (Bäckerhefe)
2	gering	gelegentlich pathogen oder pflanzenpathogen	-Escherichia coli sp. -Rhino-Viren (Schnupfen)
3	mäßig	pathogen	-Mycobacterium tuberculosis (Tuberkulose) -Gelbfieberviren
4	hoch	sehr pathogen	-wenige Virenstämme (keine Bakterien)

[a]nach dem derzeitigen Stand der Wissenschaft; [b]auf der Basis langjähriger Erfahrung

Gentechnisch veränderte Organismen enthalten genetische Informationen aus mehreren Organismen. Deshalb orientiert sich hier die Zuordnung zu einer Gefährdungsgruppe an den Eigenschaften sämtlicher Elemente:

- Gefährdungsgruppe von Empfängerorganismus
- Gefährdungsgruppe von Spenderorganismus
- Charakteristik des Vektors (DNA-Molekül, mit dessen Hilfe genetische Information in Zelle gebracht wird)
- Funktion des übertragenen Genomabschnittes.

Aus der Analyse obiger Faktoren kann gemäß Tab. 8.3. die Gefährdungsgruppe eines gentechnisch veränderten Organismus bestimmt werden (vgl. EU-Richtlinie 90/219/EG). Für die Praxis ist nur die Übertragung von genetischem Material von Organismen der Gefährdungsgruppe 2 oder 3 auf Empfängerorganismen der Gefährdungsgruppe 1 (seltener 2) von Bedeutung.

Bei der Charakterisierung der Mikroorganismen bezüglich ihrer Gefährlichkeit für Mensch und Umwelt ergeben sich zum Teil *Schwierigkeiten*, die auf folgende Punkte zurückzuführen sind:

- Für die Beurteilung von *Umwelteffekten* liegt einerseits wenig Schadenerfahrung vor. Die Komplexität und Vielfalt der Wirkungsgefüge sowie die Variabilität der Organismen ist andererseits von der Theorie her kaum zu überblicken.
- Oft fehlen *Nachweismethoden* für spezifische Mikroorganisen in der Umwelt.
- Die *Populationsdynamik* der Organismen bei verschieden Umweltbedingungen ist schwer abzuschätzen. Durch horizontalen Gentransfer kann sie zusätzlich verändert sein.

- Die Auswirkungen von *infektionsbegünstigenden Faktoren* bei Zielorganismen von opportunistisch-pathogenen Mikroorganismen sind zu berücksichtigen.
- Aufgrund der großen *Streuung* ist die *Signifikanz* von den verschiedenen Effekten schwer abschätzbar.
- Die Einstufung in Gefährdungsgruppen muss *nachvollziehbar* sein, besonders bei gentechnisch veränderten Organismen.

Tabelle 8.3. Einstufung von gentechnisch veränderten Organismen; Spenderorganismus aus Gefährdungsgruppe 2 oder 3, Empfängerorganismus aus Gefährdungsgruppe 1 (ev. 2). Verändert nach [1].

	Fall A	Fall B
Vektor	keine Nukleinsäuresequenzen, die Gefährdungspotential erhöhen	enthält Nukleinsäuresequenzen, die Gefährdungspotential erhöhen
Funktion des übertragenen Genomabschnittes	Genomabschnitt gut charakterisiert und für Gefährdungspotential von Spenderorganismus nicht bestimmend	Genomabschnitt für Gefährdungspotential von Spenderorganismus bestimmend oder nicht charakterisiert
Produkt	bekannt, nicht toxisch	unbekannt bzw. potentiell toxisch
Gefährdungsgruppe des gentechnisch veränderten Organismus	1 oder 2 (wie Empfängerorganismus)	2 oder 3

8.3.3
Charakterisierung des Expositionsrisikos

Ausgangspunkt für die Expositionsanalyse ist die Untersuchung der *Störanfälligkeit des technischen Systems* im Hinblick auf das Szenario "Freisetzung von Mikroorganismen". Nach Analyse möglicher Freisetzungsszenarien, die bzgl. Eintrittswahrscheinlichkeit sowie Menge, Dynamik und Freisetzungsort (Wasser, Boden, Luft) zu charakterisieren sind, gilt es in einem zweiten Schritt die Möglichkeiten einer weiteren Ausbreitung zu klären.

8.3.3.1
Störanfälligkeit des technischen Prozesses

Grundlage zur Beurteilung der Störanfälligkeit eines biotechnologischen Prozesses sind technische und organisatorische Basisdaten zu Verfahren, Anlagen, Abfallbehandlungsprozessen sowie zum baulichen und personellen Umfeld.

Ziel der *technischen Risikoanalyse* ist das systematische Suchen nach Schwachstellen von Einzelkomponenten sowie des Gesamtsystems im Hinblick auf den

Verlust der Geschlossenheit des biologischen Systems[8]. Wichtige Bereiche sind sicherheitstechnische Spezifikationen, wie z.B. Belastungsgrenzwerte (Temperatur, Druck, Korrosion) sowie Sicherheits-, Wartungs- und Instandhaltungskonzepte.

Für die systematische Risikoanalyse stehen verschiedene methodische Ansätze zur Verfügung (siehe Kap. 7.2). Für die Analyse des kritischen Ereignisses "Freisetzung von Mikroorganismen" kann insbesondere die Fehlerbaumtechnik mit den Freisetzungswegen Produkt, Betriebspersonal, Abwasser, Abluft und Abfall eine wertvolle methodische Hilfe sein (in Analogie zu Anhang A6).

8.3.3.2
Freisetzung und Ausbreitung von Mikroorganismen

Die Ausbreitungsanalyse zeigt gemäß den betrachteten Störfallszenarien, welcher Belastung durch biologisches Material (Immission) bestimmte Personengruppen oder Teile der Umwelt durch die örtliche und zeitliche Ausbreitung von Mikroorganismen ausgesetzt sind.

Bestimmungsgrößen bei der Expositionsanalyse von Störfallszenarien sind:

* *Emission:* Anlagestandort, Menge an freigesetzten Mikroorganismen und Art der Freisetzung, etc.
* *Transmission:* Ausbreitungsweg (z. B. Luft, Wasser oder Wirtsystem), Ausbreitungsgeschwindigkeit, Populationsdynamik.
* *Exposition*: Einwirkung auf die Schutzobjekte mit der Infektionsdosis als Schlüsselparameter.

Bei der Betrachtung von Ausbreitungsvorgängen ist wegen der Großräumigkeit und Geschwindigkeit die atmosphärische Ausbreitung von besonderer Bedeutung. Mikroorganismen verbreiten sich in der Atmosphäre als Aerosole. Modellgrundlagen für entsprechende Ausbreitungsrechnungen (turbulente Diffusion) finden sich in Anhang A5.3. Die Ausbreitung von Mikroorganismen kann allerdings auch in den Umweltkompartimenten Oberflächenwasser oder Boden/Grundwasser erfolgen (vgl. z. B. [9]).

Bei Ausbreitungsvorgängen wird die biologische Belastung durch die Organismenkeimzahl c(x) ausgedrückt (in kolonienbildenden Einheiten pro m^3; Bestimmung auf dem Nährmedium). Die *Populationsdynamik* kann in einem ersten Ansatz durch die Wachstumskinetik

$$c = c_0 e^{k_w t} \tag{8.1}$$

und die Absterbekinetik

$$c = c_0 e^{-k_A t} \tag{8.2}$$

---

[8] Die Sicherheitsbedingungen hängen von den Gefährdungsklassen (GK) der verwendeten Mikroorganismen ab:
GK1: Anlagesterilität; GK2: Zusätzlich zu GK1 Sicherheit vom Betriebspersonal;
GK3&4: Zusätzlich zu GK2 Sicherheit vom Betriebsumfeld.

beschrieben werden, wobei k_w = Wachstumsrate [s⁻¹], k_A = Absterberate [s⁻¹],
t = Zeit [s] und c_0 = c(t = 0) sind. Diese Raten werden vor allem auch dadurch
bestimmt, wie sich der entsprechende Mikroorganismus in Wechselwirkung mit
der bereits vorhandenen, endogenen Population am betrachteten Ort verhält. Da
sich diese unter Konkurrenzbedingungen an die herrschenden Bedingungen ange-
passt hat, sind exogene Organismen häufig unterlegen. Bei symbiotisch lebenden
Organismen, z.B. Parasiten, hängt die Populationsdynamik insbesondere auch von
der Populationsdynamik des Symbiosepartners ab.

Bei der Charakterisierung des Expositionsrisikos gibt es einige *kritische Punkte*,
die erhebliche Schwierigkeiten bereiten können. Zum einen ist die Exposition des
Schutzgutes Umwelt sehr komplex. Expositionsermittlungen müssen mittels
Modellrechnungen durchgeführt werden und eine experimentelle Überprüfung ist
meist nicht möglich. Oft sind die Nachweisgrenzen für bestimmte Mikroorganismen zu hoch, um praktische Untersuchungen vorzunehmen. Weiterhin ist
es meist schwierig, eine tolerable Minimalbelastung für Mensch und Umwelt
anzugeben. Schließlich fehlen oft verlässliche Daten, die für eine tragfähige
Expositionsabschätzung notwendig wären.

8.3.4
Risikobeschreibung und -bewertung

Das Risiko einer biologischen Belastung von Mensch und Umwelt durch
austretende Mikroorganismen kann in einem nächsten Schritt durch die Eintrittswahrscheinlichkeit (W) und die Tragweite (T) beschrieben werden:

- Die Eintrittswahrscheinlichkeit für ein bestimmtes Maß der Exposition hängt
  von der Störanfälligkeit des technischen Prozesses im Hinblick auf verschiedene Freisetzungsszenarien sowie vom Überleben, der Ausbreitung und
  der Vermehrung der freigesetzten Mikroorganismen ab.
- Die Tragweite der potentiellen Freisetzung hängt dagegen vom Potential des
  biologischen Systems bezüglich Pathogenität und Umweltschädigung sowie
  vom Umfang der entsprechend exponierten Schutzgüter ab.

Die Risikobewertung kann durch eine vergleichende Risikobetrachtung erfolgen
(z. B. in einem W/T-Diagramm; vgl. Anhang A6). Dabei ist im Hinblick auf ein
vorgegebenes Schutzziel der Vergleich mit einer Akzeptabilitätslinie zu suchen.
Weitere Hinweise zur Klassierung von Tragweite und Wahrscheinlichkeit sowie
zur Risikobewertung finden sich in Kap. 7.3.

8.3.5
Risikomanagement und Umgang mit Restrisiko

Beim Einsatz von Mikroorganismen können grundsätzlich biologische[9], baulich-
technische oder organisatorisch-personelle *Sicherheitsmaßnahmen* getroffen

---

[9] Biologische Sicherheitsmaßnahmen: Verwendung von risikomindernden Mikroorganismen,
die nur unter ganz spezifischen Bedingungen (pH, Temperatur, Nährstoffe, Sterilität etc.)

werden. Während die biologischen Sicherheitsmaßnahmen Beiträge zur inhärenten Prozeßsicherheit sind, ist die Gewährleistung eines mechanisch geschlossenen Systems eine kontrollierende Maßnahme. Die Bedeutung der Geschlossenheit eines Systems ist abhängig von der Gefährlichkeit des biologischen Systems (vgl. Tab. 8.4)

Tabelle 8.4. Zusammenhang zwischen Gefährdungsgruppe und Sicherheitsstufe

Gefährdungs-gruppe (Biologisches System)	Risiko	Sicherheitsanforderung (technisch, organisatorisch, personell) [2]	Sicherheitsstufe
1	Sterilitätsverlust	Sorgfalt, Hygiene	1
2	zusätzlich lokales Risiko für Personal	Emissionen minimal halten	2
3	zusätzlich regionales Risiko für Mensch und Umwelt	Emissionen verhindern	3
4	wie bei Gefährdungsgr. 3	zweite Barriere	4

Neben den biologischen und technischen Sicherheitsmaßnahmen sind die organisatorisch-personellen Faktoren wie

- Arbeitshygiene
- Ausbildung
- Kontrolle
- Motivation und Verantwortungsbewusstsein

weitere wichtige Größen für einen sicheren Betrieb und die langfristige Erhaltung der Sicherheitsmaßnahmen.

Die hier aufgezeigte Methodik der technischen Risikoanalysen versucht durch Verknüpfung der Ursachen und Wirkungen von Störfallszenarien das Risiko zu erfassen und in der Folge durch technische, organisatorische und personelle Maßnahmen auf ein tragbares Niveau zu reduzieren. Wie bei allen menschlichen Tätigkeiten ist ein gewisses *Restrisiko* nicht zu vermeiden.

Bei der heutigen gesellschaftlichen Beurteilung der Gentechnologie steht die technisch-objektive Risikobeurteilung oft im Widerspruch zur individuell-subjektiven Risikowahrnehmung. In Anbetracht dieser Akzeptanzproblematik ist der Nutzen-Risiko-Dialog mit gesellschaftlichen Anspruchsgruppen eine notwendige, zur rein technischen Risikobetrachtung komplementäre Maßnahme (vgl. Kap. 10). Die gesellschaftliche Akzeptanz ist dabei um so wichtiger, je mehr die

---

überleben können, die in der natürlichen Umwelt kaum anzutreffen sind. Siehe auch Anhang 7 des Handbuch II zur StFV (CH).

Gentechnologie Lösungen für wichtige heutige und künftige Probleme zu bringen verspricht.

Literatur zu Kapitel 8

[1] Käppeli O (1994) Bio- und Gentechnologie I: Technikbeurteilung geschlossener Systeme. vdf Hochschulverlag, Zürich

[2] BUWAL (1992) Handbuch II zur Störfallverordnung StFV: Richtlinien für Betriebe mit Mikroorganismen. Eidg. Drucksachen- und Materialzentrale (EDMZ), Bern

[3] OECD (1986) Recombinant-DNA Safety Considerations. Paris

[4] OECD (1992) Safety Considerations for Biotechnology. Paris

[5] DECHEMA (1994) Materialien und Basisdaten für gentechnisches Arbeiten und für die Errichtung und den Betrieb gentechnischer Anlagen. Dechema, Frankfurt a.M.

[6] Käppeli O, Auberson L (1998) Planned releases of genetically modified organisms into the environment: the evolution of safety considerations, Chimia 52/4:137

[7] Käppeli O, Schulte E (1998) Bio- und Gentechnologie II: Technikbeurteilung offener Systeme. vdf Hochschulverlag, Zürich

[8] WHO (1993) Laboratory Biosafety Manual, 2. Aufl. Geneva

[9] Lincoln D (1987) Hazard Assessment of Microbial Applications in Biotechnology in: Saxena J (Hrsg) Hazard Assessment of Chemicals. Hemisphere Publications Corporation

9 Thermische Prozeßsicherheit

9.1
Einführung

9.1.1
Problemstellung

Die thermische Prozeßsicherheit spricht ein sehr spezifisches, aber auch zentrales Gefahrenpotential an: Die unkontrollierte Wärmefreisetzung durch chemische Reaktionen[1]. Die Betrachtung der thermischen Prozeßsicherheit ist ein Teilaspekt der Risikoanalyse chemischer Prozesse und wird in deren allgemeinen Ablauf (siehe Kap. 7) integriert.

Chemische Reaktionen im industriellen Maßstab erfordern aus Gründen der Wirtschaftlichkeit eine hohe Volumenproduktivität, was bei stark exothermen Umsetzungen mit beträchtlichen thermischen Leistungen verbunden ist. Wesentlich größere Energien können außerdem freigesetzt werden, wenn durch erhöhte Temperaturen energiereiche Zersetzungsreaktionen abzulaufen beginnen. Der thermische Runaway, das heißt das "Außer-Kontrolle-Geraten" einer Reaktion mit immer rascherem Temperatur- bzw. Druckanstieg, führt schließlich zu einer thermischen Explosion. Diese kann aufgrund der direkten Energiefreisetzung physikalische Schäden verursachen. Sie kann aber auch Ursache für eine unerwünschte Stofffreisetzung sein. In diesem Fall besteht die Gefahr von Folgeereignissen durch die Ausbreitung von giftigen bzw. brennbaren Stoffen (vgl. Anhang A5.3). Vor diesem Hintergrund ist das Erkennen und Beherrschen von thermischen Gefahren für die Sicherheit in einem Chemiebetrieb von größter Wichtigkeit[2].

9.1.2
Zielsetzung

Zielsetzung für die thermische Prozeßsicherheit ist die Definition *sicherer Prozessbedingungen* für erwünschte chemische Reaktionen wie für etwaige Zersetzungsreaktionen.

---

[1] Für weitergehende Literatur siehe [1-7].

[2] Bei biotechnologischen Reaktionssystemen kann dagegen ein thermischer Runaway aufgrund der erforderlichen physiologischen Bedingungen ausgeschlossen werden.

Für den Normal- wie für den Störfall gilt es, mit Hilfe von Stoff- und Energiebilanzen die Bedingungen für einen sicheren Wärmehaushalt zu definieren:

- bei *gewünschten Reaktionen* steht das Beherrschen der regulären thermischen
  Reaktorleistung im Vordergrund; wogegen
- bei *kritischen Zersetzungsreaktionen* - speziell im Störfall - deren Auslösung zu
  vermeiden ist.

Neben einer Analyse umfasst die thermische Prozeßsicherheit auch die Wahl von
geeigneten Sicherheitsmaßnahmen. Oberstes Ziel ist auch hier die Reduktion des
Gefahrenpotentials durch sichere Prozessführung (inhärente Sicherheit). Gezielte
Prozesskontrolle, frühzeitiges Erkennen von kritischen Abweichungen und die
Definition von zweckmäßigen Schutzmaßnahmen sind weitere wichtige Schritte
zur Verbesserung der thermischen Sicherheit.

9.1.3
Ablaufstruktur

Die Untersuchung der thermischen Prozeßsicherheit basiert auf folgenden
Schritten:

- Bereitstellung der *Datenbasis* zur Charakterisierung des thermischen Gefahren-
  potentials
- *Bilanzierung* des Prozeßsystems (Stoff/Energie) zur Bestimmung von Potential
  und Dynamik einer Energiefreisetzung
- Bestimmung *sicherer Prozessbedingungen* bezüglich Reaktionsführung,
  Apparatur, MSRT etc.
- *Überprüfung* der Prozeßsicherheit durch eine systematische Risikoanalyse (vgl.
  Kap. 7)

Bei der nun folgenden Diskussion einiger Grundelemente der thermischen Prozeßsicherheit sind die mit den Stoffbilanzen gekoppelten Wärmebilanzen die *Modellbasis* (Kap. 9.2) und das Runaway-Szenario "Exotherme Batchreaktion mit Kühlpanne und nachfolgender Produktzersetzung" das wegleitende *Ereignisszenario*
(Kap. 9.3). In den Kapiteln 9.4 und 9.5 erfolgt für das Runaway-Szenario eine
Bewertung von Tragweite und Eintrittswahrscheinlichkeit anhand von möglichst
einfachen Kenngrößen. Abschließend wird die Runaway-Problematik in Kapitel
9.6 noch durch eine Systematik zur Einstufung von chemischen Reaktionssystemen in thermische Kritikalitätsklassen zusammengefasst.

9.2
Die Wärmebilanz

Die allgemeine Wärmebilanz eines Reaktionssystems ohne örtliche Temperatur-
bzw. Konzentrationsgradienten zeigt Gleichung (9.1).

Wärmeakkumulation = Wärmeproduktion - Wärmeabfuhr

$$c_P \frac{dT}{dt} = \frac{1}{\rho}(-r_A)(-\Delta H_R) - \frac{U}{\rho}\frac{A}{V}(T - T_K) \quad \left[\frac{W}{kg}\right] \quad (9.1)$$

$$\underbrace{\qquad}_{\dot{q}_A} \qquad \underbrace{\qquad}_{\dot{q}_R} \qquad \underbrace{\qquad}_{\dot{q}_K}$$

T	Temperatur der Reaktionsmasse [K]	ΔH_R	Reaktionsenthalpie [J/mol]
t	Zeit [s]	T_K	Kühlmitteltemperatur [K]
c_P	spezifische Wärmekapazität der Reaktionsmasse [J kg^{-1} K^{-1}]	A/V	spezifische Wärmeaustauschfläche [m^2/m^3]
r_A	Reaktionsgeschwindigkeit [mol m^{-3} s^{-1}] $-r_A = k(T) \cdot f(c)$	U	Wärmedurchgangskoeffizient [W m^{-2} K^{-1}]
ρ	Dichte der Reaktionsmassen [kg/m^3]		

Die *Wärmeakkumulation* als Differenz zwischen Wärmeproduktion und Wärmeabfuhr ist die kritische Größe für die thermische Prozeßsicherheit. Der durch die Wärmeakkumulation $\dot{q}_A$ bewirkte Anstieg der Temperatur ist dabei um so größer, je kleiner die spezifische Wärmekapazität c_p der Reaktionsmasse ist. Der c_p-Wert einer Mischung kann dabei aus den Massenteilen und c_p-Werten der Einzelkompo nenten i abgeschätzt werden ($c_{p_{mix}} = \sum_i M_i \, c_{p_i} \big/ \sum_i M_i$).

Die *Wärmeproduktion* ist prinzipiell durch die Summe von sämtlichen erwünschten und unerwünschten Reaktionen bestimmt. Im Normalfall steht die gewünschte Reaktion im Vordergrund. Die Wärmeproduktion ist proportional zur Reaktionsgeschwindigkeit und zur Reaktionsenthalpie und damit temperatur- und konzentrationsabhängig.

Die *Wämeabfuhr* kann durch Verdampfungs- oder Schmelzprozesse (z.B. Lösungsmittel, Eis), oder - wie in Gleichung (9.1) angegeben - durch die Wärmeübertragung an ein externes Kühlmedium erfolgen. Im Fall der Wärmeübertragung (Abb. 9.1) ist die abgeführte Wärmemenge proportional (1) zum treibenden Temperaturgefälle zwischen Reaktor und Kühlmedium, (2) zum Verhältnis von Kühlfläche zu Reaktorvolumen sowie (3) zum Wärmedurchgangskoeffizienten U. Der Kehrwert von U, der Wärmewiderstand, setzt sich gemäß Gleichung (9.2) aus den strömungs- und stoffabhängigen Innen- und Außenwiderständen und dem apparatespezifischen Wandwiderstand zusammen. Typische Werte für Wärmedurchgangskoeffizienten sind in Tabelle 9.1 angegeben.

$$\frac{1}{U} = \left(\frac{1}{\alpha_i} + \frac{d}{\lambda_w} + \frac{1}{\alpha_a}\right) \tag{9.2}$$

U	Wärmedurchgangskoeffizient [Wm^{-2}K^{-1}]	d	Wandstärke des Reaktors [m]
$\alpha_{i/a}$	Wärmeübergangskoeffizient innen bzw. außen [Wm^{-2}K^{-1}]	λ_w	Wärmeleitfähigkeit der Wand [Wm^{-1}K^{-1}]

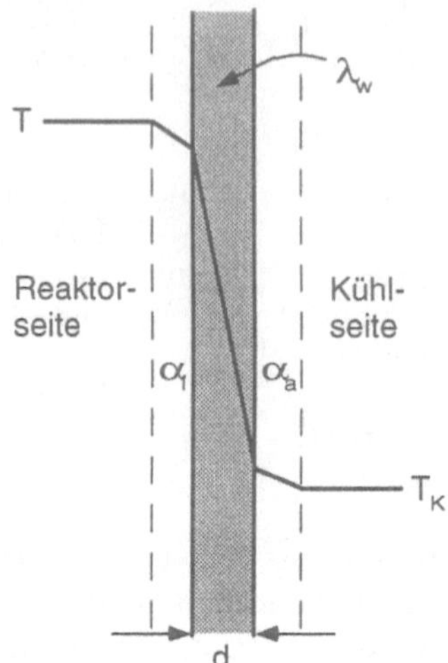

Abb. 9.1. Wärmeabfuhr aus einem Reaktor mit Reaktorwand und inneren und äußeren Grenzflächen

Tabelle 9.1. Typische Größenordnungen für Wärmedurchgangskoeffizienten bei gerührten Reaktoren nach [1] und [8].

Reaktorseite	Wand	Kühlseite	U [Wm^{-2}K^{-1}] [a]
Wasser	Stahl (V4A)	Wasser	ca. 600
Wasser	email. Stahl	Wasser	ca. 300
Org. LM	Stahl (V4A)	Wasser	ca. 250
Org. LM	Stahl (V4A)	Kühlsole	ca. 200
Wasser	Stahl (V4A)	Luft	ca. 5

[a]falls bei einer Störung (z.B. Rührerausfall) nur noch freie Konvektion herrscht, reduziert sich der Wärmedurchgang um bis zu 90%.

Die Wärmebilanz wird häufig in einem "Semenov-Diagramm" dargestellt (Abb. 9.2). In diesem Diagramm werden die produzierte und die abgeführte Wärme in Abhängigkeit von der Temperatur der Reaktionsmasse aufgetragen. Mit einer Erhöhung der Temperatur ist gemäß der Arrheniusbeziehung

$$k = k_0 \cdot e^{\frac{-E_A}{RT}} \tag{9.3}$$

k_0 präexponentieller Faktor [s^{-1}] E_A Aktivierungsenergie [J/mol]

eine exponentielle Zunahme der Reaktionsgeschwindigkeit und damit der Wärmeproduktion verbunden. Die Wärmeabfuhr durch ein externes Kühlmedium nimmt andererseits nur linear mit der Temperatur zu. Bei einer Wärmeabfuhr, die größer als die "kritische" Wärmeabfuhr ist, ergibt sich (auch ohne aktive Regelung) immer ein stabiler Betriebspunkt. Dieser wird einerseits durch die Reaktionsführung (Konzentration und Dosierung der Edukte etc.) und andererseits durch die apparative Auslegung bestimmt. Daneben gibt es aber auch einen instabilen Bereich. Für $T > T_G$ tritt der thermische Runaway auf.

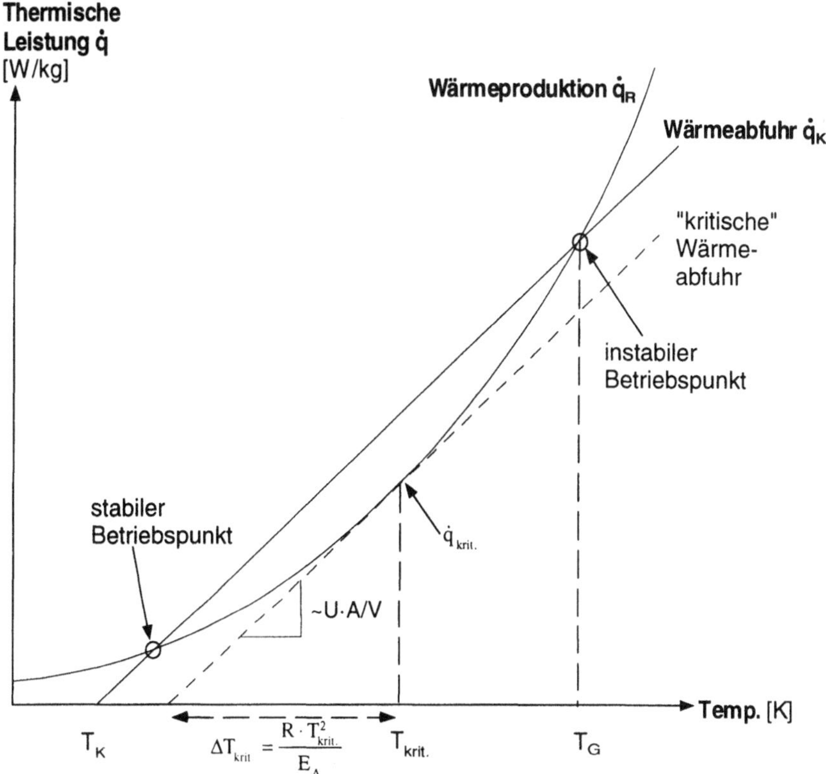

Abb. 9.2. Wärmebilanz eines chemischen Batch-Reaktionssystems ("Semenov-Diagramm"). T_K: Temperatur des Kühlmediums, T_G: Grenztemperatur des stabilen Bereichs.

Eine Erhöhung der Temperatur des Kühlmediums entspricht in Abb. 9.2 einer Parallelverschiebung der Geraden für die Wärmeabfuhr nach rechts, eine Erniedrigung von Wärmedurchgangskoeffizient oder spezifischer Wärmeaustauschfläche einer Verringerung von deren Steigung. Beides kann dazu führen, daß es keinen stabilen Betriebspunkt mehr gibt ($\dot{q}_{krit.} = U \cdot A \cdot R \cdot T_{krit.}^2 / (\rho \cdot V \cdot E_A)$).

Die Wärmebilanz gemäß Gleichung (9.1) ist grundlegend für die Gestaltung einer sicheren Reaktionsführung sowie für die Beurteilung von möglichen Wärmestausituationen. Wesentliche reaktionstechnische Punkte für eine *sichere Gestaltung* der *gewünschten Reaktion* sind dabei

a) die Art der Reaktionsführung (Batch, Semibatch, Konti etc.),
b) die Art der Wärmeabfuhr (Kühlmedium, Außenkühlung über Reaktorwand, Kühlschlaufe, Schmelz- bzw. Verdampfungskühlung etc.),
c) die Wahl der Betriebsparameter (Temperatur, Konzentration, Dosierzeit, Rührintensität etc.) und
d) die Auslegung des Reaktors (spezifische Kühlfläche, Rührorgan, Reaktorwerkstoff etc.). Für die Auslegung von Reaktionssystemen können dabei zwei Grenzfälle betrachtet werden:

- adiabatischer Betrieb ($\dot{q}_K = 0$): Hier ist ΔT_{ad} eine Schlüsselgröße (vgl. Kap. 9.4.2)
- isothermer Betrieb ($\dot{q}_A = 0$): Hier spielt die spezifische Reaktorkühlfläche A/V eine entscheidende Rolle.

Achtung: Beim Scale-up ist es wichtig zu beachten, daß die spezifische Kühlfläche A/V proportional zum Maßstabsvergrößerungsfaktor abnimmt.

Bei der Beurteilung von *Wärmestausituationen* spielt die Wärmebilanz ebenfalls eine wichtige Rolle. So können ohne erzwungene Konvektion bereits kleinste Wärmeproduktionsraten von Zersetzungsreaktionen (wenige W/m³) zu Wärmestaubedingungen führen. Dies kann in einem Chemikalienlager der Fall sein, aber auch in einem Batchreaktor mit Rührerausfall. Bei Wämestau ist die Wärmeproduktion größer als die Wärmeabfuhr. Der stark eingeschränkte Wärmetransport erfolgt bei Feststoffen und viskosen Flüssigkeiten einzig aufgrund der Wärmeleitung. Gemäß Fourriergesetz ist hier der Wärmefluss proportional zum Temperaturgradienten (mit der Wärmeleitfähigkeit λ als Proportionalitätsfaktor). Kritisch wird der Wärmestau normalerweise erst ab $\Delta T_{ad} > 100°C$. Kritische Punkte beim Wärmestau sind

- die Verschlechterung der Wärmeabfuhrbedingungen beim Scale-up (z. B. beim Einsatz größerer Gebinde).
- der zusätzliche Wärmetransportwiderstand durch die z. T. schlechte Wärmeleitung von größeren Feststoffmassen. Für das Zentrum eines Gebindes gelten oft quasi-adiabate Bedingungen[3].
- Die Gefahr einer thermischen Explosion nach längerer Induktionszeit ist insbesondere bei autokatalytischen Zersetzungen[4] kritisch.

---

[3] Gemäß Semenov ist für einen gerührten Reaktor die gerade noch abzuführende kritische Wärmeproduktion proportional zu 1/L; für ein Feststoffgebinde dagegen gemäß Frank-Kamenetskii proportional zu $1/L^2$ (L: Maßstabsfaktor).

[4] Hier muss auch der Einfluss von katalytisch wirkenden Verunreinigungen und vom Lösungsmittel beachtet werden.

9.3
Das Runaway-Szenario als Basis für die Beurteilung thermischer Prozessrisiken

- Bei der Beurteilung des Risikos einer thermischen Explosion hat sich das Szenario der Kühlpanne mit nachfolgendem Runaway (Abb. 9.3) als nützliches Basisszenario zur Charakterisierung und verständlichen Darstellung des Risikos erwiesen.

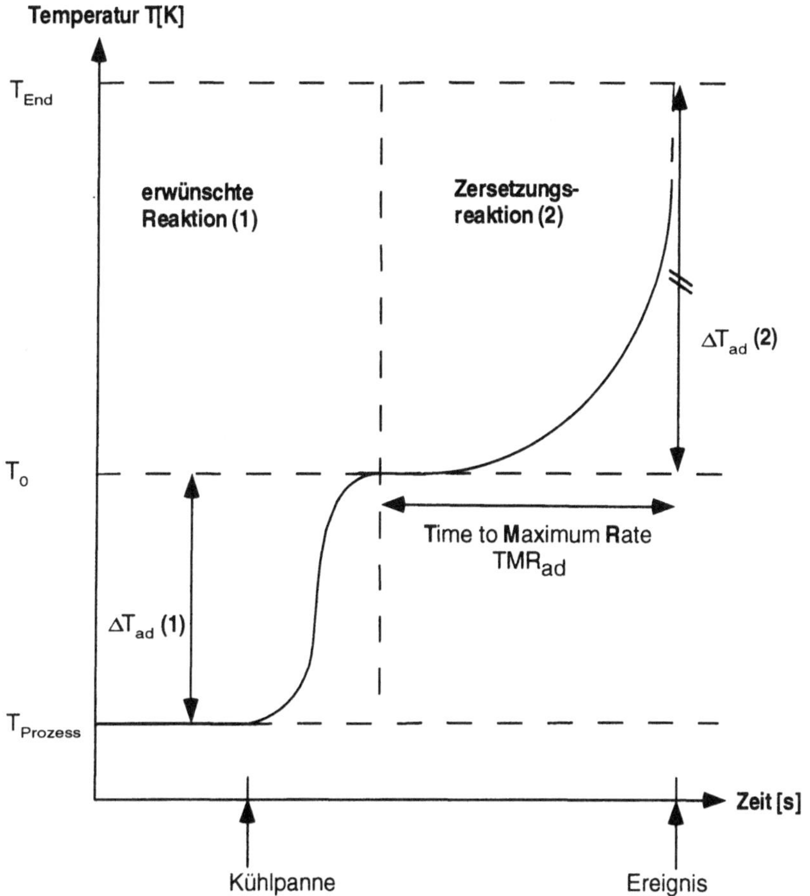

Abb. 9.3. Adiabates Runaway-Szenario einer exothermen Batchreaktion mit Kühlpanne als Initialereignis (ΔT_{ad}: adiabatischer Temperaturanstieg), verändert nach [2][5].

---

[5] Mit freundlicher Genehmigung des American Institute of Chemical Engineers.

Diesem Basisszenario liegen adiabatische Bedingungen zugrunde, weil

- durch die Kühlpanne der Wärmetransport stark eingeschränkt ist
- die adiabate Erwärmung im Betriebsmaßstab (Vol.>1m^3) auf Grund des Verhältnisses von Oberfläche zu Volumen eine gute Näherung auf der sicheren Seite ist
- das adiabate System unabhängig von technischen Betriebsparametern ist und dadurch sehr einfach in einem formalen Modell dargestellt werden kann.

Für eine Beurteilung der entsprechenden Risiken können folgende Schlüsselfragen gestellt werden:

a) Temperatur:
  - Welche Temperatur $T_{Prozess}$ erlaubt ein sicheres Abführen der Reaktionswärme im Normalbetrieb?
  - Welche Temperatur T_0 wird bei einer Kühlpanne durch den Runaway der erwünschten Reaktion maximal erreicht (Worst-Case bezüglich Wärmeabfuhr und Eduktakkumulation)?
  - Welche Temperatur T_{End} ist aufgrund einer eventuell anschließenden Zersetzung zu erwarten?

b) Zeit:
  - Zu welchem Zeitpunkt ist eine Kühlpanne am kritischsten? (Kriterium: Konzentration und Stabilität von akkumulierten Reaktanden bzw. Zwischenprodukten).
  - Wieviel Zeit braucht der Runaway der gewünschten Reaktion? (Zeitspanne meist kurz → kein Sicherheitsfaktor).
  - Wieviel Zeit braucht der Runaway der Zersetzungsreaktion? (TMR_{ad} als Maß für die zeitliche Möglichkeit von Korrekturmaßnahmen).

Die Temperaturen T_{End} bzw. ΔT_{ad} sind ein Maß für die Tragweite einer thermischen Explosion (Kap. 9.4). Die Zeit bis zum Erreichen dieser Temperatur (TMR_{ad}), kann dagegen als Maß für die bedingte Eintrittswahrscheinlichkeit einer thermischen Explosion (Bedingung: Kühlpanne) angesehen werden (Kap. 9.5). Die thermodynamische Größe ΔT_{ad} und die kinetische Größe TMR_{ad} bestimmen schließlich zusammen das durch eine Kühlpanne bedingte Runaway-Risiko.

9.4
Das thermische Gefahrenpotential

9.4.1
Die Reaktionswärme

Vor allem in der technischen Chemie hat man es oft mit exothermen Reaktionen zu tun. Häufig beginnen sich zudem bei erhöhter Temperatur Chemikalien und

Reaktionsmassen thermisch zu zersetzen, was meist ein noch größeres thermisches Potential freisetzen kann.

Die Reaktions- bzw. Zersetzungswärme (vgl. Tab. 9.2) ist in Zusammenhang mit Menge und Konzentration ein direktes Maß für das thermische Gefahrenpotential. Noch anschaulicher kann das Gefahrenpotential durch den adiabatenTemperaturanstieg ΔT_{ad} ausgedrückt werden.

Tabelle 9.2. Richtwerte für Reaktionswärmen (ΔH_R) bzw. Zersetzungswärmen (ΔH_Z)

Reaktion	$(-\Delta H_R)$ bzw. $(-\Delta H_Z)$[kJ/mol]
Neutralisation (HCl)	55
Diazotierung	65
Aminierung	120
Nitrierung	130
Diazozersetzung	140
Sulfierung (SO_3)	150
Vinylpolymerisation	50 - 200
Nitrozersetzung	400
Hydrierung (Nitroaromat)	560

Daten aus [1], für Vinylpolymerisation aus [5]

9.4.2
Der adiabate Temperaturanstieg

Unter der Annahme, daß kein Wärmeaustausch mit der Umgebung stattfindet ($\dot{q}_K = 0$) und c_P sowie ΔH_R unabhängig von T sind, lässt sich der adiabate Temperaturanstieg (Abb. 9.4) durch Integration der Wärmebilanz (9.1) berechnen:

$$\Delta T_{ad} = \frac{Q_R}{c_P} \qquad [K] \tag{9.4}$$

ΔT_{ad} adiabater Temperaturanstieg [K]

Q_R spezifische Reaktionswärme [J kg^{-1}] (analog für Zersetzung: Q_Z)

c_P spezifische Wärmekapazität der Reaktionsmasse [J kg^{-1} K^{-1}]

    H_2O c_P = 4.2 kJ kg^{-1} K^{-1}

    organische Lösungsmittel c_P = ca. 1.7 kJ kg^{-1} K^{-1}

    H_2SO_4 c_P = 1.3 kJ kg^{-1} K^{-1}

Der adiabate Temperaturanstieg ist dabei proportional zur spezifischen Reaktions- bzw. Zersetzungswärme. Mit ΔT_{ad} kann nun eine erste Einteilung von Reaktionssystemen gemäß ihrem thermischen Gefahrenpotential erfolgen (Tab. 9.3).

Tabelle 9.3. Klasseneinteilung der Tragweite für den adiabaten Temperaturanstieg [2][6]

ΔT_{ad} [K]	Tragweite
> 200	hoch
50 < ΔT_{ad} < 200	mittel
< 50	tief[a]

[a]Voraussetzung: kein Überschreiten des Siedepunktes.

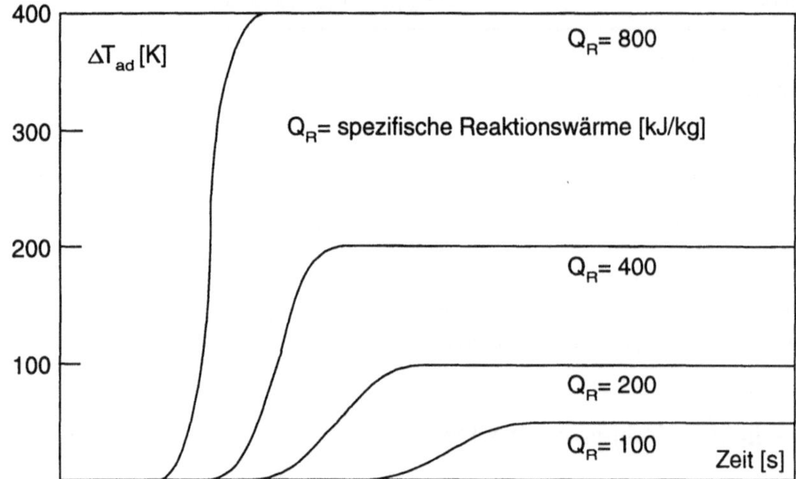

Abb. 9.4. Dynamik eines adiabaten Temperaturanstiegs, verändert nach [1]

Die typischen Reaktions- bzw. Zersetzungsdaten in Tabelle 9.4 zeigen, daß die Zersetzungsreaktion im Verhältnis zur erwünschten Reaktion ein wesentlich größeres Auswirkungspotential haben kann.

Tabelle 9.4. Vergleich der Auswirkungspotentiale von erwünschter Reaktion und Zersetzungsreaktion (Wärmetönungen beispielhaft), nach [1]

	Erwünschte Reaktion	Zersetzungsreaktion
Wärmetönung	100 kJ/kg	2 000 kJ/kg
ΔT_{ad}	50 K	1 000 K
Pot. Verdampfung von MeOH	0.1 kg MeOH/kg	1.8 kg MeOH/kg
Pot. Anheben der ReaktionsMaße	10 km	200 km[a]

[a]entspricht einer Anfangsgeschwindigkeit von ca. 2 000 m/s

---

[6] Mit freundlicher Genehmigung des American Institute of Chemical Engineers.

Typische funktionelle Gruppen mit großem Zersetzungspotential sind

- $-NO_2$, $-NOH$, $-N_2{}^+$,
- $\overset{O}{\underset{}{>C\!\!-\!\!C<}}$, $-O\text{-}O\text{-}$,
- $-C\overset{O}{\underset{Cl}{<}}$, $-C\equiv C-$ etc.

Zersetzungspotentiale von intermediär gebildeten kritischen Zwischenprodukten sind zusätzlich durch Untersuchung von teilumgesetzten Reaktionsmassen zu charakterisieren. Bei der Hydrierung von Nitrogruppen zu Aminen [9] muss beispielsweise vorab das Hydroxylamin untersucht werden.

9.5
Wärmeproduktion und Eintrittswahrscheinlichkeit einer thermischen Zersetzung

Für mittlere und hohe thermische Potentiale ($\Delta T_{ad} > 50$ K) ist eine Risikoabschätzung nötig. Dies erfordert die Untersuchung der Zersetzungsdynamik im Hinblick auf eine Abschätzung der Eintrittswahrscheinlichkeit.

9.5.1
Die Dynamik der Zersetzungsreaktion

Das Temperaturniveau T_0 wird im Fall einer Kühlpanne durch Abreaktion der akkumulierten Edukte und entsprechender adiabatischen Erwärmung der Reaktionsmasse meist sehr schnell erreicht. Deshalb ist für den Erfolg von Sicherungsmaßnahmen einzig entscheidend, ob die Anlaufzeit einer anschließenden thermischen Explosion TMR_{ad} genügend groß ist. Für die Berechnung von TMR_{ad} spielt die Zersetzungsdynamik der Reaktionsmasse und deren Abhängigkeit von der Ausgangstemperatur T_0 eine wichtige Rolle (vgl. Abb. 9.3).

Die spezifische thermische Leistung $\dot{q}_Z$ einer Zersetzungsreaktion ist proportional zu Zersetzungsgeschwindigkeit r_Z und zur Zersetzungswärme ΔH_Z

$$\dot{q}_Z = \frac{1}{\rho}\left(-r_Z\right)\left(-\Delta H_Z\right) \qquad [\text{W/kg}] \qquad (9.5)$$

wobei

$$-r_Z = k(T)\cdot f(c) = k_0 \cdot e^{\frac{-E_A}{RT}} \cdot f(c) \qquad (9.6)$$

und unter Vernachläßigung der Temperaturabhängigkeit von ρ und ΔH_Z

$$\frac{\dot{q}_Z(T)}{\dot{q}_Z(T_0)} = \exp\left[\frac{E_A}{R}\cdot\left(\frac{1}{T_0}-\frac{1}{T}\right)\right] \qquad (9.7)$$

$\dot{q}_Z$	spezifische Wärmeleistung [W/kg]	k_0	Präexponentieller Faktor
r_Z	Zersetzungsgeschw. [mol m^{-3} s^{-1}]	E_A	Aktivierungsenergie [J/mol]
ρ	Dichte der Reaktionsmasse [kg/m^3]	R	allg. Gaskonstante (8.31 J mol^{-1}K^{-1})
ΔH_Z	Zersetzungswärme [J/mol]	T	Temperatur [K]
$k(T)$	Geschwindigkeitskonstante [s^{-1}]		

Entscheidend für die Dynamik eines thermischen Runaway ist die Kopplung von Reaktionsgeschwindigkeit (Stoffbilanz) und adiabater Erwärmung (Wärmebilanz). Daraus ergibt sich mit der Arrheniusbeziehung für $k(T)$ der exponentielle Temperaturverlauf einer thermischen Explosion.

Als Faustregel (Regel von Van't Hoff) kann von einer Verdoppelung der Reaktionsgeschwindigkeit pro 10 K höherer Temperatur ausgegangen werden (Abb. 9.5). Da aufgrund dieser Regel die Halbzeit bezüglich TMR_{ad} bei $T = T_0 + 10$ K erreicht wird, kann TMR_{ad} bei Kenntnis des Temperaturgradienten dT/dt bei $T=T_0$ auf einfache Art abgeschätzt werden ($TMR_{ad} \cong (1$ bis $2) * 10\ dt/dT$).

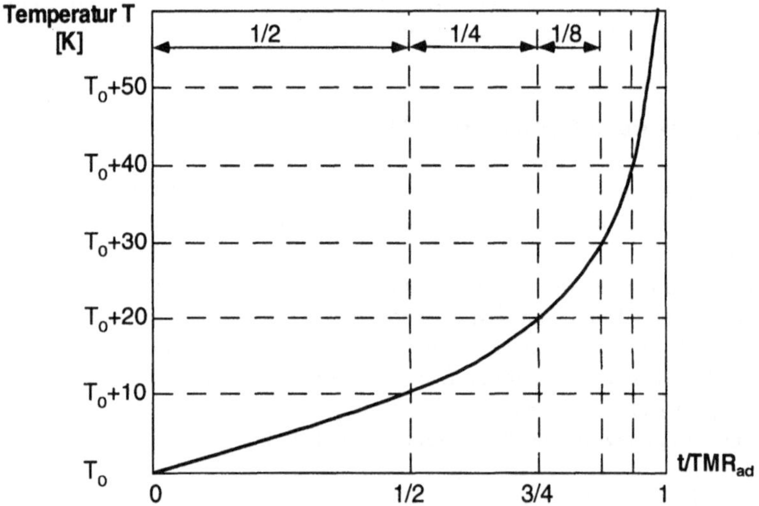

Abb. 9.5. Zeitlicher Temperaturverlauf einer thermischen Explosion, nach [1]. TMR_{ad} ist die Zeit, nach der die Reaktionsrate maximal ist.

Eine genauere Beschreibung des dynamischen Verhaltens von nicht autokatalytischen Zersetzungsreaktionen kann mit Hilfe einer Kinetik 0. Ordnung gerechnet werden, da für große ΔT_{ad} der Arrheniusterm der Reaktionsrate viel wichtiger wird als der konzentrationsabhängige Term. Mit k als Reaktionskonstante 0.†Ordnung ergibt sich aus Gleichung 9.1 folgende adiabate Wärmebilanz:

$$c_p \frac{dT}{dt} = \frac{1}{\rho} k(T) \cdot (-\Delta H_Z) \qquad [\text{W/kg}] \qquad (9.8)$$

Integration unter Verwendung der Arrheniusbeziehung

$$\int_{T_0}^{T_0 + \Delta T_{ad}} e^{\frac{E_A}{RT}} dT = \frac{k_0 \left(-\Delta H_Z\right)}{\rho \cdot c_P} \int_0^{TMR_{ad}} dt \qquad (9.9)$$

mit den Approximationen[7]:

$$1/T \cong 1/T_0 + \left(T - T_0\right)/T_0^2 \qquad \text{(Taylorreihe) und}$$

$$1 - \exp(-E_A \cdot \Delta T_{ad} / RT_0^2) \cong 1 \qquad \text{(gute Näherung für } \Delta T_{ad} > 50°K)$$

führt zu einer einfachen Beziehung zwischen T_0 und der Zeit bis zum Erreichen der maximalen Zersetzungsrate TMR_{ad}

$$TMR_{ad} = \frac{c_P}{\dot{q}_Z(T = T_0)} \frac{RT_0^2}{E_A} \qquad [\text{s}] \qquad (9.10)$$

$\dot{q}_z(T = T_0)$ spezifische Zersetzungsleistung bei Temperatur T_0 [W/kg Reaktionsmasse]

E_A Aktivierungsenergie der Zersetzungsreaktion [J/mol]

Zur Berechnung von TMR_{ad} gemäß Gleichung (9.10) müssen die thermische Zersetzungsleistung $\dot{q}_z(T = T_0)$ und die Aktivierungsenergie E_A der Zersetzungsreaktion bekannt sein. Die Grundprinzipien der experimentellen Bestimmung dieser Größen mit Proben im mg-Bereich und mittels einfacher Thermoanalytik werden in Anhang A7 aufgezeigt.

Für die Beurteilung der Eintrittswahrscheinlichkeit einer thermischen Explosion können auf Grund des Zeitbedarfs für betriebliche Sicherungsmaßnahmen die Richtwerte aus Tabelle 9.5. dienen.

Tabelle 9.5. Klasseneinteilung der Eintrittswahrscheinlichkeit eines Runaway nach einer Kühlpanne auf Grund von TMR_{ad} [2][8]

TMR_{ad} [h]	Eintrittswahrscheinlichkeit
< 8	hoch
$8 < TMR_{ad} < 24$	mittel
> 24	tief

---

[7] Diese Approximationen führen zu einer Annäherung, die auf der sicheren Seite liegt.

[8] Mit freundlicher Genehmigung des American Institute of Chemical Engineers.

Für kritische Reaktionen mit $TMR_{ad} < 8$ h sind im technischen Maßstab *ursächliche Sicherheitsmaßnahmen* nötig:

- Batchreaktion: tiefere Prozesstemperatur, tiefere Konzentration oder andere Reaktionsführung (z. B. Dosierungskontrolle)
- Semibatchreaktion: dosierungskontrollierte Eduktzugabe; d.h. Reaktionsgeschwindigkeit > Dosiergeschwindigkeit (damit kann die Wärmeentwicklung bei einer Kühlpanne durch Dosierungsunterbruch sofort gestoppt werden)
- Übergang zu kontinuierlicher Reaktionsführung mit entsprechend kleineren Reaktorvolumina.

Für kritische Reaktionen, jedoch mit mittlerer "Vorwarnzeit" ($8h < TMR_{ad} < 24h$), sind eine gute technische und organisatorische Überwachung sowie Eventualmaßnahmen (z. B. Notkühlung, Verwässerung etc.) notwendig.

Tabelle 9.6 zeigt beispielhaft die starke Abhängigkeit von TMR_{ad} von T_0 und von der thermischen Zersetzungsleistung bei $T=T_0$

Tabelle 9.6. Beispiel für den Einfluss von T_0 auf TMR_{ad} bei einer Reaktion 1. Ordnung mit c_P=2 000 J/kg/K; $\dot{q}_Z$ (T=100°C) = 1 W/kg und E_A=100 kJ/mol, abgewandelt nach [2][9]

T_0 [°C]	$\dot{q}_Z(T = T_0)$ [W/kg]	TMR_{ad} [h]
100	1	6.4
75	0.1	56
53	0.01	490

9.5.2
Die Ausgangstemperatur T_0 der Zersetzungsreaktion

Wegen des starken Einflusses der Ausgangstemperatur T_0 auf die TMR_{ad} der Zersetzungsreaktion soll T_0 für verschieden Fälle kurz diskutiert werden. Für die Höhe von T_0 ist die reguläre Prozesstemperatur entscheidend sowie die Wärmemenge, die durch die Akkumulation von Edukten im Verlauf der Reaktion noch freigesetzt werden kann (Annahme: Reaktionsmasse konstant):

$$T_0(t) \cong T_{Prozess} + \frac{\int_t^\infty \dot{q}_R(t)\, dt}{c_P} \tag{9.11}$$

Sowohl für eine Batch- als auch für eine Semibatchreaktion hängt somit T_0 davon ab, wann die Kühlpanne eintritt.

---

[9] Mit freundlicher Genehmigung des American Institute of Chemical Engineers.

Im *Batchbetrieb* ist die Höhe der Eduktakkumulation zu Beginn der Reaktion am größten. Hier liegt die gesamte Menge der Edukte als thermisches Potential vor. T_0 ist um ΔT_{ad} (gemäß Gleichung 9.4) höher als die Prozesstemperatur.

Bei einer *Semibatchreaktion* ist die Höhe der Eduktakkumulation sowohl von der Prozesstemperatur als auch von der Dosiergeschwindigkeit abhängig. Bei konstanter Dosiergeschwindigkeit wird die maximale Eduktakkumulation bei stöchiometrischer Eduktzugabe erreicht (Abb. 9.6).

Bei der Optimierung von Dosierzeit und Prozesstemperatur eines Semibatchreaktors[10] sind folgende Zielkonflikte zu beachten:

Dosierzeit	- zu lang $\Rightarrow$ tiefe Prozessproduktivität
	- zu kurz $\Rightarrow$ Eduktakkumulation; Gefahr bei Kühlpanne (hohes T_0)
Temperatur	- zu tief $\Rightarrow$ Eduktakkumulation; Gefahr bei Kühlpanne (hohes T_0)
	- zu hoch $\Rightarrow$ Gefahr von direktem Auslösen der Zersetzungsreaktion

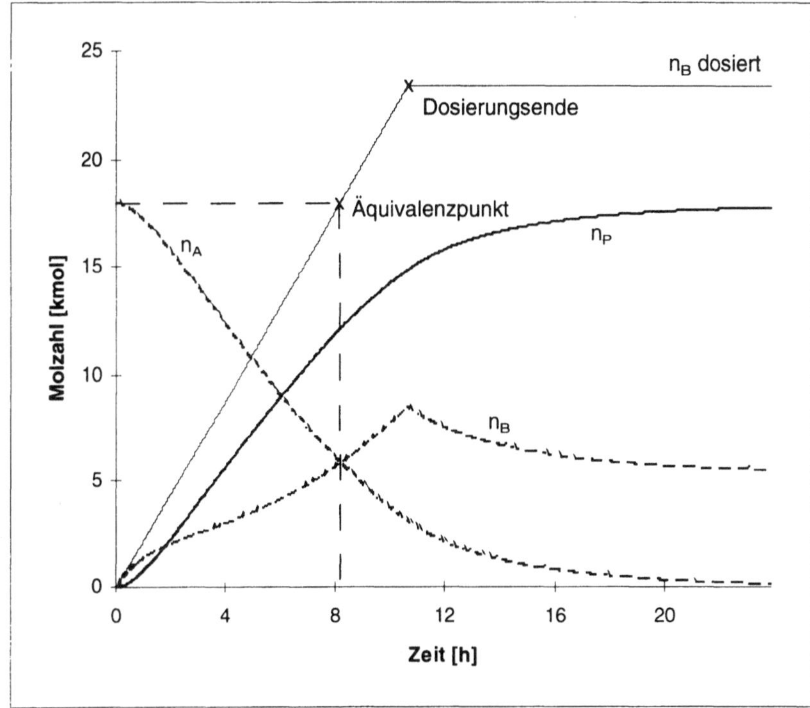

Abb. 9.6. Beispiel für den Molverlauf bei der Durchführung einer Reaktion A + B $\rightarrow$ P im Semibatchverfahren, wobei A vorgelegt und B mit konstanter Dosiergeschwindigkeit und bei konstanter Temperatur zudosiert wird. Die maximale thermisch relevante Eduktakkumulation liegt am Äquivalenzpunkt vor.

---

[10] Eine entsprechende Optimierung kann z.B. mit Hilfe der statistischen Versuchsplanung durchgeführt werden

Schließlich stellt sich zum Runaway-Szenario eine für die Sicherheitsbeurteilung eines Prozesses entscheidende Frage: Ab welcher Temperatur T_0 wird $TMR_{ad} >$ 24 h (vgl. Tab. 9.5)? Zur Beantwortung dieser Frage sind Gleichungen (9.7) und (9.10) mit $TMR_{ad} = 24$ h und den experimentell bestimmten Werten für die thermische Zersetzungsleistung und die Aktivierungsenergie nach T_0 aufzulösen.

Zum Abschluss des Kapitels über thermische Prozeßsicherheit wird nun mit Hilfe der Kenngröße T_0 ($TMR_{ad} = 24$ h) eine Möglichkeit zur systematischen Einteilung von Reaktionen in Kritikalitätsklassen vorgestellt.

9.6
Kritikalitätsklassen von Reaktionen

Die thermische Gefährdung, die von exothermen Reaktionen ausgeht, kann nach Stoessel [2] durch die relative Lage von vier charakteristischen Temperaturen abgeschätzt werden. Diese Temperaturen sind:

- die Prozesstemperatur $T_{Prozess}$
- die maximale Temperatur T_0, die bei adiabatischer Erwärmung durch die gewünschte Reaktion erreicht werden kann
- die kritische Temperatur, bei der TMR_{ad} der Zersetzungsreaktion 24 h beträgt
- die für eine Anlage maximal tolerierbare Temperatur T_{BP}. Für offene Systeme ist dies der Siedepunkt des Lösungsmittels, für geschlossene z.B. die Temperatur, bei der der Dampfdruck des Lösungsmittels Sicherheitsventil oder Berstplatte ansprechen lässt.

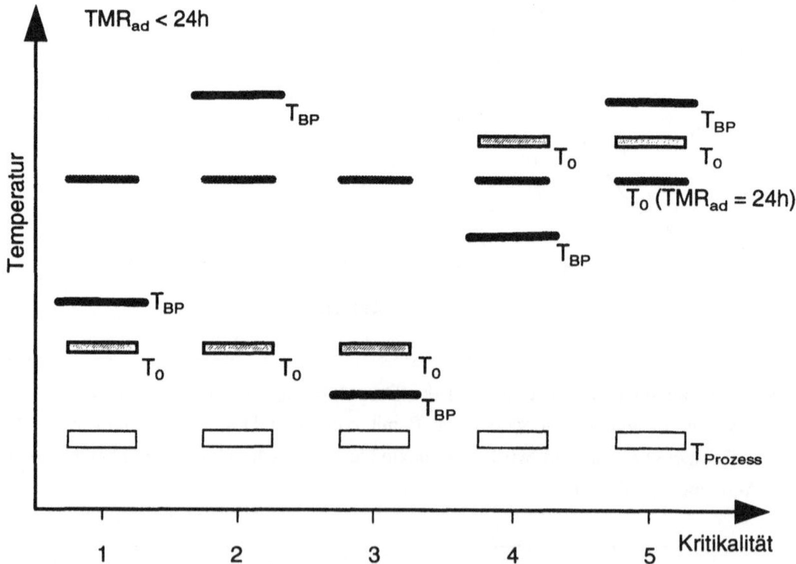

Abb. 9.7. Die Einteilung von Reaktionssystemen in 5 Kritikalitätsklassen, nach [2]

Wie aus Abbildung 9.7 ersichtlich, können Synthesereaktionen aufgrund dieser Temperaturen in 5 Klassen eingeteilt werden.

- Reaktionen der *Kritikalitätsklasse 1* sind unkritisch, da die Zersetzungsreaktion nicht ausgelöst und auch der Siedepunkt nicht erreicht werden kann.
- Reaktionen der *Kritikalitätsklasse 2* sind ebenfalls unkritisch, auch wenn die Siedebarriere hier keine zusätzliche Absicherung mehr darstellt.
- Bei Reaktionen der *Kritikalitätsklasse 3* wird durch das Durchgehen der gewünschten Reaktion der Siedepunkt überschritten. Hier ist auf eine genügende Auslegung des Kondensationssystems (z.B. Rückflusskühler) zu achten[11]. Ansonsten ist auch diese Kombination unkritisch.
- Die *Kritikalitätsklasse 4* bedeutet, daß durch das thermische Potential der gewünschten Reaktion die kritische Temperatur T_0 (TMR_{ad} = 24h) überschritten werden kann. Die Siedebarriere kann allenfalls die Temperatur stabilisieren. Auf jeden Fall ist hier wiederum auf eine genügende Auslegung des Kondensationssystems zu achten.
- Bei der *Kritikalitätsklasse 5* kann die für die Zersetzung kritische Temperatur T_0 (TMR_{ad} = 24h) ohne dazwischenliegende Siedebarriere durch das thermische Potential der gewünschten Reaktion überschritten werden. Solche Reaktionen sollten durch Änderung der Reaktionsführung in eine tiefere Kritikalitätsklasse überführt werden.

Abschließend sei noch einmal darauf hingewiesen, daß heute zwar eine umfangreiche Wissensgrundlage für die thermische Prozeßsicherheit verfügbar ist, daß es aber oft schwierig ist, sicherzustellen, daß dieses Wissen zur richtigen Zeit bei den Entscheidungsträgern vorliegt [10]. Dies betont nochmals die Wichtigkeit der Integration von Sicherheitsüberlegungen in den frühen Phasen der chemischen Prozessentwicklung.

Literatur zu Kapitel 9

[1]   Expertenkommission für Sicherheit in der chemischen Industrie der Schweiz (1993) Thermische Prozeßsicherheit. Heft 8, Basel

[2]   Stoessel F (1993) What is your thermal risk? Chemical Engineering Progress 89/10:68

[3]   Steinbach J (1995) Chemische Sicherheitstechnik. VCH, Weinheim

[4]   Barton J, Rogers R (1997) Chemical Reaction Hazards, 2. Aufl. I Chem E, Rugby

[5]   Grewer T (1994) Thermal Hazards of Chemical Reactions. Elsevier, Amsterdam (Industrial Safety Series, Band 4)

[6]   Wiesner J, et al (1995) Production-integrated environmental protection, Ullmann's Encyclopedia of industrial chemistry, Band B8. VCH Verlagsgesellschaft, Wei nheim

[7]   Bartknecht W (1980) Explosionen: Ablauf und Schutzmaßnahmen. Springer, Berlin

[8]   VDI (Hrsg) (1993) VDI Heat Atlas. VDI-Verlag, Düsseldorf

---

[11] Insbesondere ist sicherzustellen, daß Reaktor- und Rückflusskühlung im Hinblick auf das Kühlpannenszenario, z. B. bezüglich Wasser- und Energieversorgung, vollständig unabhängig sind (vgl. Fehlerbaum).

[9]   Stoessel F (1993) Experimental study of thermal hazards during the hydrogenation of aromatic nitro compounds, Journal of loss prevention in the process industries 6:79

[10] Regenass W (1995) Sichere Durchführung von chemischen Reaktionen in: Dechema (Hrsg) Sichere Handhabung chemischer Reaktionen. Dechema, Frankfurt a.M.

10 Nutzen-Risiko-Dialog mit der Gesellschaft

10.1
Ausgangslage und Zielsetzung

10.1.1
Ausgangslage

Risiken - ob natürliche, gesellschaftliche oder technische - haben seit jeher das menschliche Leben bedroht. Die fortschreitende Technisierung führte dabei zu einer Gefahrenverlagerung von der Natur zur menschengeschaffenen Technik (vgl. Kap. 2). Sicherheit wurde dadurch mehr und mehr zu einer Frage der technischen Experten (technische Normen). Heute ist die Situation durch weitere Einflussfaktoren nochmals komplexer geworden: Einerseits werden technische Gesamtrisiken immer vernetzter und dadurch auch für Experten immer ungewisser, andererseits macht der Wertepluralismus in unserer Gesellschaft eine einvernehmliche Technikbewertung immer schwieriger. Schließlich hat sich die Zielvorstellung eines Wohlstands ohne Risiko als Utopie und die Technik in ihren Auswirkungen als ambivalent erwiesen. Fortschritt wie Nicht-Fortschritt werden zum Risiko. Vor diesem Hintergrund stellt sich heute mehr denn je die grundsätzliche Frage[1]:

Welches Risiko will eine Gesellschaft angesichts des zu erwartenden Nutzens eingehen?

Eine Gesellschaft wird auch in Zukunft nicht alles haben können. Es geht also um ein Abwägen im Spannungsfeld zwischen dem Wünschbaren, dem technisch Machbaren und dem ökologisch wie ökonomisch Tragbaren.

Die abzuwägenden Risiken und Nutzen sind keine harten Fakten. Das rein technische Risikokalkül von Wahrscheinlichkeit und Tragweite ist nur eine, wenn auch mit Hilfe von Statistik und Modellierung relativ gut operationalisierbare Form der Darstellung von Risiken (vgl. Kap. 2.2.2). Da aber Risiken für unsere Wahrnehmung nur schwer zugänglich sind, kommt den subjektiven Unterschieden in der Beschreibung und Bewertung von Risiken eine zentrale Bedeutung zu. Hier setzt der Nutzen-Risiko-Dialog ein: Im Hinblick auf die Entwicklung eines gesellschaftlichen Risikoverständnisses gilt es, Risiken mit einer gesellschaftsrelevanten

---

[1] Weiterführende Literatur in [1-6]

Tragweite nicht nur auf Expertenebene zu behandeln, sondern auch öffentlich Schutzziele und gemeinsam verantwortbare Technik zu diskutieren.

Die *gesellschaftliche Akzeptanz* ist besonders für die chemische Industrie mit ihrem hohen Nutzen - aber auch hohen Schadenspotential - eine kritische Größe. Sie hat einen entscheidenden Einfluss auf das Verhältnis zu Mitarbeitern, Vollzugsbehörden, Gesetzgebern und Kunden. Die Wechselwirkungen zwischen der chemischen Industrie und der übrigen Gesellschaft sind dabei äußerst vielfältig (Abb. 10.1).

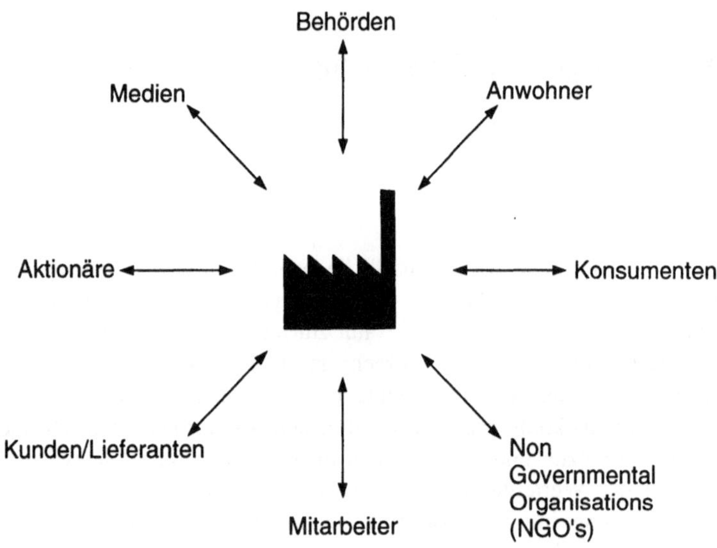

Abb. 10.1. Die chemische Industrie im Spannungsfeld der gesellschaftlichen Anspruchsgruppen

Das geringe Vertrauen der breiten Öffentlichkeit in die chemische Industrie (Abb. 10.2) dürfte durch das Zusammentreffen von mehreren Faktoren bestimmt sein:

- Spektakuläre Chemieunfälle
- Vermutete Gesundheits- und Umweltschäden durch Chemikalien
- Auseinandersetzung um Gentechnologie
- Geringes Wissen über die chemische Industrie und deren Produkte und Prozesse
- Mangel an Kommunikation zwischen chemischer Industrie und Gesellschaft

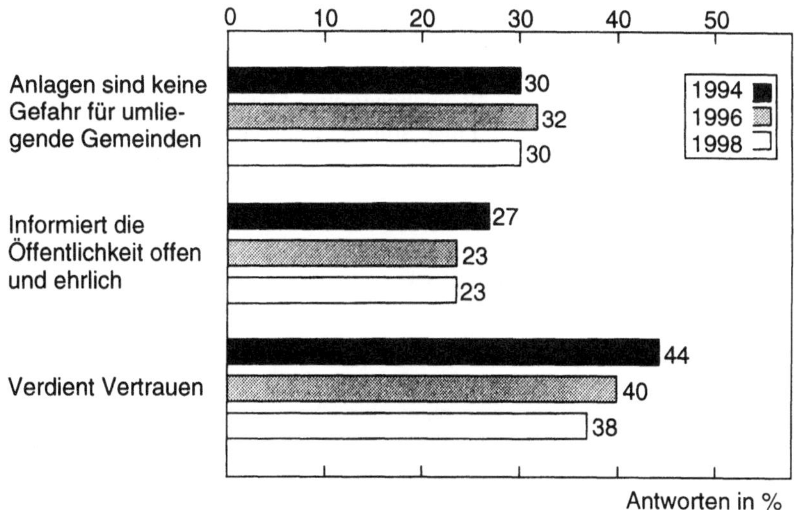

Abb. 10.2. Daten aus der PAN European Survey über das Image der chemischen Industrie in sieben europäischen Ländern mit jeweils >7000 Interviews [7].

Es ergibt sich ein klarer Handlungsbedarf für einen vertieften Dialog zwischen der chemischen Industrie und der Öffentlichkeit. Durch Austausch und Überdenken von Wissen sowie von unterschiedlichen Wahrnehmungs- und Wertungsmustern kann der Dialog eine gemeinsame Problemkompetenz ermöglichen, die von Einzelnen nicht zu erreichen ist. Trotzdem ist zu bedenken, daß ein solches Thema nie ohne Beschränkungen und Verkürzungen zur Sprache gebracht werden kann.

10.1.2
Zielsetzung

In den Kapiteln 6 bis 9 ist die Analyse von Risiken und der Umgang mit Risiken im Unternehmen behandelt worden. Neben der technischen Risikobetrachtung ist es bei Fragen der Risikobewertung und der Akzeptabilität von verbleibenden Risiken erforderlich, den Nutzen-Risiko-Dialog mit relevanten Akteuren und Konfliktpartnern zu suchen. Durch den zielgerichteten und umfassenden Informationsaustausch bezüglich Risiko und Nutzen wird angestrebt,

- bei einer informierten Öffentlichkeit an Verständnis und Akzeptanzbereitschaft zu gewinnen
- Gründe für die kritische subjektive Beurteilung von Risiken verstehen zu lernen
- aus Betroffenheit kritische Beteiligung entstehen zu lassen

- mit gesellschaftlich relevanten Gruppen und Persönlichkeiten schutzzielorientiert möglichst breit abgestützte Bewertungs- und Konsenskriterien zu finden[2].

Wie sehen nun Funktionsweise, Bedingungen und Methoden einer erfolgreichen Risikoverständigung aus? Dieser Frage soll im weiteren Verlauf dieses Kapitels nachgegangen werden.

10.2
Unterschiedliche Sichtweisen

Neben einer zeit- und gesellschaftsspezifischen Risikotoleranz bestimmen sowohl der Stand der chemischen Technologie als auch die Qualität der Kommunikation, wie sich die gesellschaftliche Akzeptanz der Chemie - auf der Grundlage von Fachkompetenz und Glaubwürdigkeit - längerfristig entwickeln kann. In diesem Prozess gilt es, das Risikokalkül aus technischer wie aus gesellschaftlicher Sicht zu verstehen.

Aus der *technischen Sicht* geht es vor allem um technische Sachverhalte bezüglich Anlagen, Prozessen und Produkten. Das Geschäftsumfeld mit Kunden und Lieferanten spielt ebenfalls eine wichtige Rolle. Bei der technischen Risikoanalyse werden bei der Datenerhebungen die kritischen Bedingungen bestimmt und es werden mit Hilfe von Erfahrung, Statistik und Modellbildung Ereignisszenarien mit Schadensfolgen und Eintrittswahrscheinlichkeiten ermittelt. Nach der Festlegung gezielter Schutzmaßnahmen wird das verbleibende Risiko[3] ermittelt. Die Leitfrage lautet:

Was kann passieren und was sind die Ursachen und Folgen?

Aus *gesellschaftlicher Sicht* muss beachtet werden, daß Bürger in demokratischen Gesellschaften jeweils eigene Vorstellungen bezüglich Nutzen und Risiko der Technik haben. In einer Gesellschaft mit einer Vielzahl von Lebensstilen, Wertsystemen und Weltbildern haben sich differenzierte Anspruchsgruppen herausgebildet, die entsprechend ihren spezifischen Funktionen unterschiedliche Wahrnehmungsmuster und Argumentationslogiken haben. Oft gibt es in solchen Anspruchsgruppen nur wenig Grundwissen über naturwissenschaftlich-technische Zusammenhänge. "Die Urteile von Laien werden von Experten als irrational bezeichnet. Andererseits werden die Arbeiten der Experten von interessierten Laien als nicht relevant für die Beurteilung einer Risikoquelle eingestuft"[9]. Aus der Perspektive einer sozialwissenschaftlichen Nutzen-Risiko-Analyse ist die Frage nach der Wahrnehmung und Einschätzung von Nutzen und Risiko durch bestimmte Individuen und Anspruchsgruppen hauptsächlicher Forschungsgegenstand. Hier lautet die Leitfrage:

Was darf passieren und wie ist die soziale Verteilung?

---

[2] Schlüsselfragen: Was ist wahr? ($\rightarrow$ Sachverhalt, objektives Erkennen). Was ist gut? ($\rightarrow$ Werte, Wahrnehmung, normatives Beurteilen). Wie ist ein Dialog möglich? ($\rightarrow$ Kommunikation).

[3] Eine interessante Ansicht über das Restrisiko findet sich in [8].

Bei der Beurteilung von Risiken spielen auf der Stufe des Individuums eher qualitative Faktoren wie Freiwilligkeit, Kontrollierbarkeit[4], Gewöhnung und Katastrophenpotential eine wichtige Rolle (psychologische Perspektive). Zusätzlich sind bei der kollektiven Risikowahrnehmung Schutzziele, Wertvorstellungen und Argumentationslogiken von den unterschiedlichen gesellschaftlichen Anspruchsgruppen sowie Verteilungseffekte von Bedeutung (soziale Perspektive). In besonderem Maße zeigt sich bei der individuellen wie kollektiven Risikowahrnehmung eine Abneigung gegen Unfälle mit hohem Schadenspotential, selbst wenn die Wahrscheinlichkeit dafür gering ist. Diese Risikoaversion gegenüber Ereignissen mit sehr hoher Tragweite kann man beispielsweise durch die Einführung eines Aversionsfaktors in die Produktformel für die Berechnung des Risikos ausdrücken:

$$R = W \cdot T^\alpha \tag{10.1}$$

R   Risiko

W   Wahrscheinlichkeit

T   Tragweite

α empirisch bestimmter Aversionsfaktor ($\alpha \geq 1$; d.h. kleinstwahrscheinliche Größtrisiken werden stärker gewichtet)

Für die Risikokommunikation bedeutet dies, daß die subjektive Risikowahrnehmung von Individuen und Kollektiven neben der Beurteilung von Risiken nach rein technischen Kriterien einen hohen Stellenwert erhält.

10.3
Das Stufenmodell des Nutzen-Risiko-Dialogs

Der Nutzen-Risiko-Dialog kann als Verbindung von drei Ebenen verstanden werden:

- auf der *Technikebene* geht es um das Aufzeigen des technischen Risikokalküls und der technischen Sicherungsmöglichkeiten (technische Experten)
- auf der *Wahrnehmungsebene* findet ein Suchen nach konsensfähigen Beurteilungsgrößen und Messkriterien statt (natur- und sozialwissenschaftliche Experten)
- auf der *Entscheidungsebene* muss über die Akzeptabilität entschieden werden (Anspruchsgruppen)

Schutzziele und die Grenzen der gesellschaftlichen Akzeptanz können im Idealfall durch eine Akzeptabilitätslinie in einem Risikodiagramm angegeben werden. Selbstverständlich sind diese Grenzen in der Realität nie eindeutig definiert, da die "Gesellschaft" aus vielen Gruppen und Individuen besteht, die jeweils unterschiedliche Wahrnehmungs- und Bewertungsmuster haben. Ein Beispiel für eine solche quantitative Darstellung der Risiken nach Wahrscheinlichkeit und

---

[4] insbesondere die persönliche Kontrollmöglichkeit

Tragweite ist in Abb. 10.3 zu sehen. Sie zeigt ein Risikodiagramm nach der schweizerischen Störfallverordnung [10] für eine Produktionsanlage. Die Tragweite der möglichen Störfälle wird jeweils durch die Zuordnung von Störfallwerten bemessen. Durch diese Störfallwerte werden Kategorien wie Anzahl Todesopfer, Anzahl Verletzte, Verunreinigte oberirdische Gewässer in m³ oder km², Boden mit beeinträchtigter Bodenfruchtbarkeit in km² · Jahre und Sachschäden in Mio. Franken vergleichbar gemacht.

Die Akzeptabilitätslinie unterteilt das Risikofeld in einen akzeptablen und einen nicht akzeptablen Bereich. Die Risikosummenkurve stellt für jedes Schadensausmaß T die kumulative Wahrscheinlichkeit dar, daß ein Störfall mit gleicher oder größerer Tragweite auftritt. Befindet sich die Risikosummenkurve z. T. im Übergangsgebiet, so wird eine Interessenabwägung durchgeführt. Verläuft die Risikosummenkurve im nicht akzeptablen Bereich, so müssen Sicherheitsmaßnahmen getroffen werden, um die Risiken entsprechend zu reduzieren.

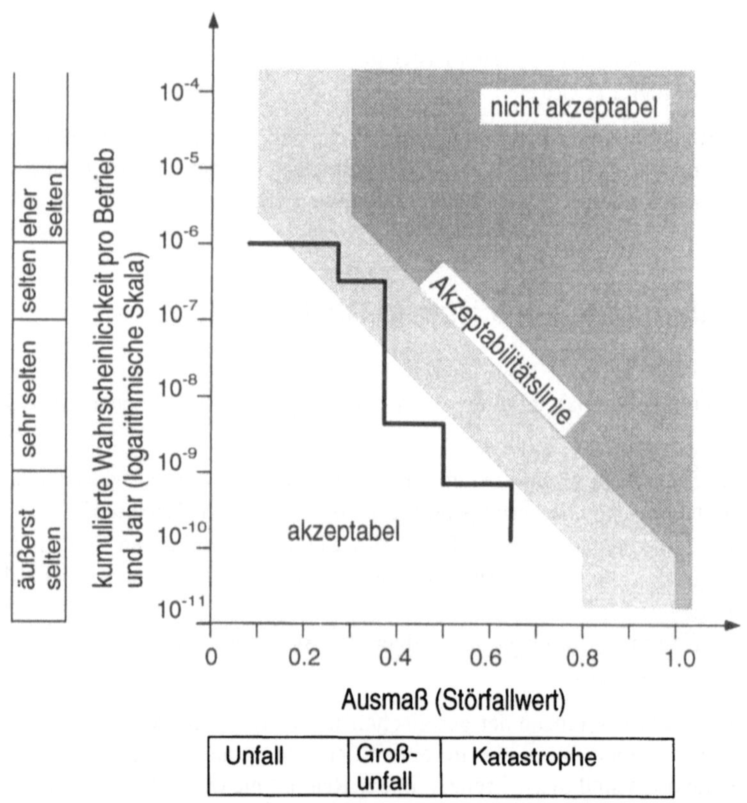

Abb. 10.3. Risikocharakterisierung und -beurteilung in den Dimensionen Wahrscheinlichkeit (W) und Ausmaß (Tragweite T), modifiziert nach der schweizerischen Störfallverordnung [10].

10.4
Spezifische Szenarien: Normalfall - Konfliktfall - Störfall

10.4.1
Normalfall

Wie oben gezeigt wurde, beruhen technische und gesellschaftliche Risiko-
bewertungen von chemisch-industriellen Tätigkeiten auf unterschiedlichen Grundlagen. Um zu verhindern, daß sich diese Sichtweisen voneinander abkoppeln, ist
ein *kontinuierlicher Dialog* über Nutzen und Risiken sowie über deren Verteilung
mit den in Abb. 10.1 aufgeführten Anspruchsgruppen notwendig. Probleme, die
bei der Kommunikation aufgrund der unterschiedlichen Bewertungskriterien und
Prioritäten auftreten, sind sicherlich nicht durch einfache Überzeugungsarbeit zu
lösen. Grundvoraussetzungen für ein gemeinsames Verständnis sind eine gemeinsame Sprache und der beiderseitige Wille zu einem konstruktiven Dialog.

*Das Ziel eines Nutzen-Risiko-Dialogs, der den Normalbetrieb begleiten soll, ist
(1) die Verständigung darüber, was für den jeweils Anderen Sachlichkeit und
Rationalität in Bezug auf Nutzen und Risiko bedeuten, (2) der Austausch von Sach-
informationen und Erfahrung über Nutzen und Risiken und (3) die Klärung der
Schutzziele und der Voraussetzungen für Akzeptanz in der Gesellschaft.*

Der erste Schritt in Richtung dieser Ziele ist die *Aufnahme des Dialogs*. Dazu
müssen die relevanten Anspruchsgruppen (Akteure und Betroffene) gefunden und
deren Werte, Ansprüchen und Ziele abgeklärt werden[5].

In einem zweiten Schritt muss eine gemeinsame Wissensbasis geschaffen
werden. Hier geht es vor allem um den gegenseitigen Respekt vor den unterschiedlichen Kategorien des Wissens, die alle berücksichtigt werden sollten.

Im dritten Schritt müssen gemeinsame Begründungs- und Bewertungskriterien
definiert werden, die zu einer *Risikopartizipation* im Sinne einer gemeinsamen
Verantwortungsbasis führen können.

Für die Entwicklung einer *Akzeptanz* ist es schließlich notwendig, daß beide
Seiten die geschaffene gemeinsame Bewertungsbasis ernst nehmen und die nötigen
Konsequenzen ziehen sowie an Außenstehende vermitteln.

Der Nutzen-Risiko-Dialog ist ein dauernder Lern- und Aushandlungsprozess,
bei dem der Erfolg sowohl von der Fachkompetenz (Sachebene) als auch von der
Glaubwürdigkeit (Beziehungsebene) abhängt. Glaubwürdigkeit heißt dabei z. B.:

- Übereinstimmung zwischen Worten und Taten (Anspruch gegenüber
  Wirklichkeit)
- Ehrlichkeit, Offenheit und Gleichberechtigung (Macht gegenüber Angst)
- Geduld und Verständlichkeit (Expertensprache gegenüber Laiensprache)
- Akzeptanz anderer Standpunkte (Expertenurteil gegenüber Common Sense bzw.
  lebensweltlicher Erfahrung)

---

[5] Eine Möglichkeit zur Aufnahme des Dialogs ist etwa die Bildung von runden Tischen
(Akteure) oder von Bürgerforen (betroffene Laien).

• Vernunft (blinde Technologiegläubigkeit gegenüber Nullrisiko-Mentalität)

Umweltbericht, Risikokataster, Medienbeiträge, Internet, Nachbarschaftsnetzwerke und Werkbesichtigungen sind äußere Mittel, um der Öffentlichkeit und den Medien die Tätigkeit der chemischen Industrie transparenter und verständlicher zu machen. Individuelle Kompetenz, Lernbereitschaft und Engagement im Dialog mit der Öffentlichkeit bilden auf der Seite der Mitarbeiter in der chemischen Industrie die Basis für eine langfristig erfolgreiche Verständigung zwischen der chemischen Industrie und der übrigen Gesellschaft.

10.4.2
Konfliktfall

Konflikte, bei denen ein Einbruch der gesellschaftlichen Akzeptanz zu Protesten oder andersartigem Vorgehen gegen die chemische Industrie führt, können verschiedenste Ereignisse zum Anlass haben. In jedem Fall wird die Kommunikation bei solchen Konfrontationen durch die emotionale Komponente zusätzlich erschwert.

Das Ziel des Nutzen-Risiko-Dialogs im Konfliktfall ist es, auf demokratische Art Voraussetzungen und Bedingungen auszuhandeln, unter denen bei der überwiegenden Zahl der Interessengruppen der wahrgenommene Nutzen gegenüber dem wahrgenommenen Risiko überwiegt.

Wichtig ist auch hier ein vorausschauendes Vorgehen: Je frühzeitiger ein Konfliktmanagement einsetzt, desto wirksamer ist es. Konfliktpotentiale können meist einer der Ebenen aus Tabelle 10.1. zugeordnet werden.

Tabelle 10.1. Verschiedene Ebenen für die Ablehnung von chemischen Produkten und Prozessen.

Konfliktebene	Akzeptanzproblematik
Technologie	Frage der prinzipiellen Wünschbarkeit (z. B. Gentechnologie)
Standort	Frage der sozialen Verteilung von Nutzen und Risiken
Produkt/Prozess	Frage des sicheren technischen Designs und Umgangs

Ein Nutzen-Risiko-Dialog ist bei Akzeptanzproblemen auf der Technologieebene sehr aufwendig, ein Erfolg ist allenfalls längerfristig möglich. Bei Problemen bezüglich einzelner Produkte oder Prozesse lässt sich meist wesentlich einfacher eine Einigung finden.

Um im Konfliktfall gesellschaftliche Akzeptanz zu gewinnen ist ein partizipativer Ansatz unter Einbezug der potentiell Betroffenen von ausschlaggebender Bedeutung. So kann beispielsweise der Dialog auf der Basis der *kritischen*

Rationalität [11] zur Bewältigung von Konfliktfällen führen. Für die erfolgreiche Durchführung müssen bestimmte Rahmenbedingungen erfüllt sein:

- Anerkennung der Notwendigkeit eines rationalen Diskurses durch die Konfliktparteien[6]
- Offenheit bezogen auf das Ergebnis der Verhandlung (echte Handlungsoptionen)
- Gleiches Recht für alle am Dialog Beteiligten
- Verständlichkeit und Nachvollziehbarkeit von Argumentations- und Schlussformen
- Formulierung von rationalem Sachwissen anstelle von moralischen Kategorisierungen
- Einigkeit über die Vorgehensweise (Verfahrensregeln)

Sind diese Bedingungen erfüllt, so müssen im Verlauf des Dialogs (Ablaufstruktur in Abb. 10.4) die Konflikte sowohl auf der Sachebene als auch auf der Werteebene behandelt werden. Im ersten Fall geht es um die Richtigkeit bestimmter Sachverhalte, die anhand von Regeln auf ihre Evidenz überprüft werden können, im zweiten Fall um die wertorientierte Gewichtung von Nutzen, Schäden und Risiken.

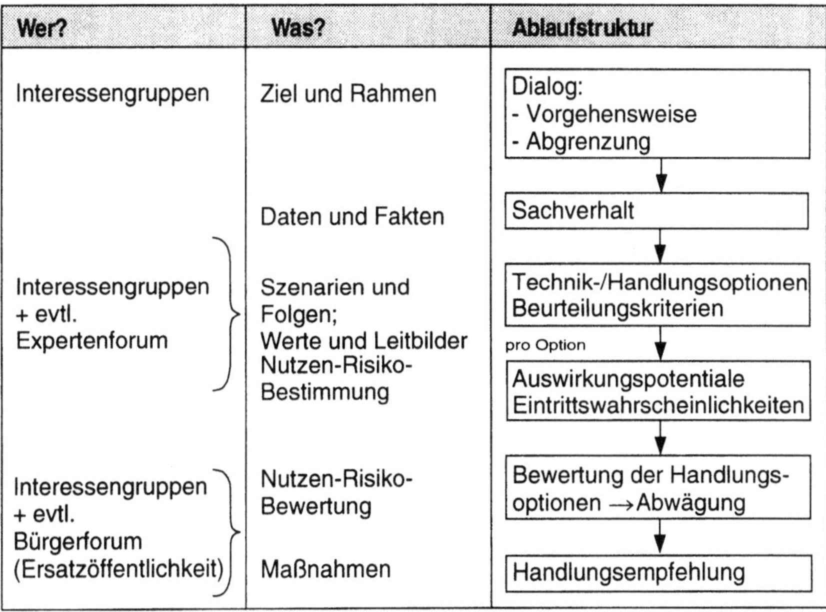

Abb. 10.4. Ablaufschema eines Nutzen-Risiko-Dialogs

---

[6] Diskurs nach Habermas [6] verstanden als argumentative Auseinandersetzung um Geltungsansprüche.

Ein solcher Nutzen-Risiko-Diskurs erfordert Zeit und kann ein Jahr oder länger dauern. Falls Akzeptanz letztlich gewährt wird, liegt die Verantwortung wiederum bei der Industrie, daß sie dank gutem Sicherheitsmanagement die Schutzziele erreichen und so das Vertrauen auch langfristig erhalten kann.

10.4.3
Störfall

Störfälle werden in der Chemie nie auszuschließen sein. Glaubwürdigkeit und Kompetenz bei der Bewältigung von Störfällen sind deshalb im Hinblick auf die längerfristige gesellschaftliche Akzeptanz von großer Bedeutung. Die kommunikative Kompetenz bei der Ereignisbewältigung hat - abgesehen vom äußeren Ereignisverlauf - entscheidenden Einfluss auf das von der Gesellschaft letztlich wahrgenommene Schadensbild. Dabei müssen oft unter extremem Zeitdruck und bei hohem Informationsbedarf von Öffentlichkeit und Medien Entscheidungen gefällt und kommuniziert werden. Da das Image als zentrales Kapital eines Unternehmens bei jedem Störfall gefährdet ist, kommt dem Risikodialog hier eine Schlüsselrolle zu.

Ziel der Risikokommunikation im Störfall ist die Bewahrung der Glaubwürdigkeit durch zeitgerechte, offene und auf die Anliegen der Betroffenen eingehende Kommunikation.

Voraussetzungen für ein erfolgreiches Krisenmanagement sind die standardisierte und zeitgerechte Ereignismeldung an die Firmenspitze und die eindeutige Regelung der Verantwortlichkeiten. Im akuten Störfall, z. B. Brand, Explosion, Austritt toxischer oder umweltgefährlicher Stoffe, sind rasche und fundierte Entscheidungen für die Sicherung der Schutzgüter die Voraussetzung für eine Minimierung des materiellen Schadens[7].

Parallel zur Bekämpfung des Schadens und zur analytischen Erfassung des Ereignisses[8] hat für die Begrenzung des immateriellen Schadens auch die Risikokommunikation mit der betroffenen Bevölkerung bzw. den Medien zeitgerecht einzusetzen. Dazu muss ein vorsorgliches Kommunikationskonzept vorliegen, das im Ernstfall aktiviert werden kann.

Risikodialog im Ereignisfall bedeutet dabei, daß die Risikoakteure sofort zu ihrer Verantwortung stehen und auch bereits über das unmittelbare Geschehen hinaus denken. Das bedeutet

a) sofort
  - vor Ort zu gehen und Wahrnehmung, Betroffenheit und Befindlichkeit der Bevölkerung ernst nehmen

---

[7] Störfallverordnung StFV (CH) vom 27.01.91: Für die Bewältigung eines Störfalles muss der Inhaber unverzüglich den Ereignisort sichern, das Ereignis bekämpfen und die kantonale Meldestelle informieren. Neben Beseitigung der Einwirkungen muss er innerhalb von drei Monaten einen Bericht über den Störfall bei der Vollzugsbehörde schriftlich einreichen (inkl. Lehren und Konsequenzen).

[8] z. B. Messungen zur Schadstoffausbreitung in Luft und Wasser.

- sich persönlich bei der betroffenen Bevölkerung - unabhängig von juristischer Schuld - zu entschuldigen
- Informationen zu Sachverhalt und weiterem Vorgehen offen und in allgemein verständlicher Form (Transparenz) auszugeben

b) längerfristig

- (Angst-) Gefühle der Bevölkerung beim Risikomanagement einzubeziehen, z. B. offen kommunizieren/diskutieren, wie infolge von konkretem Störfall das Sicherheitskonzept zu verbessern ist
- durch Feedback aus Bevölkerung zu lernen
- langfristige Störungsauswirkungen wie Beeinträchtigung von Ruf und gesellschaftlicher Akzeptanz zu beachten (Abb. 10.5)

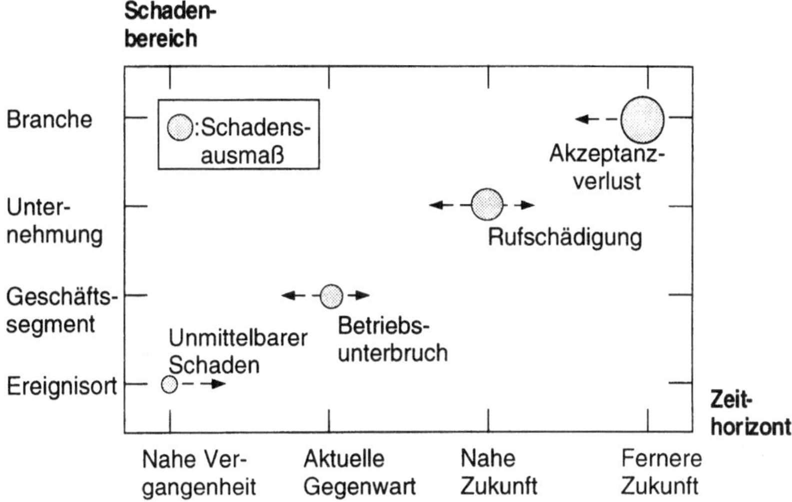

Abb. 10.5. Zeithorizont und Schadensausmaß von Störfallauswirkungen (im Gegensatz zu unmittelbaren Schäden und Betriebsunterbrechungen können Schäden von Ruf und Akzeptanz nicht versichert werden).

Für die drei Szenarien des Nutzen-Risiko-Dialoges Normalfall, Konfliktfall und Störfall gilt gleichermaßen, daß der Wille zu einem echten Kennenlernen der jeweils anderen Position wesentlich ist. Realistischerweise wird der Dialog immer durch fundamental verschiedene Wahrnehmungs- und Bewertungsmuster der Teilnehmer erschwert.

Die in solchen Situationen geforderte Glaubwürdigkeit verlangt vom Handelnden, daß er sich bezüglich der Mittel wie der Zwecke im Klaren ist und bei der

Abwägung zwischen Risiken und Nutzen nachvollziehbare Kriterien benutzt. Im Dialog mit einer kritischen Gesellschaft muss er dabei jederzeit verständlich und offen zeigen können, was er tut, wie er es tut und was es bedeutet. Unter solchen Bedingungen kann vielleicht künftig wieder vermehrt ein gemeinsames Risikoverständnis zwischen der chemischen Industrie und der sie umgebenden Gesellschaft entstehen.

Literatur zu Kapitel 10

[1]　Beck U (1986) Risikogesellschaft - auf dem Weg in eine andere Moderne. Suhrkamp, Frankfurt am Main

[2]　Newby H (1997) Risk Analysis and Risk Perception, Trans I Chem E 75:133

[3]　Nowotny H, Eisikovic R (1990) Entstehung, Wahrnehmung und Umgang mit Risiken. Schweizerischer Wissenschaftsrat, Bern

[4]　Königswieser R, Haller M, Maas P, Jarmai (Hrsg) (1996) Risiko-Dialog: Zukunft ohne Harmonieformel. Deutscher Instituts-Verlag, Köln

[5]　Renn O (1997) Glanz und Elend technischer Prognosen, Chemie Ingenieur Technik 69:44

[6]　Habermas J (1981) Theorie des kommunikativen Handelns. Suhrkamp, Frankfurt a. M.

[7]　CEFIC (Juni 1998) PAN European Survey: Executive Summary, Brüssel

[8]　Binswanger HC (1990) Abschied von der "Restrisiko-Philosophie": Herausforderung der neuen Gefahrendimension in: Schütz M (Hrsg) Risiko und Wagnis: Die Herausforderung der industriellen Welt. Günther Neske, Pfullingen

[9]　Sigrist M (1998) Risikowahrnehmung und neue Technologien: Zwischen Wertediskussion und Expertenwissen, Neue Zürcher Zeitung, 14./15. 2. 1998, 81, Zürich

[10]　BUWAL (1991) Handbuch I zur Störfallverordnung StFV: Richtlinien für Betriebe mit Stoffen, Erzeugnissen oder Sonderabfällen. Eidg. Drucksachen- und Materialzentrale (EDMZ), Bern

[11]　Renn O (1993) Risikokommunikation. Christoph Merian Verlag

Teil C:

Umsetzungsteil

11 Integrierte Entwicklung chemischer Prozesse

K. Hungerbühler, E. Heinzle, J. Ranke

11.1
Problemstellung und Zielsetzung

Sicherheit und Umweltschutz in der chemischen Produktion werden maßgeblich durch die Entwicklung der chemischen Prozesse bestimmt. Dabei gilt es, den Schutz von Mensch und Umwelt zusammen mit Produktqualität und Wirtschaftlichkeit schon in den frühesten Entwicklungsstufen als Leitkriterien zu nutzen [1-5] (Abb. 11.1).

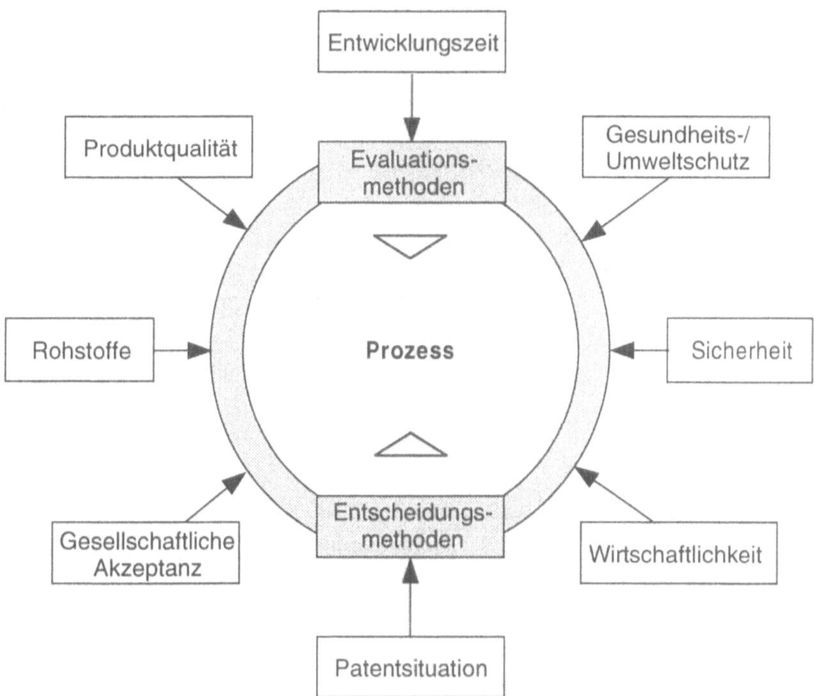

Abb. 11.1. Bestimmungsgrößen der Prozessentwicklung (vgl. [1]). Die Informationen aus den verschiedenen Bereichen müssen in den Evaluations- und Entscheidungsmethoden zusammengeführt werden. Nur so können bestehende Zielkonflikte bewältigt werden.

Mit der ökonomischen und ökologischen Bilanzierung (Ökoeffizienz), der Prozess-
und Produktrisikoanalyse (inhärente Sicherheit) und dem Nutzen-Risiko-Dialog
(gesellschaftliche Akzeptanz) wurden bereits Werkzeuge und konzeptionelle
Grundlagen für wesentliche Teile dieser Optimierungsaufgabe vorgestellt. Dieses
Kapitel gibt nun einige konkrete *Entscheidungs- und Gestaltungshinweise*. Man
muss sich dabei allerdings bewusst sein, daß die Gesetzmäßigkeiten von Physik
und Chemie sowie der Stand der Technik ursächlichen Lösungen Grenzen setzen.
Deshalb wird auch in Zukunft ein gewisses Maß an Nachsorge erforderlich sein
(Abb. 11.2).

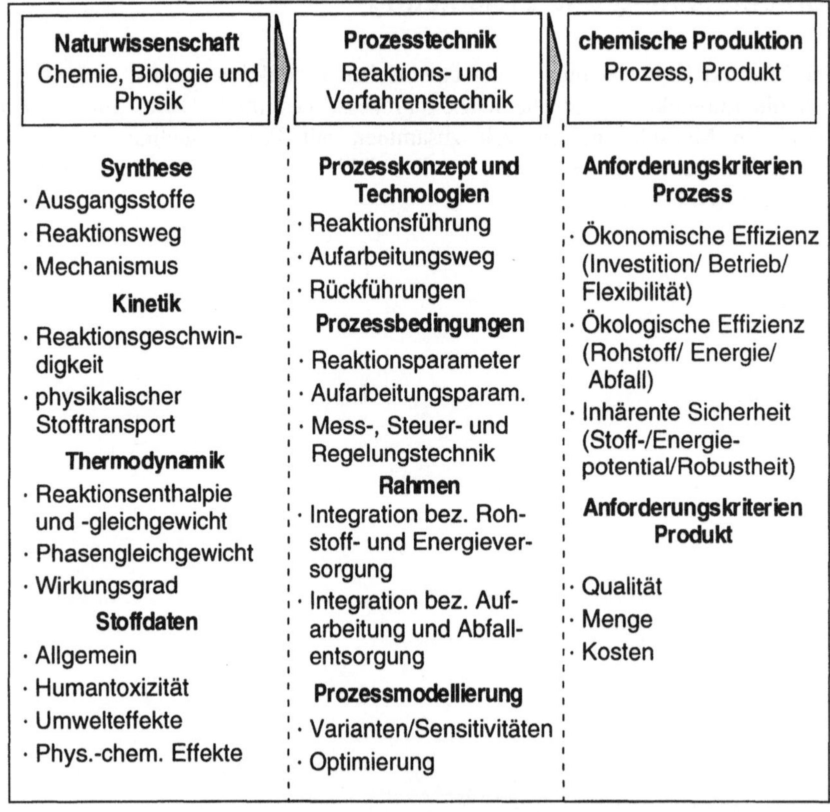

Abb. 11.2. Integrierte Entwicklung: Prozesstechnik zwischen naturwissenschaftlichen
Gesetzmäßigkeiten und den Anforderungen von Ökonomie, Ökologie und Gesellschaft.

Wegen der Vielfalt der Anforderungen kann es kaum Spezialisten für integrierte
Entwicklung geben. Vielmehr ist zur Umsetzung von integrierter Entwicklung eine
enge *Teamarbeit* von Mitarbeitern mit verschiedenen Kompetenzen und unterschiedlichen Aufgabenbereichen erforderlich.

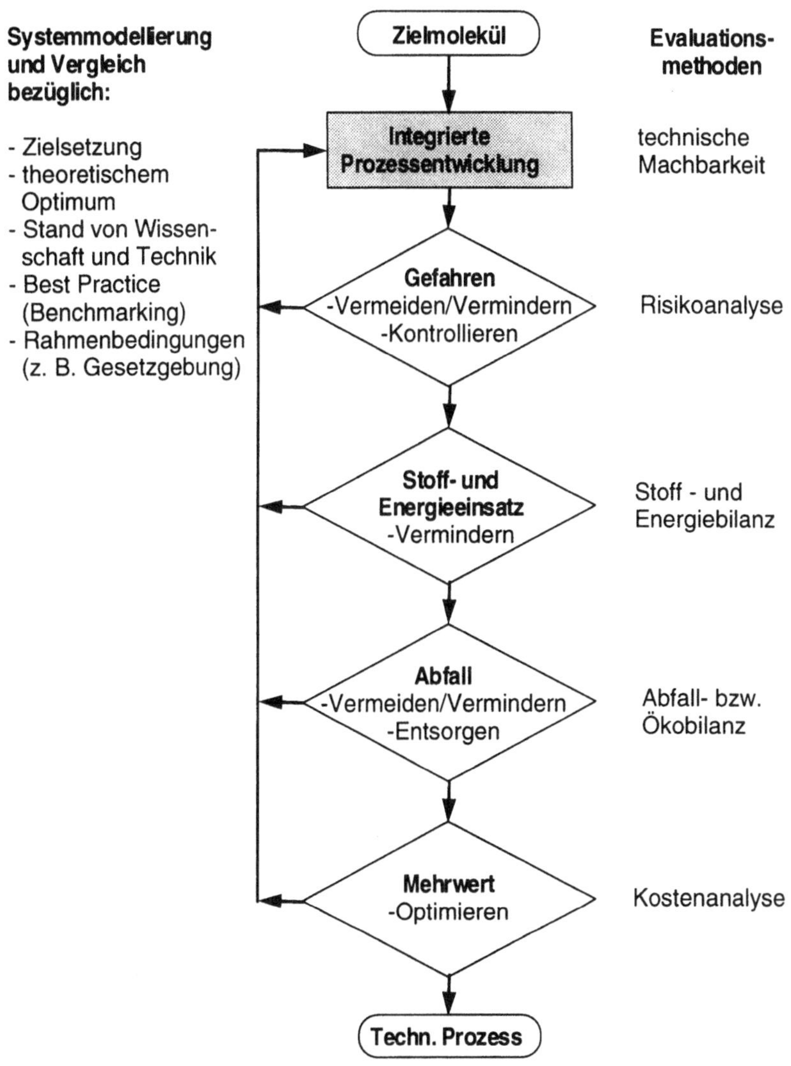

Abb. 11.3. Integrierte Prozessentwicklung: Iteratives Vorgehen bei Konzept, Design und technischer Realisierung.

Ein systematisches Vorgehen verlangt die stufengerechte Charakterisierung und Evaluation eines anfänglich *möglichst breiten Spektrums* von chemischen und technischen Prozessvarianten in einem iterativen Entwicklungsprozess (Abb. 11.3).

Das Ziel der integrierten Prozessentwicklung ist die ursächliche Reduktion unerwünschter Wechselwirkungen zwischen einem chemischen Prozess und der Umwelt. Für ein Produkt definierter Qualität und Menge soll die integrierte Prozessentwicklung zu einem Prozess führen, der sich sowohl durch ein hohes Maß an ökologischer und ökonomischer Effizienz als auch an inhärenter Sicherheit und gesellschaftlicher Akzeptanz auszeichnet.

Die *Zielgrößen* der integrierten Prozessentwicklung sind dabei

a) Vermeidung von kritischen Stoffen und Reaktionen (Humantoxizität, Umwelteffekte, phys.-chem. Effekte)
b) Minimale Mengen von kritischen Stoffen, z. B. kontinuierliche Prozessführung, Vermeiden von Lagerung etc.
c) Geschlossene Systeme, z. B. für Transport, Lagerung, Handhabung etc.
d) Fehlertolerante Prozessgestaltung, z. B. thermische Prozeßsicherheit
e) Einsatz von energie- und ressourceneffizienten Technologien (chemische Synthese, technische Verfahren und Anlagen)
f) Minimierung der Abfälle und Emissionen in der Abfolge:
   - vermeiden
   - vermindern
   - rezyklieren
   - stofflich bzw. energetisch verwerten
   - entsorgen
g) Maximierung der Wertschöpfung

11.2
Zeitlicher Ablauf und Kommunikation

Nach der Definition der Zielsetzung des neu zu entwickelnden bzw. des zu verbessernden Prozesses beginnt die Prozessentwicklung auf relativ tiefem Wissensniveau. Im Laufe der Entwicklung nehmen die Kenntnisse zu, während die Spielräume für eine Neuorientierung abnehmen. Die Kriterien und Informationen, nach denen in den frühen Phasen bestimmte Prozessvarianten ausgewählt werden, gewinnen dadurch entscheidende Bedeutung.

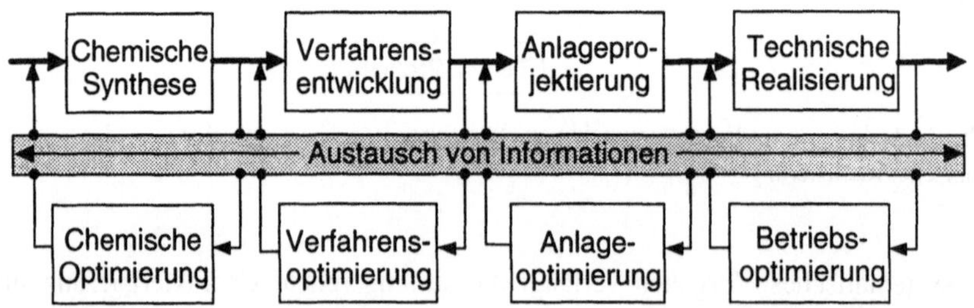

Abb. 11.4. Optimierungsschleifen und Informationsfluss in der integrierten Prozessentwicklung (verändert nach [1]).

Chemische Prozesse werden in einem Zusammenspiel verschiedener Expertengruppen, z. B. chemische Entwicklung, Prozessentwicklung, Anlagenentwicklung,

Betriebsführung, entwickelt. Ist die Entwicklung linear ausgerichtet, so muss die jeweils folgende Gruppe mit den ihr überlassenen, lokal optimierten Prozessvarianten arbeiten. Das Anliegen der integrierten Prozessentwicklung ist demgegenüber im Hinblick auf ein Gesamtoptimum ein durchgehender *Wissenstransfer* von der Syntheseentwicklung bis zur technischen Realisierung (Abb. 11.4).

Damit eine wirksame Kommunikation stattfinden kann, müssen die Informationen in geeigneter Weise aufbereitet sein. Ziel ist es, eine gemeinsame Vision eines Idealprozesses entstehen zu lassen und diese zu realisieren. Die aus allen Entwicklungsstufen eingebrachten Informationen erlauben auch eine bessere Kommunikation mit dem Marketing, dem Management, Behörden sowie mit den übrigen, gesellschaftlichen Anspruchsgruppen.

11.3
Stufen der integrierten Prozessentwicklung

Als Voraussetzung für eine erfolgreiche integrierte Prozessentwicklung muss zunächst der *Projektrahmen* abgesteckt werden. Dazu gehört eine klare Zielsetzung bzgl. Qualität, Menge und Kosten eines Produktes und ein klarer Zeitplan. Dazu gehört aber auch die Definition von Rahmenbedingungen wie künftiger Standort, Investitionsrahmen, gewünschte Flexibilität und Versorgungssicherheit.

Die Generierung von einer Vielzahl verschiedener Entwicklungsvarianten ist Voraussetzung für die nachfolgende Einengung. Obwohl sie für eine erfolgreiche Entwicklung zentral ist, ist sie methodisch kaum fassbar. Allgemein sollte man sich bei der Erzeugung von Prozessvarianten (1) an Einfachheit, (2) an einem Idealprozess auf der "grünen Wiese" ohne allzu viele technologische Einschränkungen und (3) an den Anliegen des ganzen Entwicklungsteams orientieren.

Die Ideenbasis für Prozessvarianten kann aus verschiedensten Quellen stammen. Stärken/Schwächen-Analysen, Szenarioanalysen (what if ...) etc. geben Anregungen, die in Kombination mit einem bestmöglichen Verständnis von Zielsetzung und Rahmenbedingungen die generelle Richtung weisen. Eigene Erfahrungen und eigene Intuition müssen stets durch die Erfahrung von Anderen ergänzt werden. Analogieschlüsse auf der Basis von ähnlichen Reaktionsstufen, die in der Firma bereits existieren, geben ebenfalls wertvolle Hinweise. Sind diese Quellen ausgeschöpft, sollte auf die zugängliche Literatur, also auf interne Firmenberichte, Patentliteratur, wissenschaftliche Literatur zurückgegriffen werden. Schließlich ist es bei einem kreativen Prozess wie der Variantengenerierung eventuell auch einmal wichtig, den eigenen Standpunkt, z. B in einem Rollenspiel, zu wechseln, und auch Dogmen wie: "Seit x Jahren wissen wir, daß y nicht funktioniert", kritisch zu hinterfragen.

In den verschiedenen Phasen der chemischen Entwicklung trägt eine breite und systematische Variantenevaluation mit stufengerechter Datenbeschaffung und Modellvertiefung (Abb. 11.5) dazu bei, daß trotz unvollständiger Wissensbasis frühzeitig hochwertige Entwicklungsrichtungen selektiert werden können.

Entwicklungs-stufe	Stufenziel	stufenrelevante Daten bezüglich	
		Ökonomie und Rahmen	Ökologie und Sicherheit

Projekt
a) neuer
b) bestehender
Prozess
	Projektrahmen
	- Ziel und Vorgaben
	- Projektteam
	- Aktionsprogramm
		a) neuer Prozess: wenig Daten
		b) bestehender Prozess:
		  gute Datenbasis;
		  Verbesserungspotential	

**Synthese/
Verfahrens-
forschung**
	Laborverfahren
	(Chemie)
	- Syntheseroute
	- Reaktionsstufen
	- Aufarbeitungsweg
	- Ausbeute
	- Qualität
		Erste Beurteilung:
		- Kürze/ Einfachheit
		  von Synthese und
		  Aufarbeitung
		- Kosten/ Verfügbarkeit
		  der Edukte
		- Raum-Zeit-Ausbeute
			Erste Beurteilung:
			- Prozesssicherheit
			- Ressourcenver-
			  brauch
			- Abfall

**Verfahrens-
entwicklung**
	Optimiertes Verfahren
	(Reaktions-/
	Verfahrenstechnik)
	- Prozesskonzept
	  (Synthese, Aufarbei-
	  tung, Recycling)
	- Analytik, Qualitäts-
	  sicherung
	- Bilanzen (Stoff/Energie)
	- Scale-up
	- apparative Anforde-
	  rungen
	→Labor-/Pilotver-
	  fahren und RA
		Erfüllen des
		Projektrahmens:
		- Qualität und
		  Kapazität
		- Produktions-
		  kosten
		Überprüfen von:
		- Ressourcenbasis
		- Integration in be-
		  stehende Produk-
		  tions- und Infra-
		  struktur
			kritische Stoffe:
			- Vermeiden
			- Minimieren
			- Sicherheits-
			  konzept
			Ressourcenver-
			brauch:
			- Bilanzen →
			  Minimieren
			Abfall:
			- Bilanzen →
			  Minimieren, Rezy-
			  klieren, Entsorgen
			Prozessdaten für
			Risikoanalyse (RA)

**Anlage-
projektierung**
	Projektierungsunterlage
	(Anlage-/Apparatetechnik)
	- Anlagekonzept
	- Anlageauslegung
	- Automation/Steuerg.
	→Ausführungspläne
	  mit technischer RA
		Erfüllen des
		Projektrahmens:
		- Qualität/Kapazität
		- Investitionskosten
		- Zeitplan
		- Integration in Pro-
		  duktionsumgebung
			Energieverbrauch:
			- Bilanzen →
			  Minimierung
			Kritische System-
			elemente:
			- Ausfallmini-
			  mierung
			Anlagedaten für RA

**Technische
Realisierung**
	Bau & Inbetriebnahme
	- Anlagebau
	- Personalausbildung
	- Betriebsverfahren
	  und RA
	- chemische
	  Inbetriebnahme
		effektive Betriebsdaten:
		- Qualität
		- Leistung
		- Flexibilität
		- Kosten
		  "Lernkurve"
			effektive Betriebsdaten:
			- Prozesssicherheit
			- Ressourcenver-
			  brauch
			- Emissionen
			  "Lernkurve"

Abb. 11.5. Stufenziele und stufenrelevante Daten im Entwicklungswerdegang

Dazu können Screening-Verfahren einen wichtigen Beitrag leisten. Beispielsweise
ist ein systematisches Screening von verschiedenen Prozessvarianten mit
Indikatoren möglich, die die Nicht-Idealitäten (Nebenprodukte, Lösemittel-
verbrauch, schlechte Enantioselektivität, Verbrauch von Hilfsstoffen pro Menge
des hergestellten Produkts) [6], oder auch sicherheitstechnische Kenngrößen reprä-

sentieren (vgl. Kapitel 7-9). Schon auf der Stufe des Synthesewegs steht z. B. fest, welcher Anteil der C-Atome, die als Edukt eingesetzt werden, sich im Produktmolekül wiederfinden („Atom-Economy") [7].

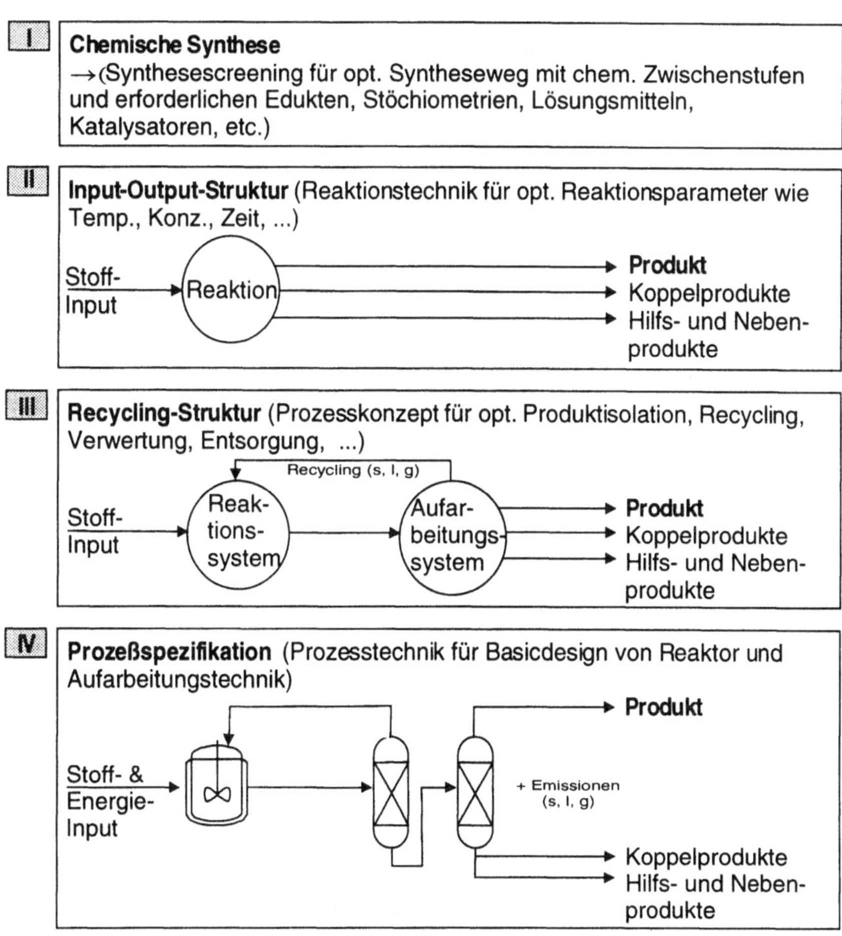

Abb. 11.6. Stufenfolge der integrierten Prozessentwicklung in chronologischer Abfolge. Die potentielle Wirksamkeit von Entscheidungen bezüglich der Entwicklungsziele nimmt von I nach IV ab.

Wenn der Kenntnisstand für zwei oder mehr Prozessvarianten sehr unterschiedlich ist, ist eine vergleichende Betrachtung mit besonderen Problemen verbunden. Hier wird das unterschiedliche Maß an Unsicherheit zu einem weiteren wichtigen (und schwierigen) Beurteilungsfaktor. Ein umsichtiges Entwicklungsmanagement sucht diese Situation zu vermeiden, indem a) die grundsätzlich interessanten Prozessalternativen in einem möglichst frühen Entwicklungsstadium abgeklärt werden und b) die anfängliche Vielfalt der Varianten durch periodisches Screening im Verlauf der Entwicklung systematisch eingeengt wird. Wesentlich Basis sind zunächst die Daten zur Chemie, zu den Verfahren und später zur Apparatur. Die chemische Analytik ist daher eine Schlüsselgröße für die datenorientierte Entwicklung.

Einfache Modelle führen in Kombination mit den Rahmenbedingungen zur grundlegenden Prozeßstruktur. Ist diese einmal festgelegt, so bilden detailliertere Modelle die Grundlage für die parametrische Sensitivität und Optimierung bzgl. Qualität, Ökonomie, S&U etc. (hierarchisches Vorgehen [8]). Iteratives Vorgehen bedeutet dann zusätzlich, daß später erkannte Nachteile einer gewählten Variante auch zum Rückgriff auf eine Alternative aus einer früheren Entwicklungsstufe führen können (Abb. 11.6 und Abb. 11.7).

Es folgen nun umsetzungsorientierte Hinweise zur integrierten Prozessentwicklung bezüglich Sicherheit (Kap. 11.4), Ökologie (Kap. 11.5) und Ökonomie (Kap. 11.6).

Stufenabhängige Betrachtungsschwerpunkte			
I	II	III	IV
Inhärente Sicherheit — Stoff- und Reaktionseigenschaften	Reaktionsbedingungen	Stoffinventar Fehlertoleranz	
Materialverbrauch — Ausgangsstoffe und Stöchiometrie	Umsatz und Selektivität	Hilfsstoffe und Recycling	Anlage
Energieverbrauch —	Reaktionsführung	Aufarbeitung und Entsorgung	Anlageeffizienz
Abfall — Koppelprodukte	Reaktionsverluste	Aufarbeitungsverluste	Reinigungsverluste
Investitionskosten — Anzahl, Einfachheit der chem. Stufen	Reaktionsbedingungen	Aufarbeitungsbedingungen	Automationsgrad
Nutzung vorhandener Kapazitäten			
Betriebskosten — Ausgangsstoffe Maßstab Patentlage	Reaktionsverluste Ansatzgröße	Aufarbeitungsverluste Prozessrobustheit	

Abb. 11.7. Stufenabhängige Betrachtungsschwerpunkte bei der integrierten Prozessentwicklung. Entwicklungsstufen nach Abb. 11.6.

11.4
Inhärente Prozeßsicherheit

Dem *Prinzip der inhärenten Sicherheit* zu folgen, bedeutet, Gefahrenpotentiale zu eliminieren oder zu reduzieren statt diese durch zusätzliche Schutzmaßnahmen zu kontrollieren.

Um ein Maximum an inhärenter Sicherheit zu erreichen, gilt es bereits in der konzeptionellen Phase, die Hauptgefahren zu identifizieren, d. h. Brand, Explosion, Austritt toxischer oder umweltgefährlicher Stoffe, und diese primär durch Ersatz von kritischen Stoffen bzw. durch Mengenreduktion zu eliminieren oder zu reduzieren. Dabei sind folgende Punkte zu beachten:

- kritische Energiepotentiale
- kritische Stoffpotentiale
- Fehlertoleranz des Prozesses.

11.4.1
Energiepotential

Die kritischen Energiepotentiale (vgl. Kap. 6.5 und 9) bei chemischen Prozessen können als Eigenschaften der eingesetzten Edukte, als Reaktions- und Zersetzungswärmen sowie als extreme Prozessbedingungen (Temperatur, Druck) charakterisiert werden. Das Gefahrenpotential liegt dabei einerseits bei der direkten Zerstörungswirkung durch Energiefreisetzungen, andererseits aber auch bei der Freisetzung von kritischen Stoffen (s.u.).

Beim Design von chemischen Prozessen lassen sich kritische Energiepotentiale durch Stoffauswahl, Mengenbegrenzungen und durch geeignete Prozesstechnik reduzieren, z. B. dosierungskontrollierte oder kontinuierliche Reaktionsführung.

11.4.2
Stoffpotential

Das Gefahrenpotential von Stoffen hängt von den Stoffeigenschaften sowie von den eingesetzten Stoffmengen ab.

Eine erste Gefahrenabschätzung bezüglich der *Stoffeigenschaften*[1] kann nach folgenden Kriterien erfolgen (vgl. Kap. 6):

- *Reaktivität:* kritisch, falls ein eingesetzter Stoff thermisch bzw. chemisch instabil ist; Probleme können sich aus Reaktionen mit Wasser, Luft oder gängigen Werkstoffen ergeben, z. B. Korrosion.
- *Flüchtigkeit:* kritisch, insbesondere für toxische sowie brand- und explosionsgefährliche Stoffe (Ausbreitung als Gas, Dampf, Aerosol oder Staub)

---

[1] Quellen für Stoffdaten sind [9, 10] oder substanzspezifische Sicherheitsdatenblätter, die vom Hersteller ausgegeben werden müssen.

- *Explosionsfähigkeit, Entzündbarkeit, Brandförderung:* kritisch gemäß den physikalisch-chemischen Sicherheitsdaten, z. B. Flammpunkt < 50 °C, d.h. im Bereich der Umgebungstemperatur, Brennklasse > 3, d. h. Brandausbreitung, vgl. Tabellen 6.5 - 6.7
- *Human-Toxizität:* kritisch, falls LD_{50} < 100 mg/kg (akute Wirkung) oder MAK-Wert < 25 mg/m³ (chronische Wirkung) oder bei Sensibilisierung, Reiz- oder Ätzwirkung, Kanzerogenität etc.
- *Ökotoxizität:* kritisch, falls $L(E)C_{50}$ Fisch, Daphnie, Alge < 10 mg/l
- *Biologischer Abbau:* kritisch, falls DOC-Abbau < 70%
- *Bio-Akkumulation:* kritisch, falls $\log K_{OW} \geq 3$
- *Gefährdung der Atmosphäre:* kritisch, falls Wirkungspotential hoch, z. B. bezüglich Treibhauseffekt (GWP), oder Ozonschichtabbau (ODP)

Der Kontext spielt bei der Frage nach dem Einsatz von kritischen Stoffen eine wichtige Rolle. Bei chemischen Synthesen sind manche Gefahrstoffe unverzichtbare oder zumindest elegante Schlüsselbausteine aufgrund ihrer hohen Reaktivität und Selektivität (z. B. H_2, Cl_2, SO_3, $COCl_2$, HN_3). Hier steht die Mengenbegrenzung im Vordergrund. Dagegen sind kritische Stoffe als Hilfsmittel zu vermeiden, insbesondere falls eine Exposition der Umwelt zu erwarten ist. So sollten z. B. kritische Lösungsmittel ersetzt werden, wenn sie nicht in einem vollständig geschlossenen System gehandhabt werden.

Für nicht vermeidbare kritische Stoffe ist der *minimale Mengeneinsatz* ein wichtiger Beitrag zur inhärenten Prozeßsicherheit. Konzepte zur Mengenreduktion von kritischen Stoffen sind zum Beispiel:

- Integriertes Materialflusskonzept (unter Einbezug von Transport, Lager, Produktion, Recycling etc.) "just in Time"-Produktion, minimaler Transport und minimale Lagerhaltung
- In situ-Herstellung von kritischen Stoffen, z. B. verbrauchsabhängige Herstellung von Phosgen aus CO und Cl_2
- Kontinuierliche Reaktionsführung und Aufarbeitung (minimaler Hold up; z. B. Regeneration von Lösungsmitteln)

11.4.3
Fehlertoleranz von Prozessen

Nach Identifikation der verbleibenden kritischen Ereignisszenarien (siehe Risikoanalyse Kap. 7) können nun z. B. mit einem Fehlerbaum mögliche Ereignisursachen analysiert und die kritischen Prozessparameter bestimmt werden. Ein Prozess sollte jetzt derart gestaltet werden, daß bei den denkbaren Prozessabweichungen keine kritischen Ereignisse eintreten können bzw. nur mit großem Zeitverzug und entsprechender Alarmüberwachung.

Beispiele hierfür sind:

- Thermische Prozeßsicherheit (vgl. Kap. 9)
- Verringerung der Flüchtigkeit kritischer Substanzen (Kaltlagerung anstelle von Drucklagerung, z. B. von Phosgen)

- Inertisierung von Reaktions- und Aufarbeitungssystem
- Vermeidung von Störungsausbreitung, z. B. Sprinkler, Kompartimentbildung
- Einbau von Sicherungselementen, z. B. Druckentlastung, Notentleerung
- Geeignete Standortwahl, z. B. bezüglich Gefahr von Folgeereignissen
- Unabhängige Mehrfachabsicherung, z. B. 2. Barriere bei kritischen Stoffen

Ein wichtiger Faktor bei der Entwicklung von fehlertoleranten Prozessen ist die Gestaltung der Schnittstelle "Mensch - Technik". Hier braucht es bereits in einer frühen Phase der Prozessgestaltung eine Gesamtbetrachtung von sozialen und technischen Faktoren (sozio-technisches System). Aus dieser Gesamtsicht heraus gilt es, die Arbeitsabläufe und Automationskonzepte so zu verstehen und zu gestalten, daß eine optimale Funktionsteilung zwischen Mensch und Technik möglich wird. Bei gleichzeitig guter Führung und Zusammenarbeit hilft eine solche Bedienungsfreundlichkeit, daß dank klaren, einfachen und übersichtlichen Schnittstellen zwischen Mensch und Technik sowie dank Motivation und Verantwortungsbewusstsein das Risiko von menschlichen Fehlern so weit wie möglich reduziert wird (vgl. z. B. [11]). Dies betrifft vorab manuelle Operationen und Überwachungsfunktionen. Richtiges Handeln des Betriebspersonals umfasst den Normalfall wie den Störfall einer Anlage. Wesentliche Voraussetzungen hierfür liegen vor allem in der permanenten Ausbildung bzgl. Gefahrenpotentialen, dynamischem Verhalten der Anlage und den möglichen Auswirkungen und Maßnahmen bei Stoff- und Energiefreisetzung.

11.5
Ökologische Effizienz

Die ökologische Effizienz bringt in diesem Zusammenhang (vgl. Kap. 5.3) die hergestellte Produktmenge pro anfallende Umweltbelastung durch die Anlage (Bau/Abbruch) und durch den Betrieb zum Ausdruck[2]. Auf der Grundlage von Stoff-, Energie- und Kapazitätsbilanzen ist die systematische Rohstoff-, Energie- und Abfallminimierung eine Leitlinie, um zu ökologisch effizienten Prozessen zu gelangen (vgl. Abb. 11.8). Beurteilungsgrößen können dabei der Vergleich mit theoretischen Optimumwerten oder die beste (bekannte) Betriebspraxis sein (ökologisches Benchmarking). Umfassende Bilanzierung und Stoffflussanalyse führen zu den Potentialen für Rohstoff-, Hilfsstoff- und Energieeinsparungen sowie für Emissionsminderungen [12].

Nachfolgend einige *technische Voraussetzungen* für ökologisch effiziente Prozesse:

a) Einsatz von Technologien mit hohem Wirkungsgrad und hoher Produktivität

b) Einsatz von geschlossenen technischen Systemen (inklusive Eintrags-, Austrags- und Transferoperationen)

c) Schaffung der Voraussetzungen für emissionsarme Apparatereinigung

d) Automatische Überwachung von

---

[2]   z. B. bezüglich Treibhauseffekt: kg Produkt pro kg CO_2-Äquivalent.

- Input-, Output- und Rezyklierungsströmen
- Reaktions- und Aufarbeitungsverlauf inkl. Endpunktbestimmung (eventuell on line)

e) Modularer Aufbau (Mehrzweckanlagen → Flexibilität)

f) Nutzung der maximalen Anlagekapazität sowie von Synergien mit bestehenden technischen Systemen inkl. Produktionsverbund mit Dritten (betrifft Energie-, Aufarbeitungs- und Entsorgungssysteme, vgl. z. B. [13]).

Es folgen nun Checkpunkte zur ökologisch effizienten Prozessgestaltung bezgl.

- Stoffeffizienz,
- Energieeffizienz und
- Minimierung von Abfall und Emissionen.

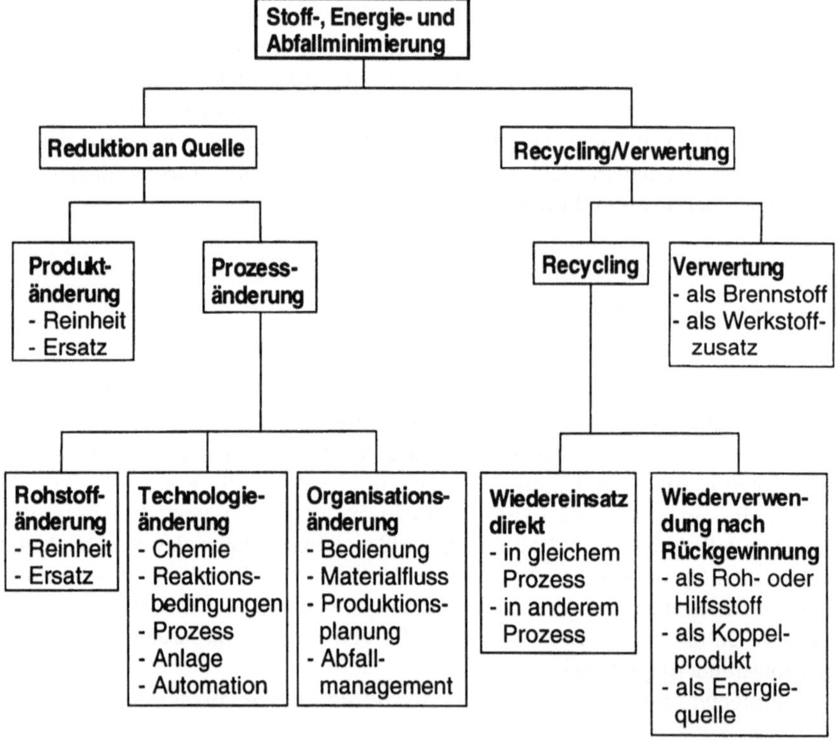

Abb. 11.8. Integrierte Prozessentwicklung: Systematik bezüglich Stoff-, Energie- und Abfallminimierung

11.5.1
Stoffeffizienz

Die *Zielsetzung* für stoffeffiziente chemische Prozesse beinhaltet einerseits eine optimale chemische *Synthese-, Aufarbeitungs- und Rezyklierungsstruktur* mit einem Minimum an Stufen, Hilfsstoffen, Koppelprodukten und Ausbeuteverlusten; andererseits eine kostengünstige und gut verfügbare *Eduktbasis*[3].

Bei der Betrachtung der Stoffeffizienz mit Hilfe von Indikatoren [6] können verschiedene Bilanzierungsräume gewählt werden (Abb. 11.9). Entscheidend ist eine gut begründete Wahl und ein Bewusstsein für die Bedeutung der vernachlässigten vor- und nachgeschalteten Prozesse.

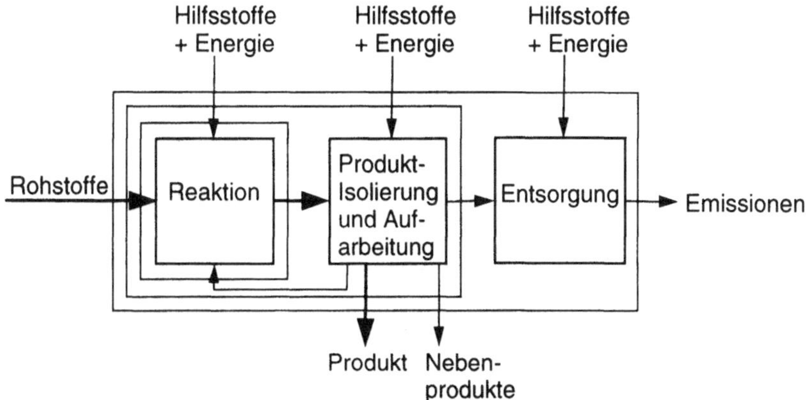

Abb. 11.9. Verschiedene Systemgrenzen bei der Prozessbilanzierung (hier für eine Synthesestufe, jedoch anaolog für n Synthesestufen). Vorgelagerte Prozesse zur Bereitstellung von Roh- und Hilfsstoffen sowie von Energie werden hier nicht berücksichtigt.

Kernkomponenten der Analyse der Stoffeffizienz sind *reaktionstechnische Abklärungen* (vgl. z. B. [14]) im Verbund mit Abklärungen zur Aufarbeitung (s.u.). Diese betreffen:

a) Syntheseweg (Vergleich von Synthesevarianten)
  • Patentstatus, Ausbeute, Anzahl Stufen
  • Eduktbasis (Verfügbarkeit, Preis, Qualität, Toxizität)
  • Katalysatoren, Lösungsmittel[4], Hilfsmittel
  • Stöchiometrie, Koppelprodukte, Nebenprodukte
  • Einbezug der Chancen und Möglichkeiten der Biotechnologie

---

[3] Mit einem Minimum an vorgelagerten Emissionen und Risiken (graue Umweltbelastung aus Eduktbereitstellung).

[4] Organische Lösungsmittel können eventuell durch Wasser, Edukt- oder Produktschmelzen ersetzt werden. Ein Lösungsmittelwechsel ist nach Möglichkeit zu vermeiden (→ Verbund mit Vor- und Folgestufe). Halogenierte Lösungsmittel vermeiden.

b) Kinetik

- Zeitlicher Umsatz- und Selektivitätsverlauf (in Abhängigkeit von Kontaktschema, Temperatur, Druck, pH, Konzentration, Stöchiometrie, Mischintensität, Katalysator, Lösungsmittel etc.)
- Chemische und thermische Stabilitätsuntersuchung von Edukten, Zwischenprodukten, Produkten etc. (auch wichtig für die Prozeßsicherheit)

c) Thermodynamik

- Reaktions- und Phasengleichgewichte
- Reaktions-, Neutralisations- und Zersetzungsenthalpien

d) Reaktionskonzept (Vergleich von Varianten bez. Reaktionsführung für eine Synthesevariante)

- Basis: Daten zu Kinetik, Stofftransport und Thermodynamik
- Varianten, z. B. bezüglich Eduktzugabe, Vermischung, Wärmeabfuhr oder pH-Kontrolle
- Integration in Gesamtprozess und Produktionsrahmen

e) Stoffbilanz (gekoppelt mit Energiebilanz)

- Output = f(Input, Verfahren und Reaktor) $\Rightarrow$ *Effizienzbeurteilung,* z.B. bzgl. Umsatz, Selektivität, Ausbeute und Produktivität

f) Modellierung[5] als Basis für Optimierung, Sensitivitätsanalyse und Scale-up

- Optimiert werden z. B. Reaktionsparameter, Ressourceneinsatz, Rezyklierungsmöglichkeiten, Abfälle und Emissionen

Verfahrenstechnische Abklärungen (vgl.z.B. [15] und [16]), die im Verbund mit den Abklärungen zur Synthese (s.o.) vorgenommen werden müssen, sind:

a) Aufarbeitungskonzept (Vergleich von Varianten)

- Stoffdaten: Basis für Aufarbeitungskonzept
- Vernetzung mit Gesamtprozess (Rezyklierungsstruktur, Verbund mit Vor- und Folgestufen)
- Vermeidung schwer trennbarer Stoffgemische, z. B. Lösungsmittel
- Nutzung technologischer Möglichkeiten ($\rightarrow$technische Effizienz, z. B. durch Umkehrosmose für Aufkonzentrierung und Entsalzung)
- Integration in übergeordneten Produktionsrahmen

b) Stoff- und Wärmetransport

- Nutzung von Konzentrations- und Temperaturgradienten
- Schaffung günstiger Austauschbedingungen

c) Thermodynamik

- Phasengleichgewichte
- Wirkungsgrad

d) Stoffbilanz (gekoppelt mit Energiebilanz)

---

[5] Heute existiert eine Vielzahl von Flowsheeting- und Simulationsprogrammen (z. B. ACSL-Optimize für die Reaktionstechnik, Aspen Plus® für kontinuierliche Prozesse sowie Batch Plus® und Speedup® für Batchprozesse).

- Output = f(Input, Verfahren und Anlage) $\Rightarrow$ *Effizienzbeurteilung*, z. B. bzgl. Qualität, Produktverlust, Stoff- und Energieeinsatz sowie Produktivität

e) Kapazitätsbilanz (vgl. auch Kap. 11.6.2)
- Prozessproduktivität
- Bestimmung von Kapazitätsengpass (im Verbund mit Synthese)

f) Modellierung[5] als Basis für Optimierung, Sensitivitätsanalyse und Scale-up
- Optimierung bezüglich Energiebedarf, Hilfsmitteleinsatz, Rezyklierungsmöglichkeiten, Abfälle und Emissionen sowie bezüglich Kapazität

Eine vergleichende Darstellung für die Beurteilung der Stoffeffizienz ist in Abb. 11.10 gegeben.

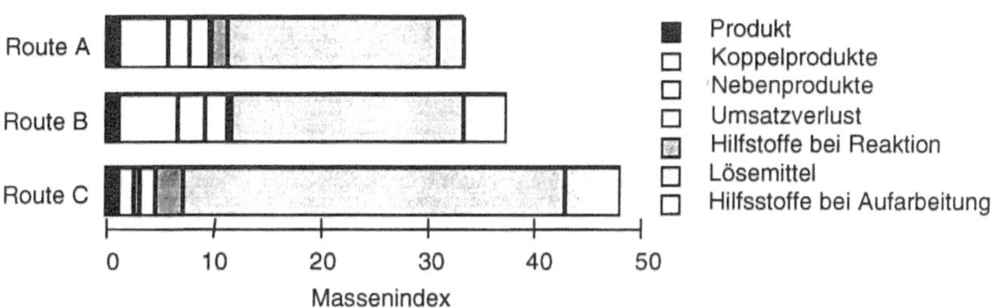

Abb. 11.10. Vergleich der Stoffeffizienz dreier Synthesewege für 4-(2-Methoxyethyl)-phenol mit Allokation auf die Ursachen (verändert nach [1]). Die Werte geben das Vielfache der minimal für die Produktbildung benötigten Masse an.

11.5.2
Energieeffizienz

Obwohl seit den 70er Jahren die Energieeffizienz in der chemischen Industrie verbessert wurde, benötigen chemische Prozesse heute immer noch erhebliche Mengen an Energie. Nach wie vor besteht ein großes Einsparpotential. Die wichtigsten Energieformen in der chemischen Produktion sind Wärme (z. B. Dampfheizung) und Elektrizität (z. B. für Rührmotoren, Pumpen, Eisproduktion, Produktion von Hochtemperaturwärme). Weitere Energieträger sind Kühlwasser, flüssiger Stickstoff und Druckluft. Die Bereitstellung dieser Energiedienstleistungen ist meist mit erheblichem Verbrauch an nicht regenerierbaren Ressourcen sowie mit entsprechenden Umweltbelastungen verbunden. So haben eine Reihe von Ökobilanzen chemischer Prozesse mit der Methode des Eco-Indikator

95 gezeigt, daß die Umweltbelastung durch die involvierten Energiesysteme 80% der gesamten Umweltbelastung oder mehr ausmacht[6].

Die *Zielsetzung* der Entwicklung energieeffizienter chemischer Prozesse setzt sich aus zwei Elementen zusammen: (1) Auf der Seite des Energieverbrauchs aus einer optimalen chemischen *Synthese-, Aufarbeitungs-, Rezyklierungs- und Entsorgungsstruktur*, die ein Minimum an Energieeinsatz erfordert und (2) auf der Seite der Energiebereitstellung aus energie- und umwelteffizienten *Energiesystemen* für die Bereitstellung, Speicherung und Verteilung von Energieträgern.

Der Energieverbrauch eines chemischen Prozesses umfasst dabei sowohl den Verbrauch bei der vorgelagerten Bereitstellung der Energieträger und Ausgangsstoffe ("grauer Energieinput") als auch den Verbrauch bei der nachsorgenden Emissionsbehandlung sowie bei Lagerung und Transport.

Die Punkte, die für die Entwicklung ökologisch effizienter Prozesse im Hinblick auf die Energie zu beachten sind (vgl. z. B. [17]), umfassen:

a) Energiebereitstellung
- Einsatz möglichst umweltschonender thermischer Energieträger. Prüfung von Varianten in folgender Abfolge: 1. Energie aus anfallenden Abfällen 2. regenerative Energien, 3. Erdgas, 4. Öl (extra leicht), 5. Öl (schwer), 6. Steinkohle, 7. Braunkohle; (vgl. auch Anhang A4)
- Einsatz von Technologien mit maximalem Wirkungsgrad, z. B. Wärme-Kraft-Kopplung
- Nutzung von Energieverbundsystemen

b) Rohstoffbereitstellung
- Qualitätsabsprachen, z. B. keine unnötige Reinigung, Zwischentrocknung und Verpackung

c) Reaktion
- Maximale Raumzeitausbeute (Abstimmung mit Aufarbeitung)
- Adiabate Reaktionsführung
- Schaffung optimaler Wärmeaustauschbedingungen (kleines ΔT durch grosse Oberfläche und guten Wärmedurchgang)
- Keine Reaktionen unter Rückflussbedingungen

d) Aufarbeitung, Abfallentsorgung
- Qualitätsabsprache (keine unnötigen Reinigungsschritte)
- Vermeidung bzw. Minimierung von thermischen Trennoperationen, z. B. Elimination von Zwischentrocknungen
- Maximale Raum-Zeit-Ausbeute (Abstimmung mit Synthese)
- Speziell bei thermischen Operationen auf abnehmenden Grenzenergie-Ertrag achten, z. B. bei Trennleistung von Rektifikation, bei Endpunkt von Trocknung/Entsalzung/Reinigung etc.
- Ersatz thermischer Stufen durch mechanische Operationen, z. B. Einsatz von Mikrofiltration/Ultrafiltration zur Aufkonzentrierung bzw. Entsalzung

---

[6] Dieses Ergebnis ist allerdings vor dem Hintergrund der überdurchschnittlich guten Sachbilanzen für Energiesysteme und mangelhafter Bewertung von Emissionen in Wasser und Boden zu interpretieren.

- Energieintegration, z. B. durch Brüdenkompression, Gegenstrom-Wärme-austausch etc.; z.B. gemäß Energie-Pinch-Analyse [18]
- Schaffung optimaler Wärmeaustauschbedingungen

e) Lagerung, Transport
  - Vermeidung bzw. Minimierung von Lagerung und Transport, z. B. durch integriertes Materialflusskonzept
  - Vermeidung unnötiger Formulierungshilfsstoffe und Verpackungen

f) Einsatz möglichst umweltschonender Transportmittel (1. Schiff, 2. Bahn, 3. LKW, 4. Luftfracht)

Allgemein ist darauf zu achten, daß energiewandelnde wie energieverbrauchende Systeme nicht überdimensioniert sind. Da die Grundlast solcher Systeme oft beträchtlich ist, ist z.B. der Elektrizitätsverbrauch einer Mehrproduktanlage oft kaum abhängig von der Auslastung.

11.5.3
Minimierung von Abfall und Emissionen

Die Basis für die Minimierung von Abfällen und Emissionen, die durch einen chemischen Prozess verursacht werden, ist die Stoffbilanz und eine stoff-spezifische Analytik.

Die *Zielsetzung* der Minimierung von Abfall und Emissionen (vgl. auch [19]) umfasst einerseits die *optimale chemische Synthese-, Aufarbeitungs- und Rezyklie-rungsstruktur* und andererseits die kosten- und umwelteffiziente *Entsorgung* von verbleibenden Emissionen und Abfällen. Biologische Verfahren sind bei der Entsorgung oft besonders effizient. Dabei hat die molekulare Struktur einen wichtigen Einfluss auf die biologische Abbaubarkeit von Chemikalien durch

- Verbesserung der Abbaubarkeit durch hydrolisierbare Gruppen wie Ester, Amide und Nitrile sowie sauerstoffhaltige Gruppen wie Alkohole, Aldehyde und Carbonsäuren.
- Verschlechterung der Abbaubarkeit durch Halogengruppen, Kettenverzwei-gungen, poly- und heterozyklische Gruppen, Nitro- und Nitrosogruppen sowie durch aliphatische Ether-Gruppen.

Persistente Verbindungen wie adsorbierbare organische Halogene (AOX) oder PAK sowie Schwermetalle gilt es im Abfall, wo immer möglich, zu vermeiden Checkpunkte für einen chemischen Prozess mit minimalen Abfällen und Emissionen sind z. B.:

Abluft
  - Minimale Abluftmengen durch (1) Vermeiden, (2) Reduzieren, (3) Rezyklieren; z. B. bei Kesselventilation: Schließen der Mannlochdeckel.
  - Vermeiden von anorganischen Reaktionsgasen, z. B. Ersatz von Chlor-sulfonsäure durch Oleum bei Sulfonierung; bzw. von Soda durch NaOH bei Neutralisation.

- Vermeiden leichtflüchtiger org. Zersetzungsprodukten, z. B. von Methylchlorid aus salzsaurer Zersetzung von Methanol.
- Lösungsmittelverluste vermeiden durch geschlossene Systeme, z. B. Gaspendlung. Falls geschlossenes System nicht möglich ist, LM-Kondensation mit nachgeschaltetem Kühler (LM mit hoher Kondensationstemperatur von Vorteil)
- Konsequenter Betrieb von getrennten Abluftsystemen (nur belastete Abluft für Nachbehandlung).
- Nachbehandlung[7,8] möglichst energiesparend; z. B. Biofilter oder Biowäscher statt thermischer Abluftreinigung.

Abwasser

- Minimale Abwassermengen durch (1) Vermeiden, (2) Reduzieren, (3) Rezyklieren; z. B. bei Apparatereinigung, Waschprozessen oder Entsalzung durch Nutzung des Gegenstromprinzips, Minimierung von Kühlwasserverbrauch durch Nutzung von Energieverbundsystemen (vgl. Kap. 11.5.2).
- Maximale Aufkonzentration vor der Einleitung in die Klärung durch Wiederverwendung in Anwendungen, die weniger hohe Ansprüche an die Reinheit des Wassers haben (z.B. gemäß Wasser-Pinch-Analyse [20]).
- Nach Phasentrennung keine direkte Kanalisationseinleitung (2. Barriere durch analytische Kontrolle, Phasentrennschicht rückführen).
- Konsequenter Betrieb von Trennkanalisation (nur belastete Abwässer für Nachbehandlung).
- Nachbehandlung[7,8]: in einer biologischen Abwasserreinigungsanlage falls DOC-Abbau >70% und keine kritischen Einzelstoffe (Transferkoeffizienten bezüglich Ausstrippen und Schlammadsorption beachten).
- gezielte Spezialbehandlung (Hilfsstoff-/Energieverbrauch beachten), z. B. durch Extraktion, Strippen, Destillation, Adsorption, Ionenaustausch, Aufkonzentrierung durch Umkehrosmose oder Mikrofiltration, chemische oder thermische Oxidation, biologische Spezialbehandlung.

Abfall

- Minimale Abfallmengen durch (1) Vermeiden, (2) Reduzieren, (3) Rezyklieren; z. B. Ersatz von Filterhilfsmitteln durch Mikrofiltration.
- Minimierung von H_2O- und LM-Gehalt im Abfall
- Systematische Abklärung von Möglichkeiten der stofflichen bzw. thermischen Verwertung
- Abfall mit organischem Kohlenstoffgehalt größer 5 %: Inertisierung durch Verbrennen
- Nachbehandlung[7,8]: Bei Verbrennung Transferkoeffizienten kritischer Einzelstoffe bezüglich Abluft und Schlacke und evtl. hohen Energieeinsatz beachten

---

[7] Problemverschiebung in andere Umweltkompartimente, optimale Einsatzfenster der Umwelttechnologien und Integration in bestehende Infrastruktur beachten.

[8] Für Abluftgrenzwerte in der Schweiz siehe Anhang A2.1. Anhang A2.2 und A2.3 enthalten entsprechende Abwassergrenzwerte und eine Charakterisierung von Deponietypen.

11.6
Ökonomische Effizienz

In der Spezialitätenchemie betragen die Herstellungskosten ca. 60 % der Einnahmen aus dem Verkauf [9]. Die restlichen 40 % verteilen sich auf F&E, Vertrieb, Verwaltung, Kapitalkosten, Steuern und Gewinn. Die Herstellungskosten setzen sich dabei oft etwa zu gleichen Teilen aus Rohstoffkosten und Verarbeitungskosten (Personalkosten, Abschreibung der Anlagen, Unterhaltungskosten und Energiekosten) zusammen.

Die ökonomische Effizienz eines Prozesses spielt demgemäß eine große Rolle für die Konkurrenzfähigkeit bei der Herstellung von Spezialchemikalien. Sie lässt sich anhand von theoretischen Optimumwerten sowie durch Vergleich mit dem kostengünstigsten Konkurrenten im Markt (ökonomisches Benchmarking) beurteilen. Nachfolgend werden die zwei wichtigsten Kostenelemente kurz dargestellt.

11.6.1
Investitionskosten

Um die Kosten beim Neubau oder Umbau von Produktionsanlagen und damit das gebundene Anlagekapital niedrig zu halten, wird angestrebt:

- Nutzung von Synergien mit bestehenden Produkten und Infrastrukturen, z. B. Investitionsvermeidung durch bessere Nutzung bestehender Anlagen
- Schaffung von Verbundvarianten mit Lieferanten, Kunden, benachbarten Betrieben etc.
- Einfachheit der Prozeßstruktur, der Apparate, der MSRT, von Bauten etc.

11.6.2
Betriebskosten

Die *variablen Prozesskosten* sind proportional zum Rohstoff- und Energieeinsatz sowie zum zu entsorgenden Abfall (Korrelation der variablen Kosten mit der ökologischen Effizienz, vgl. Kap. 11.5). Grundlage für die Analyse und Optimierung der variablen Kosten sind die mit den entsprechenden Ressourcen- und Abfallpreisen gewichteten Stoff- und Energiebilanzen.

Fixe Kosten sind in erster Linie die apparativen Kosten und die Personalkosten. Entscheidend für niedrige Fixkosten ist die Prozessproduktivität [19].

Bei Batchprozessen wird die Batchproduktivität BP durch die Anlageverfügbarkeit AV, die Ansatzgröße AG und die Ansatzzykluszeit AZ bestimmt:

$$BP\left[\frac{kmol}{h}\right] \propto \frac{AV[\%] \cdot AG[kmol]}{AZ[h]} \qquad (11.1)$$

---

[9] die entsprechenden Anteile für Grundstoffchemie und Pharmaindustrie sind ca. 80 % bzw. ca. 20 %.

Die Anlageverfügbarkeit ist die technisch verfügbare Zeit ohne die Zeit für den Produktwechsel.

In einer Batch-Prozesskette wird die Ansatzgröße durch Konzentration sowie Größe und Füllgrad der Apparate, die Ansatzzykluszeit durch die längste Apparatebelegung bestimmt. Die Analyse der Apparatebelegung erlaubt dabei die systematische Bestimmung der Engpassapparatur als Ansatzpunkt für eine Produktivitätssteigerung (Abb. 11.11).

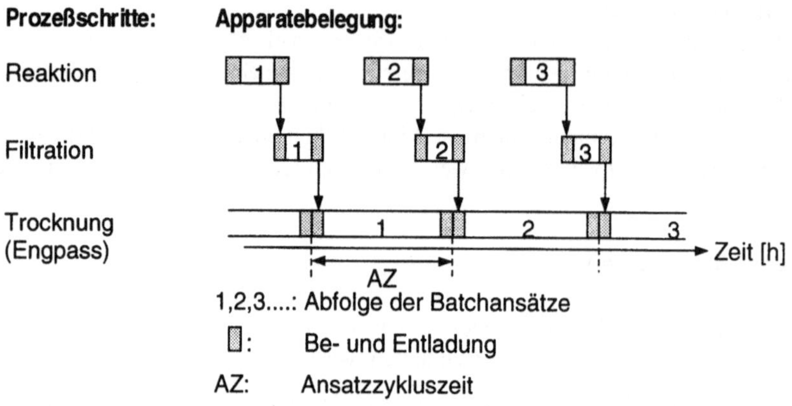

Abb. 11.11. Beispiel einer Analyse der zeitlichen Apparatebelegung (Annahmen: eine Apparatur pro Prozeßschritt; Produktivitätsverdoppelung z. B. durch den Einsatz von einem zweitem Trockner)

Die Kosteneffizienz eines Produktionsprozesses ist im wirtschaftlichen Wettbewerb zweifellos eine Schlüsselgröße, die darüber entscheidet, ob der Prozess überhaupt eingesetzt wird. Dabei ist insbesondere die Kostensensitivität bzgl. kritischer Prozessparameter (wie Eduktverbrauch, Eduktkosten, Produktivität, Anlagenauslastung etc.) für eine gezielte Prozessentwicklung von Bedeutung. Darüber hinaus schaffen die Leitgrößen der integrierten Entwicklung die Möglichkeit zur Schaffung eines zusätzlichen eigenständigen Wertes.

Literatur zu Kapitel 11

[1]   Heinzle E, Hungerbühler K (1997) Integrated Process Development, Chimia 51:176
[2]   Lipphardt G (1989) Produktionsintegrierter Umweltschutz, Chem. Ing. Tech. 61:855
[3]   Wiesner J, Christ C, Führer W, Behre H, Cuppen H, Lumm M, Mais F, Schroeder G, Senge F, Stockburger D, Schmidhammer L, Lohrengel G, Kerker L, Regner H, Roghe U, Fordan V, Gutsche B, Glarner T, Stolzenberg K, Talbiersky J, Os Cv, Higman C, Piaggi Rd, Miyachi M, Oda F, Yonamoto J, Schumacher G, Tischer W (1995) Production-integrated environmental protection Ullmann's Encyclopedia of industrial chemistry, Band B8. VCH Verlagsgesellschaft, Weinheim

[4]   Repic O (1998) Principles of Process Research and Chemical Development in the Pharmaceutical Industry. John Wiley & Sons, Inc., New York

[5]   Anastas PT, Farris CA (Hrsg) (1994) Benign by Design. American Chemical Society, Washington, DC (ACS Symposium Series, Band 577)

[6]   Heinzle E, Weirich D, Brogli F, Hoffmann V, Koller G, Verduyn MA, Hungerbühler K (1998) Ecological and economic objective functions for screening in integrated development of fine chemical processes, Industrial Engineering Chemistry Research, in press

[7]   Sheldon RA (1994) Consider the environmental quotient when evaluating alternative routes to a product: Both the amount and nature of the waste make a difference, Chemtech 24/3:38

[8]   Douglas JM (1988) Conceptual Design of Chemical Processes. Mc Graw-Hill

[9]   Lide DR (Hrsg) (1995) Handbook of Chemistry and Physics. CRC Press, New York

[10] Perry RH, Grenn DW, Maloney JO (Hrsg) (1997) Perry's Chemical Engineers' Handbook. MacGraw-Hill, New York

[11] Uhlich E (1994) Arbeitspsychologie, 3., überarbeitete und erweiterte Aufl. vdf Hochschulverlag und Schäffer-Poeschel Verlag, Zürich und Stuttgart

[12] Schnitzer (1998) Die auf einer Stoffstromanalyse basierende Implementierung von vorsorgendem integrierendem Umweltschutz, Chemie Ingenieur Technik 70:64

[13] Buehner FW, Rossiter AP (1996) Minimize waste by managing prozess design, Chemtech 26/4:64

[14] Fogler HS (1992) Elements of Chemical Reaction Engineering, 2. ed. Prentice-Hall, Englewood Cliffs

[15] Grassmann P, Widmer F, Sinn H (1997) Einführung in die thermische Verfahrenstechnik. de Gruyter, Berlin

[16] Stiess M (1994) Mechanische Verfahrenstechnik. de Gruyter, Berlin

[17] Kürüm S, Heinzle E, Hungerbühler K (1997) Plant Optimisation by Retrofitting Using a Hierarchical Method: Entrainer Selection, Recycling and Heat Integration, Journal of Chemical Technology and Biotechnology 70:29

[18] Linhoff B (1993) Pinch Analysis - a state-of-the art overview, Trans IChemE 71: Part A

[19] Smith R (1995) Chemical Prozess Design. McGraw-Hill, New York

[20] Kuo WC, Smith R (1998) Design of Water-using Systems Involving Regeneration, Trans IChemE 76. Part B: 94

[21] Peters MS, Timmerhaus KD (1991) Plant Design and Economics for Chemical Engineers, 4. Aufl. McGraw-Hill Inc., New York (Chemical Engineering Series)

12 Integrierte Entwicklung chemischer Produkte

12.1
Problemstellung und Zielsetzung

Im Hinblick auf eine nachhaltige Entwicklung ist der Produktelebenszyklus das Kernstück einer neuen Designkultur [1-3]. Der Lebenszyklus als umfassender Rahmen beinhaltet sowohl die Produktion als auch den Konsum eines Produktes. Während im vorhergehenden Kapitel vorrangig die Produktion behandelt wurde, die stark ortsgebunden ist und unter gut kontrollierbaren Bedingungen stattfindet, kommen bei der Produktentwicklung die Dimensionen der Verwendung, eventuell der Wiederverwendung oder Wiederverwendbarkeit und schließlich der Entsorgung oder Entsorgbarkeit, hinzu. Anders ausgedrückt, geht es hier zusätzlich um das Schicksal der Produkte in Anthroposphäre und Ökosphäre. Das chemische Produkt in diesem Sinne ist kein isoliertes technisches Gebilde, sondern durch vielfältige Wechselwirkungen eng mit Wirtschaft, Politik und Kultur verbunden.

Bei einem *integrierten* Entwicklungsprozess für Produkte dienen Sicherheit und Umweltschutz - gleich dem Gebrauchswert (Funktion, Wirkung, Qualität etc.) und der Wirtschaftlichkeit - ab frühestem Entwicklungsbeginn als Leitgröße, um systematisch die Wertschöpfung eines gesamten Produktelebenszyklus zu optimieren (Abb. 12.1). Grundanforderungen der integrierten Entwicklung sind neben ökonomischen Kriterien

- die Erfüllung der gesetzlichen Anforderungen (legal compliance),
- eine eigenständige Orientierung an Schutz und Sicherheit von Arbeitern, Verbrauchern und der Umwelt,
- die Minimierung von Ressourcenverbrauch und Abfall
- ein umfassender Beitrag zur Lebensqualität durch die Berücksichtigung der Bedürfnisse und Einwände sämtlicher involvierter Akteure und Betroffenen entlang des Lebenszyklus eines Produktes.

Von besonderer Bedeutung ist der frühzeitige Einbezug der künftigen Rahmenbedingungen für Produktion, Applikation, Gebrauch und Entsorgung. Beispielsweise können die Verfügbarkeit von Wasser für die Anwendungsentwicklung von technischen Produkten oder kulturspezifische Verhaltensmuster für die Gestaltung von Konsumprodukten wichtige Faktoren sein.

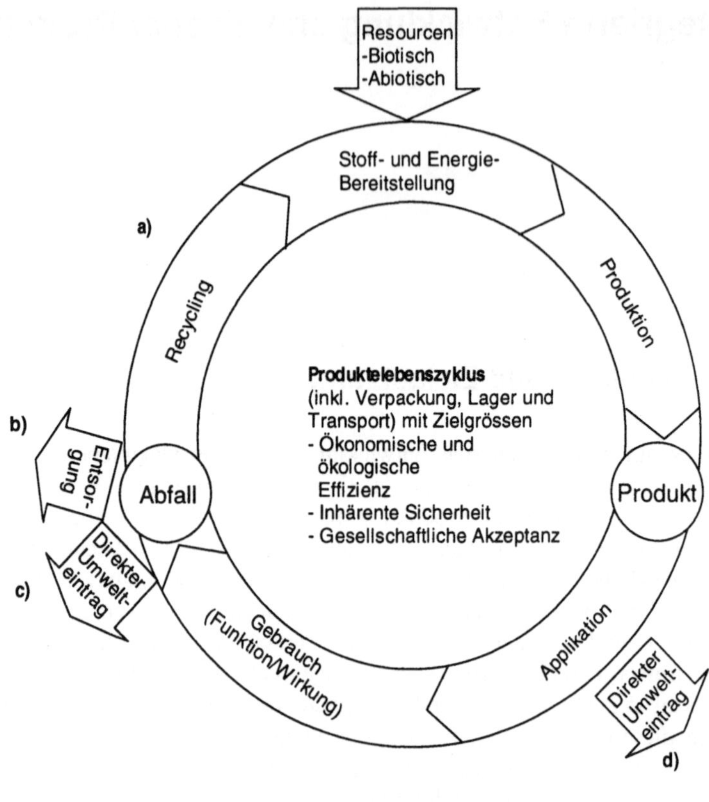

Abb. 12.1. Produktelebenszyklus mit unterschiedlichen Wegen für das weitere Produkte-
schicksal: a) Recycling, Verwertung, z. B. Wiederverwendung eines Werkstoffs, b) Umwelteintrag via Entsorgung, z. B. Waschmitteldetergens via ARA, c) Direkter Umwelteintrag, z. B.
Waschmittel/Detergens ohne ARA, d) Direkter Umwelteintrag, z. B. Applikation eines Agro-
produkts. Verändert nach [4].

Mit der ökonomischen und ökologischen Bilanzierung, der Produktrisikoanalyse
eines Produktes oder eines Prozesses und dem Nutzen-Risiko-Dialog wurden
bereits wichtige Instrumente für die integrierte Entwicklung eines Produktelebenszyklus diskutiert. Methodisch hat die Produktentwicklung zudem einen
engen Bezug zur Prozessentwicklung (Kap. 11), da der Lebenszyklus eines
Produkts auch als Kette von einzelnen Prozessen verstanden werden kann.

Mit der Rahmenvorstellung des Lebenszyklus wird die integrierte Produktentwicklung zur umfassendsten und komplexesten Umsetzungsebene von S&U (Abb.
12.2). Hier stellen sich nicht nur operationelle Fragen nach der technischen und
wirtschaftlichen Machbarkeit, sondern auch viele normative Fragen bzgl. des
Arbeiter- und Konsumentenschutzes sowie der Umwelt- und Sozialverträglichkeit.

Dieser erweiterte Betrachtungsrahmen eröffnet zugleich ein weites Innovationsfeld für neue, qualitativ hochwertige chemische Produkte und Dienstleistungen. Diesen erweiterten Rahmen gilt es für ein kreatives und verantwortungsvolles unternehmerisches Handeln zu nutzen.

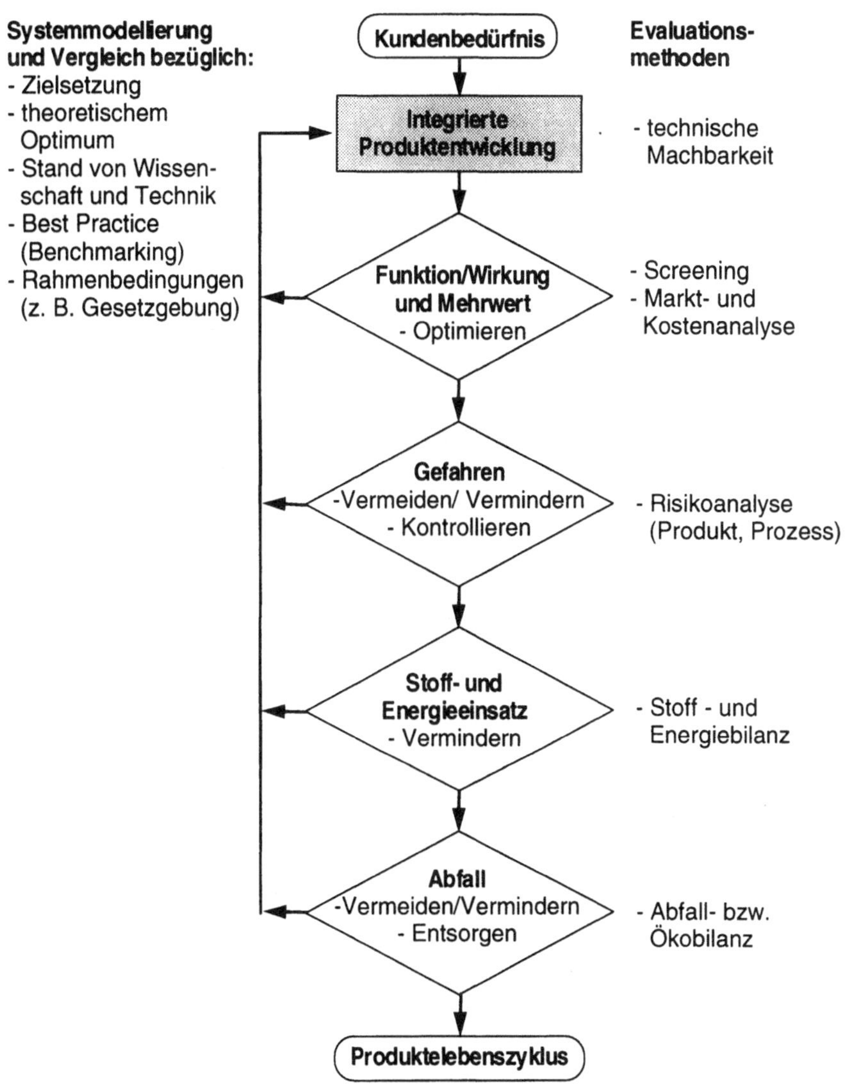

Abb. 12.2. Integrierte Produktentwicklung: Iteratives Vorgehen bei Konzept, Design und technischer Realisierung

Bei chemischen Dienstleistungen für Konsumgüter ist auch eine Vielfalt von Kooperationen zwischen Produzent und Verbraucher denkbar. Beispiele dazu sind die herstellerseitige Bereitstellung von produktspezifischen Recyclingstrukturen, also eine Rücknahmegarantie bzw. ein serviceorientiertes Produktleasing im Sinne eines ausschließlichen Verkaufs der *Produktdienstleistung* [5, 6]. Der Verkauf einer Produktdienstleistung hat zur Folge, daß keine Produkteigentumsrechte übertragen werden, womit die Serviceintensität gegenüber der abgesetzten Produktmenge in den Vordergrund tritt.

Das Ziel der integrierten Produktentwicklung ist die ursächliche Reduktion unerwünschter Wechselwirkungen zwischen dem Lebenszyklus eines Produktes und der Umwelt bei gleichzeitiger Optimierung der Wertschöpfung durch die erbrachte Produktdienstleistung. Mit der auf diese Art gewonnenen Effizienz und Sicherheit ist systematisch ein bezüglich Ökonomie, Ökologie und Gesellschaft optimaler Produktelebenszyklus zu entwickeln.

12.2
Produktewerdegang

Dem Produktewerdegang ist die Forschungsphase vorgelagert. Bei der Suche nach biologischen Wirkstoffen werden hier, z. B. mit Hilfe der kombinatorischen Chemie und spezifischen biologischen Modellsystemen, täglich Mischungen tausender von Verbindungen einem Screening unterworfen. Nach weiterer Selektionsschritten, einer eventuellen Optimierung der Struktur und einer Evaluationsphase zur endgültigen Auswahl der Produkte folgt die Entwicklungsphase als eigentlicher Schwerpunkt des Produktewerdegangs (Abb. 12.3). Dabei ist es wichtig, daß Innovationsideen in kürzest möglicher Zeit zu einem hochwertigen Produktelebenszyklus umgesetzt und in den Markt eingeführt werden. Kritisch ist insbesondere die Zeit von der Patentierung bis zur Markteinführung. Je kürzer diese Zeit ist, desto länger währt der Patentschutz auf dem Markt und desto grösser ist die Chance, mit einer Innovation als erster auf dem Markt zu sein. Deshalb wird die sequentielle Arbeitsweise immer mehr durch eine parallele Teamarbeit abgelöst. Wie bei der Prozessentwicklung kommt es hier auf eine ausreichende Quervernetzung durch konzise Problem- und Zielvereinbarungen, auf den Austausch von Daten, auf Teamarbeit und auf eine kohärente Führung an.

Bei der Entwicklung eines chemischen Produktes gibt es vier typische Schwerpunkte:

- Die technische *Produktherstellung* mit chemischer oder biotechnologischer Synthese, Aufarbeitung, Handelsform, Scale-up etc.; vgl. Kap. 7, 8 und 9.
- Die anwendungsorientierte *Produktapplikation* mit Screening- und Applikationsprüfungen sowie Optimierung von Anwendungs- und Entsorgungsverfahren (Funktion/Wirkung sowie ökonomische und ökologische Effizienz); vgl. Kap. 5.
- Die behördliche *Produktanmeldung* mit Produktinformationen und Risikobeurteilung von möglichen Nebenwirkungen; vgl. Kap. 6.

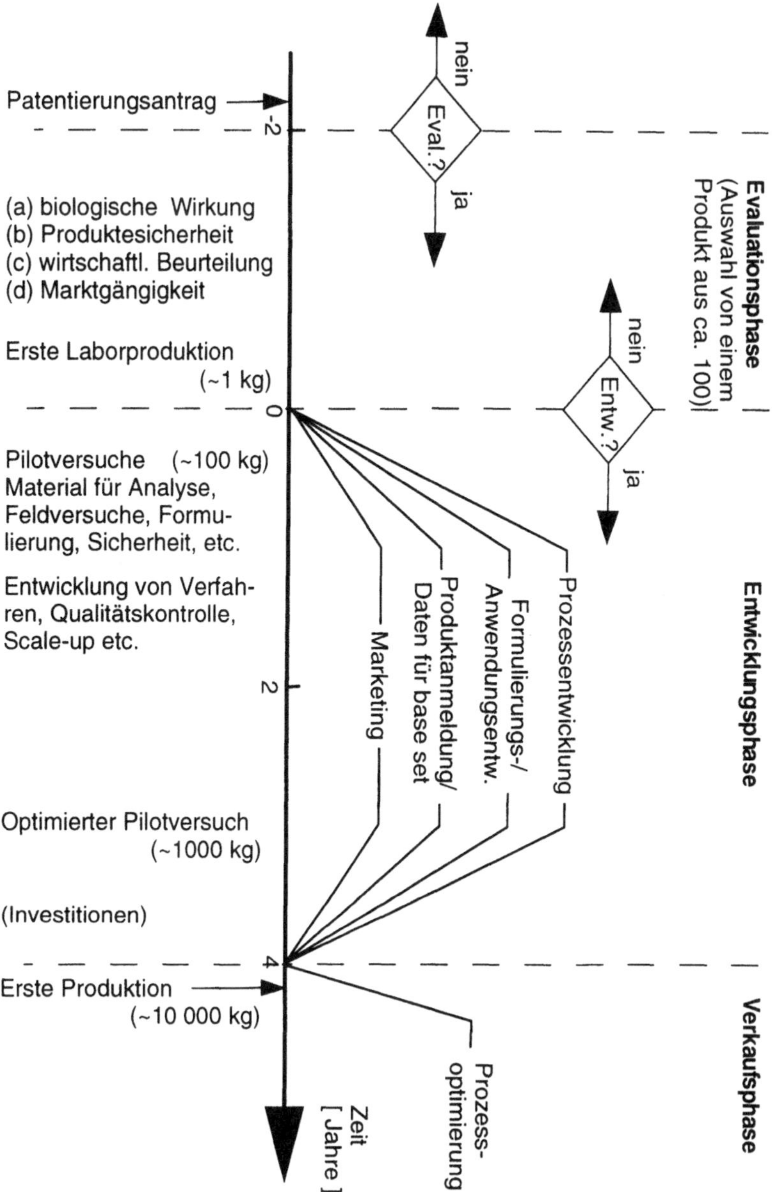

Abb. 12.3. Schematische Darstellung des zeitlichen Werdegangs eines Produkts am Beispiel einer Agrochemikalie. Für Agroprodukte liegt die Erfolgsquote der Entwicklungsphase bei ca. 95 % (bei Pharmaprodukten dagegen nur bei ca. 5 %, da hier parallel zur Entwicklung erst die klinische Testphase beginnt; beachte zudem die Einschränkungen durch diverse Qualitätsregulierungen wie FDA, GMP, ISO etc.).

- Das kundenorientierte *Marketing* mit Marktanalyse (Marktsegmentierung, Konkurrenzanalyse, Mengen-/Preispolitik etc.), Ausarbeitung von Promotionskonzept (Kooperationen, Vertriebskanäle etc.), sowie Erstellung der Promotionsunterlagen (technische Produktunterlagen, Werbematerial etc.)

Die angeführten Entwicklungsschwerpunkte haben sowohl auf Produkt- wie auf Lebenszyklusebene wichtige Berührungspunkte:

- auf Produktebene: Qualität, Menge und Kosten.
- auf Lebenszyklusebene: ökologische und ökonomische Effizienz, inhärente Sicherheit und gesellschaftliche Akzeptanz.

12.3
Zielgrößen und Beurteilungskriterien beim Produktedesign

Zielgrößen mit möglichst quantifizierbaren Beurteilungskriterien sind bei der integrierten Entwicklung die Voraussetzung für eine Bewertung und Selektion von Produktvarianten. Dies ermöglicht auch einen Vergleich mit den besten am Markt schon bestehenden Produktalternativen (ökonomisches und ökologisches Benchmarking).

Wie bei der Prozessentwicklung ist auch bei der Produktentwicklung am Anfang eines Entwicklungswerdeganges ein möglichst breites Variantenspektrum wichtig. Auch hier kommen die in Kapitel 11 genannten Ideenquellen in Frage. Zusätzlich zum chemisch-technischen Verständnis ist bei der Produktentwicklung auch ein Verständnis für Struktur-Wirkungs-Beziehungen sowie für die Anforderungen des Marktes erforderlich. Letzteres kann insbesondere durch intensive Kommunikation zwischen Forschung und Marketing zustande kommen. Leitlinien für hochwertige Produktvarianten sind analog zu den Prozessen (1) Einfachheit, (2) die ideale Wirkung bzw. Funktion und (3) die Anliegen des ganzen Entwicklungsteams.

Instrumente zur Variantenbeurteilung bei der integrierten Produktentwicklung sind die ökonomische Bilanzierung (z.B. Lebenszyklus-NPV pro Wirkungseinheit), die ökologische Bilanzierung (hier vor allem Screening-Ökobilanzen) bzw. die Risikoanalyse (in stufengerechter Form, entsprechend der Datenbasis). Screening-Ökobilanzen bedeuten ein iteratives Vorgehen ausgehend von anfänglich wenigen Schlüsseldaten und entsprechend großer wissenschaftlicher Unsicherheit. Trotzdem ist dieses Instrument ein wichtiges Hilfsmittel für das frühzeitige Erkennen von ökologischen Schwachstellen (und damit von Entwicklungspotential) in einem Produktlebenszyklus [2]. Die nachfolgende Zusammenstellung von Zielgrößen und Indikatoren soll dazu einen ersten Einstieg vermitteln.

Zielgrößen für die integrierte Entwicklung chemischer Produkte sind z.B.:

a) in Bezug auf das Produkt
- Beitrag zur Lebensqualität
- Wertschöpfung (d.h. Marktwert abzüglich der totalen Herstellungskosten)
- Sicherheit

b) in Bezug auf den gesamten Lebenszyklus
- Gesundheitsverträglichkeit
- Umweltverträglichkeit
- Sozialverträglichkeit
- Wertschöpfung (in Relation zur Schadschöpfung)

Indikatoren für diese Zielgrößen sind z.B.:

a) Produkt:
- Erfüllung der angestrebten Funktion bzw. Wirkung
- Bedeutung dieser Funktion/Wirkung für die Lebensqualität
- Nutzen und Nutzungsdauer für den Kunden
- Rezyklierbarkeit bzw. Entsorgbarkeit
- Nutzen-Risiko-Verhältnis
- Nachfrage
- Herstellungskosten
- Position der Konkurrenz

b) Lebenszyklus:
- Menge und Gefährdungspotential der auftretenden kritischen Substanzen
- Energieintensität von Produktion (inkl. Transport) und Entsorgung
- Ausmaß von Prozessrisiken
- Ergebnisse oder Teilergebnisse einer Ökobilanz (ökol. Hot spots)
- Gesetzeskonformität
- Nutzen-Risiko Verteilung
- Akzeptanz bei den Anspruchsgruppen
- Net-Present-Value pro Funktions- bzw. Wirkungseinheit
- Wertschöpfung durch Koppelprodukte

Diese Aufstellung, die keinen Anspruch auf Vollständigkeit erheben kann, zeigt, daß bei der integrierten Produktentwicklung verschiedenste Entscheidungskriterien gleichzeitig berücksichtigt werden müssen. Für solche Problemstellungen sind diverse Methoden zur Entscheidungsunterstützung entwickelt worden.

Eine Möglichkeit der mehrdimensionalen Darstellung von Entscheidungskriterien ist in Abbildung 12.4 aufgezeigt. Die Ausprägung der verschiedenen Indikatoren kann zum Teil nur abgeschätzt und auf einer subjektiven Skala aufgetragen werden. Dennoch ist der Einbezug von Grössen in die Entscheidungsfindung, die nur mit geringer Genauigkeit quantifiziert werden können, unabdingbar.

Schließlich ist frühzeitig eine umfassende und verständliche - aber trotzdem konzise und wissenschaftlich fundierte - *Information von Kunden, Konsumenten und der Öffentlichkeit* bezüglich Nutzen und Risiko eines Produktes erforderlich. Erst auf Grund einer ausgewogenen und transparenten Produktinformation können die Marktteilnehmer *informierte Entscheidungen* über Akzeptanz, Kauf, Gebrauch und

Entsorgung eines Produktes treffen. In Anbetracht der immer globaleren Märkte gilt es, vermehrt auch den vielfältigen sozialen, politischen, ökologischen und kulturellen Eigenheiten von verschiedenen Regionen und Gesellschaften die nötige Beachtung zu schenken.

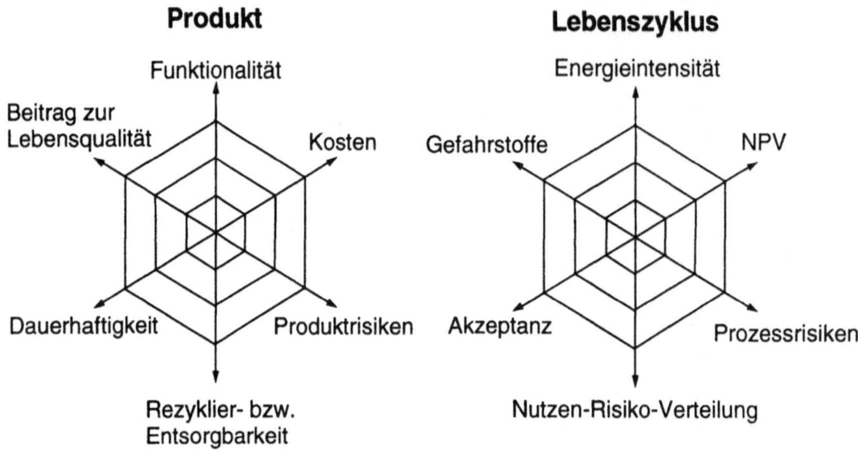

Abb. 12.4. Mehrdimensionale Darstellung von Indikatoren der integrierten Produktentwicklung

Gleich der chemischen Prozessentwicklung ist auch bei der chemischen Produktentwicklung die umfassende Lebenszyklus-Modellierung ein primäres Hilfsmittel für die interne und externe Verständigung sowie eine Integration der vielfältigen Teilschritte und Blickwinkel. Der Produktelebenszyklus wird dabei aus Haupt- und Nebenprozessketten mit entsprechenden Potentialen und Flüssen von Einzelstoffen und Energien sowie entsprechenden Wechselwirkungen mit der Umwelt und der Gesellschaft abgebildet. Diese lebenszyklusspezifischen System- und Wirkungsdaten gilt es im Hinblick auf die Entwicklungsleitgrößen

- Ökoeffizienz
- inhärente Sicherheit und
- gesellschaftliche Akzeptanz

im Verlauf eines Entwicklungswerdegangs systematisch auszubauen (vgl. Abb. 1.1).

Eine solche Daten- und Modellbasis ermöglicht es, daß ein neues Produktsystem mit entsprechenden Chancen und Risiken aus einer Vielzahl von unterschiedlichen Perspektiven dargestellt, diskutiert und verbessert werden kann. Dies führt uns wieder zurück zu den einzelnen Analyse- und Bewertungsinstrumenten wie Ökobilanz, Produkt- bzw. Prozessrisikoanalyse und nicht zuletzt auch zur Frage nach der gesellschaftlichen Risikowahrnehmung und der Definition von Schutzzielen. Modelle, die diese Indikatoren und Zielsetzungen berücksichtigen, erlauben es, aus einer anfänglich möglichst großen Zahl von Varianten ein systematisches Screening bzw. eine zielgerichtete Variantenverbesserung durchzuführen und auf diese Art den Prozess der integrierten Produktentwicklung voranzutreiben. Das interdisziplinäre Projektteam, in dem Marketing (Kundenwunsch) und Forschung (technischer Lösungsansatz) anfangs die Hauptpartner sind, bildet schließlich auch hier den organisatorischen Rahmen.

Mit diesen Ansätzen zu dem methodisch noch wenig fundierten Gebiet der integrierten Produktentwicklung möchten wir dem Leser eine Vorstellung mitgeben, welche Richtung der Entwicklungsweg künftig nehmen könnte. Durch konsequente Orientierung der Produktentwicklung an den langfristigen Bedürfnissen des Menschen und der gesamten Biosphäre kann die chemische Technologie auch in Zukunft einen wichtigen Beitrag zu einer nachhaltigen Entwicklung der Beziehung zwischen dem Menschen und seiner Umwelt leisten.

Literatur zu Kapitel 12

[1]   Keoleian GA (1994) Sustainable Development by Design, Air & Waste 44:645

[2]   Weidenhaupt A, Hungerbühler K (1997) Integrated product design in chemical industry. A plea for adequate life-cycle-indicators, Chimia 51:217

[3]   Schneidewind U (1995) Chemie zwischen Wettbewerb und Umwelt: Perspektiven für eine wettbewerbsfähige und nachhaltige Chemieindustrie. Metropolis, Marburg

[4]   Hungerbühler K (1995) Produkt- und prozessintegrierter Umweltschutz in der chemischen Industrie, Chimia 49:93

[5]   Fussler C (1996) Driving Eco Innovation: A Breakthrough discipline for Innovation and Sustainability. Pitman Publishing, London

[6]   Weizsäcker EUv (1995) Faktor Vier: doppelter Wohlstand - halbierter Naturverbrauch. Drömer Knaur, München

13 Fallstudien

J. Ranke, P. Flückiger und K. Hungerbühler

13.1
Motivation

Die primäre Motivation zu problemorientierten Fallstudien ist nach unserer Überzeugung, daß eine Ausbildung mit der Zielvorstellung der integrierten Produkt- und Prozessentwicklung praxisnah sein sollte[1] [1]. Die Instrumente der integrierten Entwicklung, die in der Vorlesung "Sicherheit & Umweltschutz in der Chemie" behandelt werden, sollen vorlesungsbegleitend angewandt werden. Gleichzeitig wird eine Teamarbeit angestrebt, die die Teamfähigkeit und die Zusammenarbeit von Studierenden mit unterschiedlichen Studienschwerpunkten fördert. Nicht zuletzt soll der Horizont der Studierenden durch den Kontakt mit Experten aus der chemischen Industrie erweitert werden.

13.2
Vorgehen

13.2.1
Wahl der Fallstudien

Die Problemstellung der Fallstudie wird so gewählt, daß ein Spannungsfeld zwischen industriebezogenen und gesellschaftsbezogenen Fragestellungen entsteht. Aufgabe der Studierenden ist es, sich aufgrund eines Dossiers eine klare Aufgabenstellung zu erarbeiten und einen gangbaren Lösungsweg zu definieren. Selbst bei vorgegebenen Problemstellungen sind so immer mehrere Lösungen möglich, die von den gewählten Randbedingungen wie Systemgrenzen und Datenbasis sowie von der verwendeten Methodik abhängig sind.

Aktuelle und relevante Produkte und Prozesse aus der chemischen Industrie bilden den Ausganspunkt einer Fallstudie (Tab. 13.1). Die Bereitschaft der verschiedenen Unternehmen, Informationen und Materialien zur Verfügung zu

---

[1] Zusätzliche Anregungen zur Durchführung von Fallstudien kamen aus der Arbeitsgruppe, von Studenten, von Frau Dr. P. Alean (Didaktikzentrum der ETH Zürich) und von Frau Prof. H. Nowotny (Professur für Wissenschaftsphilosophie und Wissenschaftsforschung der ETH Zürich).

stellen, zeigt das industrieseitige Interesse am Fallstudienunterricht. Dabei sind Fragen der Geheimhaltung ein wichtiger Aspekt der Zusammenarbeit.

Tabelle 13.1. Überblick über die durchgeführten Fallstudien

Fallstudie	Kurzbeschreibung
Insektizid	Pymetrozine® ist ein sehr selektives Insektizid mit einem neuen Wirkungsmodus. Zielorganismen sind weiße Fliegen und Blattläuse.
Reaktivfarbstoff	Cibacron-LS, ein Farbstoff für Baumwolle, wird durch bi-reaktive Kopplung an die Matrix charakterisiert und zeigt eine verbesserte Leistung im Färbeprozess.
Rotes Pigment	DPP (Diketo-Pyrrolo-Pyrrol) ist ein neues rotes Pigment für Autolacke und andere Anwendungen.
Chemische Kleiderreinigung	Tetrachlorethen (PER) ist als Lösungsmittel für die chemische Reinigung weit verbreitet (vgl. Kap. 13.3).
Produkthaftpflichtrisiko	MTBE wird als verbrennungsförderndes Benzinadditiv verwendet und steht im Verdacht, krebserregend zu sein. Die Produkthaftpflicht bietet Anlass für ein Risikomanagement durch Abschätzung des Risikos von MTBE entlang des Lebensweges.

13.2.2
Zeitlicher Ablauf

Die Zeit, die von den Studierenden im Semester (meist 7. Semester) für die Fallstudie aufgewendet werden kann, ist durch die Erfordernisse der übrigen Lehrveranstaltungen stark begrenzt. Nach drei Vorlesungswochen werden die Studierenden in die Fallstudien eingeführt (Abb. 13.1). Für die neun Wochen, während denen die Fallstudie läuft, ist gesamthaft ein zeitlicher Aufwand von ca. 22 Stunden inklusive Berichterstellung angesetzt. Dazu kommt eine ganztägige Exkursion in die entsprechenden Unternehmen.

Von den insgesamt etwa 80 Studierenden werden für jede der drei parallel durchgeführten Fallstudien ca. fünf Teams mit je 5-6 Studierenden gebildet. Eine möglichst gute Verteilung der Studierenden der Fachrichtungen Chemie, Chemieingenieurwesen und Umweltnaturwissenschaften ist dabei Bedingung, um zugleich eine Teamarbeit über die disziplinären Grenzen hinweg zu üben.

Die *Betreuung* erfolgt durch ein oder zwei Doktoranden mit Unterstützung durch das Didaktikzentrum der ETH Zürich. Im "Milestone I" (1 h) präsentieren die Studierenden bereits ihren Arbeitsplan und die Strategie ihres Vorgehens.

Anstehende Fragen und Probleme werden diskutiert und es wird ein Studierender bestimmt, der die Schlusspräsentation übernimmt. Nach drei Wochen erfolgt im "Milestone II" (2 h) die Besprechung des ersten Entwurfs des Schlussberichts mit 6-10 Seiten, der vorgängig abgegeben wurde. Nach weiteren zwei Wochen findet für jede Fallstudie eine Exkursion zu dem entsprechenden Unternehmen statt, bei der die Studierenden ihre Ergebnisse vorstellen, Feedback erhalten und mit den Experten diskutieren können. Außerdem werden im Zusammenhang mit der Fallstudie relevante Werkanlagen besichtigt.

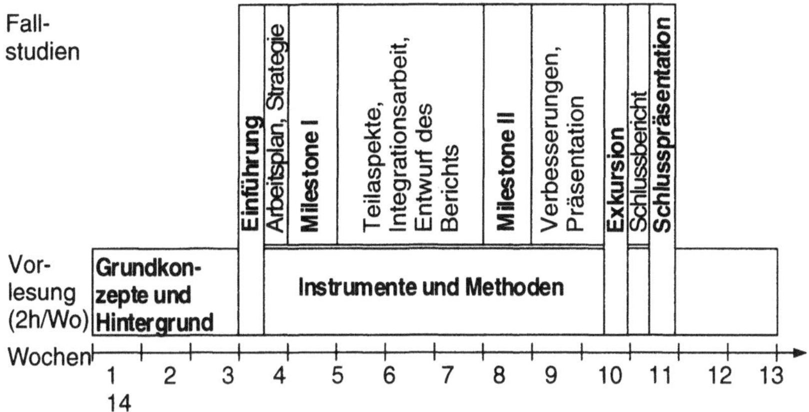

Abb. 13.1. Ablauf des Fallstudienprogramms, siehe auch [1]

13.2.3
Lernziele für Studierende

Die Ausbildungsziele sind auf verschiedenen Ebenen anzusiedeln. In *fachlicher Hinsicht* sollen die Studierenden lernen, Wissen aus dem Studium, besonders aus den Vorlesungen über technische Chemie, Umweltchemie und Toxikologie in die Anwendung z.B. der Risikoanalyse einzubringen. Im Bereich der *Arbeitstechnik* sollen sie lernen, im Team eine Problemdefinition vorzunehmen und einen konkreten Lösungsweg mit der entsprechenden Aufgabenverteilung auszuarbeiten. Ebenfalls eine arbeitstechnische Erfahrung ist der Umgang mit Aussagen und Daten, die zum Teil widersprüchlich oder mit erheblichen Unsicherheiten behaftet sind. Dies kann sowohl die zur Verfügung stehenden Informationen betreffen als auch die Schlussfolgerungen, die in der Studie gezogen werden.

Schließlich soll es auch ein Ziel sein, auf der *persönlichen Ebene* zu lernen, wie Dilemmasituationen und Interessenkonflikte durch sachliche Argumentation und Offenheit für andere Positionen in Präsentationen und Diskussionen zu bewältigen sind.

13.2.4
Datenbasis

Den Studierenden werden für ihre Arbeit folgende Materialien zur Verfügung gestellt:

- Ein etwa 20 Seiten umfassendes *Dossier,* in dem Rahmen, Ziele, Ausgangslage und Aufgabenstellung der Fallstudie dargestellt werden. Das Dossier enthält Hinweise zum Vorgehen, die Fallbeschreibung und Angaben zum Ablauf der Fallstudie mit Terminkalender.
- zwei bis drei Veröffentlichungen, die die Arbeit theoretisch abstützen sollen.
- Ein Ordner mit teilweise vertraulichen Unterlagen aus den Unternehmen, die die Studierenden für ihre Arbeit benützen können, die aber nicht kopiert werden dürfen.
- Nachschlagewerke und Datenbanken der Bibliotheken der ETH Zürich, in denen Sicherheitsdatenblätter, Informationen über Produkte und Prozesse sowie toxikologische/ökotoxikologische Daten zu finden sind.

Für die Risikoanalyse steht das Programm EUSES zur Verfügung [2], für die Wirkungsabschätzung der Ökobilanz das Programm SimaPro®. Für die groben Abschätzungen, die in der kurzen zur Verfügung stehenden Zeit meist nur möglich sind, werden aber meist Excel®-Tabellenkalkulationen durchgeführt. Für die Risikoanalyse bilden z.B. Mackkay-Modelle [3] eine wichtige Grundlage.

Im Folgenden ist ein Beispiel einer durchgeführten Fallstudie dargestellt. Die hier präsentierten Lösungsvorschläge zu den einzelnen Aufgabenstellungen beruhen auf der Bearbeitung durch Studierende und sollen das Vorgehen demonstrieren und zeigen, wie auch aufgrund einer lückenhaften Datenbasis methodisch gestützte Aussagen getroffen werden können. Die Schlussfolgerungen sollten dabei im Kontext ihrer Entstehung und im Zusammenhang mit den getroffenen Annahmen gesehen werden.

13.3
Fallstudie Chemische Kleiderreinigung

13.3.1
Vorstudie

Die Fallstudie "Chemische Kleiderreinigung" wurde von den Teilnehmern der Lehrveranstaltung "Sicherheit und Umweltschutz in der Chemie" in zwei aufeinanderfolgenden Wintersemestern bearbeitet[2]. Bei der ersten Bearbeitung ging es darum, eine Vorstudie zu erarbeiten, um im darauffolgenden Jahr zielgerichtete Detailstudien erstellen zu können.

---

[2] Die Fallstudie wurde von A. Beck und P. Flückiger betreut.

Tabelle 13.2. Kurzbeschreibung der vier zu vergleichenden Reinigungssysteme

Bezeichnung	Beschreibung des Reinigungsschrittes
Perchlorethylen (PER)	Das Reinigungsgut wird mit PER und Reinigungsverstärkern im kalten Zustand in einer Drehtrommel gereinigt. Das Entfernen des Lösemittels erfolgt durch Schleudern und anschließendes Aufheizen des gereinigten Gutes auf Temperaturen von 50-80 °C. Die Abluft wird durch Adsorption des PER an Aktivkohlefilter oder, in neueren Anlagen durch eine zusätzliche vorgeschaltete Tiefkühlkondensation gereinigt.
Kohlenwasserstofflösungsmittel (KWL)	Die neuen europäischen Anlagen, die mit KWL und Reinigungsverstärkern betrieben werden, ähneln denen, bei denen PER verwendet wird. Sie benötigen aber zusätzlich noch einen Explosionsschutz: Entweder wird in kritischen Phasen Stickstoff eingeblasen, um den Sauerstoffgehalt in der Luft zu erniedrigen, oder es wird unter Vakuum gearbeitet. Um einen höheren Durchsatz zu erzielen, kann der Trocknungsprozess auch in einer separaten Trommel durchgeführt werden.
Wässrige Systeme (H_2O)	Die Reinigung von Textilien in wässrigem Medium erfolgt in Spezialwaschmaschinen unter Zusatz von Reinigungsverstärkern. Dabei kann je nach dem Verschmutzungsgrad der Wäsche ein Einlaugenverfahren oder ein Zweilaugenverfahren zum Einsatz kommen. Die Trocknung erfolgt in einem Glatttrommeltrockner mit horizontaler Luftführung und elektronischer Restfeuchteregelung (> 15%). Die Trockentemperatur darf 80 °C nicht überschreiten. Die endgültige Trocknung geschieht bei Raumluft, es schließt sich oft eine relativ aufwendige Nachbehandlung an.
Flüssig-CO_2 (CO_2)	Diese Anlage enthält eine Trommel, in der das Reinigungsgut durch Einspritzen von Flüssig-CO_2 (30 bar) in Bewegung gehalten wird. Reinigungsverstärker werden zudosiert. Eine Destillationsanlage wird so betrieben, daß das CO_2 in den gasförmigen Zustand gebracht wird und der mittransportierte Schmutz ausfällt.

Schon für die Vorstudie wurden als Untersuchungsgegenstand vier Reinigungssysteme für eine vergleichende Betrachtung ausgewählt: die derzeit vorwiegend übliche Reinigung mit Tetrachlorethen (PER), die Verwendung von Kohlenwasserstoffen (KWL) als Lösungsmittelalternative, der Einsatz von wässrigen Systemen und schließlich der Einsatz von flüssigem CO_2 als neuartiges Lösungsmittel (Tab. 13.2). Von den Teams, die die Vorstudie bearbeiteten, wurden jeweils fünf Teilfragen bearbeitet, die einem Vergleich der Technologien dienten:

- Akzeptanz im Betrieb (subjektiv gewichtete Indikatoren)
- Reinigungsqualität (subjektiv gewichtete Indikatoren)
- Wirtschaftlichkeit (Plankostenrechnung)
- Umweltverträglichkeit (Ökobilanzierung)
- Risikobewertung (Risikoanalyse chemischer Produkte)

Als Grundlage für diese Teilfragen, wie auch für die Detailstudien im nächsten
Jahr, dienten visualisierte Stoff- und Energieflussanalysen[3] der vier Reinigungssysteme (Beispiel KWL in Abbildung 13.2).

Die einzelnen Ergebnisse der Vorstudie sollen hier nicht vorgestellt werden, da
die wichtigsten Ergebnisse in den Detailstudien aufgegriffen wurden. Allerdings
muss bemerkt werden, daß der Vergleich der verschiedenen Technologien stark
durch die Datenbasis geprägt wurde, die für die einzelnen Verfahren sehr unterschiedlich ist.

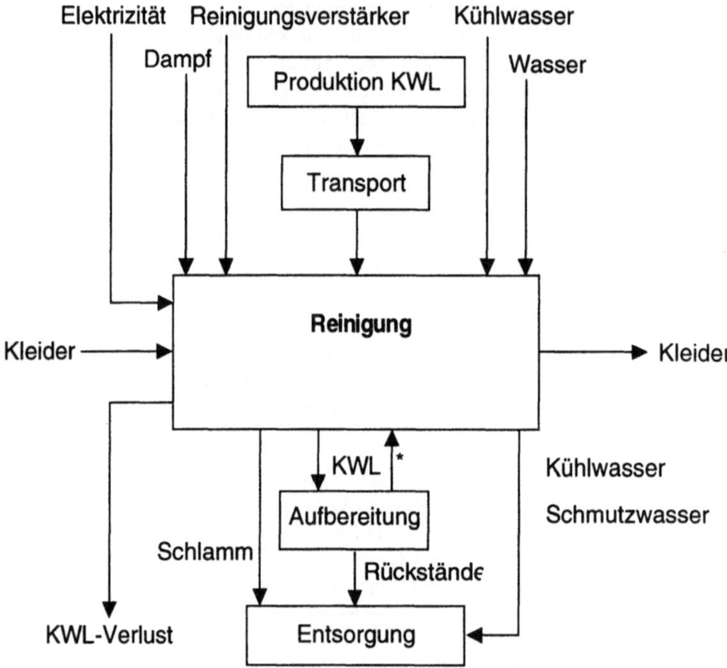

Abb. 13.2. Einfaches Stoffflussdiagramm des KWL-Reinigungssystems. *Das Recycling von
KWL ist derzeit noch nicht Standard.

Eine erste Gesamtbeurteilung aufgrund der Teilbilanzen favorisierte das CO_2-
System und das KWL-System. Am meisten fielen Unterschiede in der Wirtschaftlichkeit und in der Risikobeurteilung ins Gewicht. Bezüglich des PER-
Systems wurde die Wichtigkeit einer vertieften Analyse des gesellschaftlich-
politischen Spannungsfeldes deutlich.

Angesichts der Prognose, daß voraussichtlich in 5-10 Jahren eine ganze Generation von Reinigungsmaschinen zu ersetzen ist und unter Annahme einer abnehmenden Bedeutung der chemischen Reinigung in den nächsten Jahren wurde ein

---

[3] Für die Grundlagen der Stoffflussanalyse siehe z. B. [4].

verstärktes Überdenken der bisherigen Ausrichtung auf die PER-basierte Reinigung empfohlen.

13.3.2
Detailstudie Ökobilanz

13.3.2.1
Zieldefinition

Das Ziel der vertieften Ökobilanzierung war es, die Umweltbelastung der vier Technologien vergleichend zu beurteilen. Als Bewertungsmethode für die Sachbilanz wurde der Eco-indicator 95 verwendet (vgl. Kap. 5). Die Ökobilanz bezieht sich insbesondere auf die Lösungsmittel- und die Energieflüsse, da diese für die untersuchten Reinigungsmethoden aus der Vorstudie als wesentlich hervorgegangen waren.

13.3.2.2
Sachbilanz und Bewertung

Die Sachbilanz beschränkte sich auf Lösungsmittelverluste und den Energieverbrauch der vier Teilprozesse Produktion, Transport, Reinigung und Entsorgung. Stoff- und Energieflüsse wurden jeweils auf eine funktionelle Einheit von 1 kg gereinigte und getrocknete Textilien bezogen. Die Annahmen, die für alle vier Technologien gleichermaßen getroffen wurden, sind wie folgt:

- *Transport:* Die Transporte für Lösungsmittel sind gemäß ersten Berechnungen bezüglich Energieverbrauch vernachlässigbar und werden im Folgenden nicht mehr berücksichtigt (Sachbilanz zu den Transporten aus [5])
- *Reinigung:* Die Reinigung umfasst das Reinigen und Trocknen in der Reinigungsmaschine. Vorangehende und nachfolgende Prozesse wie Detachieren und Bügeln wurden nicht einbezogen, da sie für alle betrachteten Technologien vergleichbar sind. Nur bei der wässrigen Technologie ist gemäß Literaturangaben und mündlichen Angaben von Reinigungen der Aufwand zum Bügeln deutlich größer als bei den anderen Technologien. Diesem zusätzlichen Aufwand wurde durch Schätzung des zusätzlichen Stromverbrauchs Rechnung getragen.
- *Energie:* Die Reinigungen beziehen die benötigte Energie als Strom. In den Berechnungen wurde der europäische Strommix UCPTE (Mittelspannung) verwendet [6]. Alle Energieangaben wurden in MJ pro kg Reinigungsgut umgerechnet.
- *Wasser:* Die drei Technologien PER, KWL und H_2O benötigen in der Regel etwa gleich viel Wasser. Das Potential zum Wassereinsparen ist aber bei PER und KWL (Möglichkeit geschlossener Kühlwasserkreisläufe) größer als bei wässrigen Systemen. Falls keine geschlossenen Kühlwasserkreisläufe in den Textilreinigungsbetrieben (PER und KWL) vorhanden sind, wird Kühlwasser in

der Kläranlage gereinigt. Die Reinigung in der Kläranlage ist wegen des hohen Energieverbrauches der Belüftungsbecken relativ energieintensiv (ca. 0.5 kJ/kg Textil).

Zusätzliche Annahmen für die jeweiligen Technologien waren:

- *Lösungsmittelproduktion:* Sowohl für PER als auch für KWL wurde mit einem Verbrauch von 10 g LM pro kg Textilien gerechnet (vgl. [7]). Sachbilanzdaten für die Produktion von PER stammen aus [8]. Da keine Angaben bezüglich der Produktion von KWL publiziert sind, wurde angenommen, daß die Aufwendungen für die Produktion den Aufwendungen zur Produktion von Kerosin (Sachbilanz aus [9]) entsprechen. Die Wasserbereitstellung wurde mit Hilfe von Daten der Wasserversorgung der Stadt Zürich bilanziert [10]. Der Beitrag der Kohlendioxidproduktion zum Energieverbrauch wurde als vernachlässigbar angenommen, da Kohlendioxid ein Nebenprodukt etwa bei der Erdöldestillation oder beim Brauen von Bier ist.

- *Lösungsmittelverluste:* Die Daten für die Verluste von PER und KWL beim Reinigen wurden durch Befragung von Reinigungsunternehmen, Maschinenherstellern und Destillationsbetrieben sowie aus Literaturangaben erhalten [11]. Zur Bewertung der PER-Emissionen wurde angenommen, daß PER in der Atmosphäre vollständig zu Kohlendioxid und Salzsäure abgebaut wird gemäß der Gleichung

$$C_2Cl_4 + O_2 + 2\,H_2O \rightarrow 2\,CO_2 + 4\,HCl$$

Der Beitrag der Salzsäure wurde zum Versauerungseffekt, der des entstandenen Kohlendioxids zum Treibhauseffekt gezählt. In der Methode des Eco-indicator 95 ist ein kleiner Beitrag von PER zum Sommersmog (troposphärische Ozonbildung) beschrieben. Auch dieser wurde mit berücksichtigt.
Aufgrund fehlender Angaben bezüglich der KWL-Verluste in Produktion, Transport und Entsorgung wurden hier nur die Lösungsmittelverluste der Reinigung bilanziert. Diese Vereinfachung hat vermutlich wenig Auswirkungen auf das gesamte Resultat, da die vernachlässigten Verluste gemäß den Daten der vergleichbaren PER-Technologie sehr klein sind. Zur Bewertung der KWL-Emissionen wurde angenommen, daß KWL nur aus Dekan besteht. Zusätzlich wurde angenommen, daß Dekan sich in der Atmosphäre vollständig zu Kohlendioxid und Wasser abbaut, gemäß der Gleichung

$$C_{10}H_{22} + 31/2\,O_2 \rightarrow 10\,CO_2 + 11H_2O$$

Neben dem Beitrag zum Sommersmog (troposphärische Ozonbildung, Eco-indicator 95) wurde der Beitrag des entstandenen Kohlendioxids zum Treibhauseffekt mit berücksichtigt.
Die Emissionen von PER (Reinigungsmaschine des neuesten Typs) und KWL in die Luft wurden als Schätzwert aus verschiedenen Literaturangaben mit 1,5 g/kg Reinigungsgut angesetzt (vgl. [12]). Die Differenz aus der produzierten und der in die Luft emittierten Lösemittelmenge wurde den entsorgten Destillationsrückständen zugeschrieben.

- Der *Energieverbrauch des Reinigungsschrittes* mit der PER-Technologie wurde von Herstellern mit 1 MJ/kg Textilien angegeben, der entsprechende für KWL auf 1,5 MJ/kg. Für die CO_2-Technologie wurde derselbe Wert wie für das PER-System genommen. Da bei wässrigen Systemen gemäß Angaben von Reinigungen, Herstellern von Reinigungsmaschinen sowie nach [11] davon ausgegangen werden kann, daß die Nachbehandlung aufwendiger ist, wurde angenommen, daß das Bügeln hier fünfmal soviel Energie benötigt wie bei PER, KWL und CO_2. Der totale Stromverbrauch für das wässrige System beträgt unter den gemachten Annahmen ca. 3,1 MJ/kg.
- *Entsorgung:* 0,0135 kg Abfall/kg Textil müssen entsorgt werden. Diese abgeschätzte Menge gilt für PER und KWL. CO_2 hat die halbe Menge Abfall, da kein Lösungsmittel in die Entsorgung gelangt. Die Verbrennung wurde aufgrund von Daten aus [6] bilanziert. Für Abfälle aus der Reinigung mit PER wurde eine Destillation der Rückstände aus der Reinigung berücksichtigt. Der Energieverbrauch beträgt ca. 0,005 MJ/kg Textil (Angaben eines Schweizer Destillationsbetriebes). Die Mengen von PER und KWL im Abfall liegen bei ca. 8,5 g/kg Textilien. Kühlwasser (ca. 10 l/kg für PER und KWL) wird im berechneten Szenario in eine kommunale Kläranlage geleitet. Reinigungsabwässer der H_2O-Technologie werden ebenfalls in eine kommunale Kläranlage geleitet. Dabei wurde angenommen, daß 1% der Schmutzfrachten (Angaben aus [11]) in die Umwelt gelangen.

Tabelle 13.4. Vereinfachte Sachbilanz der vier Reinigungstechnologien PER, KWL, CO_2 und H_2O pro kg Reinigungsgut.

	Produktion	Reinigung	Entsorgung	Transport	Total
Kumulierter Energiebedarf [MJ/kg Reinigungsgut]					
PER	<1	7	<1	<0,1	7
KWL	<1	10	<1	<0,1	10
H_2O	<0,1	21	<0,1	0	21
CO_2	nicht bestimmt	7	<1	<0,1	7
Lösungsmittelverluste [g/kg Reinigungsgut]					
PER	<0,1	1,5	<0,1	<0,01	1,5
KWL	nicht bestimmt	1,5	nicht bestimmt	nicht bestimmt	1,5

Der Energieverbrauch und die Lösungsmittelverluste der vier Reinigungstechnologien sind in Tabelle 13.4 zusammengestellt.
In Abb. 13.3. sind die Auswirkungen der vier Reinigungstechnologien normalisiert auf die jeweiligen Auswirkungen in Europa (ohne ehemalige UdSSR) pro Ein-

wohner und Jahr dargestellt. Eine vergleichende Darstellung der aggregierten Auswirkungen der vier Reinigungstechnologien zeigt schließlich Abb. 13.4.

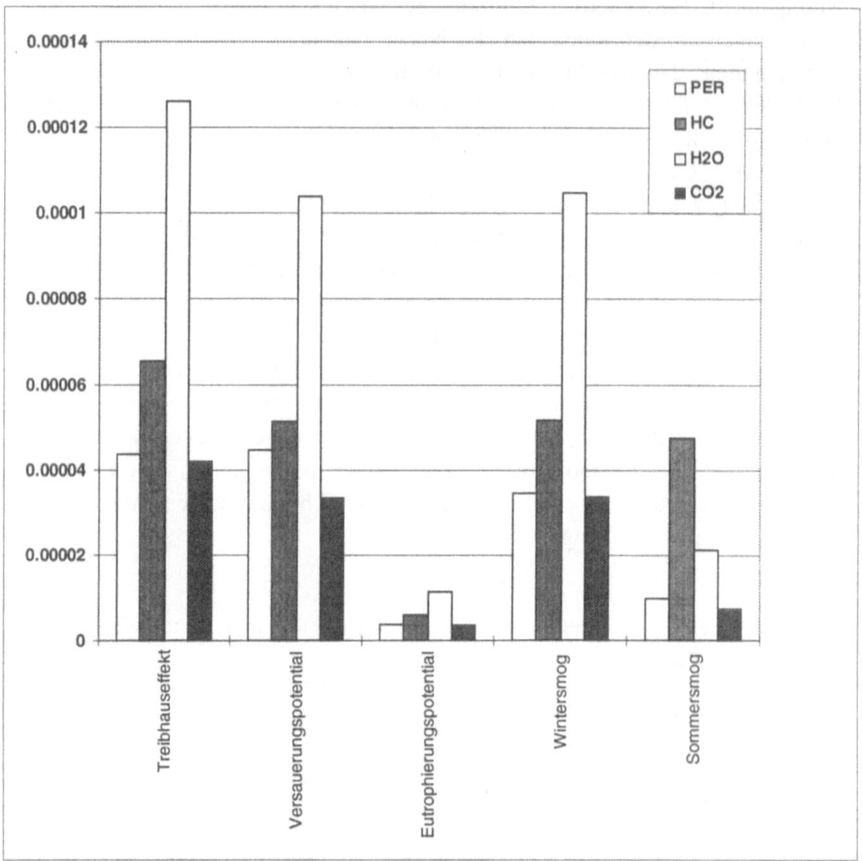

Abb. 13.3. Darstellung der normalisierten Wirkungen nach Auswirkungsklassen für alle vier Technologien. Angegeben ist für jede Wirkungsklasse der Anteil an der europaweiten Umweltbelastung pro Kopf und Jahr.

13.3.2.3
Interpretation und Methodenkritik

- Die Reinigung selbst ist nach der vorliegenden Betrachtung bei weitem der umweltrelevanteste Prozess im Lebenzyklus der Lösungsmittel. Nach den getroffenen Annahmen verbraucht sie pro kg Textil den überwiegenden Teil der Energie. Produktion, Transporte und Entsorgung sind vernachlässigbar.

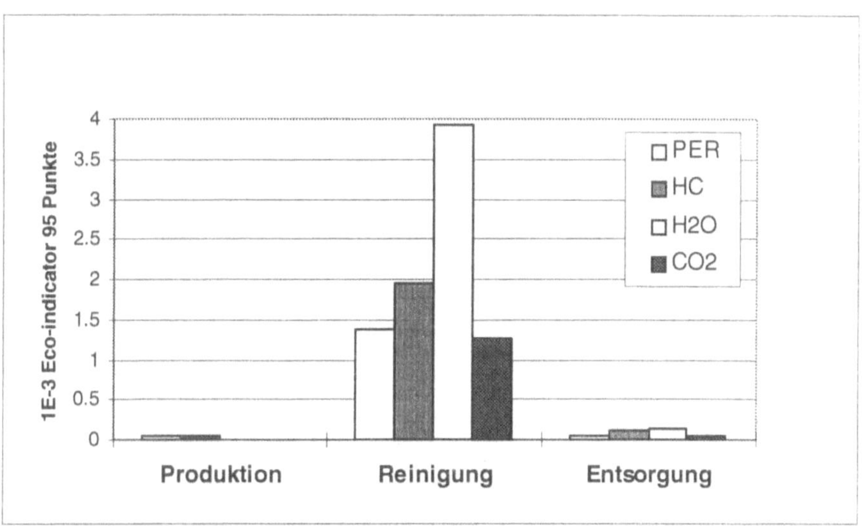

Abb. 13.4. Ergebnis der Bewertung der Sachbilanzen mit der Eco-95-Methode. Dargestellt sind die Eco-Punkte der vier Reinigungstechnologien PER, KWL, CO_2 und H_2O. Berechnungen mit der Software SimaPro 4.0®.

- Der relativ hohe Energieverbrauch der wässrigen Systeme entsteht aufgrund der hohen Aufwendungen für die Nachbehandlung. Diese Aufwendungen müssten in einer weitergehenden Arbeit genauer überprüft werden.
- Die Energie trägt praktisch in allen Wirkungsklassen zu über 95 % zu den total berechneten Ökopunkten bei. Bei der Wirkungsklasse Sommersmog schneidet die KWL-Technologie am schlechtesten ab, da hier die Kohlenwasserstoffemissionen den Hauptanteil der Wirkung ausmachen. Die folgenden Emissionen sind für die in Klammern angegebenen Wirkungsklassen hauptverantwortlich: CO_2 (Treibhauseffekt), SO_2 (Versauerung), Nitrate in Wasser (Eutrophierung), Cd und V (Schwermetalle), PAH (Karzinogene), SO_2 (Wintersmog) sowie NMVOC und Dekan (Sommersmog).
- Die Umweltbelastung durch belastete Abwässer, welche vor allem bei der wässrigen Technologie in die Kläranlage gelangen, konnte nicht berücksichtigt werden: Die Eco-indicator 95 Methode stellt keine Bewertungsfaktoren dafür zur Verfügung. Dieser Aspekt müsste detaillierter bearbeitet werden.
- Die Bewertung der Lösungsmittelemissionen mit der Eco-indicator 95 Methode ist unbefriedigend. Abbauprodukte und Zwischenprodukte des Abbaus von PER und KWL konnten nur grob berücksichtigt werden.

13.3.3
Detailstudie Risikoanalyse

Zur Beurteilung der Auswirkungen der vier Reinigungstechnologien auf den Menschen und die Umwelt sowie zur Betrachtung physikalisch-chemischer Effekte wie Brandgefahr oder Explosivität wurde von den Studierenden für PER und KWL eine Produktrisikoanalyse in Anlehnung an die EU-Richtlinie 67/548, Artikel 4 und 5 durchgeführt. Die Vorgehensweise richtete sich dabei nach dem in Kapitel 6 dieses Buches beschriebenen Schema. Für die CO_2- und die H_2O-Technologie wurden nur qualitative Risikoanalysen durchgeführt, da die meisten Risiken von den organischen Lösungsmitteln ausgehen.

13.3.3.1
Ausgangslage und Datenbasis

Die Risikoanalysen umfassen die Verwendung der verschiedenen Reinigungs-chemikalien (PER, KWL) in der chemischen Reinigung, die Exposition von Kunden und Emissionen in die Umwelt. Um das Risiko der beiden quantitativ untersuchten Technologien miteinander zu vergleichen, wurden folgende Annahmen getroffen:

- Lösungsmittel in der KWL-Technologie ist das Produkt Shellsol
- Für die heutigen europaweiten Emissionen von PER wurde eine Schätzung verwendet. Das Alternativszenario für KWL geht davon aus, daß anstelle von PER die gleiche Menge Shellsol emittiert wird.

Für die Berechnung der Exposition standen Angaben aus Befragungen von Chemischreinigern und Lösungsmittelherstellern, eine Zollstatistik der EU sowie Literaturangaben zur Verfügung. Für die Berechnung der Umweltkonzentrationen wurde ein Mackay-Modell der Stufe III verwendet, das in Excel® programmiert wurde.

Tabelle 13.5 enthält Daten aus sehr unterschiedlichen Quellen, die zum Teil noch validiert werden müssten. Insbesondere der Verdacht auf ein krebs-erzeugendes Potential von KWL müsste genauer spezifiziert werden. PER wird in der Atmosphäre über Phosgen, Trichloressigäure und Tetrachlormethan zu CO_2 und HCl hydrolysiert. Diese Substanzen haben Eigenschaften, die zum Teil kritischer sind als die des PER selbst. Im Boden bzw. im Wasser wird PER unter anaeroben Bedingungen durch eine mikrobielle Dehalogenierung zu Ethen abge-baut, wobei sich Vinylchlorid anreichern kann. Vinylchlorid ist stark kanzerogen. Aus Zeitgründen wurden die Abbauprodukte von PER jedoch nicht in die Risiko-analyse einbezogen.

Tabelle 13.5. Ausgewählte Produktdaten für PER und Shellsol

	Tetrachlorethen (PER)	Shellsol TK (KWL)
CAS-Nummer	127-18-4 ·	64741-65-7
EINECS-Nummer	2048259	265-067-2
Charakterisierung	reiner Stoff mit Stabilisatoren	Gemisch aus aliphatischen C_9-C_{13} Kohlenwasserstoffen mit < 15 ppm aromat. Verb. (Herstellerangabe)
physikalisch-chemische Daten		
Molgewicht [g/mol]	165.8	ca. 150
Dichte [kg/l]	1.62	ca. 0.77
Dampfdruck (20 °C) [Pa]	1900 ($\approx$ 130 g/m^3)	< 100 ($\approx$ 6 g/m^3)
Wasserlöslichkeit [mg/l]	150	6
log K_{OW}	2.88	5.5 - 7.7
Siedebereich [°C]	120	185-195
Flammpunkt [°C]	nicht brennbar	60
Explosionsgrenzen [vol%]	keine	0.6 - 7.5
Wirkungsdaten		
LD_{50} Ratte, oral [mg/kg]	2600 [13]	> 6000 [14]
LD_{50} Maus, oral [mg/kg]	8850 [13]	k.a.
LC_{50} Maus, Ratte, inhalativ [mg/m^3]	20 000 - 35 000 [13]	keine Mortalität bis zur Sättigungskonzentration [14]
LD_{50} Kaninchen, dermal [mg/kg]	k.a.	> 3000 [14]
LC_{50} Fische, Crustaceen, 48 - 96 h [mg/l]	~ 5 - 15 [15]	18 (Dekan, Daphnia magna, 24 h)
LC_{50} Regenwurm 14d [mg/kg]	155 [15]	k.a.
LOAEL (inhalativ, Maus) [mg/m^3]	517 [16]	k.a.
LOEC (Reproduktion, Daphnia magna) [mg/l]	1.1 [13]	k.a.
LOAEL (inhalativ) [mg/m^3]	k.a.	1840 (Ratte, 8 w, 5 d/w, 6 h/d, Nierenschädigung) [17]
NOAEL (inhalativ) [mg/m^3]	2.8 (7 h/d, 5 d/w, Ratte, Kaninchen, Affe) [13]	k.a.
Reizwirkung	Augen bei ca. 500 mg/m^3 [13]	Keine Reizwirkung [14]
Kanzerogenität	keine kanzerogene Wirkung auf Menschen nachgewiesen [13]	Verdacht auf krebserzeugendes Potential von Dodekan [11]
Gesetzliche Vorgaben		
Klassifizierung nach EU-System	Gefahrensymbol Xn: Gesundheitsschädlich R-Satz R 40	Kein Gefahrstoff gemäß EG-Richtlinie/Gefahrstoffverord-nung [14]
Wassergefährdungsklasse nach WHG (D)	3: stark wassergefährdend	1: schwach wassergefährdend
MAK-Wert (D, CH) [mg/m^3]	345 [15]	k.a.

13.3.3.2
Expositionsanalysen

Exposition von Arbeitern

Messwerte von *PER*-Konzentrationen (Time-Weighted-Average TWA über 8 h) in chemischen Reinigungen am Arbeitsplatz in Europa rangieren nach [18] und [19] in der Regel im Bereich zwischen 35 und 350 mg/m^3, wobei auch Werte von über 1000 mg/m^3 (bis zu 9 g/m^3), gemessen wurden. Bei Verwendung des neusten Standes der Technik und korrekter Bedienung sind vermutlich Konzentrationen unter 200 mg/m^3 zu erwarten.

KWL-Konzentrationen liegen vermutlich um etwa eine Größenordnung tiefer, da der Dampfdruck kleiner ist und eine kleinere Verdampfungsgeschwindigkeit erwarten lässt. Weiterhin ist die Dichtigkeit der Maschinen nicht wie bei PER durch korrosive Eigenschaften des Lösungsmittels gefährdet. Messwerte (TWA) in KWL-Reinigungsbetrieben in Atemhöhe der Arbeiter lagen zwischen 8 und 40 mg/m^3 [20]. Beim Öffnen der Reinigungsmaschinen und direkt über frisch gereinigten Textilien wurden kurzzeitig auch Werte über 1000 mg/m^3 gemessen.

Exposition von Kunden

Bei Anwendung der modernen *PER-Reinigungstechnologien* wird der Hauptanteil der PER-Emissionen durch Rückstände im Reinigungsgut in die Umwelt ausgetragen. Angaben für diese Rückstände liegen bei Normalbetrieb etwa zwischen 0.2 und 2 g/kg [7, 11, 18].

Für die Abschätzung der Exposition der Kunden wurde ein Worst-Case-Szenario berechnet: Eine abgeholte Menge von 5 kg Textilien mit 2 g/kg PER-Rückständen (nach dem Heimtransport) wird in einem Zimmer mit einem Volumen von 20 m^3 bei ausbleibender Lüftung gelagert. Die resultierende Maximalkonzentration ist 500 mg/m^3.

Das gleiche Szenario kann für *KWL* verwendet werden. Eine mögliche Dauer der Exposition wurde mit der Annahme berechnet, daß ein Kunde alle 14 Tage 5 kg Textilien reinigen lässt und sich jeweils für 8 Stunden in einem ungelüfteten Raum aufhält, in dem er diese lagert. Bei Annahme konstanter Konzentration im Raum ergibt sich mit der Formel

$$\text{PDI}_{\text{Inh.}} = \frac{c_S \cdot V_{\text{Inh.}} \cdot t_{\text{Exp.}} \cdot \text{BIO}_{\text{Inh.}}}{\text{Körpergewicht}} \cdot \frac{1d}{14d}$$

(vgl. Anhang A5.4.1) mit $V_{\text{Inh.}} = 0.8$ m^3/h, $t_{\text{Exp}} = 8$ h/d und $\text{BIO}_{\text{Inh.}} = 1$ ein Durchschnittswert für den $\text{PDI}_{\text{PER/KWL}}$ von ca. 3.3 mg kg^{-1}d^{-1}.

Umweltkonzentrationen

PER: Für die Berechnung der Umweltkonzentrationen wurde angenommen, daß der Hauptanteil der Emissionen von PER im Normalbetrieb aus Rückständen im Reinigungsgut und Abluft aus den Reinigungsbetrieben stammt. 1995 gingen etwa 80 % der in Europa produzierten Menge von 70 000 t in die chemische Reinigung, (ca. 58 000 t; persönliche Mitteilung von Dow Europe). 50 % dieser Menge waren in der Folge der Schätzwert für die europaweit diffus freigesetzte Menge von PER und damit Grundlage für die PEC-Berechnung mit dem Mackay-Level III-Modell (Steady-State-Annahme, Ergebnisse in Tabelle 13.6).

Tabelle 13.6. Ergebnisse der Mackay-Modellierung für PER-Emissionen aus chemischen Reinigungen in Europa. Die gesamten Umweltemissionen teilen sich auf in 98% Luftemissionen, 2 % Emissionen ins Abwasser und 0.1 % in den Boden. Abbau und Advektion sind Flüsse aus dem System heraus.

Umweltkompartiment	Emissionen [t/d]	PEC	Menge[a] [t]	Abbau [t/d]	Advektion [t/d]
Luft	80	$8 \cdot 10^{-5}$ mg/m^3	330	2	79.6 t/d
Wasser	1.6	$8 \cdot 10^{-6}$ mg/L	7	0.005	0.03
Boden	0.008	$8 \cdot 10^{-7}$ mg/kg	0.7	0.0005	-
Sedimente	0	$5 \cdot 10^{-5}$ mg/kg	1.5	0.001	-

[a]im Fließgleichgewicht

Auf regionaler und lokaler Ebene wurden keine PEC-Werte berechnet. Zusätzliche Emissionen ins Abwasser (durch Lecks u.ä.) wurden aufgrund von Angaben aus [21] mit 2 % der Umweltemissionen angesetzt, Schätzwert für unbeabsichtigte Emissionen in den Boden war 0.1 % der Umweltemissionen.

KWL: Für die Emissionen an KWL wurden als Worst-Case 15 g/kg Reinigungsgut angenommen [11]. Der Schätzwert für das in der Schweiz pro Jahr gereinigte Gut lag zwischen 15 400 t/a [7] und 65 000 t/a (Schätzung mit Angaben aus [22]), so daß sich bei ausschließlicher Anwendung von KWL eine Gesamtemission von höchstens 975 t KWL/a durch die chemische Reinigung ergäbe. Bezogen auf die Gesamtmenge der in der Schweiz emittierten VOC von ca. 211 000 t/a [21] bedeutet das einen Zuwachs von ca. 0.5 %. Von einer Modellierung der Verteilung von KWL-Emissionen aus chemischen Reinigungen in Europa wurde somit aufgrund der hohen Hintergrundemissionen, die für Europa als vergleichbar angenommen wurden, abgesehen.

Expositionsszenarien für Brand-/Explosionsgefahr KWL
Für die Lagerung der frisch gereinigten Wäsche im Lagerraum wurde folgendes Szenario berechnet: 5 Maschinenladungen frisch gereinigte Textilien, also ca. 75 kg, geben Rückstände von ca. 2 g/kg Wäsche vollständig an die Luft eines Lagerraums mit einem Volumen von 100 m^3 bei ausbleibender (defekter) Lüftung ab. - Es resultiert eine Konzentration von 1,5 g/m^3 oder < 0,1 % vol (untere Explosionsgrenze bei 0,6 % vol).

Explosive KWL-Luft-Gemische entstehen eventuell bei der Trocknung, wenn die Vorrichtungen zum Explosionsschutz (N$_2$ bzw. Vakuum zur Vermeidung von Kontakt mit O$_2$) ausfallen und die KWL (Flammpunkt 60 °C) durch Berührung mit heißen Maschinenteilen auf über 60 °C erwärmt werden.

13.3.3.3
Wirkungsanalyse

Es existiert eine große Anzahl von Studien über verschiedene Schadwirkungen von PER auf unterschiedliche Spezies. Zusätzlich gibt es einige epidemiologische Studien über die Auswirkungen langfristiger PER-Expositionen auf den Menschen. Für die vorliegende Wirkungsanalyse lag nur ein Teil dieser Literatur vor. Dementsprechend können die abgeleiteten NEL_{man}- und PNEC-Werte nur als beispielhaft angesehen werden.

Die Extrapolationsfaktoren wurden aus den Tabellen 6.1 und 6.3 (Kap. 6) entnommen, MOS und PNEC-Werte wurden nach Formeln (6.4) bzw. (6.10) berechnet.

Humantoxizität PER
Verwendet man den NOAEL von 140 mg/m^3 für 8 h/d aus Studien über inhalativ exponierte Menschen (hier z. B. Kunden) nach dem EU-Altstoff Risk-Assessment [18], so erhält man bei Einbezug eines Extrapolationsfaktors von 10 einen NEL_{man} für PER von 14 mg/m^3 (1.28 mg kg^{-1} d^{-1}). Da für die exponierten Arbeiter keine besonders empfindlichen Risikogruppen berücksichtigt werden müssen, wurde hier der entsprechende Extrapolationsfaktor 10 für die Variabilität innerhalb der Spezies Mensch weggelassen und mit einem NEL_{worker} von 140 mg/m^3 gerechnet.

Humantoxizität KWL
Für die Abschätzung der Humantoxizität von aliphatischen C$_9$- bis C$_{12}$-Kohlenwasserstoffen wurde der LOAEL für C$_{10}$-C$_{11}$-Isoparaffine von 1840 mg/m^3 [17] bezüglich Nierenschädigung bei männlichen Ratten verwendet. Bei Verwendung eines Extrapolationsfaktors von 10 000 ergibt sich ein NEL_{man} von ca. 0.2 mg/m^3 (0.018 mg kg^{-1} d^{-1}). Für die Arbeitenden muss die intra-Spezies-Variabilität nicht berücksichtigt werden (s.o.), so daß sich ein NEL_{worker} von 2 mg/m^3 (0.18 mg kg^{-1} d^{-1} bei Exposition von 8 h täglich) ableiten lässt.

Aquatische Ökosysteme PER
Für aquatische Organismen wurde ein Wert (LC$_{50}$-Wert) von 10 mg/l für Fische und Crustaceen und einem Extrapolationsfaktor von 100 eine PNEC von 0.1 mg/l abgeschätzt.

Terrestrische Ökosysteme PER
Für terrestrische Organismen wurde aus dem LC$_{50}$-Wert für Regenwürmer von 155 mg/kg mit einem Extrapolationsfaktor von 1000 eine PNEC von 0.155 mg/kg abgeschätzt.

13.3.3.4
Risikobeschreibung

Risiko für Arbeiter PER
Der Vergleich der verfügbaren Expositionswerte (35 - 350 mg/m^3) mit dem oben abgeleiteten NEL_{worker} von 140 mg/m^3 lässt darauf schließen, daß bei Verwendung von älterer Technologie und/oder unsachgemäßer Handhabung der NEL_{worker}

überschritten wird. Der Margin of Safety (MOS) ist damit für Arbeiter an solchen Arbeitsplätzen < 1. Bei korrekter Handhabung und funktionierender Belüftung sind jedoch MOS-Werte > 1 zu erwarten.

Risiko für Arbeiter KWL
Die geschätzten Konzentrationen am Arbeitsplatz liegen mit 8 bis 40 mg/m^3 um einen Faktor 4 bis 20 über dem verwendeten NEL_{worker} von 2 mg/m^3, die entsprechenden MOS_{worker} liegen somit zwischen 0.25 und 0.05.

Risiko für Kunden PER und KWL
Für das beschriebene Expositionsszenario liegt der $PDI_{PER/KWL}$ bei 3.3 mg kg^{-1}d^{-1}. Der MOS (NEL_{man}/PDI = 1.28/3.3) berechnet sich damit für PER zu etwa 0.6. Für KWL ergibt sich mit dem NEL_{man} von 0.018 mg kg^{-1} d^{-1} ein MOS von 0.005.

Risiko für aquatische Ökosysteme PER
Der beispielhaft angeführte Risikoquotient Q für aquatische Ökosysteme liegt bei PEC/PNEC = $8 \cdot 10^{-6}$ / 0.1 $\cong 10^{-4}$. Auf europaweiter Ebene ist somit aufgrund der diffusen Emission keine direkte Gefährdung von aquatischen Organismen zu erwarten.

Risiko für terrestrische Ökosysteme PER
Der beispielhaft angeführte Risikoquotient Q für terrestrische Ökosysteme liegt bei PEC/PNEC = $8 \cdot 10^{-7}$ /0.16 = $5 \cdot 10^{-6}$. Auch für terrestrische Ökosysteme ergibt sich somit durch die diffusen Emissionen auf europaweiter Ebene keine Gefährdung.

Umweltrisiken KWL
Aufgrund der hohen Hintergrundbelastung mit organischen Kohlenwasserstoffen werden die Umweltrisiken durch chemische Reinigung mit KWL als vernachlässigbar beurteilt.

13.3.3.5
Risikobewertung

Vor der Beurteilung der analysierten Risiken sollen hier noch einmal wichtige methodische Einschränkungen aufgeführt werden:

- Diskutierte eventuelle kanzerogene Effekte von PER und KWL wurden nicht einbezogen.
- Für die Analyse der Umwelteffekte wurden nur europaweite, keine lokalen Betrachtungen durchgeführt.
- Die Abbauprodukte von PER und KWL wurden nicht einbezogen.
- Die Verfahren wurden als Ein-Stoff-Systeme betrachtet, Risiken aufgrund der verwendeten Stabilisatoren oder Reinigungsverstärker wurden nicht untersucht.
- Es wurden keine Effekte auf die Organismen abgeschätzt, die weiter oben in der Nahrungskette stehen (Prädatoren).

Die analysierten Risiken am *Arbeitsplatz* durch die verwendeten Lösungsmittel sind bei Einsatz der neuesten Technologie und bei Einhaltung der vorschriftsgemäßen Wartezeiten und Handhabungshinweise für PER als akzeptabel einzustufen. Die Risikoabschätzung für KWL-Reinigungs-Arbeitsplätze ergaben einen Margin of Safety kleiner als 1. Da dies vor allem auf den hohen Extrapolationsfaktor zurückzuführen ist, besteht hier ein Bedarf an weiteren Informationen über Exposition und Wirkung von KWL am Arbeitsplatz, um eine verlässliche Beurteilung zu ermöglichen. Explosionsrisiken beschränken sich auf die Verwendung von KWL-Reinigungsmaschinen ohne Explosionsschutzmaßnahmen oder auf deren Ausfall.

In Extremfällen ist für *Kunden*, die sich regelmäßig für längere Zeit in ungelüfteten Räumen aufhalten, in denen größere Mengen an PER- oder KWL-gereinigter Kleidung lagert, ein Gesundheitsrisiko aufgrund der hier angeführten Abschätzung nicht auszuschließen.

Für aquatische und terrestrische Ökosysteme ist im Normalfall sowohl bei Verwendung von PER wie auch bei der Verwendung von KWL das beschriebene *Umweltrisiko* akzeptabel. Der Grund ist vor allem in der Verdünnung der Emissionen in der Atmosphäre und im Abtransport durch atmosphärische Konvektion zu sehen.

Vergleicht man die Risiken der PER- und KWL-Technologien mit denen der H_2O- und der CO_2-Technologie, so ist eine Ausweitung des Betrachtungsrahmens notwendig. Das Hauptrisiko der H_2O-Technologie für Mensch und Umwelt liegt vermutlich in dem erhöhten Einsatz von Reinigungsverstärkern, deren Verteilung aufgrund der grenzflächenaktiven Eigenschaften mit dem hier verwendeten einfachen Verteilungsmodell nicht berechnet werden kann und für die zum Teil östrogene Wirkungen auf Tiere und Menschen vermutet werden. Ebenfalls wird heute diskutiert, ob Tenside einen Erhöhung der Mobilität von im Boden vorliegenden Metallen bewirken und so die Metallaufnahme von Pflanzen beeinflussen. Neben den Reinigungsverstärkern ist aber auch die Schmutzfracht eine mögliche Quelle von Ökotoxizitätsrisiken, da diese hier ins Abwasser gelangt.

Die zusätzlich zu erwartenden CO_2-Emissionen bei Anwendung der CO_2-Technologie können im Vergleich zu Emissionen aus Verbrennungsprozessen vernachlässigt werden. Die verwendeten Tenside und Schmutzrückstände werden verbrannt und gelangen nicht in die Umwelt. Es sind deshalb für die CO_2-Technologie keine Umwelteffekte im Sinne der bei dieser Produktrisikoanalyse betrachteten Effekte zu erwarten.

13.3.3.6
Risikomanagement

Aufgrund der hier beschriebenen Risiken kann Handlungsbedarf bezüglich folgender Punkte festgestellt werden:

- Verringerung der Exposition von Arbeitern und Kunden: Information über expositionsbedingte Gesundheitsrisiken, Kontrollmessungen am Arbeitsplatz
- Den Sicherheitsansprüchen genügende Lagerungsbedingungen in den chemischen Reinigungen, z. B. durch Minimierung der Menge
- Verwendung des neusten Standes der Technologie bei Maschinen (geschlossene Systeme) und Belüftung (Notbelüftung)

- Genaue Information der Anwender über die physikalisch-chemischen Risiken von KWL
- Konsequente Inertisierung von explosiven KWL-Gasgemischen durch Inertisierungsgase (CO_2, N_2) und Vermeiden von Zündquellen

13.3.4
Chlorchemie und Gesellschaft

Neben den naturwissenschaftlichen Beurteilungen von Reinigungstechnologien mit Ökobilanz und Produktrisikoanalyse sollte auch die Wahrnehmung in der Gesellschaft in die Beurteilung einfließen. Die Wahrnehmung der Reinigungstechnologie durch Reiniger und Kunden ist einerseits ein wichtiger Faktor bei der Vermarktung der Technologie, andererseits kann sie auch Einfluss auf die Gesetzgebung haben. Ziel der Detailstudie Gesellschaft war, die gesellschaftliche Wahrnehmung von Perchlorethylen zu untersuchen.

13.3.4.1
Vorgehen

Um einen allgemeinen Eindruck der gesellschaftlichen Diskussion über Produkte der Chlorchemie zu erhalten, wurden Informationen aus dem Internet untersucht, die unter dem Stichwort Chlorchemie aufgeführt wurden. Mit dieser Methode wird nur ein Teil der gesellschaftlichen Diskussion erfasst, da vor allem Chemiekonzerne und Umweltorganisationen zu diesem Thema informieren.

Am Beispiel des Lösungsmittels Tetrachlormethan (TETRA) wurde zusätzlich die Geschichte eines chlorierten Lösungsmittels studiert. Dadurch sollte eine gesellschaftliche Erfahrung mit einem chlorierten Lösungsmittel aufgezeigt werden, um das Verständnis für die Polarisierung der gegenwärtigen Diskussion zu verbessern.

Neben diesem Aspekt sollte auch die Markentwicklung als gesellschaftliche Dimension der chemischen Kleiderreinigung untersucht werden. Vor allem die Entwicklungstendenz der insgesamt gereinigten Menge pro Jahr war hier von Interesse.

13.3.4.2
Resultate

Im Internet sind sehr verschiedene *Meinungen zum Thema Chlorchemie* vertreten. Während die eine Seite vor allem an Rationalität und Vernunft appelliert, z.B. mit der Forderung nach getrennter Betrachtung der einzelnen chlorierten Lösungsmittel, arbeitet die andere Seite mit Appellen und politischen Forderungen (Totalverbot aller Chlororganika).

Welche Faktoren aber beeinflussen die Gesellschaft am meisten? Nach Ansicht der Arbeitsgruppe "Chlorchemie und Gesellschaft" ist es weniger entscheidend, ob und wie rational die Argumente sind. Entscheidender sind oft die Erfahrungen, die eine Gesellschaft mit einer Technologie oder mit Produkten gemacht hat. Das Beispiel Tetrachlormethan zeigt, wie eine solche Erfahrung aussehen kann [23]:

a) *Produktion:* Ende der 20er Jahre setzte Hoechst die Arbeiten an der Methanchlorierung fort, obwohl zunächst keine Absatzmöglichkeiten für die Produktionsmengen einer großtechnischen Anlage vorhanden waren.

b) Suche nach *Anwendungsmöglichkeiten:* Die Abteilung für Anwendungstechnik wurde mit der Aufgabe betraut, genügend große Absatzgebiete für die Produkte der Methanchlorierung, darunter das Tetrachlormethan, zu finden.

c) *Markteinführung:* Unter der Bezeichnung "Asordin" war Tetrachlormethan anfänglich der meist verwendete CKW in der chemischen Reinigung. Geworben wurde mit der Unbrennbarkeit des TETRA sowie mit dessen geringerer Giftigkeit im Vergleich zu mit Benzol verunreinigtem Benzin. In den USA wurden in dieser Zeit Getreidewürmer durch Begasen der Getreidewaggons mit einer Mischung aus TETRA und Essigsäureethylester abgetötet.

d) *Unfälle:* 1931 stieg in einer Schuhfabrik in Hamburg - nach Einführung eines TETRA-haltigen Klebers im August - die Zahl der Krankheitstage von 58 im Juli auf 459 im Oktober. Neben Symptomen wie Müdigkeit, Brechreiz oder Kopfschmerzen fielen vor allem schwere Leberschädigungen auf.
   1935 gab es tödliche Vergiftungen nach Inhalation von TETRA-Dämpfen bei Verwendung von TETRA als Desinfektionsmittel oder als Entfettungsmittel in Gerbereien.

e) *Öffentliche Diskussion:* Ein Gutachten der I.G. Farbenindustrie in den 30er Jahren führt aus:

   - Bei sachgemäßer Verwendung des TETRA als Fett- und Harzlösungsmittel, d.h. bei Anwendung geschlossener Apparatur oder genügender Entfernung der Dämpfe (...) ist das Arbeiten mit TETRA toxikologisch in keiner Weise zu beanstanden.

   - Wohl ist TETRA eine narkotische Substanz, aber heute noch ein technisch unentbehrlicher Körper für die oben genannten Zwecke. TETRA ist (neben Dichlorethylen) der ungiftigste gechlorte und bisher am besten untersuchte Kohlenwasserstoff, billig und unbrennbar.

   - Als Spezial-Feuerlöschmittel ist es bei vernunft- und vorschriftsmäßiger Anwendung für geeignete Fälle als unbedenklich zu bezeichnen.

   Aus der sozialmedizinischen Fachliteratur Mitte der 30er Jahre:

   > Die Technik bedient sich auf zahlreichen Gebieten in immer größeren Mengen der modernen "organischen Lösungsmittel", darunter namentlich der chlorierten Kohlenwasserstoffe. Zahlreiche durch sie hervorgerufene Krankheits- und Todesfälle erfordern nicht nur die Aufmerksamkeit der Gewerbehygieniker, sondern zwingen alle Ärzte, an die Möglichkeit solcher Gefahren zu denken.

f) *Verbot/Einschränkung des Gebrauchs:*
   1964 Verbot der Verwendung des Tetrachlormethans als Feuerlöschmittel
   1981 Verbot des Einsatzes von Tetrachlormethan als Entfettungs-, Reinigungs-, Lösungs- und Verdünnungsmittel.

Da in der Schweiz keine Statistik über das *chemisch gereinigte Textilvolumen* geführt wird, wurde versucht, anhand von Zollstatistiken über den PER-Verbrauch und Umfragen bei PER-Großhändlern eine Aussage darüber zu ermöglichen. Es ergab sich, daß der starke Rückgang des PER-Verbrauchs zwischen 1987 und 1994 [22] sowohl durch die verbesserte Maschinentechnologie und das Aufkommen von alternativen Reinigungsmethoden als auch durch den Rückgang der jährlichen Gesamtmenge an gereinigtem Gut zu erklären ist.

13.3.4.3
Interpretation und Methodenkritik

Die Geschichte des Lösungsmittels TETRA, das ebenfalls in der chemischen Reinigung gebraucht worden war, zeigt auf, wie eine Erfahrung mit chlorierten Lösungsmitteln aussah. Aufgrund solcher Erfahrungen reagiert die Gesellschaft auf chlorierte Lösungsmittel eher sensibel. Die anhaltende Diskussion um das Krebspotential von PER und die Tatsache, daß PER-Vergiftungen ähnlich den Tetrachlormethan-Vergiftungen Schädigungen der Leber hervorrufen, verstärken zusammen mit den Diskussionen über PER-Altlasten die Tendenz in der Gesellschaft, nicht zwischen chlorierten Lösungsmitteln zu unterscheiden, sondern pauschal zu argumentieren.

13.4
Integrierende Beurteilung der Detailstudien und Diskussion

Die Kernaussagen der vier Detailstudien wurden wie folgt zusammengestellt:

- *Ökobilanz:* Der Reinigungsprozess selbst ist der am stärksten umweltbelastende Teilprozess im Lebenszyklus aller vier Lösungsmittel. Die größte Umweltbelastung wurde aufgrund des höheren Strombedarfs für die Reinigung mit H_2O-Technologie ermittelt.
- *Produktrisikoanalyse:* Die Produktrisiken von PER sind bei korrektem Einsatz der verfügbaren Technologie für Arbeiter akzeptabel. In Ausnahmefällen kann ein Gesundheitsrisiko für Kunden bestehen. Für die KWL muss für eine Neubeurteilung die Datenlage bezüglich Wirkungen verbessert werden. Auf europäischer Ebene (keine lokalen, störfallbedingten Szenarien) wurde keine Gefährdung der Umweltkompartimente ermittelt.
- *Gesellschaftliche Wahrnehmung:* Das Volumen der in der Schweiz chemisch gereinigten Textilien nimmt ab. PER ist als Produkt der Chlorchemie emotional negativ vorbelastet.

Die Umweltbelastung und das Risiko der PER-Technologie wurden in Ökobilanz und Produktrisikoanalyse nicht als größer beurteilt als bei der KWL-Technologie. Die Untersuchung der gesellschaftlichen Wahrnehmung zeigte aber, daß die Gesellschaft gegenüber der PER-Technologie kritisch eingestellt ist. Der Grund für die kritische Haltung ist weniger in rationalen Argumenten zu finden, wie sie in der Produktrisikoanalyse und der Ökobilanz verwendet wurden, sondern liegt eher in negativen Erfahrungen, die die Gesellschaft mit chlorierten organischen Verbindungen gemacht hat.

Wie sieht die Strategie eines PER-Produzenten und den Besitzern von chemischen Reinigungen in dieser Situation aus? Dieser Frage wurde in angeregten Diskussionen mit Vertretern der Dow und Besitzern von chemischen Reinigungen im Anschluss an die Präsentation der Ergebinsse nachgegangen. Die Strategie von Dow besteht darin, im abnehmenden PER-Markt in Europa Marktanteile zu vergrößern und weitere Märkte zu erschließen. Dabei propagiert sie das Konzept des Safe-Tainers (geschlossenes System) in Kombination mit Reinigungsmaschinen des neusten technischen Standards. Dadurch sollen geschlossene PER-Kreisläufe garantiert und das Risiko eines Störfalles minimiert werden. Mit Dienstleistungen, wie z.B. Garantie für fachgerechte Abfallentsorgung für chemische Reinigungen, will Dow die Verantwortung im Umgang mit PER wahrnehmen.

In der Diskussion mit Besitzern von chemischen Reinigungen war ein großes Vertrauen in die PER-Technologie zu spüren. Der Rückgang des Reinigungsvolumen in der Schweiz macht den Reinigern jedoch zu schaffen. Das Klima ist gereizt. Die studentische Einschätzung der gesellschaftlichen Wahrnehmung wurde angefochten: Es gebe wenig Fragen über die Umweltverträglichkeit von PER. Der Kunde interessiere sich primär für die Reinigungsqualität. Durch die große Erfahrung mit der PER-Technologie sei das vom Kunden verlangte Ergebnis, eine tadellose Reinigung, am besten zu erbringen. Trotzdem haben einzelne Vertreter auf die KWL-Technologie umgestellt. Sie erhoffen sich durch das Anbieten von chlorfreier Reinigung einen Marktvorteil.

Literatur zu Kapitel 13

[1] Meier MA, Hungerbühler K, Alean-Kirkpatrick P (1997) Integrated product and process development using case studies: a challenge to the education of science and engineering undergraduates, Chimia 51:171

[2] RIVM (Prgr) EUSES: European Union System for the Evaluation of Substances. Version 1.00 for Windows. European Chemicals Bureau EC/DG 11, Ispra

[3] Mackay D, Paterson S, Shiu WY (1992) Generic Modells for Evaluating the Regional Fate of Chemicals, Chemosphere 24/No. 6:695

[4] Baccini P, Bader H (1996) Regionaler Stoffhaushalt: Erfassung, Bewertung und Steuerung. Spektrum Akademischer Verlag, Heidelberg

[5] Infras, SPP Umwelt, Modul 5 (Dezember 1995) Ökoinventar Transporte, Zürich

[6] Frischknecht R, Bollens U, Bosshart S, Ciot M, Ciseri L, Doka G, Hischier R, Martin A, Dones R, Gantner U (1996) Ökoinventare für Energiesysteme, 3. Aufl. Gruppe Energie-Stoffe-Umwelt (ESU), ETH Zürich, Zürich

[7] Werner D (1996) Tetrachlorethen in der Textilreinigung. Semesterarbeit, Eidgenössische Technische Hochschule, Zürich

[8] European Chlorinated Solvents Association ECSA (1997) Ecoprofiles for Chloroethanes, Brüssel

[9]   IVAM Environmental Research, University of Amsterdam (1990), Amsterdam

[10] Wasserversorgung Zürich, Departement der Industriellen Betriebe (1996) Geschäfts- und Untersuchungsbericht 1996, Zürich

[11] Bundesministerium für Umwelt (1995) Branchenkonzept für die Chemischreinigung, Wien

[12] Itschner L (1996) Ökobilanzierung von vier Textilreinigungsverfahren anhand der Eco-compass-Methode. Diplomarbeit, Eidgenössisch Technische Hochschule, Zürich

[13] Beratergremium für umweltrelevante Altstoffe BUA (1993) Tetrachlorethen. Stoffbericht 139, Stuttgart

[14] Shell Chemicals (1995) Sicherheitsdatenblatt gemäß 93/112/EG, Baar

[15] Rippen G (1990) Handbuch Umweltchemikalien: Stoffdaten-Prüfverfahren-Vorschriften, Loseblattausgabe. ecomed, Landsberg a.L

[16] Solvay S.A. (1994) Data Sheet Tetrachloroethylene, Brüssel

[17] Phillips RD, Egan GF (1984) Effect of C10-C11 isoparaffinic hydrocarbon in Sprague-Dawley rats, Toxicology and Applied Pharmacology 73:500

[18] EU Existing Chemicals programme (28-30.10.1996 1996) SIDS Initial Assessment Report for the 5th SIAM (Tetrachloroethylene). Non confidential version of the Comprehensive Risk Assessment Report Tetrachloroethylene, Ispra

[19] WHO International Agency for Research on Cancer (1995) Dry cleaning, some chlorinated solvents and other industrial chemicals: Views and expert opinions of an IARC Working Group on the Evaluation of Carcinogenic Risks to Humans which met in Lyon, 7-14 February 1995. (IARC Monographs on the Evaluation of Carcinogenic Risks to Humans, 63)

[20] Forschungsinstitut für Reinigungstechnologie e.V. (November 15, 1996) Kurzbericht zum Forschungsvorhaben B 1731 UF Untersuchungen zum umweltverträglichen Einsatz der KWL-Reinigungstechnik, Krefeld

[21] BUWAL (1995) Vom Menschen verursachte Luftschadstoff-Emissionen in der Schweiz von 1900 bis 2010, Bern

[22] BUWAL (1995) Stoffbilanz Halogenierte Lösemittel, Bern (Schriftenreihe Umwelt 252)

[23] Henseling KO (1990) Chlorchemie, Struktur und historische Entwicklung, 42/90 Aufl. Institut für ökologische Wirtschaftsforschung GmbH, Berlin (Schriftenreihe des IÖW 42/90)

Anhang

A1
Kurzchronik von Chemieunfällen

Tabelle A1.1. Kurzchronik historischer Unfälle in der chemischen Industrie

Datum/Ort Stichwort	Kurzbeschreibung (vgl. [1, 2])	Auswirkung
21.9.1921 Oppau(D) Ammon-Nitrat	Beim Einsatz von Sprengkapseln zur Lockerung des verbackenen Materials (je 50% NH_4NO_3 und $(NH_4)_2SO_4$) detoniert das ganze Lager (4'500 t). Vor dem Unglück waren für die gleichen Arbeiten 16 000mal Sprengkapseln eingesetzt worden.	430 Tote, davon 50 im werksnahen Dorf
1.6.1974 Flixboro (UK) Cyclohexan	In einer Kaskade von Druckreaktoren für die Herstellung von Cyclohexan wird ein Element durch eine Bypass-Leitung ersetzt. Diese birst beim Wideranfahren. Flash-Verdampfung des Reaktorinhalts führt zu Dampfwolkenexplosion.	24 Tote, > 50 Verletzte große Zerstörung in Werk und Umgebung
10.7.1976 Seveso (I) Dioxin	Herstellung von 2,4,5-Trichlorphenol durch partielle Hydrolyse von Tetrachlorbenzol. Nach Beendigung der Charge wird der Dampf abgestellt. Die Belegschaft geht ins Wochenende. Ca. 7 h später spricht die Berstplatte an. Dabei gelangen 0.2-2 kg 2,3,7,8-Tetra-Dibenzodioxin in die Umwelt. Beim Abstellen des Reaktors war die Innentemperatur 158 °C. Es war bekannt, daß das Reaktionsprodukt oberhalb 200 °C mit dem Lösungsmittel Polyethylenglykol exotherm reagiert und daß sich bei diesen Temperaturen auch etwas Dioxin bildet. Das Erreichen solcher Temperaturen wurde für unmöglich gehalten, weil zum Heizen 12 bar-Dampf (Sättigungstemperatur 188 °C) verwendet wurde. Leider wurde nicht beachtet, daß der 12 bar Dampf, der durch Entspannen von 40 bar Dampf gewonnen wurde, ca. 300 °C heiss war und die nicht benetzten oberen Teile des Reaktors auf beinahe diese Temperatur erhitzte.	> 100 Chlorakne-Fälle viele tote Tiere 1 km^2 Wohnzone mit > 700 Einwohnern für Monate evakuiert
28.7.1984 Ludwigshafen(D) Dimethylether (DME)	Ein mit DME überfüllter Bahnkesselwagen ohne Sicherheitsventil gerät infolge Erwärmung unter Druck und birst. Flash-Verdampfung führt zur Dampfwolkenexplosion.	200 Tote, >3000 Verletzte, große Zerstörung in Werk und Umgebung

Datum/Ort Stichwort	Kurzbeschreibung	Auswirkung
3.12.1984 Bhopal (Indien) Methylisocyanat (MIC)	Einbruch von Wasser in den MIC-Tank löst exotherme Reaktionen aus (Hydrolyse, Trimerisierung, Harnstoffbildung). Temperaturanstieg bewirkt Druckanstieg. Das Sicherheitsventil entlastet in den 33 m hohen Kamin. Da weder NaOH-Wäscher noch Fackel funktionstüchtig sind, ergießt sich die Giftwolke (ca. 25 t MIC) über umliegende Wohngebiete	> 2 000 Tote > 1 000 Erblindete ca. 50 000 Menschen mit sonstigen gesundheitlichen Schäden
1.11.1986 Schweizerhalle Löschwasser und verschiedene Chemikalien	Nach einem Brand in einem Chemielager in Schweizerhalle bei Basel gelangen große Mengen an Löschwasser mit ca. 30 t Pestiziden, insbesondere Disulfoton und Thiometon in den Rhein.	Großes Fischsterben über hunderte von km rheinabwärts

A2
Anhang zum geltenden Recht der Schweiz

Das wichtigste Element der Umweltgesetzgebung der Schweiz ist das Umweltschutzgesetz (USG). Dazu existieren verschiedene Verordnungen, von denen hier die Luftreinhalteverordnung (LRV), die Verordnung über die Abwassereinleitung (AbwV) und die Technische Verordnung für Abfälle (TVA) zitiert sind.

A2.1
Luftreinhaltung

Tabelle A2.1. Kriterien zur Einstufung org. Stoffe nach Art. 4 LRV und Anh. I Ziffer 71 LRV

Einstufung	Kriterienkombination[a]	Quantifizierung[b]
Klasse 1	mittlere Toxizität und hohe Persistenz/Akkumulierbarkeit:	MAK-Wert 50 bis 300 mg/m^3
	-photolytischer Abbau	-$t_{1/2\ (Photo)}$ > 10 d
	-biologischer Abbau	-biologisch nicht leicht abbaubar
	-Bioakkumulation	-log K_{OW} > 2,7
	hohe Toxizität/Verdacht Kanzerogenität	MAK-Wert < 25 mg/m^3
	hohe Geruchsintensität	Geruchsschwelle < 0,05 mg/m^3
Klasse 2	geringe Toxizität und hohe Persistenz/Akkumulierbarkeit:	MAK-Wert > 500 mg/m^3
	-photolytischer Abbau	-$t_{1/2\ (Photo)}$ > 10 d
	-biologischer Abbau	-biologisch nicht leicht abbaubar
	-Bioakkumulation	-log K_{OW} > 2,7
	mittlere Toxizität und geringe Persistenz/Akkumulierbarkeit:	MAK-Wert 50 bis 300 mg/m^3
	-photolytischer Abbau	-$t_{1/2\ (Photo)}$ < 10 d
	-biologischer Abbau	-biologisch leicht abbaubar
	-Bioakkumulation	-log K_{OW} < 2,7
Klasse 3	geringe Toxizität und geringe Persistenz/Akkumulierbarkeit:	MAK-Wert > 500 mg/m^3
	-photolytischer Abbau	-$t_{1/2\ (Photo)}$ < 10 d
	-biologischer Abbau	-biologisch leicht abbaubar
	-Bioakkumulation	-log K_{OW} < 2,7

[a]Photolytischer und biologischer Abbau sind bei der Einstufung in Abhängigkeit von der Verteilung des Stoffes in den Umweltkompartimenten zu berücksichtigen. [b]$t_{1/2}$ (photo): Halbwertszeit des photolytischen Abbaus unter Atmosphärenbedingungen

Tabelle A2.2. Emissionsgrenzwerte für gas- oder dampfförmige Anorganika nach LRV

Kategorie	Massenstrom (g/h)[a]	Konzentration (mg/m^3)	Typische Stoffbeispiele
1	≤ 10	-	Arsenwasserstoff, Chlorcyan,
	> 10	1	Phosgen, Phosphorwasserstoff
2	≤ 50	-	Brom, Fluor und Verbindungen,
	> 50	5	Cl_2, Cyanwasserstoff, H_2S
3	≤ 300	-	Ammoniak, Chlorverbindungen,
	> 300	30	ausgen. Chlorcyan und Phosgen
4	≤ 2500	-	Schwefeloxid, Stickoxide
	> 2500	250	

[a]Falls Anlagenbetriebszeit < 5 h pro Woche: Grenzkonzentration ist nur einzuhalten, falls Emission > 2 mal kritischer Massenstrom der entsprechenden Stoffkategorie

Tabelle A2.3. Emissionsgrenzwerte für gas- dampf- oder partikelförmige Organika nach LRV

Kategorie	Massenstrom (g/h)	Konzentration (mg/m^3)	Typische Stoffbeispiele
1	≤ 0,1	-	Anilin, Cloraromaten,
	> 0,1	20	Phenole, Formaldehyd, aliphatische Amine
2	≤ 2,0	-	Essigsäure, Cellosolve,
	> 2,0	100	DMF, Toluol, Xylole, Propionaldehyd
3	≤ 3,0	-	Aliphatische Alkohole,
	> 3,0	150	Ketone und Ether, Essigester, Paraffin-/ Olefinkohlenwasserstoffe

Tabelle A2.4. Emissionsgrenzwerte für kanzerogene Stoffe nach LRV

Kategorie	Massenstrom (g/h)	Konzentration (mg/m^3)	Typische Stoffbeispiele
1	≤ 0,5	-	Asbest, 2-Naphtylamin
	> 0,5	0,1	
2	≤ 5	-	Dimethylsulfat, Nickelstaub, Epichlorhydrin
	> 5	1	
3	≤ 25	-	Acrylnitril, Benzol
	> 25	5	

Tabelle A2.5. Immissionsgrenzwerte nach Anhang 7 LRV

Schadstoff	Immissionsgrenzwert ($\mu g/m^3$)	Statistische Definiton
SO_2	30	Jahresmittelwert
	100	24h-Mittelwert[a]
NO_2	30	Jahresmittelwert
	80	24h-Mittelwert[a]
CO	8000	24h-Mittelwert[a]
O_3	120	1h-Mittelwert[a]
Schwebestaub (Sinkgeschwindigkeit < 0,1 m/s)	70	Jahresmittelwert
Anteil Pb	1	Jahresmittelwert
Anteil Cd	0.01	Jahresmittelwert

[a]Darf maximal einmal pro Jahr überschritten werden.

A2.2
Gewässerschutz

Tabelle A2.6. Grenzwerte aus der Verordnung über die Abwassereinleitung

	Qualitätsziele für Fließgewässer (Immissionsgrenzwert)	Anforderungen an Einleitungen in ein Gewässer (Emissionsgrenzwert)	Anforderungen an Einleitungen in eine öffentliche Kanalisation
I) Allgemeine Parameter			
1. Temperatur	ΔT: 3°C max. 25°C	30°C nicht überschreiten	< 60°C
2. Durchsichtigkeit	Keine Trübung	30 cm	
3. Farbe	Keine Verfärbung		Entfärbung soll in der Reinigungsanlage gewährleistet sein

	Qualitätsziele für Fließgewässer (Immissionsgrenzwert)	Anforderungen an Einleitungen in ein Gewässer (Emissionsgrenzwert)	Anforderungen an Einleitungen in eine öffentliche Kanalisation
5. Toxizität	Keine Toxizität	0-5 fache Verdünnung	Betrieb der ARA soll nicht beeinträchtigt werden
6. Salzgehalt		Gewässer sollen nicht beeinträchtigt werden	Salzgehalt darf die Abwasseranlagen und deren Betrieb nicht beeinträchtigen
7. Summe ungelöster Stoffe		20 mg/l	[a]
8. Absetzbare Stoffe		0,3 ml/l	[a]
9. pH-Wert		6,5-8,5	6,5-9,0 bzw. 6,0-9,5
10. Sauerstoff	6 mg O_2/l		
II) Anorganische Stoffe			
12. Aluminium	0,1 mg/l	10 mg/l	20 mg/l
18. Chrom-III	0,05 mg/l	2 mg/l	2 mg/l
19. Chrom-VI	0,01 mg/l	0,1 mg/l	0,5 mg/l
20. Eisen	1 mg/l	2 mg/l	20 mg/l
21. Kobalt	0,05 mg/l	0,5 mg/l	0,5 mg/l
22. Kupfer	0,01 mg/l	0,5 mg/l	1 mg/l
23. Nickel	0,05 mg/l	2 mg/l	2 mg/l
24. Quecksilber	0,001 mg/l	0,01 mg/l	0,01 mg/l
26. Zink	0,2 mg/l	2 mg/l	2 mg/l
28. Aktivchlor	-	0,05 mg/l	0,3-3 mg/l
30. Ammoniak /Ammonium	0,5 mg/l	[a]	[a]
32. Chloride	100 mg/l	mögl. niedrig	mögl. niedrig
34. Fluoride	1 mg/l	10 mg/l	10 mg/l
35. Nitrate	25 mg/l	mögl. niedrig	mögl. niedrig
36. Nitrite	nicht toxisch	1 mg/l	10 mg/l

[a] Der Kanton kann von Fall zu Fall Bedingungen festlegen.

	Qualtitätsziele für Fließgewässer (Immissionsgrenzwert)	Anforderungen an Einleitungen in ein Gewässer (Emissionsgrenzwert)	Anforderungen an Einleitungen in eine öffentliche Kanalisation
37. Phosphor (gesamt)	mögl. niedrig		mögl. niedrig
38. Sulfate	100 mg/l	mögl. niedrig halten	300 mg/l
III) Organische Summenparameter			
41. DOC	2 mg C/l	10 mg C/l	a
42. TOC	-	17 mg C/l oder 85% Elimination	a
45. BSB_5	4 mg O_2/l	20 mg O_2/l	a
IV) Organische Stoffe			
46. Aromatische Amine	0,005 mg/l	a	a
48.Gesamte Kohlenwasser-stoffe	0,05 mg/l	10 mg/l	20 mg/l
49. Chlorierte Lösungsmittel	0,005 mg/l	0,1 mg/l	0,1 mg/l
51. Organochlorpestizide (gesamt)	0,0005 mg/l	a	a
52. Phenole, wasserdampf-flüchtige	0,005 mg/l	0,05 mg/l	5 mg/l

a Der Kanton kann von Fall zu Fall Bedingungen festlegen.

A2.3
Abfälle

Die Grundlagen für die rechtskonforme Abfallentsorgung basierend auf dem USG sind in der Technischen Verordnung für Abfälle (TVA) festgelegt. Die Verordnung regelt die Anforderungen an Standort, Errichtung, Betrieb und Abschluss einer Deponie. Sie unterscheidet zwischen verschiedenen Deponietypen gemäß folgender Kriterien:

1. Inertstoffdeponie:
a) Inertstoffe sind chemisch und biologisch stabil.
b) > 95% der Abfälle bezogen auf die Trockensubstanz sind gesteinsähnliche Bestandteile wie Silikate, Carbonate oder Aluminate.
c) Schwermetalle innerhalb der Grenzwerte aus Anhang I TVA.
d) < 5g Abfallanteil pro kg Trockensubstanz lösen sich in 10facher Gewichtsmenge an destilliertem Wasser.
e) Eluatteste erfüllen Grenzwerte nach Anhang I TVA.

2. Reststoffdeponie:
a) Reststoffe bilden keine Gase oder wasserlösliche Stoffe beim Kontakt mit anderen Reststoffen, Wasser oder Luft
b) < 50g organischer Kohlenstoff und < 10mg hochsiedende lipophile organische Chlorverbindungen pro kg Abfall-Trockensubstanz.
c) < 50g Abfallanteil pro kg Trockensubstanz lösen sich in 10-facher Gewichtsmenge an destilliertem Wasser.
d) Alkalinität > 1 Mol pro kg Trockensubstanz.
e) Eluatteste erfüllen Grenzwerte nach Anhang I TVA.

3. Reaktordeponie:
a) Deponiegut, das nach der Deponierung noch chemischen und physikalischen Prozessen unterworfen ist, z. B. Schlacke aus KVA ohne Nachbehandlung.
b) Deponiegut, das nach der Deponierung noch biologischen (und physikalischen) Prozessen unterworfen ist, z. B. Klärschlamm aus ARA, Siedlungsabfälle.

A3
Anhang zum geltenden Recht in Deutschland

A3.1
Herstellungs- und Verwendungsverbote nach § 15 Gefahrstoffverordnung (D)

"(1) Nach Maßgabe des Anhangs IV (GefStoffV) bestehen Herstellungs- und Verwendungsverbote für:

1. Asbest
2. 2-Naphthylamin, 4-Aminobiphenyl, Benzidin, 4-Nitrobiphenyl
3. Arsen und seine Verbindungen
4. Benzol
5. Antifoulingfarben
6. Bleicarbonate
7. Quecksilber und seine Verbindungen
8. zinnorganische Verbindungen
9. Di-μ-oxo-di-n-butylstanniohydroxyboran
10. Dekorationsgegenstände, die flüssige gefährliche Stoffe oder Zubereitungen enthalten
11. aliphatische Chlorkohlenwasserstoffe
12. Pentachlorphenol und seine Verbindungen
13. polychlorierte Biphenyle, polychlorierte Terphenyle
14. Teeröle
15. Vinylchlorid
16. Starke Säure-Verfahren zur Herstellung von Isopropanol
17. Cadmium und seine Verbindungen
18. Monomethyltetrachlordiphenylmethan, Monomethyldichlordiphenylmethan, Monomethyldibromdiphenylmethan,
19. Kühlschmierstoffe,
20. DDT."

(§ 15 Absatz 1 GefStoffV (D)). Im Anhang IV GefStoffV finden sich spezifizierende Angaben zu den Stoffen und Stoffgruppen sowie die Ausnahmeregelungen.

A3.2
Gefahrenbezeichnungen, R- und S-Sätze nach Anhang I der Gefahrstoffverordnung (D)

Tabelle A3.1. Gefahrenbezeichnungen[1]

E	Explosionsgefährlich	T	Giftig
O	Brandfördernd	Xn	Gesundheitsschädlich
F+	Hochentzündlich	C	Ätzend
F	Leichtentzündlich	Xi	Reizend
T+	Sehr giftig	N	Umweltgefährlich

Tabelle A3.2. Hinweise auf besondere Gefahren (R-Sätze)

R 1	In trockenem Zustand explosionsgefährlich
R 2	Durch Schlag, Reibung, Feuer oder andere Zündquellen explosionsgefährlich
R 3	Durch Schlag, Reibung, Feuer oder andere Zündquellen besonders explosionsgefährlich
R 4	Bildet hochempfindliche explosionsgefährliche Metallverbindungen
R 5	Beim Erwärmen explosionsgefährlich
R 6	Mit und ohne Luft explosionsgefährlich
R 7	Kann Brand verursachen
R 8	Feuergefahr bei Berührung mit brennbaren Stoffen
R 9	Explosionsgefahr bei Mischung mit brennbaren Stoffen
R 10	Entzündlich
R 11	Leichtentzündlich
R 12	Hochentzündlich
R 14	Reagiert heftig mit Wasser
R 15	Reagiert mit Wasser unter Bildung hochentzündlicher Gase
R 16	Explosionsgefährlich in Mischung mit brandfördernden Stoffen
R 17	Selbstentzündlich an der Luft
R 18	Bei Gebrauch Bildung explosionsfähiger/leichtentzündlicher Dampf-/Luft-Gemische möglich
R 19	Kann explosionsfähige Peroxide bilden
R 20	Gesundheitsschädlich beim Einatmen
R 21	Gesundheitsschädlich bei Berührung mit der Haut
R 22	Gesundheitsschädlich beim Verschlucken
R 23	Giftig beim Einatmen
R 24	Giftig bei Berührung mit der Haut
R 25	Giftig beim Verschlucken
R 26	Sehr giftig beim Einatmen
R 27	Sehr giftig bei Berührung mit der Haut
R 28	Sehr giftig beim Verschlucken
R 29	Entwickelt bei Berührung mit Wasser giftige Gase

---

[1] Für die Gefahrenbezeichnungen existieren auch Gefahrensymbole, von deren Abdruck hier aber abgesehen wurde.

R 30	Kann bei Gebrauch leichtentzündlich werden
R 31	Entwickelt bei Berührung mit Säure giftige Gase
R 32	Entwickelt bei Berührung mit Säure sehr giftige Gase
R 33	Gefahr kumulativer Wirkungen
R 34	Verursacht Verätzungen
R 35	Verursacht schwere Verätzungen
R 36	Reizt die Augen
R 37	Reizt die Atmungsorgane
R 38	Reizt die Haut
R 39	Ernste Gefahr irreversiblen Schadens
R 40	Irreversibler Schaden möglich
R 41	Gefahr ernster Augenschäden
R 42	Sensibilisierung durch Einatmen möglich
R 43	Sensibilisierung durch Hautkontakt möglich
R 44	Explosionsgefahr bei Erhitzen unter Einschluss
R 45	Kann Krebs erzeugen
R 46	Kann vererbbare Schäden verursachen
R 48	Gefahr ernster Gesundheitsschäden bei längerer Exposition
R 49	Kann Krebs erzeugen beim Einatmen
R 50	Sehr giftig für Wasserorganismen
R 51	Giftig für Wasserorganismen
R 52	Schädlich für Wasserorganismen
R 53	Kann in Gewässern längerfristige schädliche Wirkungen haben
R 54	Giftig für Pflanzen
R 55	Giftig für Tiere
R 56	Giftig für Bodenorganismen
R 57	Giftig für Bienen
R 58	Kann längerfristig schädliche Wirkungen auf die Umwelt haben
R 59	Gefährlich für die Ozonschicht
R 60	Kann die Fortpflanzungsfähigkeit beeinträchtigen
R 61	Kann das Kind im Mutterleib schädigen
R 62	Kann möglicherweise die Fortpflanzungsfähigkeit beeinträchtigen
R 63	Kann das Kind im Mutterleib möglicherweise schädigen
R 64	Kann Säuglinge über die Muttermilch schädigen

Tabelle A.3.3. Sicherheitsratschläge (S-Sätze)

S 1	Unter Verschluss aufbewahren
S 2	Darf nicht in die Hände von Kindern gelangen
S 3	Kühl aufbewahren
S 4	Von Wohnplätzen fernhalten
S 5	Unter ... aufbewahren (geeignete Flüssigkeit vom Hersteller anzugeben)
S 6	Unter ... aufbewahren (inertes Gas vom Hersteller anzugeben)
S 7	Behälter dicht geschlossen halten
S 8	Behälter trocken halten
S 9	Behälter an einem gut gelüfteten Ort aufbewahren
S 12	Behälter nicht gasdicht verschließen
S 13	Von Nahrungsmitteln, Getränken und Futtermitteln fernhalten
S 14	Von ... fernhalten (inkompatible Substanzen sind vom Hersteller anzugeben)

S 15	Vor Hitze schützen
S 16	Von Zündquellen fernhalten - Nicht rauchen
S 17	Von brennbaren Stoffen fernhalten
S 18	Behälter mit Vorsicht öffnen und handhaben
S 20	Bei der Arbeit nicht essen und trinken
S 21	Bei der Arbeit nicht rauchen
S 22	Staub nicht einatmen
S 23	Gas/Rauch/Dampf/Aerosol nicht einatmen (geeignete Bezeichnung(en) vom Hersteller anzugeben)
S 24	Berührung mit der Haut vermeiden
S 25	Berührung mit den Augen vermeiden
S 26	Bei Berührung mit den Augen gründlich mit Wasser abspülen und Arzt konsultieren
S 27	Beschmutzte, getränkte Kleidung sofort ausziehen
S 28	Bei Berührung mit der Haut sofort abwaschen mit viel ... (vom Hersteller anzugeben)
S 29	Nicht in die Kanalisation gelangen lassen
S 30	Niemals Wasser hinzugießen
S 33	Maßnahmen gegen elektrostatische Aufladungen treffen
S 35	Abfälle und Behälter müssen in gesicherter Weise beseitigt werden
S 36	Bei der Arbeit geeignete Schutzkleidung tragen
S 37	Geeignete Schutzhandschuhe tragen
S 38	Bei unzureichender Belüftung Atemschutzgerät tragen
S 39	Schutzbrille/Gesichtsschutz tragen
S 40	Fußboden und verunreinigte Gegenstände mit ... reinigen (Material vom Hersteller anzugeben
S 41	Explosions- und Brandgase nicht einatmen
S 42	Bei Räuchern/Versprühen geeignetes Atemschutzgerät anlegen (geeignete Bezeichnung(en) vom Hersteller anzugeben)
S 43	Zum Löschen ... (vom Hersteller anzugeben) verwenden (wenn Wasser die Gefahr erhöht, anfügen: "Kein Wasser verwenden")
S 45	Bei Unfall oder Unwohlsein sofort Arzt hinzuziehen (wenn möglich, dieses Etikett vorzeigen)
S 46	Bei Verschlucken sofort ärztlichen Rat einholen und Verpackung oder Etikett vorzeigen
S 47	Nicht bei Temperaturen über ... °C aufbewahren (vom Hersteller anzugeben)
S 48	Feucht halten mit ... (geeignetes Mittel vom Hersteller anzugeben)
S 49	Nur im Originalbehälter aufbewahren
S 50	Nicht mischen mit ... (vom Hersteller anzugeben)
S 51	Nur in gut gelüfteten Bereichen verwenden
S 52	Nicht großflächig für Wohn- und Arbeitsräume verwenden
S 53	Exposition vermeiden - vor Gebrauch besondere Anweisungen einholen
S 56	Diesen Stoff und seinen Behälter der Problemabfall-Entsorgung zuführen
S 57	Zur Vermeidung einer Kontamination der Umwelt geeigneten Behälter verwenden
S 59	Information zur Wiederverwendung/Wiederverwertung beim Hersteller/Lieferanten erfragen
S 60	Dieser Stoff und sein Behälter sind als gefährlicher Abfall zu entsorgen
S 61	Freisetzung in der Umwelt vermeiden. Besondere Anweisungen einholen/ Sicherheitsdatenblatt zu Rate ziehen
S 62	Bei Verschlucken kein Erbrechen herbeiführen. Sofort ärztlichen Rat einholen und Verpackung oder dieses Etikett vorzeigen

A3.3
Beispiel eines Sicherheitsdatenblattes nach Gefahrstoffverordnung (D)

Die Basis für das Sicherheitsdatenblatt nach § 14 GefStoffV ist der Artikel 3 der Richtlinie 91/155/EWG zur Festlegung der Einzelheiten eines besonderen Informationssystems für gefährliche Zubereitungen. Die 16 Bereiche, zu denen das Sicherheitsdatenblatt Informationen enthalten muss, sind genau festgelegt. Der ebenfalls in Anhang I der Gefahrstoffverordnung enthaltene Leitfaden soll ermöglichen, daß die zwingenden Angaben zu den genannten Punkten es dem Abnehmer ermöglichen, die notwendigen Maßnahmen für den Gesundheitsschutz und die Sicherheit am Arbeitsplatz zu ergreifen. Die Veröffentlichung des nachfolgenden Beispiels erfolgt mit der freundlichen Genehmigung der BASF (Schweiz) AG.

1. Stoff/Zubereitungs- und Firmenbezeichung

> Produkt: N,N-Dimethylanilin
> Firma: BASF (Schweiz) AG; CH-8820 Wädenswil; Tel.: +41 1 781 91 11
> Notfallauskunft: BASF Werkfeuerwehr, Ludwigshafen; Tel.: +49 621 6043333

2. Zusammensetzung/Angaben zu Bestandteilen

> Chemische Charakterisierung: N-N-Dimethylanilin
> CAS-Nr. 121-69-7   EINECS-Nr. 204-493-5

3. Mögliche Gefahren

> Besondere Gefahrenhinweise für Mensch und Umwelt:
> Giftig beim Einatmen, Verschlucken und Berührung mit der Haut.
>
> Irreversibler Schaden möglich (krebserzeugend; EG-Kategorie 3).
>
> Giftig für Wasserorganismen, kann in Gewässern längerfristig schädliche Wirkungen haben.

4. Erste-Hilfe-Maßnahmen

> Allgemeine Hinweise: Verunreinigte Kleidung sofort entfernen. Bei Gefahr der Bewusstlosigkeit Lagerung und Transport in stabiler Seitenlage; ggf. Atemspende.
>
> Helfer auf Selbstschutz achten.
> Nach Einatmen: Ruhe, Frischluft, Arzthilfe.
>
> Nach Hautkontakt: Sofort mit einem Gemisch aus Polyethylenglycol 300/Ethanol (2:1) abspülen und danach gründl. mit Wasser abwaschen, steriler Schutzverband, Hautarzt.
>
> Nach Augenkontakt: Sofort 15 Minuten bei gespreizten Lidern unter fließendem Wasser gründlich ausspülen, Augenarzt.
>
> Nach Verschlucken: Sofort Mund ausspülen und reichlich Wasser nachtrinken, Arzthilfe

5. Maßnahmen zur Brandbekämpfung

Geeignete Löschmittel: Wasser, Trockenlöschmittel, Schaum, Kohlendioxid.

Besondere Schutzausrüstung: Umluftabhängiges Atemschutzgerät und Chemieschutzanzug tragen.

Weitere Angaben: Kontaminiertes Löschwasser getrennt sammeln, darf nicht in Kanalisation oder Abwasser gelangen.

6. Maßnahmen bei unbeabsichtigter Freisetzung

Personenbezogene Vorsichtsmaßnahmen: Atemschutz erforderlich.

Schutzmaßnahmen: Zündquellen fernhalten.

Verfahren zur Reinigung/Aufnahme: Kleine Mengen mit saugfähigem Material aufnehmen und entsorgen. Größere Mengen eindämmen und in Behälter pumpen; Rest mit saugfähigem Material aufnehmen und vorschriftsmäßig entsorgen.

7. Handhabung und Lagerung

Handhabung: Brand- und Explosionsschutz: Gute Be- und Entlüftung von Lager- und Arbeitsplatz. Maßnahmen gegen elektrostatische Aufladung vorsehen - Zündquellen fernhalten - Feuerlöscher bereitstellen

Lagerung: Vor Säure und säurebildenden Stoffen schützen/fernhalten.

8. Expositionsbegrenzung und persönliche Schutzausrüstungen

Bestandteile mit arbeitsplatzbezogenen zu überwachenden Grenzwerten:
N-N-Dimethylanilin   MAK: 5 ml m^{-3} = 25 mg m^{-3} (Deutschland)
                               TLV: 5 ppm = 25 mg m^{-3}

Persönliche Schutzausrüstung:
Atemschutz: Filter A (für organische Gase und Dämpfe) (DIN 3181)
Handschutz: Schutzhandschuhe
Augenschutz: dicht schließende Schutzbrille
Körperschutz: Schutzanzug
Allg. Schutz-/Hygienemaßnahmen: Berührung mit Haut, Augen, Kleidung vermeiden.

9. Physikalische und chemische Eigenschaften

Form: flüssig   Farbe: gelb-dunkel   Geruch: nach Amin
Schmelzpunkt/Schmelzbereich: 2°C
Siedepunkt/Siedebereich: 194-195 °C
Flammpunkt: 75°C   (DIN 51 758)
Untere Explosionsgrenzen: 1.2 Vol. %
Obere Explosionsgrenzen: 7.0 Vol. %
Zündtemperatur: 370 °C   (DIN 51 794)
Dampfdruck: (20 °C)   0.53 mbar
Dichte: (20 °C)   0.96 g/cm^3
Löslichkeit in Wasser (20°C)   1.2 g/l
Löslichkeit in anderen Lösungsmitteln: mischbar mit vielen organischen Lösemitteln.
pH-Wert: (bei 1.2 g/l, 20 °C) 7.4
Verteilungskoeffizient n-Oktanol/Wasser (log K$_{OW}$): 2.62

10. Stabilität und Reaktivität

Gefährliche Reaktionen: exotherme Reaktion mit Säuren.

11. Angaben zur Toxikologie

Akute Toxizität:
LD$_{50}$/oral/Ratte: 1 120 mg/kg
LD$_{50}$ dermal/Kaninchen: 1 700 mg/kg
Primäre Hautreizwirkung/Kaninchen/BASF-Test: reizend
Primäre Schleimhautreizwirkung/Kaninchenauge/BASF-Test: nicht reizend
Akutes Inhalationsrisiko (Ratte; Testergebnis abhängig von Toxizität und Flüchtigkeit):
Keine Mortalität nach 8 h Exposition in einer bei Raumtemperatur hoch angereicherten
bzw. gesättigten Atmosphäre.

Zusätzliche Hinweise: Im Tierexperiment wurde Methämoglobinbildung beobachtet.
Gefahr der Hautresorption. Mit nitrosierenden Agenzien (z. B. Nitriten, Stickoxiden)
können sich unter speziellen Bedingungen Nitrosamine bilden. Nitrosamine haben sich
im Tierversuch als krebserzeugend erwiesen.

12. Angaben zur Ökologie

Angaben zur Elimination:
Versuchsmethode: OECD 302B / ISO 9888 / EEC 88/302, C
Analysemethode: DOC-Abnahme   Eliminationsgrad: 90 %
Bewertung: gut eliminierbar
Versuchsmethode: OECD 301 F / ISO 9408
Analysemethode: BSB des CSB   Eliminationsgrad: < 20 %
Bewertung: schwer biologisch abbaubar

Verhalten in Umweltkompartimenten:
Das Produkt ist eine Base. Vor Einleiten eines Abwassers in Kläranlagen ist in der Regel eine Neutralisation erforderlich. Bei sachgemäßer Einleitung geringer Konzentrationen in adaptierte biologische Kläranlagen sind Störungen der Abbauaktivität von Be-
lebtschlamm nicht zu erwarten.

Ökotoxische Wirkungen:
Fischtoxizität LC$_{50}$/Pimephales promelas   (96h):   65.6 mg/l
Daphnientoxizität (akut) EC/LC$_{50}$ (48 h): 5 mg/l
Algentoxizität: EC/LC$_{50}$ (96 h): 340 mg/l
Bakterientoxizität: EC/LC$_{50}$ (0.5 h): 650 mg/l

Weitere ökologische Hinweise:
CSB-Wert: 1 880 mg/g
BSB$_5$-Wert: < 2 mg/g
Das Produkt sollte nicht ohne Vorbehandlung (biologische Kläranlage) ins Gewässer
gelangen.

13. Hinweise zur Entsorgung

Muss unter Beachtung örtlicher, behördlicher Vorschriften einer Sonderbehandlung zugeführt werden, z. B. geeigneter Verbrennungsanlage.
Abfallschlüssel-Nr. für das ungebrauchte Produkt: 55353 (Deutschland)
Ungereinigte Verpackungen: kontaminierte Verpackungen sind optimal zu entleeren, sie
können dann nach entsprechender Reinigung einer Wiederverwertung zugeführt werden.

14. Angaben zum Transport

Landtransport: Bezeichnung des Gutes: Dimethylanilin
ADR/RID/GGVS/GGVE   Klasse: 6.1   Ziffer/Buchstabe: 12b
                           Gefahr-NBr.: 60   Stoff-Nr.: 2253

Binnenschifftransport: Bezeichnung des Gutes: N, N-Dimethylanilin
ADR/ADNR   Klasse: 6.1   Ziffer/Buchstabe: 12b

Seeschifftransport: Richtiger technischer Name: N, N-Dimethylaniline
IMDG/GGVSee   Klasse: 6.1   UN-Nr.: 2253 PG: II
                           EMS: 6.1-02 MGAG: 335
Marine pollutant: nein
Richtiger technischer Name: Dimethylaniline

Lufttransport: Richtiger technischer Name: N, N-Dimethylanilin
ICAO/IATA   Klasse: 6.1   UN/ID-Nr.: 2253 PG: II

15. Vorschriften

Der Stoff ist gemäß Anhang I der EG-Richtlinie "Gefährliche Stoffe" folgendermaßen gekennzeichnet: EG-NR. 612-016-00-0

Kennzeichnung aufgrund eigener Erkenntnisse: T Giftig
R23/24/25 Giftig beim Einatmen, Verschlucken und Berührung mit der Haut
R40 Irreversibler Schaden möglich
S36/37 Bei der Arbeit geeignete Schutzhandschuhe und Schutzkleidung tragen
S28 Bei Berührung mit der Haut sofort abwaschen mit viel Wasser
S45 Bei Unfall oder Unwohlsein sofort Arzt zuziehen (wenn möglich, dieses Etikett vorzeigen)

Kennzeichnung: N Umweltgefährlich
R51 Giftig für Wasserorganismen
R53 Kann in Gewässern längerfristig schädliche Wirkungen haben

Nationale Vorschriften
Klassifizierung nach VbF (Deutschland): A III
Wassergefährdungsklasse: WGK (2) (Deutschland) (Selbsteinstufung BASF)
Krebserzeugend Gruppe III B (TRGS 500, Deutschland)

16. Sonstige Angaben

Keine

A4
Grunddaten zur Ökobilanzierung

Tabelle A4.1. Basisdaten für Brennstoffe [3-5].

Brennstoff	Heizwert [MJ t^{-1}]	Verbrennung: CO_2-Emission [$t_{CO_2}t^{-1}$]
Erdgas/gasf. org. Abfälle	46 000	2.4
Öl extra leicht	43 000	3.1
Öl schwer	41 000	3.2
Braunkohle	15 000	2.4
Steinkohle	28 000	2.4
Anthrazit/Koks	32 000	2.4
Org. Abfall-Lösungsmittel	25 000	3.0
Holz	15 000	1.6

Tabelle A4.2. Beispielhafte Emissionsbilanz für Erdgas HD (Feuerung und Bereitstellung) [6]

	Industriefeuerung >100 kW [kg/TJ$_{Nutz}$]	Industriefeuerung low NO$_x$ >100 kW [kg/TJ$_{Nutz}$]	Bereitstellung[a] CH [kg/TJ$_{Nutz}$]	Bereitstellung[a] West-Europa [kg/TJ$_{Nutz}$]
Partikel	0.2	0.1		
NMVOC	2	2	33.8	26.4
N_2O	0.1	0.1		
CO_2	59100	59100	7300	6000
SO_2	0.5	0.5	25	23.7
NO$_x$	47	23	26.6	21
CO	14	14		

[a]Die Emissionen bei der Bereitstellung entstehen zum Großteil beim Betrieb von Kompressor-stationen für die Pipelines

Tabelle A4.3. Basisdaten für elektrische Energie [6]

Elektrische Energie	Energieinhalt [MJ MWh^{-1}]	Bereitstellung: CO_2-Emission [t_{CO_2} MWh^{-1}]
CH (1988)	3 600	12.6
Westeuropäisches Stromverbund-system (UCPTE)	3 600	50

Tabelle A4.4. Basisdaten für Prozessenergieträger [4]

Prozessenergieträger	Energieeinsatz für Herstellung [MJ t^{-1}]	
	Strom	Brennstoff
Dampf 15 bar ($-\Delta H_{Kond}$(190°C) = 2 000MJ/t)	10	2 950
Dampf 30 bar		3 200
Kühlwasser (4 bar; filtriert)	1.7	
Eis ($\Delta H_{Schmelz}$ (0°C) = 330MJ/t)	ca. 160	
Kühlsole ($\Delta H_{Kühlung}$ (-15°bis -10°C) = 20.9 MJ/t)	ca. 12	
Trockeneis (ΔH_{Sublim}(-78°C) = 570 MJ/t)	4 000-7 000	
N_2 flüssig ($\Delta H_{Verdampf}$(-196°C) = 200 MJ/t	2 300-2 900	
Druckluft (6 bar; 30°C; Drucktaupunkt -20°C)	70	

A5
Grundlagen für Expositionsanalysen

A5.1
Gleichgewichtsverteilung von Stoffen in der Umwelt

Eine erste Abschätzung darüber, wie sich ein in die Umwelt freigesetzter Stoff verteilen wird, kann man aus Gleichgewichtsverteilungen ableiten, die darauf basieren, daß eine bestimmte Menge eines Stoffes i in verschiedenen Phasen unterschiedliche freie Energie besitzt. Ist diese freie Energie des Stoffes (das chemische Potential) in reiner Phase kleiner (negativer) als in anderen Phasen, so wird er sich nur wenig in andere Phasen hinein verteilen, also z.B. eine kleine Wasserlöslichkeit besitzen. Ist dagegen diese freie Energie des Stoffes im Wasser sehr viel geringer als in seiner eigenen Phase oder in anderen Phasen, so wird er sich unter Gleichgewichtsbedingungen vor allem im Wasser befinden. Die zugrundeliegenden theoretischen Ansätze sind in [7, 8] zu finden.

A5.1.1
Luft $\leftrightarrow$ Wasser

$$K_H = p_{Luft} / c_{Wasser} = R \cdot T \cdot c_{Luft} / c_{Wasser} \qquad (A5.1)$$

K_H Henry-Konstante als Verteilungsgleichgewicht zwischen Luft und Wasser [l·atm·mol⁻¹]
c_{Wasser} Chemikalienkonzentration in Wasserphase [mol pro Liter Wasser]
p_{Luft} Chemikalienpartialdruck in der Luft [atm]
c_{Luft} Chemikalienkonzentration in der Luft [mol·pro Liter Luft]
R allgemeine Gaskonstante
T Temperatur [K]

Bemerkung: Ionische Substanzen sind so stark hydrophil, daß ihre Konzentration in der Gasphase, die im Gleichgewicht mit ihrer wässrigen Lösung steht, vernachlässigbar ist.

A5.1.2
Wasser ↔ Feststoff (Grundwasserleiter, Sediment oder suspendierter Feststoff)

$$K_p = K_{OC} \cdot f_{OC} = c_{ad} / c_{Wasser} \tag{A5.2}$$

K_p Sorptionskonstante als Verteilungsgleichgewicht zwischen Feststoffphase und Wasser [Liter Wasser pro kg trockener Feststoff]

K_{OC} Verteilungsgleichgewicht zwischen org. Feststoffphase (als C) und Wasser; bei hydrophober Sorption kann K_{OC} aus dem Oktanol/Wasser - Verteilungsgleichgewicht (K_{OW}) abgeschätzt werden [Liter Wasser pro kg org. C]
(log K_{OC} = a · log K_{OW} + b; a und b sind Koeffizienten aus der Regressionsrechnung)

f_{OC} org. Feststoffanteil [kg org. C pro kg trockener Feststoff]

c_{ad} sorbierte Chemikalienkonzentration in Feststoffphase [mol pro kg trockener Feststoff]

Bemerkung: Für ionische Substanzen (organische Säuren und Basen, Metallionen, Phenole, etc.) ist Gleichung (A5.2) nicht anwendbar. Für die Gleichgewichtsverteilung dieser Stoffe sind pH und Ionenstärke wichtige Einflussgrößen.

A5.1.3
Wasser ↔ Biota

Die Konzentration einer wasserlöslichen Substanz in einem Wasserorganismus kann (1) als stationäres Konzentrationsverhältnis zwischen Biota, z.B. Fisch und umgebender Wasserphase bzw. (2) als dynamisches Gleichgewichtsverhältnis zwischen den entsprechenden Aufnahme- und Eliminationsprozessen [mol pro kg Fisch/mol pro Liter Wasser] ausgedrückt werden.

$$BCF = c_{Biota} / c_{Wasser} = k_A / k_E \tag{A5.3}$$

BCF Biokonzentrationsfaktor. Der BCF ist organismenspezifisch. Er ist insbesondere abhängig vom Fettgehalt des Organismus und kann aus dem K_{OW} abgeschätzt werden
(log BCF = a · log K_{OW} + b; für 3 < log K_{OW} < 6)

c_{Biota} Chemikalienkonzentration im Organismus, z.B. Fisch [mol pro kg Fisch]

k_A Geschwindigkeitskonstante für Chemikalienaufnahme (Wasser → Organismus, z.B. Fisch) [Liter Wasser pro kg Fisch und Tag]

k_E Geschwindigkeitskonstante für Chemikalienabgabe (Organismus → Wasser), [1/Tag]

Die obige Gleichung ist weder für ionische und oberflächenaktive Substanzen noch für Stoffe mit Molekulargewicht > 500 gültig.

A5.2
Stoffumwandlungen in der Umwelt

A5.2.1
Biologischer Abbau (Wasser/Boden/Sediment)

Der mikrobielle Abbau gemäß Monod-Kinetik lässt sich für kleine Umweltkonzentrationen durch eine Reaktion pseudo 1. Ordnung annähern:

$$r_{Biologie} = -\left(\frac{dci}{dt}\right)_{Biologie} = k_b \cdot c_i \tag{A5.4}$$

$r_{Biologie}$ biologische Abbaugeschwindigkeit [mol m^{-3}s^{-1}]
c_i Konzentration von Stoff i [mol m^{-3}]
k_b Reaktionskonstante pseudo 1. Ordnung für den biologischen Abbau [s^{-1}]
Beisp. a) enzymatische Oxidation von Aliphat, Alkohol, Keton, Aromat, β-C von Fettsäure etc.
b) reduktive Dehalogenierung von halogenierten Kohlenwasserstoffen, Nitratreduktion etc.

A5.2.2
Hydrolyse (Wasser/Boden/Sediment)

Die Hydrolyse ist stark pH-abhängig (neutrale/saure/basische Katalyse), allgemein gilt bei konstantem pH

$$r_{Hydrolyse} = -\left(\frac{dci}{dt}\right)_{Hydrolyse} = k_h \cdot c_i \tag{A5.5}$$

$r_{Hydrolyse}$ Hydrolysegeschwindigkeit [mol m^{-3}s^{-1}]
k_h Reaktionskonstante pseudo 1. Ordnung für den hydrolytischen Abbau [s^{-1}]
Bsp. Hydrolyse von Acetat, Amid, Ester, Isocyanat, Nitril, Säurechlorid etc.

A5.2.3
Photolyse (Atmosphäre/Wasser)

Die Photolyse kann entweder direkt durch Wechselwirkung von Licht mit den Molekülen der betrachteten Substanz oder indirekt durch die Wechselwirkung von photolytisch gebildeten, reaktiven Spezies wie OH-Radikalen (Luft) oder Singulett-Sauerstoff (Wasser) verursacht sein. Beim photolytischen Abbau im Wasser steht die Absorption der abzubauenden Moleküle mit der Absorption des Wassers selber im Wettbewerb.

$$r_{Photolyse} = -\left(\frac{dci}{dt}\right)_{Photolyse} = k_p \cdot c_i \tag{A5.6}$$

$r_{Photolyse}$ Photolysegeschwindigkeit [mol m^{-3}s^{-1}]
k_p Reaktionskonstante pseudo 1. Ordnung für den photolytischen Abbau in Wasser [s^{-1}]
Bsp.   lichtinduzierte Oxidation von Alkanen, Alkoholen, Aromaten, Olefinen etc.

A5.2.4
Abiotische Reduktion (Boden/Sediment)

In Gegenwart von reduzierenden Substanzen, wie Fe- oder Mn-Oxiden oder ähnlichem kann auch ein Abbau durch abiotische Redoxreaktionen stattfinden, z.B. Reduktion von Azoverbindungen, Nitroaromaten, halogenierten Aliphaten etc. [7]

A5.2.5
Bemerkungen

Der Gesamtabbau lässt sich oft mit einer Summenkinetik 1. Ordnung beschreiben

$$r = -\left(\frac{dc_i}{dt}\right) = k \cdot c_i \qquad (A5.7)$$

mit $k = k_b + k_h + k_p$

- Die charakteristische Größe für die Persistenz einer Substanz in der Umwelt ist ihre Halbwertszeit, also die Zeit für den Abbau von 50%, abhängig von der chemischen und physikalischen Struktur sowie von Umweltbedingungen. Für Abbaureaktionen 1. Ordnung und pseudo 1. Ordnung gilt:

$$t_{1/2} = \frac{\ln 2}{k}$$

- Der Abbau sagt nichts über die Abbauprodukte aus. Während der chemische Abbau oft nur einen einzelnen Abbauschritt weiterführt, ist durch biologischen Abbau eine vollständige Mineralisierung möglich, d.h. in der Chemikalie gebundenes C, N, S und X gehen in CO_2, NO_3^-, SO_4^{2-} und X^- über.
- Oft ist für den vollständigen Abbau eine Kombination von chemischen und biologischen Stufen oder eine Adaption der Mikroorganismen erforderlich.

A5.3
Ausbreitung von Stoffen in der Umwelt

A5.3.1
Atmosphärische Ausbreitung von Stoffen und Mikroorganismen

Heute gibt es eine Vielzahl von Modellen und Software-Paketen zur Simulation entsprechender Ausbreitungsprozesse (siehe z.B. [9-12]).

Während die physikalische Modellgrundlage meist von der Navier-Stokes-Gleichung abzuleiten ist, ist die Aussagekraft einer konkreten Modellrechnung aufgrund der Voraussetzungen und Randbedingungen oft sehr unterschiedlich. Lokale Topographie und meteorologische Situation sind dabei von besonderer Bedeutung.

Nachfolgend soll eine kurze Vorstellung der zwei Basismodelle am Beispiel der Gasausbreitung aus einer stationären Punktquelle[2] gegeben werden.

A5.3.2
Schwergasausbreitung

Beispiele für Schwergasausbreitungen sind Flixborough 1974 und Bhopal 1984 (s. Anhang A1). Bei der Schwergasausbreitung (Abb. A5.1) sind die Ausbreitung mit der Windgeschwindigkeit und die Verdrängungsausbreitung aufgrund der Schwerkraft überlagert. Die Gültigkeit der Modellierung beschränkt sich auf den Nahbereich der Freisetzungsstellen ($x < 100$ m).

Bedingungen für eine Schwergasausbreitung sind

- $\rho_{Gas} > \rho_{Luft} \Rightarrow \Delta\rho = \rho_{Gas} - \rho_{Luft}$ als treibende Ausbreitungskraft
- Stationäre Punktquelle von Gas ($\dot{M}$ =konst.) bei x, y, z = 0
- x-Richtung: Windrichtung (u = Windgeschwindigkeit)
- y-Richtung: Ausbreitung wegen $\Delta\rho$ mit Geschwindigkeit v_g
- z-Richtung: z = H(x) mit größerem x abnehmend (Annahme einer stabilen Schichtung ohne Lufteinwirbelung über planarer Grundfläche)

Die Ausbreitung in y-Richtung kann durch die Bernoulli-Gleichung beschrieben werden:

$$v_g = \left(\frac{2 \cdot \Delta\rho}{\rho_{Luft}} \cdot g \cdot H \right)^{\frac{1}{2}} = \frac{dy_F}{dt} \tag{A5.8}$$

Gleichzeitig gilt das Gesetz der *Massenerhaltung* für das Kompartiment der Breite dx mit $M = \dot{M}\, dt = 2 \cdot y_F \cdot H \cdot dx \cdot \rho_{Gas}$

$$H(x) = \left(\frac{1}{2 \cdot y_F} \cdot \frac{\dot{M}}{\rho_{Gas}} \cdot \frac{dt}{dx} \right) = \frac{\dot{M}}{2 \cdot u \cdot y_F \cdot \rho_{Gas}} \tag{A5.9}$$

(A5.9) in (A5.8) ergibt

$$\frac{dy_F}{dt} = \left[\frac{\Delta\rho}{\rho_{Luft}} \cdot g \cdot \frac{\dot{M}}{u \cdot y_F \cdot \rho_{Gas}} \right]^{\frac{1}{2}}, \tag{A5.10}$$

nach Integration mit $y_F\,(t{=}0) = \pm\,\delta$ ergibt sich

---

[2] Annahme: Gasaustritt direkt aus der Grundfläche

$$y_F = \pm\left[\frac{9}{4}\frac{\Delta\rho}{\rho_{Luft}}\cdot g\cdot\frac{\dot M}{u\cdot\rho_{Gas}}\right]^{\frac{1}{3}}\cdot t^{\frac{2}{3}} \pm \delta,$$

mit $x = u{\cdot}t$:

$$y_F = \pm\frac{1}{u}\left[\frac{9}{4}\frac{\Delta\rho}{\rho_{Luft}}\cdot g\cdot\frac{\dot M}{\rho_{Gas}}\right]^{\frac{1}{3}} x^{\frac{2}{3}} \pm \delta \qquad\qquad (A5.11)$$

mit

$$\delta \cong 2\frac{\Delta\rho}{\rho_{Luft}}\frac{g\cdot\dot M}{\rho_{Gas}u^3} \quad \text{(empirische Beziehung)}$$

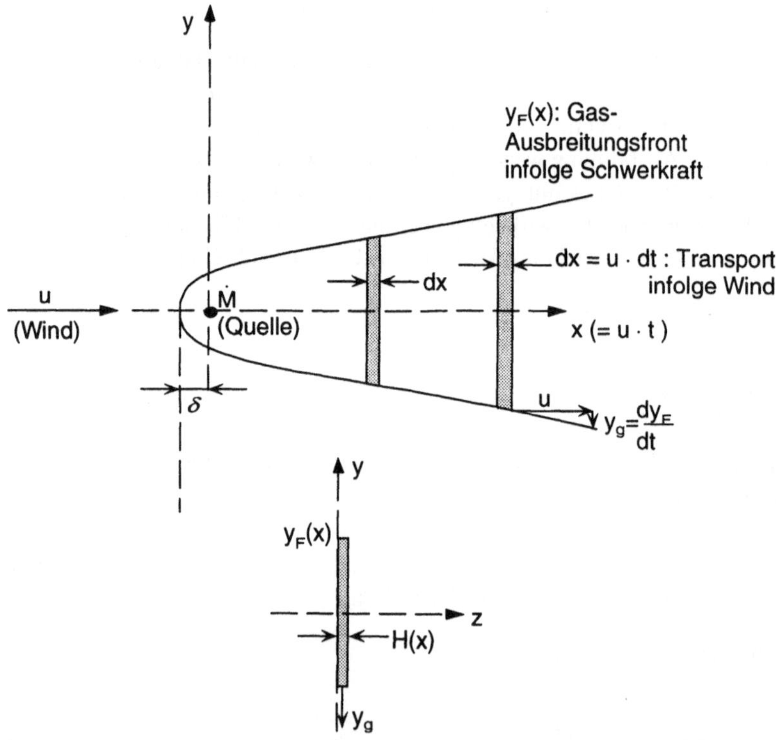

Abb. A5.1. Graphische Darstellung der Modellrechnung für die Schwergasausbreitung

Damit kann y_F als Funktion von x ausgedrückt und der Gasausbreitungsbereich am Boden ohne Einwirbelung von Luft angegeben werden. Gemäß diesem Modell ist die Konzentration des Gases im Ausbreitungsbereich konstant gleich der Konzentration an der Quelle. Diese Annahme ist aufgrund der Lufteinwirbelung nur in der näheren Umgebung der Quelle und bei tiefen Windgeschwindigkeiten gültig.

A5.3.3
Gasausbreitung durch turbulente Diffusion

Die Ausbreitung von Rauchgasen, von Methan und von vielen anderen Gasen findet durch turbulente Diffusion statt (Abb. A5.2). Der turbulenten Diffusion überlagert ist dabei die konvektive Ausbreitung mit der Windgeschwindigkeit. Kriterium für die Wichtigkeit der turbulenten Diffusion gegenüber der Schwergasausbreitung sind $\Delta\rho$ und die Entfernung von der Freisetzungsquelle.

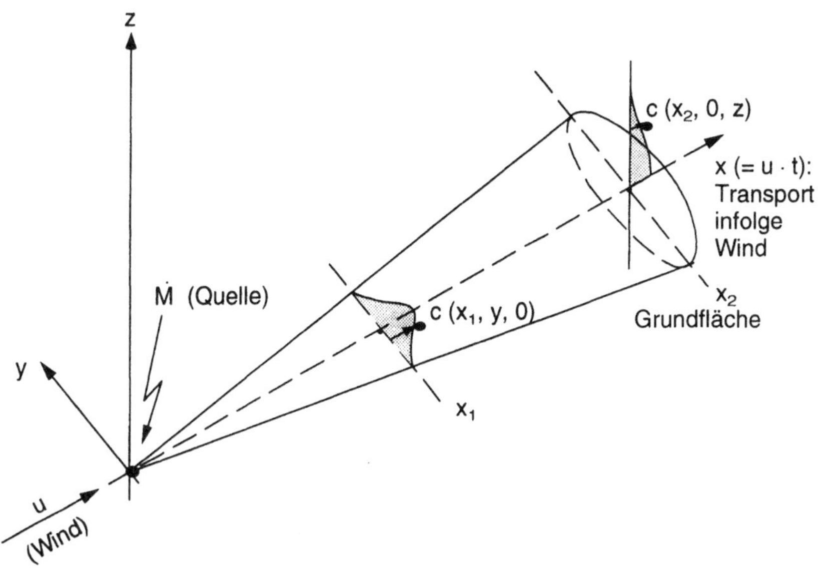

Abb. A5.2. Graphische Darstellung der Modellrechnung für die Gasausbreitung durch turbulente Diffusion

Bedingungen für die Ausbreitung durch turbulente Diffusion nach dem vorliegenden Modell[3] sind:

- $\rho_{Gas} \cong \rho_{Luft}$ (d.h. keine Auftriebskräfte)
- Konzentrationsgradient ist treibende Ausbreitungskraft
- Stationäre Punktquelle von Gas ($\dot{M}$ =konst.) bei x, y, z = 0

---

[3] Das Modell basiert auf [9, 11]

- x-Richtung: Windrichtung (u = Windgeschwindigkeit, für die Schweiz im Durchschnitt ca. 2 m/s am Tag und ca. 1 m/s in der Nacht)
- Grundfläche: planar und vollständig reflektierend
- $x \geq 100$ m und $u \geq 1$ m/s

Das Gesetz der *Massenerhaltung* führt unter Vernachlässigung der Diffusion in x-Richtung zu der Annahme, daß der Gasfluss durch jede Querschnittfläche x = konstant gleich dem Fluss $\dot{M}$ ist

$$\dot{M} = \int_{0}^{\infty} \left[\int_{-\infty}^{\infty} c\,(x,\ y,\ z) \cdot u \; dy \right] dz \tag{A5.12}$$

An jedem Punkt gilt mit der genannten Vernachlässigung (Diffusion << Konvektion in x-Richtung) und mit der Annahme von Koeffizienten für die turbulente Diffusion K_y und K_z, die einzig von x abhängig sind[4]:

$$u \frac{\delta c}{\delta x} = K_y \frac{\delta^2 c}{\delta y^2} + K_z \frac{\delta^2 c}{\delta z^2}, \tag{A5.13}$$

d.h. der Input durch Konvektion in x-Richtung ist gleich dem Output durch turbulente Diffusion (gemäß 2. Fick'schem Gesetz) in y- und z-Richtung.

Die Lösung der Differentialgleichung (A5.13) mit den genannten Randbedingungen ist das Produkt von zwei Gauss-Verteilungen (in y- bzw. z-Richtung) wobei die Konzentration auf der x-Achse proportional zur Quellstärke und umgekehrt proportional zur Windgeschwindigkeit[5] ist.

$$c(x,y,z) = \frac{\dot{M}}{\pi \cdot u \cdot \sigma_y \cdot \sigma_z} e^{-\frac{1}{2}\left[\frac{y^2}{\sigma_y^2} + \frac{z^2}{\sigma_z^2} \right]} \tag{A5.14}$$

Die Verteilungsvarianzen können mit $x = u \cdot t$ wie folgt ausgedrückt werden:

$$\sigma_y{}^2 = \frac{2K_y(x)}{u} \cdot x = 2K_y(x) \cdot t \tag{A5.15}$$

und

$$\sigma_z{}^2 = \frac{2K_z(x)}{u} \cdot x = 2K_z(x) \cdot t \,. \tag{A5.16}$$

σ_y und σ_z sind empirische Größen. Sie hängen stark vom atmosphärischen Turbulenzzustand ab, wobei dieser wiederum hauptsächlich durch den vertikalen Temperaturgradienten und den Oberflächenwind bestimmt wird (Tabelle A5.1).

---

[4] Die Wirbeldiffusion oder turbulente Diffusion wird hier analog zur molekularen Diffusion behandelt.

[5] Grund: Verdünnung durch Konvektion

Tabelle A5.1. Zusammenhang zwischen den Verteilungsvarianzen und meteorologischen Daten

Witterung	atmosphärischer Zustand	σ_y, σ_z
Nebel, Temperaturinversion	stabil (Stratifizierung)	σ_z klein
starke Sonneneinstrahlung, starker Bodenwind	instabil	σ_y, σ_z groß

Bei Risikobetrachtungen interessiert primär die in unterschiedlicher Entfernung zu erwartende Maximalkonzentration c_{max}. Diese liegt in der Windrichtung, d. h. bei $y=z=0$. Nach Gleichung (A5.14) ergibt sich folgende Beziehung für c_{max} ($x=u \cdot t$):

$$c_{max}(x) = \frac{\dot{M}}{\pi \cdot u \cdot \sigma_y \cdot \sigma_z} \tag{A5.17}$$

A5.3.4
Schutzwirkung von Gebäuden

Ein einfaches Austauschmodell für das Eindringen eines Gases in ein Gebäude mit Volumen V ist

$$V\frac{dc_i}{dt} = v' \cdot c_a - v' \cdot c_i \tag{A5.18}$$

v' Luftaustauschrate $[m^3/s]$;
c_i Schadstoffkonzentration in dem Gebäude $[g/m^3]$;
c_a Schadstoffkonzentration außerhalb des Gebäudes $[g/m^3]$

Integration von Gleichung (A5.18) mit der Randbedingung $c_i(t=0)=0$ ergibt.

$$c_i = c_a(1 - e^{-\frac{v'}{V}t}) \tag{A5.19}$$

Gemäß Gleichung (A5.19) ist bei vorbeiziehenden Gaswolken (aus spontaner Punktquelle) ein Gebäude mit geringem Luftaustausch (CH: v'/V bei geschlossenen Fenstern ca. $0.5h^{-1}$) ein guter Schutz; wogegen das Innere eines Autos (v'/V ca. $30h^{-1}$) wenig schützen kann [12].

A5.3.5
Weitere Ausbreitungsmodelle

Neben stationären Punktquellen sind spontane Punktquellen (als Modell eines Ereignisses) sowie Quellen mit Bodenüberhöhung (Kamin, thermischer Kamineffekt, etc.) weitere *Freisetzungsmöglichkeiten*. In diesen Fällen wie auch bei Anwesenheit von Hindernissen kommen heute eine Vielzahl erweiterter Ausbreitungsmodelle zur Anwendung.

A5.4
Expositionswege für den Menschen

A5.4.1
Inhalationsexposition

Die Exposition von Menschen durch Inhalation von Stäuben oder Aerosolen spielt beispielsweise bei Fabrikations- und Applikationsprozessen eine Rolle.

$$PDI_{Inh.} = \frac{c_S \cdot V_{Inh.} \cdot t_{Exp.} \cdot BIO_{Inh.}}{\text{Körpergewicht}}$$

(A5.20)

$PDI_{Inh.}$ tägliche Schadstoffaufnahme durch Inhalation pro kg Körpergewicht [mg/kg/Tag] (Predicted Daily Intake)

c_S lungengängige Schadstoffkonzentration [mg/m³]; (PM_{10} = Particular matter with aero-dynamic diameter< 10 μm)

$V_{Inh.}$ Inhalationsrate (Erwachsener: 0.8 m³/h)

$t_{Exp.}$ tägliche Expositionszeit (h/Tag)

$BIO_{Inh.}$ Bioverfügbarkeit der eingeatmeten Substanz

Als Körpergewicht wird häufig 70 kg als Normalgewicht eines Erwachsenen eingesetzt.

A5.4.2
Dermale Exposition

Eine dermale Exposition kann beispielsweise durch lipophile Stäube oder Flüssigkeiten bei Fabrikations- oder Applikationsprozessen zustande kommen.

$$PDI_{der} = \frac{c_S \cdot T_{der} \cdot S_{der}}{\text{Körpergewicht}} \cdot X_{abs}$$

(A5.21)

PDI_{der} tägliche dermale Schadstoffaufnahme pro kg Körpergewicht [mg/kg/Tag]

c_S Schadstoffkonzentration im Produkt [mg/cm³]

T_{der} tägliche Schichtdicke des Produkts auf der Haut [μm·10⁴/Tag]

S_{der} kontaminierte Körperoberfläche [cm²]

X_{abs} dermal absorbierter Schadstoffanteil (Stoff transdermal, falls lipophil und Partikeldurchmesser<1μm)

A5.4.3
Orale Exposition

Orale Expositionen können z.B. auftreten, wenn Chemikalien in der Nahrungskette zum Menschen gelangen

$$PDI_{oral} = \frac{c_S \cdot W_{oral}}{\text{Körpergewicht}} \cdot X_{abs}$$

(A5.22)

PDI_{oral} tägliche orale Schadstoffaufnahme pro kg Körpergewicht [mg/kg/Tag]

c_S Schadstoffkonzentration im Produkt [mg/g]

W_{oral} tägliche orale Produktaufnahme [g/Tag]

X_{abs} resorbierter Schadstoffanteil (ohne Angaben gleich 1 zu setzen)

Für die indirekte Exposition via Nahrungskette ist der $PDI_{oral} = c_S \cdot PDI_{Diät}$; dabei ist $PDI_{Diät}$ die spezifische tägliche Nahrungsaufnahme in g Diät pro kg Körpergewicht.

A5.5
Abschätzung der Exposition bei Pestiziden

Für Risikoabschätzungen bei Anwendung von Pestiziden ist zunächst die Exposition der Organismen abzuschätzen, die nicht Zielorganismen sind[6]. Dazu kann man die geschätzten Rückstände R_{est} einer Substanz im Boden sowie auf Pflanzen und Insekten in einer ersten Näherung mit Faustformeln berechnen. Für Pflanzen und Insekten verwendet man

$$R_{est} = m_{app} \cdot f_{est} \tag{A5.23}$$

R_{est} Schätzwert für die Rückstände [mg kg^{-1} Pflanzen/Insekten]

m_{app} Empfohlene Anwendungsmenge [kg ha^{-1}]

f_{est} Empirischer Faktor [10^{-6} ha kg^{-1}Pflanzen/Insekten]

mit den Werten aus Tabelle A5.2. Im Faktor f_{est} ist dabei unter anderem die Masse an Pflanzenteilen pro Hektar enthalten. Der tatsächliche Wert des Faktors kann somit je nach Pflanzentyp und Entwicklungsstand erheblich abweichen.

Für die Abschätzung der Konzentration im Boden spielt das Ausmaß der Bedeckung des Bodens durch die Pflanzen eine entscheidende Rolle. Im frühen Entwicklungsstadium geht man davon aus, daß die ganze ausgebrachte Menge in die oberste Bodenschicht (5 cm) verteilt wird. Analog zu (A5.23) verwendet man

$$PEC_{initial} = m_{app} \cdot f_{est} \tag{A5.24}$$

$PEC_{initial}$ Schätzwert für die Konzentration im Boden [mg kg^{-1} Trockenboden]

f_{est} Empirischer Faktor [10^{-6} ha kg^{-1}Trockenboden]

mit den Werten für f_{est} aus Tabelle A5.2. Diese Werte hängen wieder vom Bedeckungsgrad des Bodens ab. Für spätere Phasen des Aufwuchses nimmt man an, daß nur noch 10 % der ausgebrachten Menge den Boden erreichen.

Die Deposition an Orten, die nicht Ziel der Behandlung sind (z.B. beim Versprühen von Pestiziden die Driftverfrachtung von Aerosolen), kann mit unterschiedlichen Verfahren abgeschätzt werden (siehe z.B. [14, 15]).

---

[6] Die vorliegende Abschätzungsmethode basiert auf [13].

Tabelle A5.2. Empirisch bestimmte Verdünnungsfaktoren für die Abschätzung von Rückständen auf Pflanzen und im Boden nach [13]

Ort des Rückstandes	Schätzfaktor f_{est} [10^{-6} ha kg^{-1}]
Blätter	31.3
Körner	2.7
Kleininsekten	22.1
Großinsekten	3.0
Unbedeckter Boden	1.5[a]
Pflanzenbedeckter Boden	0.15[a]

[a]Die Faktoren gehen aus der Annahme einer gleichmäßigen Verteilung in den obersten 5 cm des Bodens hervor.

Für eine erste Abschätzung der täglichen Pestizidaufnahme durch die Nahrungskette (Blätter, Körner, Kleininsekten; Kontamination gemäß Gl. A5.23) kann für kleine Vögel und Säugetiere (ca. 10 g Körpergewicht) von einer täglichen Nahrungsaufnahme von 30 % des Körpergewichts, für Tiere mit Körpergewicht größer 100 g mit täglich 10 % des Körpergewichts ausgegangen werden.

A6
Störfallanalysen:
Fehlerbaum, Ereignisbaum, Risikodiagramm

Der *Fehlerbaum* (Abb. A6.1) zeigt, wie unabhängige Elementarereignisse (menschliches bzw. technisches Versagen) mit einer bestimmten Eintrittswahrscheinlichkeit W_i über logische UND - bzw. ODER - Verknüpfungen mit einem kritischen Initialereignis (TOP-Event) verknüpft sind. Die Wahrscheinlichkeiten gelten jeweils für ein bestimmtes Zeitintervall und sind als Frequenzen ausgedrückt.

ODER-Verknüpfungen bedeuten, daß der Eintritt eines der verknüpften Elementarereignisse i ausreicht, um ein Ereignis auf der nächst höheren Stufe auszulösen. Die Gesamtwahrscheinlichkeit W kann dann vereinfacht durch die Summe

$$W = \sum_i W_i \qquad\qquad (A6.1)$$

ausgedrückt werden. UND-Verknüpfungen bedeuten, mehrere Elementarereignisse i müssen gleichzeitig eintreten, um das Ereignis auf der nächsten Stufe auszulösen. Sie beschreiben also eine unabhängige Mehrfachabsicherung (Redundanz) und bewirken eine Verringerung der Gesamtwahrscheinlichkeit

$$W = \prod_i W_i \qquad\qquad (A6.2)$$

Der *Ereignisbaum* (Abb. A6.2) geht von einem Initialereignis aus und zeigt unterschiedliche Verlaufsszenarien bis zu den entsprechenden Schadensbildern. Auf diese Art lässt sich die Eintrittswahrscheinlichkeit W_{TOP} von einem Initialereignis auf die einzelnen Schadensbilder N verteilen. Die Eintrittswahrscheinlichkeit W_N des N-ten Schadensbildes kann dabei entlang dem Ereignisbaum in Abhängigkeit der bedingten Eintrittswahrscheinlichkeiten W_{Nj} der Ereignisschritte j berechnet werden.

$$W_N = W_{TOP} \prod_j W_{Nj} \qquad\qquad (A6.3)$$

Der Fehlerbaum wie der Ereignisbaum werden oft für qualitative Risiko- und Sicherheitsbetrachtungen eingesetzt: der Fehlerbaum z.B. zur Ereignisanalyse und vorausschauend zur Klärung, wo wirkungsvoll Sicherungselemente einzubauen sind; der Ereignisbaum zur Klärung, welche Szenarien relevant sein könnten

(Szenarienanalyse). Bei Ursache-Wirkungsabklärungen werden schließlich Fehler-
und Ereignisbaum kombiniert eingesetzt.

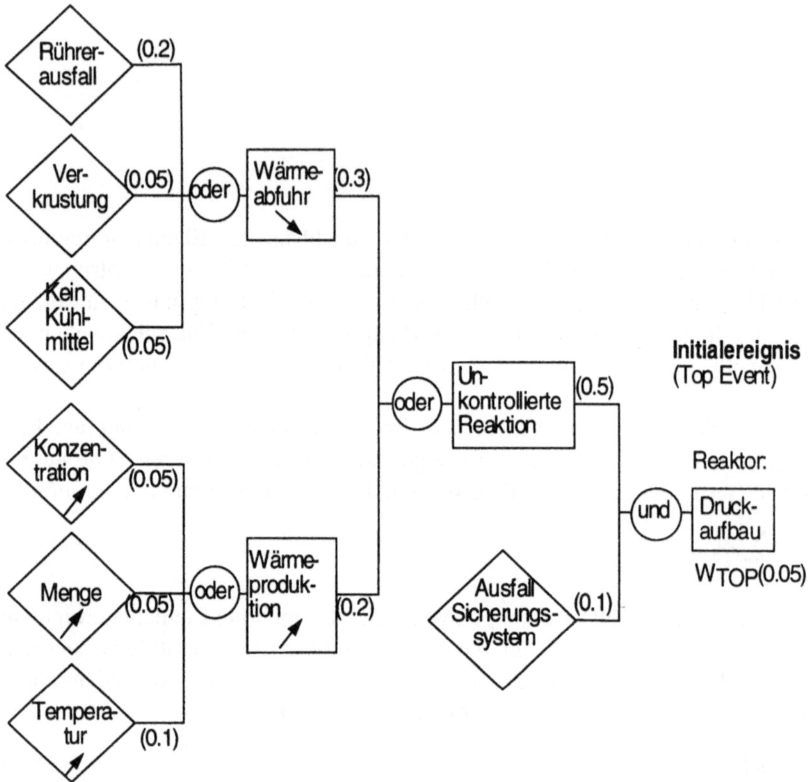

Abb. A6.1. Fehlerbaum für das Initialereignis "Druckaufbau im Reaktor". Die Zahlen in Klammern sind Zahlenbeispiele für die Eintrittshäufigkeiten w_i [Jahr^{-1}].

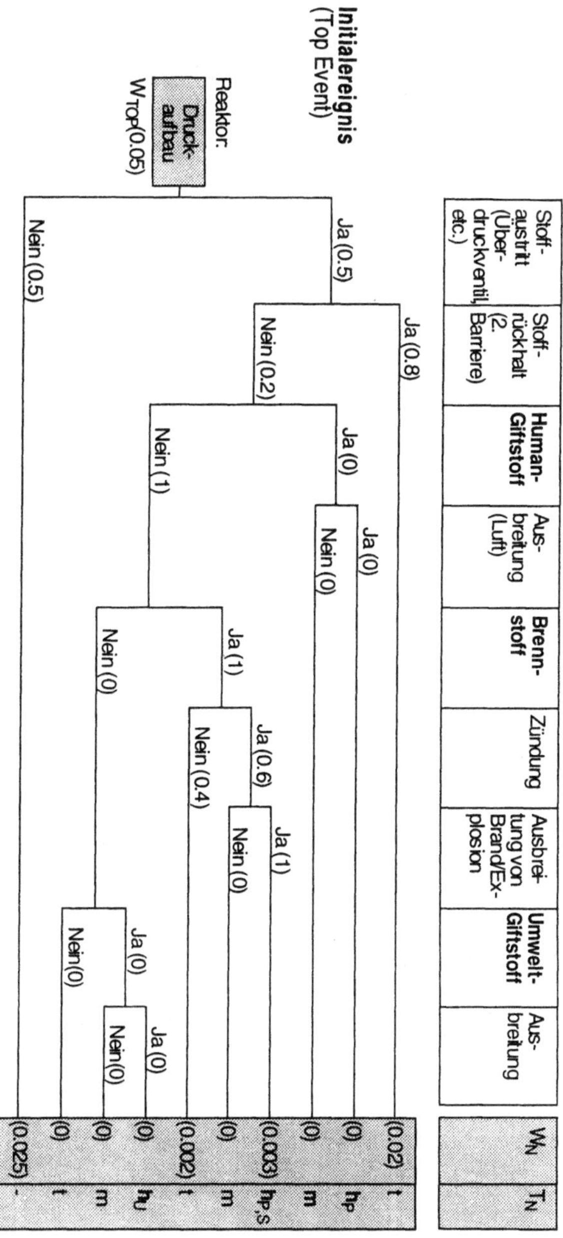

Abb. A6.2. Ereignisbaum für Initialereignis "Druckaufbau" (beispielhafte Eintrittshäufigkeit 0.05 a^{-1}). Annahmen: a) drei Gefahrenkategorien (Gift, Brand/ Explosion, Ökotoxische Effekte), b) Reaktorinhalt nur kritisch bezüglich einer Gefahrenkategorie, c) drei Schadenskategorien (Tragweite hoch (h), mittel (m) und tief (t)). Indizes bei den Tragweiten T_N bedeuten Schäden an Personen (P), Sachen (S) und Umwelt (U). Die Zahlen in Klammern sind Beispiele für bedingte Eintrittswahrscheinlichkeiten W_{Ni}.

Das *Risikodiagramm* (Abb. A6.3) erlaubt die vergleichende Darstellung von Risiken. Auch hier könnte analog zu Abb. 10.3 eine Akzeptabilitätslinie vorgegeben werden. (Zu beachten: die Klassenzuteilung der Tragweite hängt von Struktur und Größe des Risikoinhabers ab).

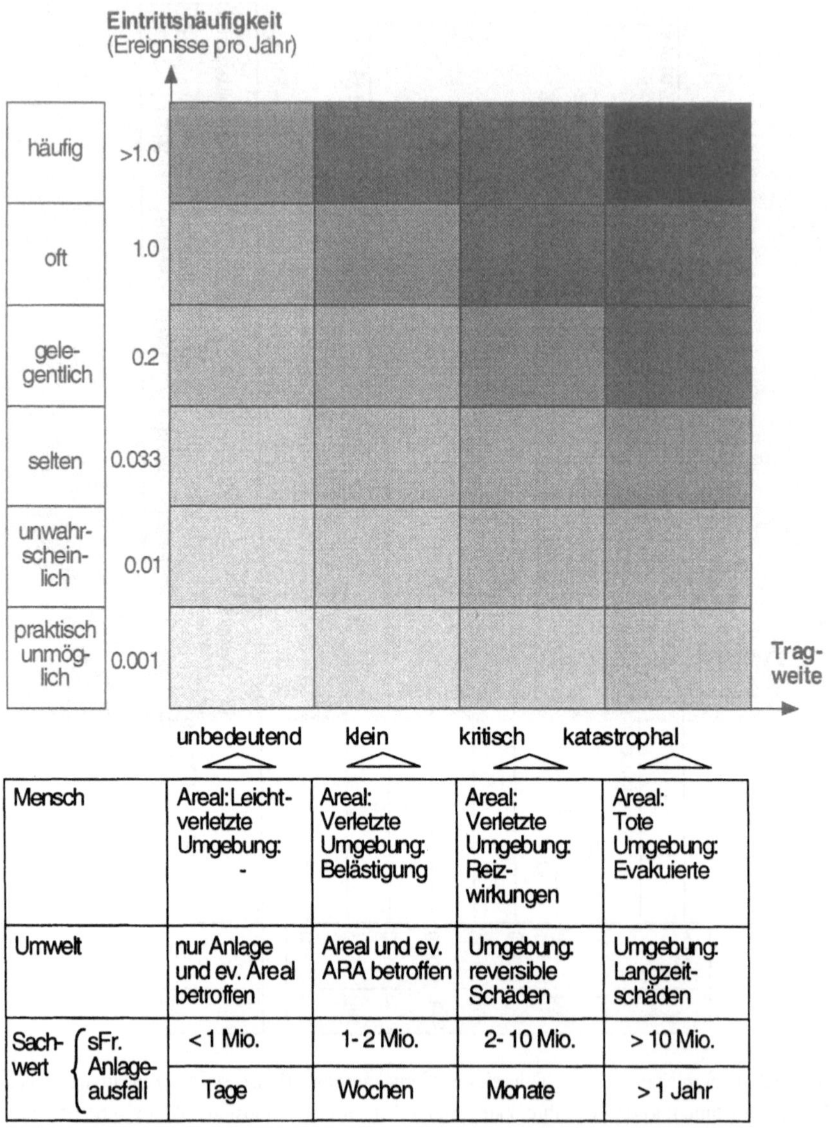

Mensch	Areal: Leicht-verletzte Umgebung: -	Areal: Verletzte Umgebung: Belästigung	Areal: Verletzte Umgebung: Reiz-wirkungen	Areal: Tote Umgebung: Evakuierte
Umwelt	nur Anlage und ev. Areal betroffen	Areal und ev. ARA betroffen	Umgebung: reversible Schäden	Umgebung: Langzeit-schäden
Sach-wert { sFr. Anlage-ausfall	< 1 Mio.	1-2 Mio.	2-10 Mio.	> 10 Mio.
	Tage	Wochen	Monate	> 1 Jahr

Abb. A6.3. Risikodiagramm (F. Hoffmann-La Roche AG): Beispiel für die halbquantitative Bildung von Risikokategorien.

A7 Kalorimetrische Charakterisierung von Zersetzungsreaktionen

A7.1 Methodenübersicht

Als Modellsystem für die kalorimetrische Charakterisierung von Zersetzungsreaktionen stellen wir uns eine Reaktionsmasse mit Wärmequelle vor. Die Temperatur in der Reaktionsmasse steigt, worauf Wärme mit systemspezifischer Dynamik an die Umgebung abfließt.

Dieser Vorgang lässt sich durch die Wärmebilanz beschreiben:

$$\dot{q}_{\text{Akkumulation (A)}} = \dot{q}_{\text{Reaktion (R)}} - \dot{q}_{\text{Kühlung (K)}} \tag{A7.1}$$

Zwei Extremfälle sind für die Reaktionskalorimetrie von besonderer Bedeutung:

- Wärmefluss $\cong 0$:   Adiabate Kalorimetrie (vgl. z.B. [16])
  $$\dot{q}_R = \dot{q}_A \qquad (\dot{q}_K = 0)$$
- Wärmefluss $\to \infty$:   Isotherme Kalorimetrie (vgl. z.B. [17]
  $$\dot{q}_R = \dot{q}_K \qquad (\dot{q}_A = 0)$$

Die heutigen Möglichkeiten der elektronischen Signalauswertung erlauben eine wesentlich bessere Auswertung von Daten, die unter nicht-idealen kalorimetrischen Bedingungen erzeugt wurden. Ein wichtiger methodenbestimmender Faktor ist auch die Probengröße. Die *Mikrokalorimetrie* ist eine rasche Analysemethode für den Milligramm-Bereich. Dabei besteht außer der Temperaturführung keine Möglichkeit zur Einflussnahme auf die Probe. Durch die fehlende Durchmischung ist die Repräsentativität der Probe nicht unbedingt optimal. Die *Reaktionskalorimetrie* erlaubt dagegen eine umfangreichere Charakterisierung im Gramm- bis Kilogrammbereich. Hierbei ist eine Einflussnahme auf die Probe durch Rühren, Dosierung und Wärmeabfuhr möglich. Bei geeignetem apparativem Ausbaugrad kann sie als Modell für die technische Reaktionsführung dienen. Die Reaktionskalorimetrie ist auch eine wichtige Methode zur Bestimmung der Akkumulation von Reaktanden und kritischen Zwischenprodukten. Zur Untersuchung der Zersetzungsreaktionen, eignet sich die Reaktionskalorimetrie meist nicht, da die freigesetzte Energie zu groß ist. Dank diesem starken Wärmesignal kann aber hier die wesentlich zeit- und kostengünstigere Mikrokalorimetrie zum Einsatz kommen.

A7.2
Mikrokalorimetrie am Beispiel der DSC

Die *Differential Scanning Calorimetry (DSC)* besteht aus einem temperaturkontrollierten Heizelement, welches einen Proben- und einen Referenztiegel enthält. Die Probengröße liegt üblicherweise zwischen 1 und 20 mg. Die Temperaturdifferenz ΔT zwischen den beiden Tiegeln wird als Funktion der Zeit aufgezeichnet, wobei die Ofentemperatur konstant bleibt oder zeitlinear steigt. ΔT wird dadurch proportional zur thermischen Reaktionsleistung der Probe. Um stoffliche wie thermische Verfälschungen durch das Verdampfen von flüchtigen Anteilen zu vermeiden werden geschlossene und druckfeste Tiegel eingesetzt.

Für die Messung einer Reaktions- und/oder Zersetzungswärme werden die Reaktanden bei tiefer Temperatur gemischt und anschließend linear über die Zeit aufgeheizt. Das Thermogramm (Abb. A7.1) zeigt die Wärmeleistung als Funktion der Zeit bzw. der Temperatur. Durch Integration der thermischen Leistung über die Zeit erhält man die Reaktions- und die Zersetzungwärme. Gemäß Kap. 9.4 kann nun das Gefahrenpotential bestimmt werden, insbesondere das ΔT_{ad} der gewünschten Reaktion sowie der Zersetzungsreaktion.

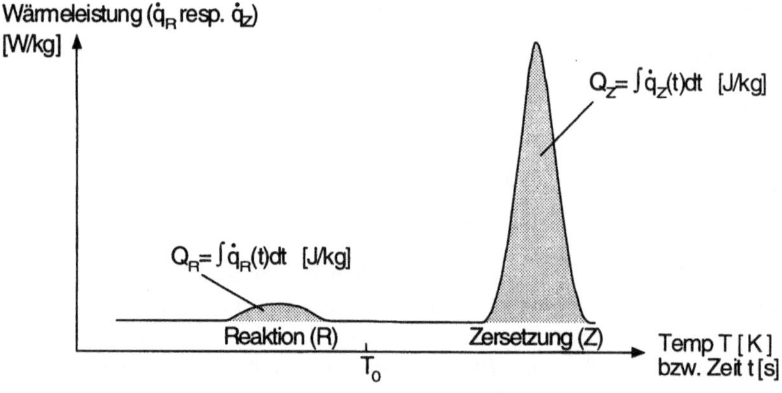

Abb. A7.1. DSC-Thermogramm mit zeitlinearer Temperaturerhöhung [18]

Falls ein thermisches Potential vorhanden ist, wird die *Dynamik der Zersetzungsreaktion* gemäß Kap. 9.5 mit der Time to Maximum Rate (TMR_{ad}) charakterisiert. Aus einem DSC-Thermogramm kann die Temperatur beim Einsetzen der Zersetzungsreaktion nicht direkt abgelesen werden. Die mangelnde Geräteempfindlichkeit (ca. 20 W/kg) erlaubt auch nicht die Bestimmung einer "sicheren Temperatur" durch einen Sicherheitsabstand von der Zersetzungstemperatur. Deshalb ist der Weg über TMR_{ad} erforderlich.

Die Parameter E_A und $\dot{q}_Z(T=T_0)$ werden durch Arrheniusdarstellung von $\dot{q}_Z(T)$ bestimmt. Dazu wird die Temperaturabhängigkeit der Zersetzungsreaktion durch isotherme DSC, bei z. T. höherer Temperatur, gemessen. Bei der jeweils maximalen Zersetzungsleistung $\dot{q}_Z(T)$ (Abb. A7.2) werden durch die Arrheniusdarstellung (ln $\dot{q}_z$ vs. 1/T) die für TMR_{ad} erforderlichen Parameter E_A und $\dot{q}_z$ $(T=T_0)$ bestimmt[7].

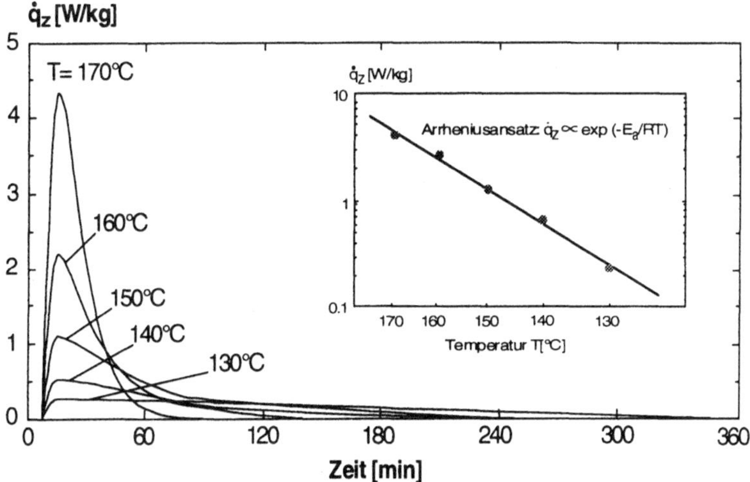

Abb. A7.2. Isotherme DSC-Thermogramme mit Arrheniusdarstellung der Thermokinetik

---

[7] Durch Extrapolation lassen sich auf diese Weise auch sehr tiefe Werte von $\dot{q}_z$ $(T=T_0)$ bestimmen (wenige mW/kg).

A8 Informationsquellen

Tabelle A8.1. Bezugsquellen für Zeitschriften, Merkblätter, Normen und anderes

Bezug	Name	Straße	Ort	Telefon
DIN-Normen, EU-Normen, ISO-Normen	Beuth Verlag	Burggrafenstr. 4-10	D - 10787 Berlin	
dito	OSEC	Stampfenbachstr. 85	CH - 8035 Zürich	+41 / 1 365 54 54
ESCIS-Publikationen	Dr. R. Ott, Arbeitssicherheit SUVA	Postfach	CH - 6002 Luzern	+41 / 41 419 53 39
EU-Rechtsquellen, Technical Guidance Documents	Bundesanzeiger Verlag	Breite Straße	D - 50667 Köln	+49 / 221 20 29 - 0
EUSES-Software	European Chemicals Bureau Existing Chem.	T. P. 280	I - 21020 Ispra (VA)	+39 / 332 785866
Gesetze, Verordnungen, Verzeichn. von Vorschriften, Technischen Regeln (D).	Carl Heymanns Verlag KG	Luxemburger Str. 449	D - 50939 Köln	
Gesetze, Verordnungen (CH)	Eidgenössische Materialzentrale EDMZ		CH - 3000 Bern	
Technical Reports, Monographs, Joint Assessments of Commodity Chem.	Env. Center for Ecotoxicology and Toxicology of Chemicals	Avenue E. van Nieuwenhuyse 4 (Bte. 6)	B - 1160 Brüssel	
Unfallverhütungsvorschriften, Richtlinien, Merkblätter der BG Chemie	Jedermann Verlag	Postfach 10 31 40	D - 69021 Heidelberg	
WBCSD-Publikationen	World Business Council for Sust. Development	160, route de Florissant	CH - 1231 Conches, Genf	+41 / 22 839 31 00

Tabelle A8.2. Behörden in Deutschland und in der Schweiz

Name	Straße	Ort	Telefon
Bundesanstalt für Arbeitsschutz und Ar-beitsmedizin BAMA	Nöldnerstr. 40-42	D - 10317 Berlin	+49 / 30 51 54 80
Umweltbundesamt	Bismarckplatz 1	D - 14193 Berlin	+49 / 30 8903 - 0
Bundesinstitut für gesundheitl. Verbrau-cherschutz und Veterinärmedizin BgVV	Thielallee 88-92 Postfach 33 00 13	D - 14191 Berlin	+49 / 30 8412 - 0
Bundesamt für Umwelt, Wald und Land-schaft, BUWAL		CH - 3003 Bern	+41 / 31 322 93 11

Tabelle A8.3. Zeitschriften im Bereich Sicherheit und Umweltschutz in der Chemie

Name	Herausgeber	Erscheinung	Verlag
Chemical & Engineering News	ACS	wöchentlich	ACS
Chemie Ingenieur Technik	DECHEMA, GDCh,GVC·VDI	monatlich, R	WILEY-VCH
Chimia	NCSG	monatlich	VHCHA
Ecological Economics	Intern. Society for Ecological Economics	zweimonatlich	Elsevier
Ecotoxicology		vierteljährlich	Chapman&Hall
Environmental Business Magazine		~monatlich	Information for Industry
Environmental Impact Assessment Re-view		zweimonatlich	Elsevier
Environmental Progress	AIChE	vierteljährlich	
Environmental Science and Pollution Research	FECS-Working Party on Chem. and the Env.	vierteljährlich	ecomed
Environmental Science and Technology		zweiwöchentl.	ACS
Environmental Toxicology and Chemistry	SETAC	monatlich, R	SETAC Press
GAIA	Verein GAIA	vierteljährlich	Nomos
Journal of Hazardous Materials		zweimonatlich	Elsevier
Journal of Industrial Ecology		vierteljährlich	MIT Press
Journal of Loss Prevention		zweimonatlich	Elsevier
Journal of Thermal Analysis		zweimonatlich	Kluwer
Process Safety and Environmental Protection	AIChemE	vierteljährlich	
Process Safety Progress	AIChE	vierteljährlich	Hemisphere
Risk Analysis	Society for Risk Analyses	zweimonatlich	Plenum Press
The International Journal of Life Cycle Assessment		vierteljährlich	ecomed
Thermochimica Acta			Elsevier
Wasser Abwasser Praxis		zweimonatlich	Bertelsmann
Waste Management		8mal/Jahr	Pergamon

Literatur zum Anhang

[1]   Theofanus TG (1981) A physicochemical mechanism for the ignition of the Seveso accident, Nature 291/5817:640

[2]   Lees FP (1980) Loss Prevention in the Process Industries. Butterworth, London

[3]   Ahbe S, Braunschweig A, Müller-Wenk R (1990) Methodik für Ökobilanzen auf der Basis ökologischer Optimierung. BUWAL, Bern (Schriftenreihe Umwelt, Band 133)

[4]   Mitteilung der Ciba-Geigy AG

[5]   Mitteilung der Schweizerischen Gesellschaft der Chemischen Industrie SGCI

[6]   Frischknecht R, Bollens U, Bosshart S, Ciot M, Ciseri L, Doka G, Hischier R, Martin A, Dones R, Gantner U (1996) Ökoinventare für Energiesysteme, 3. Aufl. Gruppe Energie-Stoffe-Umwelt (ESU), ETH Zürich, Zürich

[7]   Schwarzenbach RP, Gschwend PM, Imboden DM (1993) Environmental Organic Chemistry. Wiley & Sons, New York

[8]   Klöpffer W (1996) Verhalten und Abbau von Umweltchemikalien: Physikalisch-chemische Grundlagen. ecomed, Landsberg (Angewandter Umweltschutz)

[9]   TNO (1980) Methods for Calculation of Physical Effects of Escape of Dangerous Materials ("yellow book"), Voorburg

[10] Gerhartz W, Yamamoto YS, Campbell FT (Hrsg) (1985) Ullmann's Encyclopedia of Industrial Chemistry. VCH, Weinheim (Band A1-A28)

[11] Panofsky HA, Dutton JA (1984) Atmospheric Turbulence. John Wiley, New York

[12] Bützer P, Naef H (1992) Modell für Effekte mit toxischen Gasen (MET), Swiss Chem 14:7

[13] European Crop Protection Association asbl (Januar 1995) Estimation of Initial Exposure for Environmental Safety/Risk Assessment of Pesticides. ECPA Position Paper, Brüssel

[14] Biologische Bundesanstalt für Land- und Forstwirtschaft (1993) Bewertung der Abtrift. Mitteilungen der Biologische Bundesanstalt für Land- und Forstwirtschaft 242

[15] Wauchope RD (1978) The pesticide content of surface waters draining from agricultural fields - a review, Journal of Environmental Quality 7:459

[16] Grewer T (1994) Thermal Hazards of Chemical Reactions. Elsevier, Amsterdam (Industrial Safety Series, Band 4)

[17] Regenass W (1997) The development of heat flow calorimetry as a tool for process optimization and process safety, Journal of Thermal Analysis 49:1661

[18] Expertenkommission für Sicherheit in der chemischen Industrie der Schweiz (1993) Thermische Prozeßsicherheit. Heft 8, Basel

Glossar

Adiabates System: System, das keinen Wärmeaustausch mit der Umgebung hat.

Akute Toxizität: Toxizität nach einer einmaligen Verabreichung von hohen Dosierungen oder nach einer kurzen Zeitperiode der Exposition verglichen mit der Generationszeit des Organismus. In der Regel wird die Mortalität ($\rightarrow$LD$_{50}$) gemessen, bei Algen die Wachstumshemmung. Am häufigsten ist die Bestimmung der LD$_{50}$ von Ratten (oral).

Akzeptabilität: Zulässigkeit eines Zustands oder Vorgangs, beurteilt aufgrund von normativen Kriterien.

Akzeptanz: Empirisch feststellbare Bereitschaft von Individuen oder Gruppen, einen Zustand oder einen Vorgang ohne Widerspruch hinzunehmen.

Allokation: In vielen Haupt- und Nebenprozessketten zur Herstellung von Produkten resultieren $\rightarrow$Neben- oder $\rightarrow$Koppelprodukte, die nicht in den Lebenszyklus des Hauptproduktes eingehen. Die Aufteilung der Umwelteinflüsse oder der Kosten zwischen Haupt- und Nebenprodukten wird als Allokation bezeichnet. Nach ISO 14 040 für das Life Cycle Assessment ist die Allokation die Zuordnung der Input- und Outputflüsse auf das untersuchte Produktsystem.

Altstoffe: Stoffe, die als Einzelstoffe oder als Komponente von Zubereitungen in einem der EG-Mitgliedstaaten zwischen dem 1. Januar 1971 und dem 18. September 1981 auf dem Markt waren (*engl.* existing substances).

Anspruchsgruppen: Personengruppen, die in Verbindung mit einer unternehmerischen Aktivität Akteure und/oder Betroffene sind: Kunden, Konsumenten, Lieferanten, Aktionäre, Mitarbeiterinnen und Mitarbeiter, Anwohner, Behörden etc.

Anthroposphäre: Der Bereich unserer Welt, der vor allem vom Menschen bestimmt ist.

Auslöseschwelle: ".., ist die Konzentration eines Stoffes in der Luft am Arbeitsplatz oder im Sinne des Absatzes 6 ($\rightarrow$ BAT-Wert) im Körper, bei deren Überschreitung zusätzliche Maßnahmen zum Schutze der Gesundheit erforderlich sind." (§ 3 Absatz 8 GefStoffV, (D))

Auswertung: Bestandteil der Ökobilanz, bei der die Ergebnisse der Sachbilanz oder der Wirkungsabschätzung oder beide mit dem festgelegten Ziel und Untersuchungsrahmen zusammengeführt werden, um Folgerungen zu ziehen und Empfehlungen zu geben (nach ISO 14040; *engl.* life cycle interpretation).

Aversionsfunktion: Funktion, die die Risikowahrnehmung beschreiben soll. Ausgangspunkt ist die Erfahrung, daß z.B. ein Unfall mit zehn Toten als schwerer empfunden wird als zehn Unfälle mit je einem Toten. Oft wird ein Ansatz verwendet, bei dem in der Produktformel (→Risiko) die Tragweiten mit einem Exponenten $\alpha > 1$ gewichtet werden. Dies bewirkt eine stärkere Gewichtung von Größtschäden mit kleinsten Eintrittswahrscheinlichkeiten.

Base-Set: Datensatz, der den Behörden bei der Anmeldung von Chemikalien für den EU-Markt zur Verfügung gestellt werden muss, wenn die in Verkehr gebrachte Stoffmenge größer als 1 t pro Jahr ist (Grundprüfung).

Batchreaktor: Alle Reaktanden werden im Reaktor vorgelegt. Die Reaktion wird in der Folge durch Aufheizen oder Katalysatorzugabe initiiert. Im Gegensatz zum →Semibatchreaktor findet der reine Batchreaktor nur in Spezialfällen Anwendung, z. B. Herstellung von Spezialpolymeren.

BAT-Wert: "Biologischer Arbeitsplatztoleranzwert (BAT) ist die Konzentration eines Stoffes oder seines Umwandlungsproduktes im Körper oder die dadurch ausgelöste Abweichung eines biologischen Indikators von seiner Norm, bei der im allgemeinen die Gesundheit der Arbeitnehmer nicht beeinträchtigt wird." (§ 3 Absatz 6 GefStoffV, (D))

Biosphäre: Die Gesamtheit aller lebenden Materie.

Biotechnologie: Wissenschaft der technischen Herstellung von Produkten und Dienstleistungen mit Hilfe von Mikroorganismen oder Teilen bzw. molekularen Analoga (v.a. Nucleinsäuren).

Chronische Toxizität: Toxizität nach Exposition über eine Zeit, die einen wesentlichen Anteil der Generationszeit eines Organismus ausmacht (Tage, Wochen, Monate oder Jahre).

Dermale Exposition: Aufnahme über die Haut.

Einstufung: "Eine Zuordnung zu einem Gefährlichkeitsmerkmal". (§ 3 ChemG (D))

Eintrittswahrscheinlichkeit: Wahrscheinlichkeit, daß ein bestimmtes Ereignis eintritt.

Emission: Umwelteintrag von umgebungsfremden Stoffen, Energien oder Organismen. "Umgebungsfremd" betrifft die chemischen, physikalischen und biologischen Eigenschaften.

Erzeugnisse: "Stoffe oder Zubereitungen, die bei der Herstellung eine spezifische Gestalt, Oberfläche oder Form erhalten haben, die deren Funktion mehr bestimmen als ihre chemische Zusammensetzung, als solche oder in zusammengefügter Form" (§ 3 ChemG (D)).

Exposition: Art, Intensität und Dauer einer Immissionseinwirkung auf ein Schutzgut.

Expositionsanalyse: Teil der Produktrisikoanalyse, bei dem die Konzentrationen des Produkts in der Umgebung (und gegebenenfalls in der Nahrung) eines Schutzgutes abgeschätzt werden.

Externe Effekte: Schäden oder Nutzen, die nicht durch die Preisbildung an Märkten abgebildet werden. Beispiel: Gesundheitsschäden durch Autoabgase sind externe Effekte des Autofahrens. Meist spricht man von negativen externen Effekten als externe Kosten.

Fail-Safe-Verhalten: Eigenschaft eines Verfahrens oder einer Anlage, die sicherstellt, daß trotz Abweichung von kritischen Prozessparametern ein sicherer Zustand erreicht wird.

Funktionelle Einheit: Bezugsgröße einer Ökobilanz. Diese soll den Nutzen (Serviceleistung) eines Systems möglichst umfassend zum Ausdruck bringen.

Gefahr: Sachverhalt, aus dem ein Schaden am Menschen, an der Umwelt oder an Sachgütern entstehen kann.

Gefährdung: Auf ein bestimmtes Schutzgut bezogene Gefahr, die von einem Subjekt oder einem Objekt ausgehen kann. Tragweite und insbesondere Eintrittswahrscheinlichkeit eines Risikos sind noch nicht genauer definiert. Man unterscheidet zwischen Selbstgefährdung und Fremdgefährdung. Bei aktiver Selbstgefährdung wird eher vom Eingehen eines Risikos gesprochen, auch wenn dieses nicht genau bestimmt ist (*engl.* hazard).

gefährliche Stoffe oder gefährliche Zubereitungen: "Stoffe oder Zubereitungen, die explosionsgefährlich, brandfördernd, hochentzündlich, leichtentzündlich, entzündlich, sehr giftig, giftig, gesundheitsschädlich, ätzend, reizend, sensibilisierend, krebserzeugend, fortpflanzungsgefährdend, erbgutverändernd oder umweltgefährlich sind; ausgenommen sind gefährliche Eigenschaften ionisierender Strahlen." (§ 3a Absatz 1 ChemG (D))

Gefahrstoffe: "Gefahrstoffe im Sinne dieser Vorschrift sind

1. gefährliche Stoffe und Zubereitungen nach § 3a (s.o.) sowie Stoffe und Zubereitungen, die sonstige chronisch schädigende Eigenschaften besitzen,
2. Stoffe, Zubereitungen und Erzeugnisse, die explosionsfähig sind,
3. Stoffe, Zubereitungen und Erzeugnisse, aus denen bei der Herstellung oder Verwendung Stoffe oder Zubereitungen nach Nummer 1 oder 2 entstehen oder freigesetzt werden können,
4. Stoffe, Zubereitungen und Erzeugnisse, die erfahrungsgemäß Krankheitserreger übertragen können." (§ 19 Absatz 2 ChemG (D))

Gentechnologie: Der Teil der Biotechnologie bei dem gentechnologisch veränderte Organismen und Zellen eingesetzt werden (umfasst Isolation, Charakterisierung und Neukombination von genetischem Material sowie Wiedereinführung und Vermehrung in einer anderen zellulären Umgebung).

Geschlossenes biologisches System: Population von natürlichen oder gentechnisch veränderten Mikroorganismen, die durch physikalische, chemische oder biologische Schranken (Containment) keinen oder einen stark reduzierten Kontakt zu Mensch und Umwelt hat.

Graue Emissionen: Emissionen, die nicht direkt aus dem betrachteten Prozess stammen, sondern bei vorgelagerten Prozessen entstehen.

Graue Inputs: Stoffe und Energien, die nicht direkt beim betrachteten Prozess eingesetzt werden, sondern bei der Bereitstellung von Ausgangsprodukten oder Anlagenbestandteilen gebraucht werden.

Grenzwert: Grenzwerte sind das Resultat eines politischen Einigungsprozesses. Die Überschreitung eines Grenzwertes zieht im allgemeinen die Folgen einer

Rechtsverletzung nach sich. In Abgrenzung dazu Richtwerte, Orientierungs-
werte, Risikoquotienten u.ä.

Handlungswissen: Wissen, das für das Erreichen klar vorgegebener Ziele notwendig ist.

Immission: In die Umwelt verteilte und eventuell umgewandelte →Emission am
Ort des exponierten Schutzgutes.

Indikator: Größe zur Beurteilung von zeitlichen Entwicklungen, zum Vergleich
verschiedener Systeme oder zu einem Soll-Ist-Vergleich im Hinblick auf
ökonomische, ökologische oder soziale Auswirkungen. Oft bündelt ein Indikator viele Einzelaspekte und ist ein Hilfsmittel zur vereinfachten Kommunikation komplizierter Sachverhalte.

Inhärente Sicherheit: Sicherheit eines Systems, die durch die Eigenschaften des
Systems, z.B. niedrige Stoff- und Energiepotentiale, zustande kommt und
nicht durch äußere Kontroll- und Sicherheitsmaßnahmen.

Inhalation: Aufnahme über die Lungen durch Atmung.

Input: Stoffe oder Energien, die einem Prozess zugeführt werden. Stoffe können
Ausgangsmaterialien und Produkte einbeziehen (nach ISO 14040).

Integrierte Entwicklung: Ein integratives Konzept, bei dem a) ökonomische,
ökologische und sicherheitstechnische Kriterien vom Beginn der Entwicklung an berücksichtigt werden (Zielsetzungsdimension) b) sowohl lokale und
globale als auch kurz- und langfristige Auswirkungen berücksichtigt werden
(Raum-Zeit-Dimension) und c) Mitarbeiter mit verschiedenen Kompetenzen
in einem multidisziplinären Team zusammenarbeiten (Kompetenzdimension).

Inverkehrbringen: "Die Abgabe an Dritte oder die Bereitstellung für Dritte; das
Verbringen in den Geltungsbereich dieses Gesetztes gilt als Inverkehrbringen, soweit es sich nicht lediglich um einen Transitverkehr ... handelt."
(§ 3 ChemG (D))

Komplexität: Eigenschaft eines Systems, welches sich durch viele voneinander
abhängige Parameter auszeichnet.

Koppelprodukte: Stoffe, die bei der Herstellung eines Produkts entstehen und
dabei noch nutzbringend anderweitig verwendet werden können.

Lebenszyklus: Gesamtheit der Prozesse, die von einem Produkt durchlaufen werden. Insbesondere zählen dazu Herstellung, Verarbeitung, Transport, Anwendung, Rezyklierung und/oder Entsorgung.

LD_{50}: Die im Tierversuch innerhalb von 24 Stunden oral verabreichte Dosis in mg
Substanz pro kg Körpergewicht, die bei der Hälfte der Tiere den Tod innerhalb von 5 Tagen verursacht (bei Inhalationsexposition: LC_{50}).

Margin of Safety (MOS): Größe, die das Risiko einer bestimmten Produktanwendung für die menschliche Gesundheit angibt. Die Margin of Safety
wird aus der geschätzten Unbedenklichkeitsschwelle für die Wirkung
(NEL_{man}) und der täglichen Expositionshöhe (PDI) gebildet. Der MOS-Wert
sollte >1 sein, hat aber nicht die Bedeutung eines →Grenzwertes.

Mikroorganismus: Mikrobiologische Zelleinheit, die zur Vermehrung oder Wei-
tergabe von genetischer Information fähig ist, z. B. Viren, mikrobielle,

pflanzliche oder tierische Zellen; Begriff gemäß Störfallverordnung Schweiz, Handbuch II.

Mutagenität: Die Eigenschaft eines Stoffes, die Erbanlagen in den Zellkernen zu verändern.

Nachhaltigkeit: Eigenschaft einer Entwicklung, die den Bedürfnissen der heutigen Generation entspricht, ohne die Möglichkeiten künftiger Generationen zu gefährden, ihre eigenen Bedürfnisse zu befriedigen und ihren Lebensstil zu wählen (Brundtland-Komission).

Nebenprodukte: Stoffe, die bei der Herstellung eines Produkts entstehen, die aber nicht oder kaum nutzbringend sind.

Neustoffe: Stoffe, die nicht → Altstoffe sind (*engl.* new notified substances).

NPV: Gegenwartswert einer Investition (= Net Present Value)

Nutzen-Risiko-Dialog: Zielgerichteter Informationsaustausch bzgl. Risiko und involviertem Nutzen. Er betrifft sowohl Wahrnehmung und Bewertung von Nutzen und Risiken als auch die notwendigen Sicherheitsmaßnahmen.

Ökobilanz: Zusammenstellung und Beurteilung der Input- und Outputflüsse und der potentiellen Umweltwirkungen eines Produktsystems im Verlaufe seines Lebensweges (nach ISO 14040; *engl.* life cycle assessment).

Ökoeffizienz: Größe, die das Verhältnis von (ökonomischer) Wertschöpfung zur (ökologischer) Schadschöpfung ausdrückt.

Ökoinventar: →Sachbilanz.

Ökosphäre: Der Teil unserer Welt, in dem Leben ist inklusive der lebenden Organismen, die sie enthält (im Gegensatz zur →Technosphäre).

Ökotoxikologie: Wissenschaft von Analyse und Verständnis der Auswirkungen von Stoffen auf die belebte Natur. Dabei werden alle biologischen Ebenen vom einzelnen Organismus bis zum Ökosystem betrachtet.

opportunistisch-pathogen: Eigenschaft von Mikroorganismen, die nur bei Organismen ihre pathogene Wirkung entfalten, deren Abwehrsystem geschwächt oder nicht voll ausgebildet ist; darunter fallen auch Organismen in frühen Entwicklungsphasen, z.B. Säuglinge.

Orale Exposition: Aufnahme über den Mund, im Allgemeinen über die Nahrungsaufnahme.

Orientierungswissen: Wissen, das für die Definition von Handlungszielen erforderlich ist.

Output: Stoff oder Energie, der bzw. die von einem Prozess abgegeben wird. Stoffe können Ausgangsmaterialien, Zwischenprodukte, Produkte, Emissionen und Abfall einschließen (nach ISO 14040).

Pinch: *Energie:* Methode zur optimalen Wärmeintegration; Systemoptimierung zwischen Wärme verbrauchenden und Abwärme liefernden Prozeßschritten. *Wasser:* Methode zur optimalen Wasserintegration; Systemoptimierung zwischen Wasser verbrauchenden und Abwasser liefernden Prozeßschritten.

Product-Stewardship: Verantwortungsbewusstes Produktmanagement, das sich über den gesamten Lebenszyklus eines Produkts erstreckt und insbesondere auch Anwendung, Rezyklierung und/oder Entsorgung umfasst.

Produktwerdegang: Geschäftsprozess der Produktentwicklung; d.h. das zeitliche, organisatorische und fachliche Zusammenwirken der involvierten Geschäftsbereiche.

prospektiv: vorausschauend in dem Sinn, daß Vorstellungen, z. B. über Nutzen, Risiken oder Schaden eines Prozesses oder Produktes, in der Zukunft entwickelt werden.

Ressourceneffizienz: Output von Service oder Produkt (=Wertschöpfung) pro Input von Ressourcen.

Ressourcenintensität: Kehrwert der Ressourceneffizienz.

Restrisiko: Trotz Sicherheitsmaßnahmen verbleibendes Risiko. Es setzt sich aus dem bewusst akzeptierten Risiko und dem falsch beurteilten Risiko sowie aus den nicht erkannten Gefahren zusammen.

Risiko: Allgemein: Möglichkeit, daß aus einem Zustand, Umstand oder Vorgang ein Schaden für Mensch, Umwelt oder Sachgüter entstehen kann. Das technische Risiko für ein bestimmtes Ereignisszenario wird häufig durch die Produktformel dargestellt:

Risiko = Eintrittswahrscheinlichkeit × Tragweite.

Mit diesem formalen Ansatz wird der Erwartungswert des Schadens zum Maß für das Risiko.

Im Kontext einer spezifischen Gefährdung ist zwischen Individualrisiko, z.B. individuelles Todesfallrisiko pro Jahr, und Kollektivrisiko, z.B. Gesamtzahl zu erwartender Todesfälle in einem Kollektiv pro Jahr, zu unterscheiden. Bei unseren Betrachtungen steht das Kollektivrisiko im Vordergrund. Dem quantitativ ausdrückbaren technischen Risiko steht die subjektive Risikowahrnehmung gegenüber, die auch Faktoren wie Freiwilligkeit, Kontrollierbarkeit, Katastrophenpotential, aber auch den damit einhergehenden Nutzen berücksichtigt. Eine unmittelbare Korrelation der beiden Risikokategorien ist nicht gegeben.

Werden nicht nur die Schadenerwartungen, sondern auch die Nutzenerwartungen einbezogen, so drückt das Risiko das unternehmerische Wagnis aus; es wird etwas um einer Chance willen eingesetzt. Das unternehmerische bzw. ökonomische Risiko lässt sich dann z.B. durch den Erwartungswert für den wirtschaftlichen Erfolg μ und die Unsicherheit, ausgedrückt als Standardabweichung σ ausdrücken (*engl.* risk).

Risikoanalyse: Risikoanalysen werden zur vorausschauenden systematischen Identifikation und Beschreibung von Gefahren durchgeführt. Prozessrisiken werden durch die Bildung von Ereignisszenarien und die Abschätzung von zugehörigen Eintrittswahrscheinlichkeiten und Tragweiten analysiert (→ Risiko). Produktrisiken werden üblicherweise durch den Vergleich von zu erwartenden Expositionen (→ Expositionsanalyse) mit Wirkungsschwellen (→Wirkungsanalyse) beschrieben (→ Risikoquotient).

Risikobewertung: Abwägen eines Risikos im Hinblick auf → Schutzziele, Kosten/Nutzen-Verhältnis und gesellschaftliche → Akzeptanz (ev. mit Akzeptabilitätslinie im → W/T-Diagramm).

Risikomanagement: Aufgrund von → Risikobewertung zu treffende organisatorische, technische und personelle Maßnahmen zur Risikoreduktion.

Risikoquotient: Größe, die das Risiko einer bestimmten Produktanwendung für Organismen in der Umwelt angibt. Der Risikoquotient wird für die verschiedenen Umweltkompartimente aus der geschätzten Umweltkonzentration PEC und der geschätzten Nicht-Wirkungs-Konzentration PNEC gebildet und sollte < 1 sein. Er hat jedoch nicht die Bedeutung eines →Grenzwertes.

Sachbilanz: Bestandteil der Ökobilanz, die die Zusammenstellung und Quantifizierung von Inputs und Outputs eines gegebenen Produktsystems im Verlauf seines Lebenswegs umfasst (nach ISO 14040; *engl.* inventory analysis).

Schaden: Negativ bewerteter Zustand, Umstand oder Vorgang (als Konsequenz eines Ereignisses oder einer Handlung), dessen Tragweite durch Indikatoren wie Anzahl Todesopfer, Menge an zerstörtem Boden, Menge an verschmutztem Grundwasser, monetäre Bewertung etc., ausgedrückt werden kann.

Schutzgut: Normativ festgelegtes Objekt oder Subjekt aus dem Bereich von Mensch, Natur und Sachwerten, das geschützt werden soll (*engl.* safeguard subject).

Schutzziel: Qualitatives oder quantitatives Maß an Schutz vor Schädigungen, das einem bestimmten → Schutzgut zuteil werden soll.

Semibatchreakor: Mindestens ein Reaktand wird während der Umsetzung in den Reaktor zudosiert.

Sensitivitätsanalyse: Untersuchung des Einflusses von Veränderungen (z. B. um ± x %) einer unsicheren Inputgröße auf eine Zielgröße.

Sicherheit: Abwesenheit oder Nichtexistenz von → Gefahr

Stand der Technik: "Bei der Bestimmung des Standes der Technik sind insbesondere vergleichbare Verfahren, Einrichtungen oder Betriebsweisen heranzuziehen, die mit Erfolg in der Praxis erprobt worden sind. Gleiches gilt für den Stand der Arbeitsmedizin und Hygiene." (§ 3 Absatz 9 GefStoffV, (D))

Stoffe: "chemische Elemente oder chemische Verbindungen, wie sie natürlich vorkommen oder hergestellt werden, einschließlich der zur Wahrung der Stabilität notwendigen Hilfsstoffe und der durch das Herstellungsverfahren bedingten Verunreinigungen, mit Ausnahme von Lösungsmitteln, die von dem Stoff ohne Beeinträchtigung seiner Stabilität und ohne Änderung seiner Zusammensetzung abgetrennt werden können". (§ 3 ChemG (D))

Subakute Toxizität: Toxizität, die nicht primär durch die Mortalität bestimmt wird. Zu ihrer Erfassung werden Effekte auf Verhalten, physiologische Funktionen oder histologische Veränderungen beobachtet (Bsp.: 90 Tage Fütterungstests mit Ratten).

Szenario: Möglicher zukünftiger Zustand, hier meist mit einer bestimmten Schädigung eines →Schutzgutes verbunden.

Technosphäre: Der Teil unserer Welt, der durch die technischen Einrichtungen des Menschen bestimmt wird.

Teratogenität: Die Eigenschaft eines Stoffes, am im Mutterleib entstehenden Kind Geburtsschäden, z.B. Missbildungen zu verursachen, oder noch in der an die Geburt anschließenden Periode abnormale Entwicklung hervorzurufen. Der Begriff "fruchtschädigend" ist dem Begriff der Teratogenität übergeordnet, weil er sich auch auf das Absterben und/oder die vorzeitige Abstoßung des nicht lebensfähigen Foetus bezieht.

Tragweite: Quantitativ oder Qualitativ charakterisierter möglicher → Schaden.

Transferkoeffizient: Bringt z.B. für ein Schwermetall in einem Entsorgungssystem die charakteristische Verteilung zwischen Inputstrom und umweltkompartimentspezifischem Outputstrom zum Ausdruck (z.B. Luftemission von i /Input von i [kg/kg]).

umweltgefährlich: ".., sind Stoffe oder Zubereitungen, die selbst oder deren Umwandlungsprodukte geeignet sind, die Beschaffenheit des Naturhaushaltes, von Wasser, Boden oder Luft, Klima, Tieren, Pflanzen oder Mikroorganismen derart zu verändern, daß dadurch sofort oder später Gefahren für die Umwelt herbeigeführt werden können." (§ 3a Absatz 2 ChemG (D))

Unsicherheit: Größe, die die Aussagekraft von Resultaten und Schlussfolgerungen bestimmt. In Verbindung mit umweltorientierten Entscheidungsinstrumenten liegen die Unsicherheiten (1) in der Qualität der Modelle und Szenarien, insbesondere bezüglich Annahmen und funktionalen Zusammenhängen, sowie (2) in der Qualität der Modelldaten. Vergleichende Überprüfungen von Daten und Modellen, Rechnung mit verteilten Inputvariablen, Sensitivitätsanalysen etc. sind Möglichkeiten des Umgangs mit und der Darstellung von Unsicherheiten.

Vernetztheit: Eigenschaft eines Wirkungsgefüges, bei dem die Beeinflussung von einer Variablen nicht isoliert bleibt, sondern Neben- und Folgewirkungen hat.

Vorsorgeprinzip: Gefährdungsbegrenzung durch Verringerung des Gefahrenpotentials (z.B. Abfallminimierung,. Mengenbegrenzung bei Gefahrstofflagerung).

Wirkungsabschätzung: Bestandteil der Ökobilanz, der dem Erkennen und der Beurteilung der Größe und Bedeutung von potentiellen Umweltwirkungen eines Produktsystems dient (nach ISO 14040; *engl.* life cycle impact assessment).

Wirkungsanalyse: Teil der Produktrisikoanalyse, bei dem schädliche Wirkungen des Produkts identifiziert und deren Abhängigkeit von Expositionspfad, Höhe und Dauer der Exposition ermittelt werden.

W/T-Diagramm: Vergleichende Darstellung von Risiken in einem Wahrscheinlichkeits(W)-/Tragweite(T)-Feld.

Zubereitungen: "Aus zwei oder mehreren Stoffen bestehende Gemenge, Gemische oder Lösungen." (§ 3 ChemG (D))

Stichwortverzeichnis

M

N

O

P

T

U

V

W

Z